U0150095

数据结构 (Java 语言版)

董树锋　卢开诚　唐滢淇　郭创新　编著

科 学 出 版 社

北　京

内 容 简 介

本书是为“数据结构”课程编写的教材，前面两章介绍数学基础和算法相关预备知识，第3章至第10章介绍常见数据结构的抽象数据类型、算法实现、性能分析及其应用。本书注重全面运用数据结构知识解决实际问题的案例介绍，同时穿插程序设计的技巧。全书采用Java语言作为数据结构和算法的描述语言，介绍JDK中常见的数据结构的实现原理，如ArrayList、LinkedList、HashMap等，对于高效使用这些对象，提高程序性能有指导意义，特别适合Java语言的进阶学习者。本书提供了大量设计精良的代码，且不乏对算法背后所蕴含数学原理的精彩介绍，使读者不仅能够编写出高效、精致的程序，而且达到“知其然，也知其所以然”的效果。

本书适合作为高等院校计算机专业或信息类相关专业的本科或专科教材，也非常适合信息技术和工程应用行业的工作者作为自学参考书。

图书在版编目(CIP)数据

数据结构：Java语言版 / 董树锋等编著.—北京：科学出版社，2020.7

ISBN 978-7-03-065084-9

Ⅰ.①数… Ⅱ.①董… Ⅲ.①数据结构②JAVA语言-程序设计.Ⅳ.①TP311.12②TP312.8

中国版本图书馆 CIP 数据核字 (2020) 第 081250号

责任编辑：范运年 董素琴 / 责任校对：王萌萌
责任印制：师艳茹 / 封面设计：铭轩堂

科学出版社出版
北京东黄城根北街16号
邮政编码：100717
http://www.sciencep.com

天津文林印务有限公司印刷
科学出版社发行 各地新华书店经销

*

2020年7月第 一 版 开本：720×1000 1/16
2020年7月第一次印刷 印张：26
字数：500 000

定价：138.00 元

(如有印装质量问题，我社负责调换)

前　　言

本书是为浙江大学电气工程学院“数据结构”课程编写的教材。编者在多年教学过程中，经常听到学生反馈说“数据结构”课程“难学易忘”，从而萌生编写这本教材的念头。

学生之所以感觉难学，一方面是因为数据结构本身是一门偏理论的课程，逻辑性很强，具有一定难度；另一方面，是学习方法的问题，数据结构是对理论和实践都要求很高的课程，如果想通过只看代码就学会数据结构是艰难的，课堂里基础稍微弱一点的学生，刚开始学习数据结构就放弃了，随着课程的推进，坚持写代码的学生越来越少，估计最后有一半是不写代码的，只能勉强地看着代码听课，最后肯定是一知半解。提高学生对编写代码的兴趣，教材的选择非常关键，大多数学生在学习数据结构时刚刚学会一门高级语言，语法还不甚通透，指针还用不纯熟，如果刚开始就介绍深奥的理论和庞大复杂的算法实现，或只提供晦涩的伪代码，这两种做法都让学生接受不了，心理上就开始知难而退，只有少数基础好的、对编程特别有兴趣的能坚持下来。其实大部分学生都能把数据结构学得很好，关键在于引导和示范，为此，本书收集、整理、补充、完善了一套数据结构实现和应用的代码，通过展示设计精巧、格式统一、排版优美、注释丰富的 Java 代码，引导学生对编程的兴趣，让学生感觉到“原来程序可以编得这么美”！本书在前面几章讲解代码时尽量仔细，帮助学生在学习线性表数据结构的同时，逐渐掌握数组、指针、递归的运行技巧，后面章节则加强理论和算法以及关键代码的介绍。

学生之所以感觉易忘，主要是因为数据结构种类多、算法内容复杂、细节丰富。为了加深学生对数据结构的理解，本书做了几方面的努力。

（1）尽量把数据结构图形化、视觉化。因为千言万语抵不过图形一幅，让学生在直观上感受一个数据结构是什么样子、使用它是什么感觉，这一点特别重要。把数据结构画出来，才能把这种数据结构的形象深深地根植在学生的脑海里，让学生一看到名字，就能浮现出它的形象，记忆就能维持得久。

（2）重视对每一种数据结构背景的介绍。介绍新的数据结构时，一开始着重说明它为什么会被发明，主要解决什么类型的问题。换句话说，就是让学生知道这种数据结构的来龙去脉，知道这种数据结构是为了解决什么样的复杂问题而提出的，进而了解这种数据结构的意义所在，而不是让死气沉沉的概念、定义约束学生的想象力。

(3) 加强对算法数学原理的介绍。有些算法虽然代码很长，原理却很简单，有些算法虽然短短几行却蕴含着深奥的数学原理，如果不把背后的数学原理解释清楚，学生只知其然，而不知其所以然，过后就很快会忘记。

(4) 提供大量应用实例的介绍。通过生动鲜活的例子，让学生了解数据结构在解决实际问题时发挥的作用，这些例子中，有数学问题，有游戏，有生活中的例子，也有行业中的专业问题，既开阔了学生的视野，也强化了学生对每种数据结构适用范围的理解。

总之，编者编写本书的初衷是想让读者学习数据结构时感觉到“易学难忘”，而不是“难学易忘”。本书是经过十余年教学相长之后的产物，希望能够得到读者的喜爱。

本书作为教材讲授，学时可为 48 ~ 64 个，教师可根据学时和学生的实际情况，选讲或不讲外部排序、B-树、红黑树、优先队列等章节。本书循序渐进，简明易懂，便于自学，若具有离散数学的基础，则对本书某些内容的理解更加容易。

本书每一章内容结构都保持统一，以方便读者阅读和参考。每一章以简介开始，接着是一系列与主题相关的内容和应用的介绍。讲解每一种数据结构和算法时首先以介绍开头，主要介绍数据结构和算法是如何工作的。其次是抽象数据类型的定义，该定义并不局限于某种语言，能够让读者快速了解该数据结构所具有的操作和功能。然后是具体的实现以及分析，这部分是抽象数据类型的 Java 语言实现，对程序代码以及实现的性能给出更细致的讲解。最后，对于大部分数据结构和算法还给出实际应用的例子。每一种数据结构和算法的引入都会先介绍其基本概念，然后逐步深入代码实现细节，因此，读者能方便地根据需要找到自己感兴趣的部分。

本书相关代码可以到 http://sgool.zju.edu.cn 网站下载，网站提供了常见数据结构的完整实现及其单元测试代码，便于学生模仿和借鉴，IT 从业人员在解决实际问题时也可以直接应用本书的数据结构实现。

本书第 1 章界定“数据结构”课程讨论的范围，以及学习数据结构的意义，并回顾其余章节所需要的基本的数学基础。

第 2 章从运行时间和占用空间两个方面介绍评估算法复杂的估计方法。

第 3 章首先介绍抽象数据类型的概念以及线性表的抽象数据类型，然后分别介绍线性表的数组实现和链表实现，最后介绍链表在多项式计算中的应用实例。

第 4 章介绍两种特殊的线性表，即栈和队列，它们是经常用到的、非常重要的数据结构，在需要后进先出或先进先出的场合，要首先想到用它们来帮助解决问题。

第 5 章则是对线性表在科学计算中应用的介绍，重点介绍特殊矩阵的压缩存储方法，用更加复杂的链表形式——十字链表实现了稀疏矩阵的存储以及常见的运算。

第 6 章介绍一种新的数据结构——散列表，在介绍散列表之前首先介绍在线性表上的查找方法。为了提高查找效率，人们发明了散列表，应用散列表在查找元素时根据关键字一次存取便可取得元素，不仅查找便捷，而且插入删除也很快捷。

第 7 章介绍计算机中排序的实现方法，从原理和实现两个方面分别介绍内排序和外排序常见方法，并在前面章节中实现的数据结构中加入排序的操作。

第 8 章介绍一种非线性的数据结构——树，首先介绍树的概念、术语以及在编译器设计和编码等领域的应用实例，最后重点介绍应用于查找与排序的树（查找树）的基础知识及其实现。

第 9 章介绍一种通常用二叉树来实现的数据结构——优先队列，这是一种非常讲究的数据结构，而且应用得非常广泛。

第 10 章介绍比树更加复杂的非线性数据结构——图，首先介绍图的存储和遍历的算法，然后介绍图在工程管理、通信网、交通网规划设计、路由选择等几个领域的应用。

本书由董树锋和郭创新主持编写，卢开诚和唐滢淇参与编写，具体分工是：郭创新编写第 1 章至第 4 章，董树锋编写第 5 章至第 10 章，卢开诚与唐滢淇完成了本书所有代码的编写与测试。

本书在编写过程中参考了很多国内外文献、书籍和网络资料，在此向这些文献和资料的作者表示感谢。

限于水平，书中难免有不妥之处，恳请读者批评指正。

编　者

2019 年 11 月于玉泉

目　录

第 1 章　绪　　论

本章阐述本书的目标，并简要介绍学习本书所需要的数学知识，我们将要学习到：

（1）数据结构的内容。

（2）学习数据结构的意义。

（3）本书其余部分所需要的基本的数学基础。

1.1　几个实际问题

1.1.1　学生成绩表管理

学生的成绩表数据如表 1.1 所示。

表 1.1　学生的成绩表数据

学号	姓名	数学分析	普通物理	高等代数	平均成绩
880001	丁一	90	85	95	90
880002	马二	80	85	90	85
880003	张三	95	91	99	95
880004	李四	70	84	86	80
880005	王五	91	84	92	89

我们把表 1.1 称为一个数据结构（线性表），表中的每一行是一个节点（或记录），它由学号、姓名、各科成绩及平均成绩等数据项组成。

接下来的问题是如何快速根据成绩确定其中第 k 名是谁？我们将它称为**选择问题** (selection problem)。大多数学习过一两门程序设计课程的学生写一个解决这种问题的程序不会有什么困难，因为显而易见的解决方法就有很多。

该问题的一种解法就是将这 n 个元素读进一个数组中，通过某种简单的算法，如冒泡排序法，以递减顺序将数组排序，然后返回位置 k 上的元素。

稍好一点的算法可以先把前 k 个元素读入数组（以递减的顺序）并对其进行排序。然后，将剩下的元素再逐个读入，当新元素被读到时，如果它小于数组中的第 k 个元素则忽略，否则将其放到数组中正确的位置上，同时将数组中的一个元素挤出数组。当算法终止时，位于第 k 个位置上的元素作为答案返回。

这两种算法编码都很简单，建议读者进行尝试。此时自然要问：哪种算法更好？哪种算法更重要？还是两种算法都足够好？使用含有 100 万个元素的随机文件，在 $k = 50000$ 的条件下进行模拟，可以发现，两种算法都不能在合理的时间内结束；两种算法都需要计算机处理若干天才能算出（虽然最后还是给出了正确的答案）。在第 7 章中将讨论另外一种算法，该算法将在 1s 左右给出问题的解。因此，虽然前面提到的两种算法都能计算出结果，但是不能认为它们是好的算法，要想在合理的时间内完成大量输入数据的处理，用这两种算法是不切实际的。

1.1.2 人机对弈

计算机之所以能和人对弈是因为有人已事先将对弈的策略存入了计算机。由于对弈的过程是在一定规则下随机进行的，所以为使计算机能灵活对弈，必须将对弈过程中所有可能发生的情况以及相应的对策都考虑周全，并且一个好的棋手，在对弈时不仅要看棋盘当时的状态，还要能预测棋局发展的趋势，甚至是最后的结局。在对弈问题中，计算机的操作对象是对弈过程中可能出现的棋盘状态——格局，格局之间的关系是由对弈规则决定的。

以井字棋 (tic-tac-toe) 为例，井字棋是一种在 3×3 格子上进行的连珠游戏，和五子棋类似，由于棋盘一般不画边框，格线排成井字故得名。游戏规则是：由分别代表 O 和 X 的两个游戏者轮流在格子里留下标记（一般来说先手者为 X），任意三个相同标记形成一条直线，则为获胜。图 1.1是井字棋的一个格局，从该格局可以派生出五个格局，这种格局之间的关系可以用树的数据结构来描述。如果将对弈开始到结束的过程中可能出现的格局都画在一张图上，则可得到一棵倒长的树。树根是对弈开始之前的棋盘格局，而所有的叶子就是可能出现的结局，对弈的过程就是从树根沿树杈到某个叶子的过程。树可以是某些非数值计算问题的数学模型，它也是一种数据结构。

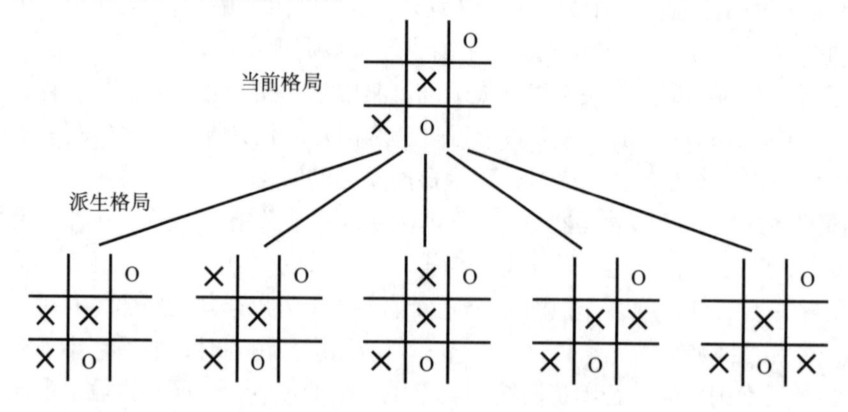

图 1.1 一个井字棋游戏中的格局

1.1.3 路径导航

在交通网络中经常会遇到这样的问题：两地之间是否有公路可通；在有多条公路可通的情况下，哪一条路径是最短的等。

图 1.2是广州城市的简化图，假如某人从新城东出发，前往机场，如果各点之间的距离已知，找到一条长度最短的路径显然是最佳策略。要做到这一点，就需要用到图的数据结构和最短路径算法。除了路径导航问题，在供暖、供气、供电、供水管道的设计和公路建设中，为了节省费用也需要用到这种算法。

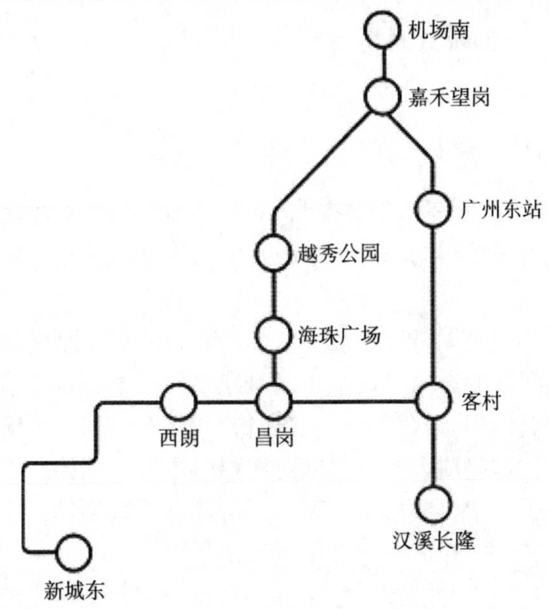

图 1.2 广州城市的简化图

在许多问题当中，一个重要的观念是：写出一个可以工作的程序并不够。如果这个程序在巨大的数据集上运行，那么运行效率就变成重要的问题。读者将在本书中看到对于大量的输入如何估计程序的运行时间，尤其是如何在尚未具体编码的情况下比较两个程序的运行时间。读者还将学到改进程序速度以及确定程序瓶颈的方法。这些方法将使读者能够找到需要大力优化的代码段。

1.2 本书主要讨论内容

1.2.1 数据结构的主要内容

数据结构是计算机存储、组织数据的方式，是指相互之间存在一种或多种特定关系的数据元素的集合。精心选择的数据结构可以带来更高的运行或者存储效率，因此，数据结构往往与高效的检索算法和索引技术有关。数据结构在计算机科学界至今没有标准的定义，个人根据各自的理解的不同而有不同的表述方法。

Sahni 在他的《数据结构、算法与应用——C++语言描述》一书中称：

> 数据结构是数据对象，以及存在于该对象的实例和组成实例的数据元素之间的各种联系。这些联系可以通过定义相关的函数给出。

Shaffer 在《数据结构与算法分析》一书中的定义是：

> 数据结构是**抽象数据类型**（abstract data type，ADT）的物理实现。

1.2.2　学习数据结构的意义

有人说：如果对编程思想不理解，哪怕会一千种语言，也写不出好的程序。数据结构和算法讲授的是编程的思想，学习它的意义可以从两个方面来讲。

1. 技术层面

数据结构是编程最重要的基本功之一。“数据结构”课程并不涵盖编程的语法，而是提供解决问题的思路，这些思路是众多科学家智慧的结晶，适用于所有编程语言，在编程遇到运行效率上的瓶颈时，或是在接到一个任务，需要评估这个任务能否实现时，这些前人的方案就可以提供参考。例如，拧螺母时，可以用扳手，也可以用钳子，学习数据结构可以了解已有哪些工具、这些工具各有什么利弊、应用于什么场景，知道究竟该用扳手还是钳子。

例如，涉及后进先出的问题有很多，函数递归就是个栈模型，Android 的屏幕跳转就用到了栈。很多类似的问题，学了栈之后，就会第一时间想到可以用栈实现这个功能。

例如，有多个网络下载任务，该怎么调度它们去获得网络资源呢？又如，操作系统的进程（线程）调度，该怎么去分配资源（如中央处理器（central processing unit，CPU））给多个任务呢？肯定不能全部同时拥有，资源只有一个，所以要排队。对于先进先出要排队的问题，学了队列之后，就会想到要用队列。那么怎么排队呢？对于那些优先级高的线程怎么办？这时就会想到优先队列。

在以后实践的过程中会发现这些基础的工具也存在一些缺陷，在不满足于这些工具后，就会开始在这些数据结构的基础上加以改造，这就称为自定义数据结构，以后还可以构造出很多其他应用于实际场景的数据结构。

2. 抽象层面

学习数据结构和算法会扩展视野，例如，平时编程中用到数组，如果不懂数据结构和算法，就只能认识到数组只是存储一系列有序元素的集合，但是学习了数据结构就会对数组的认识更加深刻。

学习数据结构和算法能够指导如何将数据组织起来。例如，若想管理家谱，就需要对家谱数据进行抽象，将数据分解成树状结构的节点，但是计算机无法理解人的抽象，计算机中只有 0 和 1，某个节点和其他节点的关系如何互相得到，这是程序员要做的，也是数据结构要介绍的。因此，了解数据结构，对选择程序结构、选择方案、提出解决方法都有很大帮助。

学习数据结构能够帮助提高解决问题的能力。学习数据结构也是学习如何将物理世界中的信息变成计算机世界中的数据，并且是高效存储、快速检索数据的过程，是一个树立计算思维的过程。计算思维是运用计算机科学的基础概念去求解问题、设计系统和理解人类的行为。当必须求解一个特定的问题时，首先会问：解决这个问题有多困难？怎样才是最佳的解决方法？数据结构就是准确地回答这些问题的理论基础。

1.3 数学知识复习

本节列出一些需要记住或者能够推导出的基本公式，复习基本的证明方法。

1.3.1 指数

$$X^AX^B = X^{A+B}$$

$$\frac{X^A}{X^B} = X^{A-B}, \quad X^B \neq 0$$

$$(X^A)^B = X^{AB}$$

$$X^n + X^n = 2X^n \neq X^{2n}$$

$$2^n + 2^n = 2^{n+1}$$

1.3.2 对数

在计算机科学中，除非有特别的声明，所有的对数都是以 2 为底的。注：本书也采用这个原则，后面出现的对数若无特别声明，均以 2 为底。

定义 1.1 $X^A = B$，当且仅当 $\log_X B = A$。

由该定义可以得到几个方便的等式。

定理 1.1

$$\log_A B = \frac{\log_C B}{\log_C A}$$

证明 令 $X = \log_C B$，$Y = \log_C A$，以及 $Z = \log_A B$。此时由对数的定义得：$C^X = B$，$C^Y = A$ 及 $A^Z = B$。联合这三个等式则产生 $(C^Y)^Z = B = C^X$。此时 $X = YZ$，这意味着 $Z = \dfrac{X}{Y}$，定理 1.1 得证。

定理 1.2

$$\log AB = \log A + \log B$$

证明 令 $X = \log A$，$Y = \log B$，以及 $Z = \log AB$。此时由于假设默认的底数为 2，$2^X = A$，$2^Y = B$ 及 $2^Z = AB$。联合后面的三个等式则有 $2^X 2^Y = 2^Z = AB$。因此 $X + Y = Z$，这就证明了该定理。

其他一些有用的公式如下，它们都能够用类似的方法推导：

$$\log\left(\frac{A}{B}\right) = \log A - \log B$$

$$\log(A^B) = B\log A$$

$$\log X < X(\text{对所有的 } X > 0 \text{ 成立})$$

$$\log 1 = 0, \quad \log 2 = 1, \quad \log 1024 = 10, \quad \log 1048576 = 20$$

1.3.3 级数

最容易记忆的公式是

$$\sum_{i=0}^{n} 2^i = 2^{n+1} - 1$$

和

$$\sum_{i=0}^{n} A^i = \frac{A^{n+1} - 1}{A - 1}$$

在第二个公式中，如果 $0 < A < 1$，则有

$$\sum_{i=0}^{n} A^i \leqslant \frac{1}{1 - A}$$

当 n 趋向于 ∞ 时，$\sum_{i=0}^{n} A^i$ 趋向于 $\dfrac{1}{1-A}$，这些公式是**几何级数**（又称**等比级数**）公式。

可以用下面的方法推导关于 $\sum_{i=0}^{\infty} A^i (0 < A < 1)$ 的公式，令 S 表示和，此时：

$$S = 1 + A + A^2 + A^3 + A^4 + A^5 + \cdots$$

于是

$$AS = A + A^2 + A^3 + A^4 + A^5 + \cdots$$

如果将这两个等式相减（这种运算只能对收敛级数进行），等号右边所有的项相消，只留下 1：

$$S - AS = 1$$

这就是说

$$S = \frac{1}{1-A}$$

可以用相同的方法计算 $\sum\limits_{i=1}^{\infty} \frac{i}{2^i}$，它是一个经常出现的和。我们写成

$$S = \frac{1}{2} + \frac{2}{2^2} + \frac{3}{2^3} + \frac{4}{2^4} + \frac{5}{2^5} + \cdots$$

用 2 乘以它得

$$2S = 1 + \frac{2}{2} + \frac{3}{2^2} + \frac{4}{2^3} + \frac{5}{2^4} + \frac{6}{2^5} + \cdots$$

将这两个方程相减得

$$S = \frac{1}{2} + \frac{1}{2^2} + \frac{1}{2^3} + \frac{1}{2^4} + \frac{1}{2^5} + \cdots$$

因此，$S = 2$。

分析中另一种常用类型的级数是**算术级数**（又称**等差级数**）。任何这样的级数都可以通过基本公式计算其值：

$$\sum_{i=1}^{n} i = \frac{n(n+1)}{2} \approx \frac{n^2}{2}$$

例如，为求出 $2+5+8+\cdots+(3k-1)$, 将其改写为 $3(1+2+3+\cdots+k)-(1+1+1+\cdots+1)$，显然，它就是 $\frac{3k(k+1)}{2} - k = \frac{k(3k+1)}{2}$。另一种记忆的方法则是将第一项与最后一项相加 (和为 $3k+1$)，第二项与倒数第二项相加 (和也是 $3k+1$), $\cdots$，有 $\frac{k}{2}$ 个这样的数对，因此总和就是 $\frac{k(3k+1)}{2}$，这与前面的答案相同。

现在介绍下面两个不太常用的公式：

$$\sum_{i=1}^{n} i^2 = \frac{n(n+1)(2n+1)}{6} \approx \frac{n^3}{3}$$

$$\sum_{i=1}^{n} i^k \approx \frac{n^{k+1}}{|\,k+1\,|}, \quad k \neq -1$$

当 $k = -1$ 时，第二个公式不成立。此时需要下面的公式，这个公式在计算机科学中的使用要远比在数学等其他科目中多。下式中数 H_n 称为**调和级数**，近似式中的误差 $\gamma = H_n - \ln n$ 收敛于 0.57721566，这个值称为**欧拉-马歇罗尼常数** (Euler-Mascheroni constant)：

$$H_n = \sum_{i=1}^{n} \frac{1}{i} \approx \ln n$$

以下两个公式只不过是一般的代数运算：

$$\sum_{i=1}^{n} f(n) = nf(n)$$

$$\sum_{i=n_0}^{n} f(i) = \sum_{i=1}^{n} f(i) - \sum_{i=1}^{n_0-1} f(i)$$

1.3.4 模运算

如果 n 能整除 $A - B$，那么就说 A 与 B 模 n **同余** (congruent)，记为 $A \equiv B(\text{mod } n)$。直观地看，这意味着无论 A 还是 B 被 n 除，所得到的余数都是相同的。于是，$81 \equiv 61 \equiv 1(\text{mod } 10)$。和等号的情形一样，若 $A \equiv B(\text{mod } n)$，则 $A + C \equiv B + C(\text{mod } n)$ 以及 $AD \equiv BD(\text{mod } n)$。

有许多定理适用于模运算，其中有一些特用到数论来证明。本书将谨慎地使用模运算。

1.3.5 证明方法

证明数据结构分析中的结论的两个最常用的方法是归纳法和反证法，证明一个定理不成立的最好方法是举出一个反例。

1. 归纳法证明

由归纳法进行的证明有两个标准的步骤。第一步是证明**基准情形** (base case)，就是确定定理对某个（某些）小的（通常是退化的）值的正确性，这一步是很简单的。第二步是进行**归纳假设** (inductive hypothesis)，一般来说，这意味着假设定理对直到某个有限数 k 的所有情况都是成立的，然后使用这个假设证明定理对下一个值（通常是 $k + 1$）也是成立的。至此定理得证（在 k 是有限的情形下）。

作为一个例子，这里证明斐波那契数列，$F_0 = 1$, $F_1 = 1$, $F_2 = 2$, $F_3 = 3$, $F_4 = 5, \cdots, F_i = F_{i-1} + F_{i-2}$，对 $i \geqslant 1$, 满足 $F_i < \left(\frac{5}{3}\right)^i$（有些定义规定 $F_0 = 0$,

这不过将该级数做了一次平移)。为了证明这个不等式，首先验证定理对平凡的情形成立。容易验证 $F_1 = 1 < \dfrac{5}{3}$ 及 $F_2 = 2 < \dfrac{25}{9}$，这就证明了基准情形。假设定理对于 $i = 1, 2, \cdots, k$ 成立，这就是归纳假设。为了证明定理，需要证明 $F_{k+1} < \left(\dfrac{5}{3}\right)^{k+1}$。根据定义有

$$F_{k+1} = F_k + F_{k-1}$$

将归纳假设用于等号右边，得

$$\begin{aligned} F_{k+1} &< \left(\frac{5}{3}\right)^{k} + \left(\frac{5}{3}\right)^{k-1} \\ &= \left(\frac{3}{5}\right)\left(\frac{5}{3}\right)^{k+1} + \left(\frac{3}{5}\right)^{2}\left(\frac{5}{3}\right)^{k+1} \\ &= \left(\frac{3}{5}\right)\left(\frac{5}{3}\right)^{k+1} + \left(\frac{9}{25}\right)\left(\frac{5}{3}\right)^{k+1} \end{aligned} \tag{1.1}$$

化简后为

$$\begin{aligned} F_{k+1} &< \left(\frac{3}{5} + \frac{9}{25}\right)\left(\frac{5}{3}\right)^{k+1} \\ &= \left(\frac{24}{25}\right)\left(\frac{5}{3}\right)^{k+1} \\ &< \left(\frac{5}{3}\right)^{k+1} \end{aligned} \tag{1.2}$$

这就证明了这个定理。

在第二个例子中，证明下面的定理。

定理 1.3 如果 $n \geqslant 1$, 则 $\sum\limits_{i=1}^{n} i^2 = \dfrac{n(n+1)(2n+1)}{6}$。

证明 用数学归纳法证明，对于基准情形容易验证，当 $n = 1$ 时，定理成立。对于归纳假设，设定理对 $1 \leqslant k \leqslant n$ 成立，在该假设下证明定理对于 $n + 1$ 也是成立的。

这里有

$$\sum_{i=1}^{n+1} i^2 = \sum_{i=1}^{n} i^2 + (n+1)^2$$

应用归纳假设得

$$\begin{aligned}\sum_{i=1}^{n+1} i^2 &= \frac{n(n+1)(2n+1)}{6} + (n+1)^2 \\ &= (n+1)\left[\frac{n(2n+1)}{6} + (n+1)\right] \\ &= (n+1)\frac{2n^2+7n+6}{6} \\ &= \frac{(n+1)(n+2)(2n+3)}{6}\end{aligned} \tag{1.3}$$

因此

$$\sum_{i=1}^{n+1} i^2 = \frac{(n+1)\left[(n+1)+1\right]\left[(2(n+1)+1\right]}{6}$$

定理得证。

2. 通过反例证明

公式 $F_k \leqslant k^2$ 不成立。证明这个结论最容易的方法就是计算 $F_{11} > 11^2$。

3. 反证法证明

反证法证明是通过假设定理不成立，然后证明该假设导致某个已知的性质不成立，从而说明原假设是错误的。一个经典的例子是证明存在无穷多个素数。为了证明这个结论，假设定理不成立。于是，存在某个最大的素数 P_k。令 $P_1, P_2, \cdots, P_k$ 是依序排列的所有素数并考虑：

$$n = P_1 P_2 P_3 \cdots P_k + 1$$

显然，n 是比 P_k 大的数，根据假设，n 不是素数。可是，$P_1, P_2, \cdots, P_k$ 都不能整除 n，因为除得的结果总有余数 1。这就产生了矛盾，因为对于每一个整数来说，要么是素数，要么是素数的乘积。因此 P_k 是最大素数的原假设是不成立的，这意味着定理成立。

1.4 总 结

本章介绍了数据结构的内容与关注的问题。而对于算法，一般面临大量输入，所花费的时间是判断其好坏的一个重要标准。当然，正确性是最重要的，运算速度是相对的。对于在某台机器上运行解决某一个问题的快速算法，有可能解决另一个问题时或在不同的机器上运行时运算速度降低。第 2 章将讲述这个问题，并将用本章讨论的数学概念建立一个正式的模型。

第 2 章　算法分析

算法 (algorithm) 是求解一个问题需要遵循的、被清楚地指定的简单指令的集合。一个问题一旦被给定某种算法并验证该算法是正确的，那么重要的一步就是确定该算法将需要多少如时间或空间等资源量的问题。如果一个算法的求解时间长达一年，那么这个算法很可能就没有什么意义。同样，一个需要 500GB 内存的算法在目前多数机器上也是没法使用的。本章我们将要学习到：

（1）如何估计一个程序运行所需要的时间。

（2）如何将一个程序的运行时间从天或年降低到秒。

（3）不恰当地使用递归所造成的后果。

（4）一个数自乘得到其幂以及计算两个数的最大因数的有效算法。

2.1　数学基础

估计算法所需的资源消耗一般来说是一个理论问题，因此需要一套正式的系统构架，我们先从数学定义开始。

全书将使用下列四个定义。

定义 2.1　如果存在正整数 c 和 n_0 使得当 $n \geqslant n_0$ 时，$T(n) \leqslant cf(n)$，则记为 $T(n) = O(f(n))$。

定义 2.2　如果存在正整数 c 和 n_0 使得当 $n \geqslant n_0$ 时，$T(n) \geqslant cg(n)$，则记为 $T(n) = \Omega(g(n))$。

定义 2.3　$T(n) = \Theta(h(n))$，当且仅当 $T(n) = O(h(n))$ 且 $T(n) = \Omega(h(n))$。

定义 2.4　如果 $T(n) = O(p(n))$ 且 $T(n) \neq \Theta(p(n))$，则 $T(n) = o(p(n))$。

给出这些定义的目的是要在函数间建立一种相对的级别。当给定两个函数时，通常存在一些点，在这些点上一个函数的值总小于另一个函数的值，因此，像 $f(n) < g(n)$ 这样的声明是没有什么意义的。在分析算法的时候，我们更常用的是**相对增长率** (relative rate of growth)。

举例来讲，虽然 n 较小时，$1000n$ 要比 n^2 以更快的速度增长，但是最终 n^2 将更大。在这个例子中，$n = 1000$ 是转折点。定义 2.1 是说，最后总会存在某个点 n_0，从 n_0 以后 $cf(n)$ 至少与 $T(n)$ 一样大，若忽略常数因子 c，则 $f(n)$ 至少与 $T(n)$ 一样大。在该例子中，$T(n) = 1000n$，$f(n) = n^2$，$n_0 = 1000$ 而 $c = 1$，

也可以让 $n_0 = 10$ 而 $c = 100$。因此，可以说 $1000n = O(n^2)$(n 的平方级)。这种记法称为大 O 记法，人们常常不说“$\cdots$ 级的”，而是说“大 $O \cdots$”。

如果用传统的不等式来计算增长率，那么定义 2.1 表示 $T(n)$ 的增长率小于等于 ($\leqslant$)$f(n)$ 的增长率。定义 2.2 中 $T(n) = \Omega(g(n))$ 表示 $T(n)$ 的增长率大于等于 ($\geqslant$)$g(n)$ 的增长率。定义 2.3 中 $T(n) = \Theta(h(n))$ 表示 $T(n)$ 的增长率等于 $h(n)$ 的增长率，它表示随着问题规模 n 的增大，算法执行时间的增长率和 $h(n)$ 的增长率相同，称作算法的**渐近时间复杂度** (asymptotic time complexity)，简称**时间复杂度**。最后一个定义 $T(n) = o(p(n))$(念成“小 $o \cdots$”) 则表示 $T(n)$ 的增长率小于 ($<$)$p(n)$ 的增长率。它不同于大 O，因为大 O 包含增长率相同这种可能性。

为了证明某个函数 $T(n) = O(f(n))$，通常不采用定义去证明，而是使用一些已知的结果。一般来说，这就意味着证明 (或确定假设不成立) 是非常简单的计算，并不涉及微积分，除非遇到特殊情况 (一般不可能发生在算法分析中)。

当说 $T(n) = O(f(n))$ 时，一般是在保证函数 $T(n)$ 是在以不快于 $f(n)$ 的速度增长的情况下的，因此 $f(n)$ 是 $T(n)$ 的**上界** (upper bound)。与此同时，$f(n) = \Omega(T(n))$ 意味着 $T(n)$ 是 $f(n)$ 的一个**下界** (lower bound)。

举个例子，n^3 增长比 n^2 快，因此可以说 $n^2 = O(n^3)$ 或 $n^3 = \Omega(n^2)$。$f(n) = n^2$ 和 $g(n) = 2n^2$ 以相同的速率增长，从而 $f(n) = O(g(n))$ 和 $f(n) = \Omega(g(n))$ 都是正确的。当两个函数以相同的速率增长时，是否需要使用记号“$\Theta()$”表示，主要取决于具体的上下文。如果 $g(n) = 2n^2$，那么 $g(n) = O(n^4)$、$g(n) = O(n^3)$ 和 $g(n) = O(n^2)$ 从数学上看都是成立的，但是最后一个表达式为最好的答案。$g(n) = \Theta(n^2)$ 不仅表示 $g(n) = O(n^2)$ 而且表示结果会尽可能地精确。

这里需要掌握的重要结论有如下几个。

法则一：如果 $T_1(n) = O(f(n))$ 且 $T_2(n) = O(g(n))$，那么：① $T_1(n)+T_2(n) = \max(O(f(n)), O(g(n)))$；② $T_1(n) \cdot T_2(n) = O(f(n) \cdot g(n))$。

法则二：如果 $T(n)$ 是一个 k 次多项式，则 $T(n) = \Theta(n^k)$。

法则三：对任意常数 k，$\log^k n = O(n)$。该公式说明对数增长得非常缓慢，下面按照增长率对大部分常见函数进行分类，见表 2.1。

表 2.1 典型的增长率

函数	名称	函数	名称
c	常数级	$n\log n$	线性对数级
$\log n$	对数级	n^2	平方级
$\log^2 n$	对数平方级	n^3	立方级
n	线性级	2^n	指数级

现在指出需要注意的几点。

（1）将常数或者低阶项放进大 O 的写法不规范。不要写成 $T(n) = O(2n^2)$ 或 $T(n) = O(n^2 + n)$。在这两种情况下，正确的形式是 $T(n) = O(n^2)$。也就是说，在需要大 O 表示的任何分布中，各种简化都是可能发生的。低阶项一般可以忽略，而常数也可以舍弃。此时要求的精度是很低的。

（2）一般总能够通过计算极限 $\lim\limits_{n\to\infty}\dfrac{f(n)}{g(n)}$ 来确定两个函数 $f(n)$ 和 $g(n)$ 的相对增长率，必要的时候可以使用**洛必达法则** (L'Hospital rule)。该极限可以有四种可能的值：① 极限是 0，意味着 $f(n) = o(g(n))$；② 极限 $c \neq 0$，这意味着 $f(n) = \Theta(g(n))$；③ 极限是 ∞，这意味着 $g(n) = o(f(n))$；④ 极限摆动，二者无关 (在本书中不会发生这种情形)。

> 洛必达法则说的是若 $n \to \infty$ 时，同时有 $f(n) \to \infty$ 和 $g(n) \to \infty$（或者 $f(n) \to 0$ 和 $g(n) \to 0$）成立，则 $\lim\limits_{n\to\infty}\dfrac{f(n)}{g(n)} = \lim\limits_{n\to\infty}\dfrac{f'(n)}{g'(n)}$，其中 $f'(n)$ 和 $g'(n)$ 分别是 $f(n)$ 和 $g(n)$ 的导数。

一般来说，使用这种方法都能够算出相对增长率。通常，两个函数 $f(n)$ 和 $g(n)$ 间的关系可以用简单的代数方法得到。例如，如果 $f(n) = n\log n$ 和 $g(n) = n^{1.5}$，那么确定 $f(n)$ 和 $g(n)$ 哪个增长得更快，实际上就是确定 $\log n$ 和 $n^{0.5}$ 哪个增长得更快。这与确定 $\log^2 n$ 和 n 哪个增长得更快是一样的，而后者是个简单的问题，因为已经知道 n 的增长要快于 $\log n$ 的任意次幂。因此，$g(n)$ 的增长快于 $f(n)$ 的增长。

（3）应注意不要说成 $f(n) \leqslant O(f(n))$，因为定义已经隐含不等式了。$f(n) \geqslant O(f(n))$ 是错误的，它没有意义。

2.2 模　型

为了在正式的框架中分析算法，一般需要一个计算模型。这里的模型基本上是一台标准的计算机，在计算机中指令按照顺序执行。该模型有一个标准的简单指令系统，如加法、乘法、比较和赋值等。但不同于实际计算机的情况是，模型做任一简单的工作都恰好需要一个时间单元。合理起见，假设模型像一台现代计算机那样有固定范围的整数 (如 32bit)，并且不存在矩阵求逆或排序等运算。因为这些运算显然不能在单位时间内完成，还假设模型有无限的内存。

显然，这个模型存在一些缺陷。在现实生活中不是所有的运算都恰好花费相同的时间。尤其是在该模型中，一次磁盘读入的时间与进行一次加法运算的时间相同，虽然加法一般要快几个数量级。另外，由于假设有无限的内存，这里不用担心缺页中断。而缺页中断在现实生活中的确是一个存在的问题，尤其是对高效的算法而言。

2.3　要分析的问题

一般来说，要分析的最重要的问题就是算法运行时间。算法运行时间需通过该算法编制的程序在计算机上运行时所消耗的时间来度量。而度量一个程序的运行时间通常有两种方法。

（1）事后统计方法。因为很多计算机内部都有计时功能，有的甚至可精确到毫秒级，不同算法的程序可通过一组或若干组相同的统计数据分辨优劣。但这种方法有两个缺陷：一是必须先运行依据算法编制的程序；二是所得时间的统计量依赖于计算机的硬件、软件等环境因素，有时容易掩盖算法本身的优劣。因此人们常常采用另一种方法，即事前分析估算方法。

（2）事前分析估算方法。一个用高级程序语言编写的程序在计算机上运行时所消耗的时间取决于下列因素：① 依据的算法选用何种策略；② 问题的规模，如求 100 以内或 1000 以内的素数；③ 书写程序的语言，对于同一个算法，实现语言的级别越高，执行效率就越低；④ 编译程序所产生的机器代码的质量；⑤ 机器执行指令的速度。

显然，同一个算法用不同的语言实现，或者用不同的编译程序进行编译，或者在不同的计算机上运行时，效率均不相同。这表明使用绝对的时间单位衡量算法的效率是不合适的。撇开这些与计算机硬件、软件有关的因素，可以认为一个特定算法运行工作量的大小只依赖于问题的规模 (通常用正数量 n 表示)，或者说它是问题规模的函数。

有几个因素影响着程序的运行时间。有些因素，如所使用的编辑器和计算机，显然超出了任何理论模型的范畴。因此，虽然它们很重要，但是在这里不能够对它们进行处理。剩下的主要因素则是所使用的算法以及该算法的输入。

输入的大小将是我们主要的考虑方面。我们定义两个函数 $T_{\text{avg}}(n)$ 和 $T_{\text{wrost}}(n)$，分别为输入为 n 时，算法所花费的平均运行时间和最坏的情况下的运行时间。显然 $T_{\text{avg}}(n) \leqslant T_{\text{wrost}}(n)$。如果存在更多的输入，那么这些函数可以有更多的变量。

一般来说，在没有指定的情况下，人们更关心的是最坏情况下的运行时间。其原因之一是它对所有的输入提供了一个界限，包括特别难以处理的输入，而平均情况分析不提供这样的界限。另一个原因是平均情况的界限计算起来通常要困难得多。在某些情况下，“平均”的定义可能影响分析结果，例如，在冒泡排序的问题中，它的平均输入是什么？

有的情况下，算法中基本操作重复执行的次数还随问题的输入数据集的不同而不同。例如，在下列冒泡排序的算法中：

程序 2.1 冒泡排序算法的伪代码

```
1 public static bubble_sort(int[] array) {
2     for(i=array.length-1; change=true; i>1 && change; i--) {
3         change=false;
4         for(j=0; j<i; j++)
5             if(a[j]>a[j+1]) {
6                 a[j]←→a[j+1];
7                 change=true;
8             }
9     }
10 }
```

交换序列中相邻两个整数为基本操作。当 array 中初始序列为自小至大有序时，基本操作的执行次数为 0；当初始序列为从大至小有序时，基本操作的执行次数为 $\dfrac{n(n-1)}{2}$。对这类算法的分析，一种解决的办法是计算它的平均值，即考虑它对所有可能的输入数据集的期望值，此时相应的时间复杂度为算法的平均时间复杂度。例如，假设 a 中初始输入数据可能出现 $n!$ 种排列情况的概率相等，则冒泡排序的平均时间复杂度 $T_{\text{avg}}(n)=O(n^2)$，然而，在很多情况下，各种输入数据集出现的概率难以确定，算法的平均时间复杂度也就难以确定。因此，另一种更可行也更常用的办法是讨论算法在最坏情况下的时间复杂度，即分析最坏情况以估算算法执行时间的一个上界。例如，下面冒泡排序的最坏情况为 a 中初始序列为自大至小有序，则冒泡排序算法在最坏情况下的时间复杂度为 $T(n)=O(n^2)$。在本书以后各章中讨论的时间复杂度，除特别指明外，均指最坏情况下的时间复杂度。

作为一个例子，下一个考虑的问题是**最大的子序列和问题**。

给定整数 $A_1, A_2, \cdots, A_n$(可能有负数)，求 $\sum\limits_{k=i}^{j} A_k$ 的最大值 (为方便起见，如果所有整数均为负数，则最大子序列和为 0。

例如，输入 -2，11，-4，13，-5，-2 时，答案为 20 (从 A_2 到 A_4)。

这个问题之所以有吸引力，主要是因为求解它的算法有很多，而这些算法的性能又具有较大的差异。这里讨论求解该问题的四种算法。这四种算法在某台计算机上 (究竟是哪一台具体的计算机并不重要) 的运行时间在表 2.2给出。

表 2.2 计算最大子序列和的计算算法的运行时间 (单位：s)

时间	算法 1	算法 2	算法 3	算法 4
	$O(n^3)$	$O(n^2)$	$O(n\log n)$	$O(n)$
$n = 10$	0.00103	0.00045	0.00066	0.00034
$n = 100$	0.47015	0.01112	0.0486	0.00063
$n = 1000$	448.77	1.1233	0.05843	0.00333
$n = 10000$	n_A	111.13	0.68631	0.03042
$n = 100000$	n_A	n_A	8.0113	0.29832

表 2.2 中有几个重要的数值值得注意。对于小量的输入，算法瞬间就得以完成，因此如果只是小量的输入，那么就没有必要花费大量的精力去设计高效率的算法。另外，那些之前针对小量输入编写的程序随着输入量的变大，运算速度会明显降低，表明它们用的算法还不够好，对这些程序进行改进非常有必要。对于大量的输入，算法 4 明显是最好的选择 (虽然算法 3 也是可以用的)。

表 2.2 中所给出的时间不包括读入数据所需要的时间。对于算法 4，仅仅从磁盘读入数据所用的时间很可能在数量级上比求解上述问题所需要的时间还要大。这是许多有效算法中的典型特点。数据的读入一般是个瓶颈；一旦数据读入，问题就会迅速解决。但是对于低效率的算法情况就不同了，它必然要消耗大量的计算机资源。因此，只要可能，应使算法运行的效率足够高，不至于成为另一个瓶颈。

图 2.1 指出了这四种算法运行时间的增长率。尽管该图只包含 n 从 10 到 100 的值，但是相对增长率还是很明显的。虽然算法 3 的图看起来是线性的，但是用一把直尺 (或一张纸) 容易验证它并不是直线。图 2.2展示了对于更大输入各个算法体现的性能。该图表示，即使输入量大小是适度的，低效率的算法依旧无用。

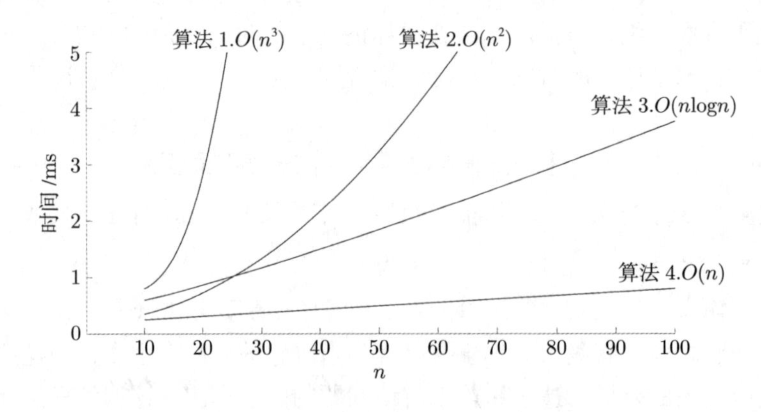

图 2.1 各种计算最大子序列和的算法

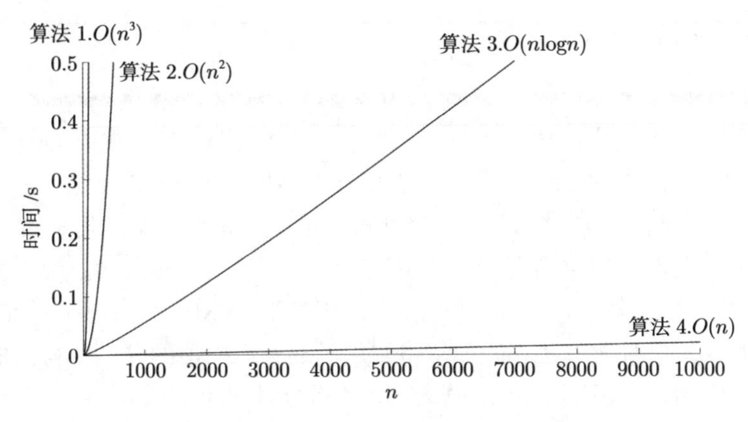

图 2.2 更大输入下各种计算最大子序列和的算法

2.4 算法的运行时间计算

估计一个程序的运行时间有几种不同的方法。表 2.2 的数据是全凭经验得到的。如果两个程序花费时间大致相同，那么确定哪个程序运行得更快的最好方法就是让它们编码并运行。

当存在几种不同的算法思想时，我们应尽早除去那些不好的算法思想。因此，通常需要对算法进行分析。不仅如此，提升分析程序的能力还有助于提升设计有效算法的能力。一般来说，经过这样的分析，才能够准确确定编码的瓶颈，并对此处进行仔细的编码。

为了简化分析，本书将采用如下的约定：不存在特定的时间单位。因此，本书抛弃低阶项，要做的就是计算大 O 运行时间。由于大 O 是一个上界，所以必须仔细地进行分析，绝不能低估程序的运行时间。实际上，分析的结果为程序在一定的时间范围内能够完成运行提供了保障。程序可能提前结束，但是绝不可能拖延。

2.4.1 一个简单的例子

这里给出计算 $\sum_{i=1}^{n} i^3$ 的一个简单程序的片段，如程序 2.2 所示。

程序 2.2 计算立方和

```
1 public static int sum3(int n) {
2     int partialsum=0;
3     for (int i=1; i<=n; i++)
4         partialsum+=i*i*i;
```

```
5     return partialsum;
6 }
```

这个程序的分析很简单，前期的声明不计入运行时间内。第 2 行和第 5 行各占 1 个时间单元。第 4 行每执行一次占用 4 个时间单元 (两次乘法，一次加法和一次赋值)，而执行 n 次共占用 $4n$ 个时间单元。第 3 行在初始化 i、测试 $i \leqslant n$ 和对 i 的自增运算中隐含着开销。所有这些的总开销是：初始化占用 1 个时间单元，所有测试占用 $n+1$ 个时间单元，以及所有的自增运算占用 n 个时间单元，共需要 $2n+2$ 个时间单元。假如忽略调用函数和返回值的开销，得到的总量是 $6n+4$ 个时间单元。因此，可以说该函数的运行时间为 $O(n)$。

如果分析每一个程序都要进行所有这些分析工作，那么这项任务所具备的可行性很低。幸运的是，这里最终得到了大 O 的结果，因此就存在许多可以采取的捷径并且不影响最后的结果。例如，第 5 行 (每次执行时) 显然是 $O(1)$ 语句，因此精确计算它究竟是 2 个、3 个还是 4 个时间单元是没有意义的；第 3 行的运行时间与 for 循环所需要的运行时间相比显然是不重要的，所以在这花费精力进行分析也是不明智的。由此可得到若干一般法则。

2.4.2　一般法则

1）法则 1——for 循环

一次 for 循环的运行时间至多是该 for 循环内语句 (包括测试) 的运行时间乘以迭代的次数。

2）法则 2——嵌套的 for 循环

从内向外分析这些循环，一条位于一组嵌套循环内部的语句，其总的运行时间为该语句的单句运行时间与该组内所有 for 循环大小的乘积。本书将语句重复执行的次数定义为语句的**频度** (frequency count)

程序 2.3 的运行时间为 $O(n^2)$：

程序 2.3　法则 2

```
1 /*法则2——嵌套的for循环 */
2 for (i=0; i<n; i++)
3     for (j=0; j<n; j++)
4         k++;
```

3）法则 3——顺序语句

将各语句的运行时间求和即可 (这意味着，其中的最大值就是所得的运行时间；见 2.1 节的法则一①)。

作为一个例子，程序 2.4 需要先求 $O(n)$ 的运行时间，再求 $O(n^2)$ 的运行时间，因此所需要的总开销也是 $O(n^2)$。

程序 2.4 法则 3

```
1 /*法则3——顺序语句 */
2 for (i=0; i<n; i++)
3     a[i]=0;
4 for (i=0; i<n; i++)
5     for (j=0; j<n; j++)
6         a[i]+=a[j]+i+j;
```

4）法则 4——if· · · else 语句

对于程序 2.5，一个 if· · · else 语句的运行时间为进行判断所花费的时间再加上 S1 和 S2 中运行时间更长者的总的运行时间。

程序 2.5 法则 4

```
1 /*法则4——if/else语句 */
2 if (Condition)
3     S1
4 else
5     S2
```

显然在某些情形下运行时间这么估计有些过高，但是绝不会估计过低。

其他的法则都是显而易见的。但是，最基本的分析策略是从内部 (或者最深层部分) 向外展开。如果有函数调用，那么应首先对这些调用进行分析。如果有递归过程，那么存在几种选择。若将递归视作 for 循环，则分析通常是很简单的。例如，程序 2.6 的函数实际上就是一个简单的循环，从而其运行时间为 $O(n)$。

程序 2.6 一个简单的循环函数

```
1 public static long factorial(int n){
2     if (n<=1)
3         return 1;
4     else
5         return n*factorial(n-1);
6 }
```

这个例子中对递归的使用实际上并不好。当递归正常使用时，将其转换成一个简单的循环结构是相当困难的。在这种情况下，分析将涉及求解的一个递推关系。为了观察到这种可能发生的情形，本书将分析程序 2.7。实际上，它对递归的使用效率低得惊人。

程序 2.7　低效率的递归使用

```
1 public static long fib(int n){
2     if (n<=1)
3         return 1;
4     else
5         return fib(n-1) + fib(n-2);
6 }
```

初看起来，该程序对递归的使用非常好。可是，如果将程序进行编码，且赋予 n 大约为 30 的值并运行，这个程序的效率很低。分析十分简单，令 $T(n)$ 为函数 $\mathrm{fib}(n)$ 的运行时间。如果 $n=0$ 或者 $n=1$，则运行时间是某个常数值。即第 2 行中做判断以及返回结果所花费的时间。因为常数并不重要，所以可以说 $T(0)=T(1)=1$。对于 n 的其他值的运行时间，则可以通过基准情形的运行时间进行度量。若 $n>2$，则执行该函数的时间是第 2 行中的常数工作时间加上第 5 行中的工作时间，而第 5 行是由一次加法和两次函数调用组成的。由于函数调用不是简单的运算，必须通过它们本身来分析。第一次函数调用 $\mathrm{fib}(n-1)$，按照 T 的定义，它将会需要 $T(n-1)$ 的运行时间。通过类似的论证，可以指出第二次函数调用需要 $T(n-2)$ 个时间单元。此时总的时间需求为 $T(n-1)+T(n-2)+2$。其中“2”指的是第 2 行的工作时间加上第 5 行中加法的工作时间。于是对于 $n\geqslant 2$，有下列关于 $\mathrm{fib}(n)$ 的运行时间公式：

$$T(n)=T(n-1)+T(n-2)+2$$

在斐波那契数列中，$\mathrm{fib}(0)=1$，$\mathrm{fib}(1)=1$，且数列满足公式 $\mathrm{fib}(n)=\mathrm{fib}(n-1)+\mathrm{fib}(n-2)$。由归纳法容易证明 $T(n)\geqslant\mathrm{fib}(n)$。

同样使用归纳法，可以证明 (对于 $n>4$)，$\mathrm{fib}(n)\geqslant\left(\dfrac{3}{2}\right)^n$。

由 $\mathrm{fib}(5)=8\geqslant\left(\dfrac{3}{2}\right)^5$，这就证明了基准情形的正确性。假设对于 $i=1,2,\cdots,k$，$\mathrm{fib}(i)\geqslant\left(\dfrac{3}{2}\right)^i$ 都成立，这就是归纳假设。根据斐波那契数列的定义，这里有

$$\mathrm{fib}(k+1)=\mathrm{fib}(k)+\mathrm{fib}(k-1)$$

对等式右边使用归纳假设，得

$$\begin{aligned}\mathrm{fib}(k+1)&=\mathrm{fib}(k)+\mathrm{fib}(k-1)\\&\geqslant\left(\frac{3}{2}\right)^k+\left(\frac{3}{2}\right)^{k-1}=\frac{5}{3}\left(\frac{3}{2}\right)^k\end{aligned}$$

$$\geqslant \left(\frac{3}{2}\right)^{k+1} \tag{2.1}$$

因此对于 $i = k + 1$，结论仍然成立，这就证明了该不等式成立。

可见，由于 $\text{fib}(n) \geqslant \left(\frac{3}{2}\right)^n$，这个程序的运行时间以指数的速度增长，这大概是最坏的情况。但是，通过保留一个简单的数组并使用一个 for 循环，就可以实质性地减少运行时间。

这个程序之所以缓慢，是因为存在大量多余的工作要做，违反了使用递归的合成效益法则（将在第 4 章讨论递归时详细说明）。注意，在第 5 行中的第一次调用即 $\text{fib}(n-1)$ 实际上计算了 $\text{fib}(n-2)$。而这个信息被抛弃后，在第 5 行的第二次调用时又重新计算了一遍。被抛弃的信息量递归地合成起来，就导致了极长的运行时间。这或许是验证格言“计算任何事情不要超过一次”的最好实例。本书将用具体实例说明递归的功能和常见的使用方法。

2.4.3 最大子序列和问题的解

现在叙述四个算法如何求解前面提出的最大子序列和问题，算法 1 在程序 2.8 中表述，它只是穷举式地尝试所有的可能。for 循环中的循环变量反映 Java 语言中数组从 0 开始而不是从 1 开始这样一个事实。另外，本算法并不计算实际的子序列，实际的计算还要添加一些额外的程序。

程序 2.8 算法 1

```
1 public static int maxSubsequenceSum(int[] array){
2     int thissum, maxsum, i, j, k;
3     maxsum=array[0];
4     for (i=0; i<array.length; i++)
5         for (j=i; j<array.length; j++) {
6             thissum=0;
7             for (k=i; k<=j; k++)
8                 thissum+=array[k];
9             if (thissum>maxsum)
10                maxsum=thissum;
11     }
12     return maxsum;
13 }
```

该算法肯定会正确运行，运行时间为 $O(n^3)$，这完全取决于第 7 行和第 8 行，第 8 行由一个含于三重嵌套 for 循环中的 $O(1)$ 语句组成，第 4 行中的循环大小

为 n。

第 2 个循环大小为 $n-i$，它可能要比 n 小，但是也有可能是 n。这里必须假设最坏的情况，而这可能会使最终的循环次数变多。第 3 个循环的大小为 $j-i+1$，也要假设它的大小为 n。因此总数为 $O(1\cdot n\cdot n\cdot n)=O(n^3)$。第 3 行总的运行时间只是 $O(1)$，而第 9 行和第 10 行总开销也只不过是 $O(n^2)$，因为它们只是两层循环内部的简单表达式。

考虑到这些循环的实际大小，通过精确的分析，可以算得运行时间应为 $\Theta\left(\dfrac{n^3}{6}\right)$，而上述运行时间估计为 $\Theta(n^3)$，高出一个因子 6(不过这并无大碍，因为常数不影响数量级)。精确的分析由计算和 $\sum\limits_{i=0}^{n-1}\sum\limits_{j=i}^{n-1}\sum\limits_{k=i}^{j}1$ 得到，该和代表程序 2.8 的第 8 行被执行的次数。使用 1.3.3 节中的公式可以对该和从内到外求值，这里将用到前 n 个整数求和以及前 n 个平方和的公式。首先有

$$\sum_{k=i}^{j}1=j-i+1$$

然后有

$$\sum_{j=i}^{n-1}(j-i+1)=\frac{(n-i+1)(n-i)}{2}$$

这个和数是对前 $n-i$ 个整数求和而算得的。为了完成全部的计算，这里有

$$\begin{aligned}\sum_{i=0}^{n-1}\frac{(n-i+1)(n-i)}{2}&=\sum_{i=1}^{n}\frac{(n-i+1)(n-i)}{2}\\&=\frac{1}{2}\sum_{i=i}^{n}i^2-\left(n+\frac{3}{2}\right)\sum_{i=1}^{n}i+\frac{1}{2}(n^2+3n+2)\sum_{i=1}^{n}1\\&=\frac{1}{2}\frac{n(n+1)(2n+1)}{6}-\left(n+\frac{3}{2}\right)\frac{n(n+1)}{2}+\frac{n^2+3n+2}{2}n\\&=\frac{n^3+3n^2+2n}{6}\end{aligned}\tag{2.2}$$

可以通过撤除一个 for 循环来避免立方运行时间。不过，这不总是可行的。一般来说，当出现立方运行时间时，算法一定出现了大量不必要的计算。为了纠正这种低效率的算法，通过观察 $\sum\limits_{k=i}^{j}A_k=A_j+\sum\limits_{k=i}^{j-1}A_k$ 可知，算法 1 中的第 7 行和第 8 行中的计算过分耗时，并由此可以得到改进算法。程序 2.9 指出一种改进算法。算法 2 的运算时间为 $O(n^2)$；对它的分析甚至比前面的分析还简单。

程序 2.9 算法 2

```
1 public static int maxSubsequenceSum2(int array[]){
2     int thissum, maxsum, i, j;
3     maxsum=array[0];
4     for (i=0; i<array.length; i++) {
5         thissum=array[i];
6         for (j=i+1; j<array.length; j++) {
7             thissum+=array[j];
8             if (thissum>maxsum)
9                 maxsum=thissum;
10         }
11     }
12     return maxsum;
13 }
```

对于这个问题，还有一个递归的且相对复杂的 $O(n\log n)$ 解法，现在就来介绍它。如果不再出现 $O(n)$ 的解法，这种算法就是体现递归效率的极好范例。该方法采用了一种**分治** (divide-and-conquer) 的思想，把问题分成两个大致相等的子问题，然后递归地对它们求解，这是“分”的阶段；“治”阶段将两个子问题的解合并到一起并做些少量的附加工作，最后得到整个问题的解。

在最大子序列和问题中，最大子序列和可能在三处出现：整个出现在输入数据的左半部分，或者整个出现在右半部分，或者跨越输入数据的中部从而占据左右两半部分。前两种情况可以递归求解。第三种情况的最大和可以通过求出前半部分的最大和 (包含前半部分的最后一个元素) 以及后半部分的最大和 (包含后半部分的第一个元素)，然后将这两个和加在一起而得到。作为一个例子，考虑表 2.3 的输入。

表 2.3 输入元素

前半部分	后半部分
A_1、A_2、A_3、A_4 (4、−3、5、−2)	A_5、A_6、A_7、A_8 (−1、2、6、−2)

其中前半部分的最大子序列和为 6(从元素 A_1 到 A_3)，而后半部分的最大子序列和为 8(从 A_6 到 A_7)。

前半部分包含其最后一个元素的最大和是 4(从元素 A_1 到 A_4)，而后半部分包含其第一个元素的最大和是 7(从元素 A_5 到 A_7)。因此，横跨这两部分且通过中间的最大和为 4+7=11(从元素 A_1 到 A_7)。

可以看到，在求本例中最大子序列和的三种方法中，最好的方法是包含两部分的元素，所以答案是 11。程序 2.10 提出了这种策略的一种实现程序。

程序 2.10　算法 3

```
1 static int maxSubsum(int array[], int left, int right){
2     int maxLeftsum, maxRightsum;
3     int maxLeftBordersum, maxRightBordersum;
4     int leftbordersum, rightbordersum;
5     int center, i;
6
7     //处理基准情况
8     if (left==right)
9         if (array[left] > 0)
10             return array[left];
11     else
12         return 0;
13
14     center=(left+right)/2;
15     maxLeftsum=maxSubsum(array, left, center);
       //获得center以左的最大子序列和
16     maxRightsum=maxSubsum(array, center + 1, right);
       //获得center以右的最大子序列和
17
18     //获得跨越center的最大子序列和
19     leftbordersum=0;
20     maxLeftBordersum=array[center];
21     for (i=center; i>=left; i--) {    //逐项求和, 如果大于已有的最大值
                                          //则更新最大值
22         leftbordersum+=array[i];
23         if (leftbordersum>maxLeftBordersum)
24             maxLeftBordersum=leftbordersum;
25 }
26 rightbordersum=0;
27 maxRightBordersum=array[center+1];
28 for (i=center+1; i<=right; i++) {
29     rightbordersum+=array[i];
30     if (rightbordersum>maxRightBordersum)
31        maxRightBordersum=rightbordersum;
32 }
33
34 //取上述3种最大子序列和中的最大值
```

```
35  return Arrays.stream(new int[]{maxLeftsum, maxRightsum,
36       maxLeftBordersum+maxRightBordersum}).max().getAsInt();
37 }
38
39 public static int maxSubsequenceSum3(int array[]){
40     return maxSubsum(array, 0, array.length-1);
41 }
```

有必要对算法 3 的程序进行一些说明。递归过程调用的一般形式是传递输入的数组以及左 (left) 边界和右 (right) 边界，它们界定了数组要被处理的部分。单行驱动程序通过传递数组以及边界 0 和 $n-1$ 启动该过程。

第 7~11 行处理基准情况。如果 left 等于 right，那么只有一个元素，并且当该元素非负时，它就是最大子序列和。left > right 的情况是不可能出现的，除非 n 是负数 (不过，程序中有小的扰动有可能致使这种混乱产生)。第 14 行和第 15 行执行两次递归调用。可以看到，递归调用总是应用于小于原问题的问题，但程序中的小扰动有可能破坏这个特性。第 17~21 行以及第 24~28 行计算涉及中间分界处的两个最大和的和数。这两个最大和的和为左右两边的最大和。第 31 和 32 行的命令是返回这三个可能的最大和中的最大者。

显然，编程时，算法 3 比前面两种算法需要更多精力。然而，程序短并不意味着程序好。正如表 2.2 所示，除了最小的输入，算法 3 比算法 1 和算法 2 明显要快。

对运行时间的分析方法与计算斐波那契数程序的分析方法类似。令 $T(n)$ 是求解大小为 n 的最大子序列和问题所花费的时间。如果 $n=1$，则算法 3 执行程序第 7~11 行花费某个时间常量，称为一个时间单元。于是 $T(1)=1$。这两个 for 循环接触到从 A_0 到 A_{n-1} 的每个元素，而在循环内部的工作量是常量，因此，在第 18~28 行花费的时间为 $O(n)$。第 7~13 行、第 17 行、第 24 行和第 31 行的程序的工作量都是常量，与 $O(n)$ 相比可以忽略。其余就是第 14 行、第 15 行运行的工作。这两行求解大小为 $\frac{n}{2}$ 的子序列问题 (假设 n 是偶数)。因此，这两行每行花费 $T\left(\frac{n}{2}\right)$ 个时间单元，其花费 $2T\left(\frac{n}{2}\right)$ 个时间单元。算法 3 花费的总时间为 $2T\left(\frac{n}{2}\right)+O(n)$。得到如下方程:

$$T(1)=1$$
$$T(n)=T(\frac{n}{2})+O(n)$$

为了简化计算，可以用 n 代替上面方程中的 $O(n)$ 项；$T(n)$ 最终还是要用大

O 来表示的，因此这么做并不影响答案。在第 7 章将会看到如何严格地求解这个方程。在这里，如果 $T(n) = T\left(\frac{n}{2}\right) + n$，且 $T(1) = 1$。那么 $T(2) = 4 = 2 \times 2$，$T(4) = 12 = 4 \times 3$，$T(8) = 32 = 8 \times 4$，以及 $T(16) = 80 = 16 \times 5$。其形式是显然的并且可以得到的，即若 $n = 2^k$，则 $T(n) = n(k+1) = n\log n + n = O(n\log n)$。

这个分析假设 n 是偶数，因为若 n 不是偶数，那么 $\frac{n}{2}$ 就不确定了。通过该分析的递归性质可知，实际上只有当 n 是 2 的幂时，结果才是合理的，否则最终要遇到大小不是偶数的子问题，方程就无效了。当 n 不是 2 的幂时，需要更加复杂一些的分析，但是大 O 的结果是不变的。

在后面的章节中将看到递归的几个巧妙的应用。这里先介绍求解最大子序列和的第四种方法，算法 4 实现起来比递归算法简单而且更为有效。它在程序 2.11 中给出：

程序 2.11 算法 4

```
1 public static int maxSubsequenceSum4(int array[]){
2   int thissum, maxsum, j;
3
4   thissum=maxsum=0;
5   for (j=0; j<array.length; j++) {
6       thissum+=array[j];
7
8       if (thissum>maxsum)
9           maxsum=thissum;
10      else if (thissum<0)
11          thissum=0;
12  }
13  return maxsum;
14 }
```

该算法的一个附带优点是，它只对数据进行一次扫描，一旦 $A[i]$ 被读入并处理，它就不再需要被记忆。因此，如果数组在磁盘或者磁带上，它就可以被顺序读入，在主存中不必存储数组的任何部分。不仅如此，在任意时刻，算法 4 都能对它已经读入的数据给出子序列问题的正确答案 (其他算法不具有这个特性)。具有这种特性的算法称为**联机算法** (online algorithm)。仅需要常量空间并以线性时间运行的在线算法几乎是完美的算法。

2.4.4 运行时间中的对数

从 2.4.3 节可以看到，某些分治算法将以 $O(n\log n)$ 时间运行。除了分治算法，可将对数最常出现的规律概括为下列一般法则：如果一个算法运行时间为 $O(n)$，当将问题大小削减为其一部分 (通常是 1/2) 时，那么该算法的运行时间就是 $O(\log n)$。另外，如果使用常数时间只是把问题减少一个常数 (如将问题减少 1)，那么这种算法就还是 $O(n)$ 的。

显然，只有一些特殊种类的时间才能够呈现出 $O(n\log n)$ 型。例如，若输入 n 个数，则一个算法只是把这些数读入就必须消耗 $\Omega(n)$ 的时间量。因此，当谈到这类问题的 $O(n\log n)$ 算法时，通常都是假设输入数据已经提前输入。这里提供具有对数特点的三个例子。

1. 对分查找

第一个例子通常称为**对分查找** (binary search)。

给定一个整数 X 和整数 $A_0, A_1, \cdots, A_{n-1}$，后者已经预先排序并在内存中，求使 $A_i = X$ 的下标 i，如果 X 不在数据中，则返回 $i=-1$。

明显的解法是从左到右扫描数据，其运行花费线性时间。然而，这个算法没有用到该表已经排序的事实，那么这个算法很可能不是最好的。一个好的策略是验证 X 是不是居中元素，如果是，则答案就找到了；如果 X 小于居中元素，那么可以应用同样的策略于居中元素左边已排序的子序列；同理，如果 X 大于居中元素，那么检查数据的右半部分 (也存在可能会终止的情况)。程序 2.12 列出了对分查找的程序 (其答案为 mid)，程序 2.12 反映了 Java 语言数组下标从 0 开始的惯例。

程序 2.12 对分查找

```
1 /*对分查找 */
2 public static int binarySearch(double array[], double data){
3   int low, mid, high;
4
5   low=0; high=array.length-1;
6   while (low<=high) {
7       mid=(low+high) / 2;
8       if (array[mid]<data)
9           low=mid+1;
10      else if (array[mid]>data)
11          high=mid-1;
12      else
```

```
13          return mid; /*找到 */
14  }
15  return -1;
16 }
```

显然，每次迭代在循环内的所有工作运行时间为 $O(1)$，因此需要确定循环的次数。循环从 $\text{high} - \text{low} = n - 1$ 开始并在 $\text{high} - \text{low} \geqslant -1$ 结束。每次循环后 $\text{high} - \text{low}$ 的值至少将该次循环前的值折半；于是循环次数最多为 $\lceil \log n - 1 \rceil + 2$。例如，若 $\text{high} - \text{low} = 128$，则在各次迭代后 $\text{high} - \text{low}$ 的最大值是 64，32，16，8，4，2，1，0，-1。因此运行时间是 $O(\log n)$。等价地，也可以写出运行时间的递推公式，不过，在理解实际在做什么以及为什么这样做的时候，这种强行写公式的做法通常是没有必要的。

对分查找可以看作第一个数据结构实现方法，它提供了在 $O(\log n)$ 时间内的查找 (find) 操作，但是所有其他操作 (特别是插入 (insert) 操作) 均需要 $O(n)$ 时间。在数据是稳定 (即不允许插入操作和删除操作) 的应用中，这可能是非常有用的。此时需要对输入数据进行一次排序，但是此后的访问速度会很快。以查找化学元素周期表信息为目标的程序为例，这个表是相对稳定的，偶尔会加入一些新元素，并且元素名始终是经过排序的。由于这个表中大约只有 110 种元素，找到一个元素最多需要访问八次。但是若使用顺序查找的方法，那么访问次数要远多于八次。

2. 欧几里得算法

第二个例子是计算最大公因数的欧几里得算法。两个整数的**最大公因数** (greatest common divisor, GCD) 是同时整除二者的最大整数。于是有 $\gcd(50, 15) = 5$。假设 $m \geqslant n$，程序 2.13 展示了计算 $\gcd(m, n)$ 的算法 (如果 $n > m$，则循环的第一次迭代将它们互相交换)。

程序 2.13 欧几里得算法

```
1 /*欧几里得算法 */
2 public static int gcd(int m, int n){
3     int rem;
4
5     while (n>0) {
6         rem=m% n;
7         m=n;
8         n=rem;
9     }
```

```
10   return m;
11 }
```

该算法连续计算余数，直到余数为 0，最后的非零余数就是最大公因数。因此，如果 $m = 1989$ 和 $n = 1590$，则余数序列是 399，393，6，3，0。从而得到 $\gcd(1989, 1590) = 3$。该例子表明，这是一个快速的算法。

如前所述，算法的整个运行时间取决于余数序列究竟多长。虽然 $\log n$ 看似是理想中的答案，但是无法看出余数会按照一个常数因子递减的必然性。因为可以看到，例子中的余数从 399 仅仅降到 393。事实上，在每一次迭代中，余数并不是按照一个常数因子递减的。但是可以证明，在两次迭代后，余数最多是原始值的一半。这就证明了迭代次数至多是 $2\log n$，从而得到运行时间为 $O(\log n)$。这个证明可以由下列定理直接推出。

定理 2.1 如果 $m > n$，则 $m \mod n < \dfrac{m}{2}$。

证明 存在两种情况：如果 $n \leqslant \dfrac{m}{2}$，则由于余数小于 n，定理在这种情况下成立；另一种情况是 $n > \dfrac{m}{2}$，但是此时 m 仅含有一个 n，从而余数为 $m - n < \dfrac{m}{2}$，定理得证。

从上面的例子来看，$2\log n$ 大约为 20，而这里仅进行了 7 次运算，因此有人会怀疑这可能不是最好的界限。事实上，这个常数在最坏的情况下 (如 m 和 n 是两个相邻的斐波那契数就是这种情况) 还可以稍微改进成 $1.44\log n$。欧几里得算法在平均情况下的性能需要大量篇幅的高度复杂的数学分析，其迭代的平均次数约为 $\dfrac{12\ln 2\ln n}{\pi^2} + 1.47$。

3. 幂运算

本节的最后一个例子是处理一个整数的幂 (它最后还是个整数)。由取幂运算得到的数一般都相当大，因此，只能在假设有一台机器能够存储这样一些大整数 (或有一个编译程序能够模拟它) 的情况下进行分析。这里将用乘法的次数作为时间的度量。

计算 X^n 的常见的算法是使用 $n-1$ 次乘法自乘。但是，程序 2.14 中的递归算法会更好。第 1~4 行处理基准情形。如果 n 是偶数，有 $X^n = X^{\frac{n}{2}}X^{\frac{n}{2}}$，如果 n 是奇数，则 $X^n = X^{\frac{n-1}{2}}X^{\frac{n-1}{2}}X$。

程序 2.14 高效率的取幂运算

```
1 public static long newPow(long base, int exponent){
2   if (exponent==0)
3       return 1;
```

```
4   if (exponent==1)
5       return base;
6   if (exponent % 2==1)
7       return newPow(base * base, exponent / 2) * base;
8   else
9       return newPow(base * base, exponent / 2);
10 }
```

例如，为了计算 X^{62}，该算法只用到 9 次乘法：$X^3 = (X^2)X$，$X^7 = (X^3)^2X$，$X^{15} = (X^7)^2X$，$X^{31} = (X^{15})^2X$，$X^{62} = (X^{31})^2$。

显然，所需要的乘法次数最多是 $2\log n$，因为把问题分半最多需要两次乘法 (当 n 是奇数时)。这里又写出一个递归公式并将其解出。

有时候，看一看程序能够进行多大的调整而不影响其正确性是很有意思的。在程序 2.14 的算法中，第 4 行、第 5 行实际上不是必需的，因为如果 n 是 1，那么第 9 行将做同样的事情。第 9 行还可以写成 "return newPow(x, n−1) x;*" 而不影响程序的正确性。事实上，程序仍将以 $O(\log n)$ 的运行时间执行，因为乘法的序列与修改之前相同。不过，下面对第 7 行的修改都是不可取的，虽然它们看起来似乎都是正确的：

```
/*7a*/ return newPow(newPow(x, 2), n / 2);
/*7b*/ return newPow(newPow(x, n / 2), 2);
/*7c*/ return newPow(x, n / 2) * newPow(x, n / 2);
```

7a 和 7b 两行都是不正确的，因为当 n 是 2 的时候递归调用 newPow 中有一个以 2 作为第二个参数。这样，程序产生一个无限循环，将不能往下进行 (最终导致程序崩溃)。

使用 7c 行影响程序的效率，因此，此时有两个大小为 $n/2$ 的递归调用。分析指出，其运行时间不再是 $O(\log n)$。本书把确定新的运行时间作为练习留给读者。

2.4.5 检验结果

一旦分析过后，就需要检验答案是否准确。一种实现方法是编程，比较实际观察到的运行时间和通过分析描述的运行时间是否相匹配。当 n 扩大一倍时，线性程序的运行时间乘以因子 2，二次程序的运行时间乘以因子 4，而三次程序则乘以因子 8；以对数时间运行的程序运行时间多加一个常数，而以 $O(n\log n)$ 运行的程序则需要两倍稍多一些的时间。如果低阶项的系数相对大，而 n 又没有足够大，那么运行时间的变化很难观察清楚。对于最大子序列的问题，当从 $n = 10$

增加到 $n = 100$ 时，运行时间的变化就是如此。单纯凭时间区分线性程序还是 $O(n\log n)$ 程序是非常困难的。

验证一个程序是否是 $O(f(n))$ 的另一个常用的技巧是对 n 的某个范围 (通常用 2 的倍数隔开) 计算比值 $\dfrac{T(n)}{f(n)}$，其中 $T(n)$ 是凭经验观察到的运行时间。如果 $f(n)$ 是运行时间的理想近似，那么所算出的值收敛于一个正常数。如果 $f(n)$ 估计过大，则算出的值收敛于 0。如果 $f(n)$ 估计过小，则程序不是 $O(f(n))$ 的，那么算出的值是发散的。

程序 2.15 中的程序段计算了两个随机选取出并小于或等于 n 的互异正整数互素的概率 (当 n 增大时，结果将趋向于 $6/\pi^2$)。

程序 2.15　估计两个随机数互素的概率

```
1 /*估计两个随机数互素的概率 */
2 public static void percentage(long n){
3   long rel, tot;
4   int i, j;
5   rel=tot=0;
6   for (i=1; i<=n; i++)
7       for (j=i+1; j<=n; j++) {
8           tot++;
9           if (gcd(i, j)==1)
10             rel++;
11  }
12  System.out.println("Percentage of relatively prime pairs is "
    + (double)rel / tot + ".");
13 }
```

读者应该能立即对这个程序做出分析。表 2.4 显示了实际观察到的该例程在一台具体的计算机上的运行时间，表中的最后一列是最有可能的，因为随着 n 的增大，这一列的数据没有太大变化，因此所得出的这个分析最接近事实。注意，$O(n^2)$ 和 $O(n^2\log n)$ 之间没有多大差别，因为对数增长是很慢的。

2.4.6 分析结果的准确性

经验表明，有时分析结果会估计过大。这种情况的发生有可能表明需要更进一步的分析 (一般需通过细致的观察)，也有可能是由于平均运行时间远小于最坏情况下的运行时间，并且最坏情况的界限已无法改善。对于许多复杂的算法，最坏情况可由某个不良输入得到，但在实际情况中的运行时间往往更小。然而对于大多数问题，平均情形的分析是极其复杂的 (在很多情形下还是无解的)，而最坏情况尽管高于正常值但却是最好的已知解析结果。

表 2.4　上述例程的运行时间估计表

n	实际运行时间 (T)/ms	$T/n^2/10^{-5}$	$T/n^3/10^{-7}$	$T/(n^2 \log n)/10^{-5}$
100	0.3265	3.2648	3.2648	1.6324
200	1.0798	2.6996	1.3498	1.1732
300	2.9690	3.2988	1.0996	1.3317
400	5.1665	3.2290	0.8072	1.2409
500	7.2454	2.8981	0.5796	1.0738
600	13.3291	3.7025	0.6171	1.3327
700	15.9465	3.2543	0.4649	1.1438
800	20.1483	3.1481	0.3935	1.0844
900	24.8107	3.0630	0.3403	1.0368
1000	30.6512	3.0651	0.3065	1.021
1500	68.8706	3.0609	0.2041	0.9637
2000	124.6417	3.1160	0.1558	0.9439
5000	849.3442	3.3973	0.0679	0.9184
10000	3683.0218	3.6830	0.0368	0.9207
15000	8701.5374	3.8673	0.0258	0.9260
20000	16259.5715	4.0648	0.0203	0.9450

2.4.7　算法的存储空间计算

类似于算法的时间复杂度，本书中以**空间复杂度** (space complexity) 作为算法所需存储空间的量度，记作

$$S(n) = O(f(n))$$

其中，n 为问题的规模 (或大小)。

一个上机执行的程序除了需要存储空间来寄存所用指令、常数、变量和输入数据，还需要一些对数据进行操作的工作单元并存储一些为实现计算所需信息的辅助空间。若输入数据所占空间只取决于问题本身，和算法无关，则只需要分析输入和程序之外的额外空间，否则应同时考虑输入本身所需空间 (和输入数据的表示形式有关)。若额外空间相对于输入数据量来说是常数，则称此算法为原地工作，第 7 章讨论的有关排序算法就属于这类。如果所占空间量依赖于特定的输入，则除特别指明外，均按最坏情况来分析。

2.5　总　　结

本章介绍了如何分析程序的复杂性，对几个简单的程序进行了简单的分析，在后面也会介绍一些复杂的分析，例如，在第 7 章会看到一个排序算法 (希尔排

序)，**希尔排序** (shell sort) 的分析需要大篇幅复杂的计算。本章大部分分析都是简单的，仅涉及对循环的计数。

下界分析在本章还尚未提出，将在第 7 章给出示例：证明任何仅通过使用比较来进行排序的算法在最坏情形下只需要 $\Omega(n\log n)$ 次比较。下界的证明一般是最困难的，因为它们不仅适用于求解某个问题的一个算法，还适用于求解该问题的一类算法。

最后来看几个本章介绍的算法在实际生活中的应用。密码学中通常要求 200 位数字的幂，此时可应用 GCD 算法进行求幂运算，而在每进行一次求幂运算后只有低 200 位左右的数字保留下来。这种计算需要处理 200 位的数字，因此效率显然是非常重要的。直接相乘求幂会需要大约 10^{200} 次乘法，而 GCD 算法只需要大约 1200 次乘法。

第 3 章　线　性　表

本章将介绍最基本、最简单、最常用的一种数据结构——线性表。这里说线性和非线性，只在逻辑层次上讨论，而不考虑存储层次。在数据结构逻辑层次上细分，线性表可分为一般线性表和受限线性表。一般线性表也就是通常所说的线性表，可以自由地删除或添加节点。受限线性表是指节点操作受限制的线性表，如栈和队列。我们将要学习到：

（1）ADT 的概念。

（2）线性表 ADT。

（3）ArrayList 的实现。

（4）单向链表、双向链表、循环链表的实现。

（5）链表在多项式计算中的应用实例。

本章中出现的 JDK 软件包，若不特殊说明均为 1.8 版本。

3.1　抽象数据类型

数据类型 (data type) 在数据结构中的定义是一个值的集合以及定义在这个值集上的一组操作。例如，Java 语言中的 int，其值的集合为某个区间上的整数（总是占 4B），定义在这个值集上的操作为加、减、乘、除、取模等算术运算。引入数据类型的目的是将用户不必了解的细节都封装起来，例如，用户在进行两个 int 变量的求和操作时，既不需要了解 int 在计算机内部是如何表示的，也不需要知道其操作是如何实现的，程序设计者注重的仅是“数学求和”的抽象特征，而不是硬件上的“位”操作如何进行。

ADT 是指一个数学模型和定义在该模型上的一组操作的集合。ADT 主要是数学方面的抽象，并没有涉及实现操作的具体步骤，也就是说 ADT 的定义取决于模型的逻辑特性，与其在计算机内部如何表示和实现无关，只要其数学特性不变，都不影响其外部的使用。例如，集合 ADT，有**并** (union)、**交** (intersection)、测定**大小** (size) 及**取余** (complement) 等操作，后面章节要介绍的表、树、图和它们的相关操作都可以看作 ADT。ADT 的描述包括给出 ADT 的名称、数据的集合、数据之间的关系和操作的集合等方面，ADT 的设计者根据这些描述给出操作的具体实现，使用者依据这些描述使用 ADT。

当由于某种原因需要改变操作的相关细节时，只需要修改 ADT 操作的具体实现，在理想的情况下，这种修改不会对程序的其余部分产生任何影响。

对于每种 ADT，并没有规定必须有哪些操作，而是需要程序设计者对这些操作进行相关的设计。在对一个 ADT 进行定义时，需要给出它的名字及各运算的运算符名，即函数名，并且规定这些函数的参数性质。一旦定义了一个 ADT 及具体实现，程序设计中就可以像使用基本数据类型那样十分方便地使用 ADT。本章所讨论的线性表 ADT 就是最基本的例子，我们将看到它们是如何以多种方式实现的，但是对它们进行调用的程序并不需要知道它们是如何正确实现的。

3.2 线性表的逻辑特性

3.2.1 定义

线性表是 n 个数据元素的有限序列。线性表中的数据元素要求具有相同类型，它的数据类型可以根据具体情况而定，可以是一个数、一个字符或一个字符串，也可以由若干个数据项组成。

形如 $A_1, A_2, A_3, \cdots, A_n$ 的表，大小为 n。本书将大小为 0 的表称为**空表**(empty list)。除了空表，本书称 $A_{i+1}(i < n)$ 后继于 A_i(或继 A_i 之后)，$A_{i-1}(i > 1)$ 前驱于 A_i。表中的第一个元素是 A_1，最后一个元素是 A_n，元素 A_i 在表中的位置为 i。这里不定义 A_1 的前驱元，也不定义 A_n 的后继元。

3.2.2 特征

从线性表的定义可以看出线性表的以下特征。

（1）有且仅有一个开始节点（表头节点），它没有直接前驱，只有一个直接后继。

（2）有且仅有一个终端节点（表尾节点），它没有直接后继，只有一个直接前驱。

（3）其他节点都有一个直接前驱和直接后继。

（4）元素之间为一对一的线性关系。

3.2.3 运算

运算是在线性表上的操作集合。list.free 的功能是将表清空并释放内存。list.find 的功能是返回关键字首次出现的位置。list.insert 和 list.removeEntry 的功能是从表的某个位置插入或者删除某个关键字。而 list.nthData 的功能则是返回某个位置上（作为参数而被指定）的元素。如果 [34，12，52，16，12] 是一个表，则执行 list.find(52) 命令会返回 3；执行 list.insert (X,3) 命令，表可能会变成 [34，12，52，X，16，12] (如果在给定位置的后面插入)；先执行 list.find (52) ，再执行 list.removeEntry (52) 的命令将会使该表变为 [34，12，X，16，12]。

当然，一个函数的功能怎样才算恰当，完全由程序设计员来确定，并且要对特殊情况进行处理 (例如，上述表中执行 list.find(1) 函数会返回什么?)。除此之外，还可以添加一些运算，如 list.next 和 list.previous，其功能是选取一个位置上的数字作为参数，并分别返回其后继元和前驱元。

以下具体说明各函数的功能。

list.isEmpty：判断一个表是否为空表，空表返回非零值，非空返回零。

list.isLast:判断一个节点是否为表的尾节点,尾节点返回非零值,否则返回零。

list.free：释放整个表内存。

list.prepend：在表头插入节点。

list.append：在表尾插入节点。

list.next：获取表中下一个节点。

list.find：找到表中数据。

list.nthData：获得表中的第 n 个数据。

list.data：返回节点中存储的数据。

list.length：得到表的长度，返回链表中节点的个数。

list.removeEntry：删除一个节点，成功删除返回非零数，节点不存在返回零。

list.insert：向表中插入节点。

3.3 顺序表及其实现

3.3.1 顺序表

顺序表是指用一组地址连续的存储单元依次存储数据元素的线性表。数组是计算机根据事先定义好的数组类型与长度自动为其分配的一组连续的存储单元，相同数组的位置和距离都是固定的，也就是说，任何一个数组元素的地址都可用一个简单的公式计算出来，因此这种结构可以有效地对数组元素进行随机访问。

3.3.2 表的简单数组实现

对表的所有操作都可以通过数组来实现。虽然数组可以动态指定，但是还是需要对表的大小进行估计。通常估计都会偏大，从而造成了大量的空间浪费，尤其是在有许多未知大小的表的情况下，在使用时会受到限制。

当通过数组来实现表的操作时，操作 find 按照线性时间运行，而操作 find-

NthData 需要花费常数时间。然而，插入和删除所需要的运行时间则多得多。例如，在位置 0 插入新的元素（这实际上是创造一个新的第一元素）需要将整个数组向后移动一个位置，而删除第一个元素则需要将表中的所有元素前移一个位置，因此这两种操作最坏情况下的运行时间是 $O(n)$。根据平均情况来看，这两种运算需要移动表中的一半元素，因此仍需要线性的运行时间。

因为插入和删除操作所需运行时间特别长，且表的大小必须事先已知，所以一般不用简单数组来实现表中这些操作。

3.3.3　ArrayList 的实现

本节要介绍的 ArrayList 是一种线性数据结构，它的底层是用数组实现的，与简单数组实现不同，它的容量能动态增长。ArrayList 在保留数组可以快速查找的优势的基础上，弥补了数组在创建后数组容量固定的弊端。

在考查 ArrayList 代码之前，先概括以下要点。

（1）ArrayList 将保持基础数组、数组的容量，以及存储在 ArrayList 中的当前项数。

（2）ArrayList 将提供一种机制以改变基础数组的容量。通过获得一个新数组，将老数组复制到新数组中来改变数组的容量，允许回收老数组。

（3）ArrayList 将提供基本的函数，如 arraylist.clear() 和 arraylist. sort() 等，还有不同的删除和插入操作。举例来说，如果数组的元素个数和数组容量相同，那么进行插入操作时将增加数组容量。

在程序 3.1 中给出了 JDK 8（1.8）版本中自带 ArrayList 类的定义、说明和具体实现，其中包含了 ArrayList ADT 的基本操作。本书均采用 JDK 8（1.8）版本进行介绍。

程序 3.1　JDK 中 ArrayList ADT 的基本操作

```
1 /*
2  *Copyright (c) 1997, 2013, Oracle and/or its affiliates. All rights
                                                              reserved.
3  *ORACLE PROPRIETARY/CONFIDENTIAL. Use is subject to license terms.
4  */
5
6  public class ArrayList<E> extends AbstractList<E>
7         implements List<E>, RandomAccess,Cloneable,java.io.Serializable {
8
9      /*ArrayList 的默认容量*/
10    private static final int DEFAULT_CAPACITY = 10;
```

```
11    /*定义空 ArrayList 常量*/
12    private static final Object[] EMPTY_ELEMENTDATA = {};
13    private static final Object[] DEFAULTCAPACITY_EMPTY_ELEMENTDATA = {};
14    /*在 ArrayList序列化过程中排除序列化 elementData，作为 ArrayList
      的缓存区*/
15    transient Object[] elementData;
16    /*ArrayList 已使用大小（包含的元素数量）*/
17    private int size;
18
19
20    /*初始化指定 initialCapacity 容量的 ArrayList*/
21    public ArrayList(int initialCapacity) {
22        if (initialCapacity > 0) {
23            this.elementData=new Object[initialCapacity];
24        } else if (initialCapacity==0) {
25            this.elementData=EMPTY_ELEMENTDATA;
26        } else {
27            throw new IllegalArgumentException("Illegal Capacity: " +
28                    initialCapacity);
29        }
30    }
31
32    /*初始化默认容量（10）的 ArrayList*/
33    public ArrayList() {
34        this.elementData=DEFAULTCAPACITY_EMPTY_ELEMENTDATA;
35    }
36
37    /*压缩 ArrayList 容量到已使用大小*/
38    public void trimToSize() {
39        modCount++;     //记录 ArrayList 的修改次数，防止迭代过程出错
40        if (size<elementData.length) {
41            elementData=(size==0)
42                    ? EMPTY_ELEMENTDATA
43                    : Arrays.copyOf(elementData, size);
44        }
45    }
46
47    /*返回 ArrayList 已使用大小*/
```

```
48      public int size() {
49          return size;
50      }
51
52      /*判断 ArrayList 是否为空*/
53      public boolean isEmpty() {
54          return size==0;
55      }
56
57      /*判断ArrayList是否含有指定元素，含有返回 true，不含有返回 false*/
58      public boolean contains(Object o) {
59          return indexOf(o)>=0;
60      }
61
62      /*在ArrayList中查找指定元素的最小下标，如果指定元素不存在则返回 -1*/
63      public int indexOf(Object o) {
64          if (o==null) {
65              for (int i=0; i<size; i++)
66                  if (elementData[i]==null)
67                      return i;
68          } else {
69              for (int i=0; i<size; i++)
70                  if (o.equals(elementData[i]))
71                      return i;
72          }
73          return -1;
74      }
75
76      /**
77       *在 ArrayList 中查找指定元素的最大下标，如果指定元素不存在则返回 -1
78       *与上例相比，采用倒序查找的方式实现
79       */
80      public int lastIndexOf(Object o) {
81          if (o==null) {
82              for (int i=size-1; i>=0; i--)
83                  if (elementData[i]==null)
84                      return i;
85          } else {
86              for (int i=size-1; i>=0; i--)
```

```
87                  if (o.equals(elementData[i]))
88                      return i;
89          }
90          return -1;
91      }
92
93      @SuppressWarnings("unchecked")
94      E elementData(int index) {
95          return (E) elementData[index];
96      }
97
98      /*获取 ArrayList 中指定下标的元素*/
99      public E get(int index) {
100         //进行索引有效性判断
101         rangeCheck(index);
102
103         return elementData(index);
104     }
105
106     /*设置 ArrayList 中指定下标的元素为给定值*/
107     public E set(int index, E element) {
108         rangeCheck(index);
109
110         E oldValue=elementData(index);
111         elementData[index]=element;
112         return oldValue;
113     }
114
115     /*在 ArrayList 的尾部添加一个数据*/
116     public boolean add(E e) {
117         ensureCapacityInternal(size+1);
118         elementData[size++]=e;
119         return true;
120     }
121
122     /*在指定的下标位置插入一个数据，插入点的下标受动态数组的大小限制 */
123     public void add(int index, E element) {
124         rangeCheckForAdd(index);
```

```
125
126         //对数组的容量进行调整
127         ensureCapacityInternal(size+1);
128         //插入点及其后元素整体后移一位
129         System.arraycopy(elementData, index, elementData, index + 1,
130                 size-index);
131         elementData[index]=element;
132         size++;
133     }
134
135     /*删除 ArrayList 中指定下标的元素，index是被清除元素所在的下标 */
136     public E remove(int index) {
137         rangeCheck(index);
138
139         modCount++;
140         E oldValue=elementData(index);
141
142         //将元素逐个往前移一位
143         int numMoved=size-index-1;
144         if (numMoved > 0)
145             System.arraycopy(elementData, index+1, elementData, index,
146                     numMoved);
147         //删除原数组中最后一个元素
148         elementData[--size]=null;
149
150         //返回被删除的元素
151         return oldValue;
152     }
153
154     /*删除 ArrayList 中指定的元素，o 是要被清除的元素，如果成功清除则
        返回true，否则返回 false */
155     public boolean remove(Object o) {
156         if (o==null) {
157             for (int index=0; index<size; index++)
158                 if (elementData[index]==null) {
159                     fastRemove(index);
160                     return true;
161                 }
162         } else {
```

```
163             for (int index=0; index<size; index++)
164                 if (o.equals(elementData[index])) {
165                     fastRemove(index);
166                     return true;
167                 }
168         }
169         return false;
170     }
171
172     /*清除 ArrayList 中的所有元素*/
173     public void clear() {
174         modCount++;
175         //并没有直接使数组指向 null，而是逐个把元素置为空，下次使用时
            //就不用重新新建对象了
176         //将元素置为null，使得 GC 内存回收能够动作
177         for (int i=0; i<size; i++)
178             elementData[i]=null;
179         size=0;
180     }
181
182     /*根据给定的比较规则 c，对 ArrayList 中的元素进行排序 */
183     @Override
184     @SuppressWarnings("unchecked")
185     public void sort(Comparator<? super E> c) {
186         final int expectedModCount=modCount;
187         Arrays.sort((E[]) elementData, 0, size, c);
188         if (modCount!=expectedModCount) {
189             throw new ConcurrentModificationException();
190         }
191         modCount++;
192     }
193
194 }
```

ArrayList 的继承关系：JDK 中的 ArrayList 类继承自 AbstractList 类，AbstractList 是一个抽象类，提供了 List 接口的骨干实现，以最大限度地减少实现“随机访问”的数据结构（如数组）并支持该接口所需的代码量，是隶属于 Java 集合框架中根接口 Collection 的分支，由其衍生的很多子类因为拥有强大的容器

性能而被广泛应用。ArrayList 类实现了 List、RandomAccess、Cloneable、Serializable 等接口。Java 中的继承机制，有效地实现了代码重用，同时更加便于代码的修改和维护；Java 中的实现、接口等机制，接口只定义方法，没有具体的方法体，实现该接口的类可以对接口中的方法灵活地根据实际情况定义，使程序具有灵活、复用的特性。

除此之外，JDK 还对 ArrayList 的其他操作进行了定义，以方便编程时调用。由于篇幅所限，ArrayList 类其他附加操作的具体实现将不在这里赘述，感兴趣的读者可以参阅 JDK 中 ArrayList 的相关源代码。

程序 3.2 JDK 中 ArrayList 的内存增长机制

```
1    private static final Object[] DEFAULTCAPACITY_EMPTY_ELEMENTDATA={};
2    /*给 ArrayList 扩容*/
3    public void ensureCapacity(int minCapacity) {
4        int minExpand=(elementData!=DEFAULTCAPACITY_EMPTY_ELEMENTDATA)
5                //如果当前 ArrayList 不为空，则设置最小扩容量为0
6                ? 0
7                //如果当前 ArrayList 为空，则设置最小扩容量为默认大小
8                : DEFAULT_CAPACITY;
9
10       if (minCapacity > minExpand) {
11           ensureExplicitCapacity(minCapacity);
12       }
13   }
14
15   private void ensureCapacityInternal(int minCapacity) {
16       if (elementData==DEFAULTCAPACITY_EMPTY_ELEMENTDATA) {
17           //minCapacity 取与默认值之间的最大值
18           minCapacity=Math.max(DEFAULT_CAPACITY, minCapacity);
19       }
20
21       ensureExplicitCapacity(minCapacity);
22   }
23
24   private void ensureExplicitCapacity(int minCapacity) {
25       modCount++;
26
27       //overflow-conscious code
28       if (minCapacity - elementData.length > 0)
```

```
29          grow(minCapacity);
30      }
31
32      /*定义数组最大容量，由于一些 Java 虚拟机在操作数组时需要头字节，
        因此进行预留*/
33      private static final int MAX_ARRAY_SIZE = Integer.MAX_VALUE - 8;
34
35      /*对 ArrayList 进行扩容*/
36      private void grow(int minCapacity) {
37          int oldCapacity=elementData.length;
38          //设置数组新容量为旧容量的 1.5 倍
39          int newCapacity=oldCapacity + (oldCapacity >> 1);
40          //检查新容量是否大于最小需要容量，若还是小于最小需要容量，那么
            //就把最小需要容量当作数组的新容量
41          if (newCapacity - minCapacity < 0)
42              newCapacity = minCapacity;
43          //检查新容量是否超出了ArrayList所定义的最大容量
44          if (newCapacity - MAX_ARRAY_SIZE > 0)
45              //若超出，则调用 hugeCapacity()
46              newCapacity = hugeCapacity(minCapacity);
47          //使用 Arrays.copyOf 方法来生成新的数组对象，copyOf也完成了将
            //旧的数据复制到新数组的工作
48          elementData=Arrays.copyOf(elementData, newCapacity);
49      }
50
51      private static int hugeCapacity(int minCapacity) {
52          if (minCapacity < 0)
53              //数组容量过大，抛出内存溢出异常
54              throw new OutOfMemoryError();
55          //比较 minCapacity 和 MAX_ARRAY_SIZE,
56          //如果 minCapacity 大于最大容量，则新容量为整数最大值，否则新
            //容量大小为整数最大值 - 8
57          return (minCapacity > MAX_ARRAY_SIZE) ?
58                  Integer.MAX_VALUE :
59                  MAX_ARRAY_SIZE;
60      }
```

内存自动增长机制：ArrayList 的内存自动增长是通过 ArrayList 类内私有方法 arraylist.grow() 函数和外部的一些判断方法实现的，程序 3.2 中展示了 JDK

中 ArrayList 内存增长机制的方法。该方法可以将 ArrayList 的容量扩展为原来的 1.5 倍，如果新容量小于指定的 minCapacity，那么就扩展容量为指定的 minCapacity 大小，整数 newCapacity 表示内存扩展后的 ArrayList 容量。使用 Arrays.copyOf 方法来生成新的数组对象，copyOf 也完成了将旧的数据复制到新数组的工作。如果新容量超出了 ArrayList 类所定义的最大容量，则调用 hugeCapacity 函数进行处理。

程序 3.3 JDK 中 ArrayList 的 add 方法

```
1      /*在 ArrayList 的尾部添加一个数据*/
2      public boolean add(E e) {
3          ensureCapacityInternal(size+1);
4          elementData[size++]=e;
5          return true;
6      }
7
8      /*在指定的下标位置插入一个数据，插入点的下标受动态数组的大小限制*/
9      public void add(int index, E element) {
10         rangeCheckForAdd(index);
11
12         //对数组的容量进行调整
13         ensureCapacityInternal(size+1);
14         //插入点及其后元素整体后移一位
15         System.arraycopy(elementData, index, elementData, index+1,
16                 size-index);
17         elementData[index]=element;
18         size++;
19     }
```

程序 3.4 传统 C 语言中 ArrayList 的 add 方法

```
1 #include <stdlib.h>
2 #include <string.h>
3 #include "arraylist.h"
4 #define MIN_LENGTH 5
5
6 int arraylist_insert(ArrayList *arraylist, unsigned int index,
7                      ArrayListValue data){
8   if (index>arraylist->length) /*检查下标是否越界 */
9      return 0;
```

```
10   if (arraylist->length+1 >arraylist->_alloced)
     /*必要时扩展数组长度 */
11       if (!arraylist_enlarge(arraylist))
12           return 0;
13   /*把待插入位置及之后的数组内容后移一位 */
14   memmove(&arraylist->data[index+1],&arraylist->data[index],
15           (arraylist->length-index) *sizeof(ArrayListValue));
16   arraylist->data[index]=data; /*在下标为index的位置插入数据 */
17   ++arraylist->length;
18   return 1;
19 }
20
21 int arraylist_append(ArrayList*arraylist, ArrayListValue data){
22   return arraylist_insert(arraylist, arraylist->length, data);
23 }
24
25 int arraylist_prepend(ArrayList*arraylist, ArrayListValue data){
26   return arraylist_insert(arraylist, 0, data);
27 }
```

使用 ArrayList 的注意点：JDK 中的 arraylist.add(E e) 方法可以在 ArrayList 的尾部添加一个数据，而 arraylist.add(int index, E element) 方法可以在指定的下标位置插入一个数据，插入点的下标受动态数组的大小限制。类比于传统 C 语言中的 arraylist_append 和 arraylist_prepend 两种操作，其中 arraylist_append 方法与 arraylist.add(E e) 的地位等同，而 arraylist_prepend 方法可以在使用 arraylist.add(int index, E element) 方法时设置 index 索引为 0 来达到与 C 语言同样的效果。

在 JDK 中，对 ArrayList 元素的插入方式从计算上来说是昂贵的，因为它需要移动在指定位置上以及指定位置后面的那些元素到一个更高的位置。插入操作可能要求增加容量，而扩充容量的代价是非常大的，因此要尽量避免频繁扩充容量的操作。这里采取的措施是：如果容量被扩充，那么它就要变成原来大小的 1.5 倍，这样，除非大小急剧增加，否则新扩充的容量一般是够用的。ArrayList 构造函数 ArrayList(int initialCapacity) 中，初始容量 initialCapacity 的合理设置能够降低 ArrayList 扩容的概率，ArrayList 的默认容量由 DEFAULT_CAPACITY 变量指定，默认值为 10。一般来说，如果 ArrayList 反复扩容，会对程序的运行效率产生影响。所以在初始化 ArrayList 的时候，尽量根据要处理的数据量大小设置初始容量，避免 ArrayList 频繁扩容。

arraylist.remove(int index) 的部分操作类似于 arraylist.add()，只是那些位于指定位置上或指定位置后的元素向低位移动一个位置。

Java 的内存分配与回收全部由 JVM 垃圾回收进程自动完成。与 C 语言不同，Java 开发者不需要自己编写代码实现垃圾回收。作为一个自动的过程，程序员不需要在代码中显式地启动垃圾回收过程。但 System.gc() 和 Runtime.gc() 可以在程序中使用，以请求 JVM 启动垃圾回收。因此，只要在 JDK 的 ArrayList 实现中将需要回收的变量置为 null，就可以等待 JVM 自动启动内存回收，JVM 也会自动进行其他变量的内存管理，因此不需要单独编写释放内存的函数。

3.4 链表及其实现

3.4.1 链表的思想

顺序表进行数组元素的插入和删除操作时，会引起大量数据的移动，从而使简单的数据处理变得非常复杂、低效，为了能有效地解决这些问题，一种称为链表的数据结构应运而生。链表是一种物理存储单元非连续、非顺序的存储结构，数据元素的逻辑顺序是通过链表中的指针链接次序实现的。链表由一系列**节点**（链表中每一个元素称为一个节点）组成，节点可以在运行时动态生成。每个节点包括两部分：一个是存储数据元素的数据域，另一个是指向下一个节点的指针域。指针域记录了下一个节点的地址，有了这个地址之后，所有的数据就像一条链子一样串起来了。图 3.1 展示了**链表** (linked list) 的一般想法。这里最后一个节点的指针域是一个空指针。

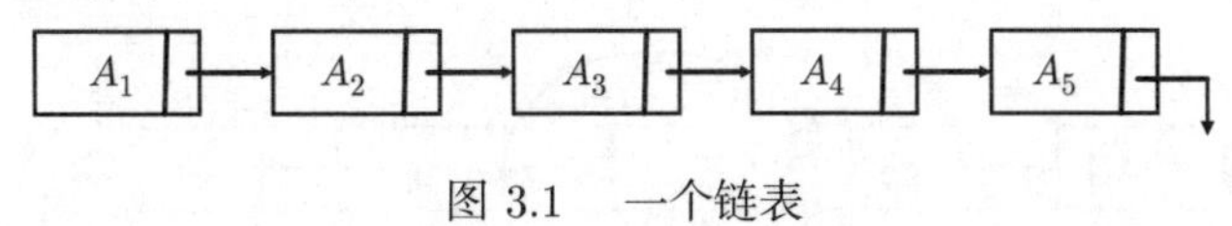

图 3.1 一个链表

使用链表结构可以克服顺序表需要预先知道数据大小的缺点，链表结构可以充分利用计算机内存空间，实现灵活的内存动态管理。链表允许插入和删除表上任意位置上的节点，但是其失去了数组随机读取的优点，同时链表由于增加了节点的指针域，空间开销比较大。

链表有很多种不同的类型：单向链表、双向链表及循环链表。

3.4.2 单向链表

这里简单复习下 C 语言中指针的知识。指针变量就是存储另外某个变量地址的变量。如果 P 被声明为指向一个结构体的指针，那么存储在 P 中的值就表示主存中的一个位置，在该位置上能够找到一个结构体，该结构体的一个域可以通

过 $P \to$ FieldName 访问，其中 FieldName 是要考查的域的名字。图 3.2 指出了图 3.1 中链表的具体表示。这个链表含有五个结构，在内存中分配给它们的位置分别是 1000、800、712、992 和 692。第一个结构的指针含有值 800，它提供了第二个结构所在的位置。其余每个结构也都有一个指针实现类似的目的。当然，访问该链表需要知道在哪里能够找到第一个节点。最重要的是要记住，一个指针就是一个数（地址）。本章其余部分将用箭头画出指针，因为这样更加直观。

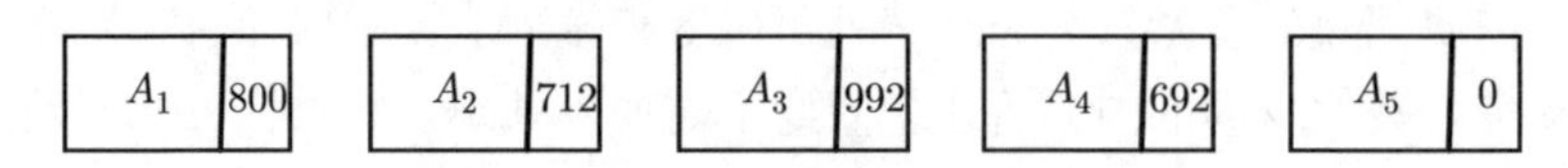

图 3.2　带有指针具体值的链表

实际上，链表中的每个节点可以有若干个数据和若干个指针。在 Java 中，并没有显式地使用指针，而且不允许编程的过程中使用指针。但实际上，在 Java 中对一个对象的访问就是通过指针来实现的，一个对象会从实际的存储空间的某个位置开始占据一定的存储体，该对象的指针就是一个保存了对象的存储地址的变量，并且这个存储地址就是对象在存储空间中的起始地址。许多高级语言中指针是一种数据类型，在 Java 中是使用对象引用来替代的。因此，C 语言中的指针可以用 Java 中的对象引用来等效，为了与传统数据结构的说法统一，本章其余部分将继续沿用指针的说法，而实际编程中采用 Java 的对象引用来实现。

节点中只有一个指针的链表称为**单向链表**，这是最简单的链表结构。单向链表的删除节点操作可以通过修改一个指针来实现。图 3.3 给出了在原链表中删除第三个节点的结果。

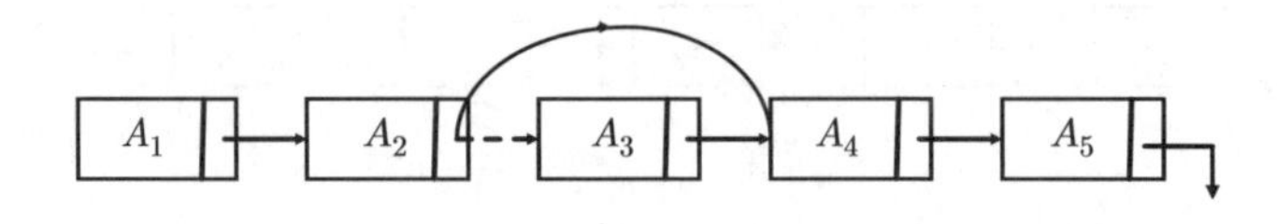

图 3.3　从链表中删除节点

插入操作需要先创建一个新节点（后面将详细论述）并在此后执行两次指针调整。其一般想法在图 3.4 中给出，其中的虚线表示原来的指针。

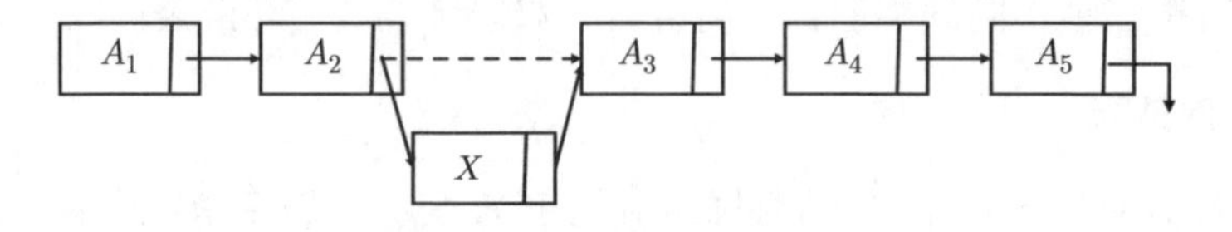

图 3.4　向链表插入新节点

3.4.3 单向链表 ADT

作为一个例子，本书将把单向链表 ADT 的一些例程编写出来。首先，在程序 3.5 中给出本书要用的声明。按照 Java 语言的约定，单向链表 ADT 函数的原型都列在**接口** (interface) 中。程序 3.6 给出的具体的**节点**（node）声明则定义在链表实际实现类 SingleLinkedList 的**成员内部类** (inner class)Node 中。

程序 3.5 单向链表 ADT

```
1 interface SingleLinkedListInterface<T> {
2
3     //判断链表是否为空，空表返回 true
4     boolean isEmpty();
5
6     //判断 node 是否为链表中的最后一个节点，如果是最后一个节点返回 true
7     boolean isLast(SingleLinkedList<T>.Node node);
8
9     //获取链表头
10    SingleLinkedList<T>.Node getFirst();
11
12    //由于在迭代器里面表头可能会改变，所以需要链表中设置表头的方法
13    void setFirst(SingleLinkedList<T>.Node headPointer);
14
15    //添加新节点到表头部，返回指向新节点的指针
16    SingleLinkedList<T>.Node prepend(T obj);
17
18    //添加新节点到表尾部，返回指向新节点的指针
19    SingleLinkedList<T>.Node append(T obj);
20
21    //在节点 targetNode 之后插入一个新的节点 obj，返回新节点
22    SingleLinkedList<T>.Node insert(SingleLinkedList<T>.Node
      targetNode, T obj);
23
24    //从链表中移除一个节点，找到并移除后返回 true，否则返回 false
25    boolean remove(SingleLinkedList<T>.Node node);
26
27    //在链表头删除元素
28    T removeHead();
29
30    //清空链表
```

```
31      void clear();
32      void free();
33
34      //返回第 n 个节点的对象，如果序号超出范围则抛出异常
35      SingleLinkedList<T>.Node getNthEntry(int n);
36
37      //返回链表的长度
38      int length();
39
40      //创建一个包含链表中内容的数组，返回新建的数组，数组长度与链表相等
41      @SuppressWarnings("unchecked")
42      T[] toArray(Class<T> type);
43
44      //查找指定元素的节点，返回找到的第一个节点，若未找到返回 null
45      //对元素相等与否的判断可以通过重写 Object 的 equal 方法来实现
46      SingleLinkedList<T>.Node findData(T obj);
47
48      Iterator iterator();
49
50      /*初始化一个链表迭代器，用于遍历链表*/
51      abstract class Iterator<T> {
52
53          //把迭代器复位放在链表头
54          abstract void reset();
55
56          //判断链表中是否还有更多数据待遍历，没有返回 false，否则返回 true
57          abstract boolean hasNext();
58
59          //用链表迭代器获取链表中的下一个节点
60          abstract T next();
61
62          //用链表迭代器获取当前节点的内容
63          abstract T get();
64
65          //在当前节点后插入新的节点
66          abstract void insertAfter(T object);
67
68          //在当前节点前插入新的节点
```

```
69          abstract void insertBefore(T object);
70
71          //删除当前遍历到的位置的节点（最后一次从迭代器返回的数据）
72          abstract T removeCurrent();
73      }
74 }
```

程序 3.6 单向链表的节点结构

```
 1 //链表的每个节点类
 2 public class Node {
 3     //每个节点的数据
 4     private T data;
 5     //每个节点指向下一个节点的链接
 6     private Node next=null;
 7
 8     private Node(T data) {
 9         this.data=data;
10     }
11
12     //获得某节点的下一个节点
13     public Node getNext() {
14         return next;
15     }
16
17     //获得某节点存储的数据
18     public T getData() {
19         return data;
20     }
21 }
```

第一个例程的功能是删除链表 SingleLinkedList 中的节点，此方法采用两个指针 previous 和 current 来记录当前节点的前驱节点和当前节点。其中找到特定节点的前驱节点是一个很常用的功能，因此也可以将例程中的循环结构编写成一个独立的函数 findPrevious。删除例程在程序 3.7 中给出，findPrevious 在程序 3.8 中给出。

程序 3.7 链表的删除例程

```
1      //从链表中移除一个节点，找到并移除后返回 true，否则返回 false
2      public boolean remove(Node node) {
```

```
3        T value=node.data;
4        if (size==0) {
5            return false;
6        }
7        Node current=head;
8        Node previous=head;
9        while (!current.data.equals(value)) {
10           if (current.next==null) {
11               return false;
12           } else {
13               previous=current;
14               current=current.next;
15           }
16       }
17       //current 为待删除的节点
18       if (current==head) {
19           //如果删除的节点是第一个节点
20           head=current.next;
21       } else {
22           //删除的节点不是第一个节点
23           previous.next=current.next;
24       }
25       //current 等待 GC 回收
26       size--;
27       return true;
28   }
```

程序 3.8 寻找特定节点的前驱节点

```
1    //查找 node 节点的前驱节点，采用两个指针 current 和 previous 进行，
     //未找到返回 null
2    public Node findPrevious(Node node) {
3        T value=node.data;
4        if (size==0) {
5            return null;
6        }
7        Node current=head;
8        Node previous=head;
9        while (!current.data.equals(value)) {
```

```
10            if (current.next==null) {
11                return null;
12            } else {
13                previous=current;
14                current=current.next;
15            }
16        }
17        return previous;
18    }
```

第二个例程是插入例程。该例程要求插入的节点与节点指针 targetNode 一起传入，insert 函数将一个节点插入 targetNode 所指的位置之后，这意味着插入操作如何实现并没有确定的规则，也有可能将新节点插入 targetNode 所指的位置之前，但是这么做需要知道 targetNode 前面的节点，这可以通过调用 findPrevious 实现。因此，重要的是要清楚地说明自己的目的。程序 3.9 所示的程序可以完成这些任务。

程序 3.9 链表的插入例程

```
1  //在节点 targetNode 之后插入一个新的节点 obj，返回新节点
2  public Node insert(Node targetNode, T obj) {
3      Node newNode=new Node(obj);
4      newNode.next=targetNode.next;
5      targetNode.next=newNode;
6      size++;
7      return newNode;
8  }
```

在插入和删除的算法中，相比于 C 语言数据结构，Java 语言不需要使用函数 malloc 和 free 来申请和释放内存，通常在设有指针数据类型的高级语言中均存在与其相应的过程或函数，在 Java 中这个过程由 Java 虚拟机自动完成。在节点对象需要使用时，Java 虚拟机会自动分配内存；而在节点对象不再需要使用时，Java 虚拟机会通过 GC 自动释放内存。因此，单向链表和顺序存储结构不同，它是一种动态结构。整个可用存储空间可被多个链表共同享用，每个链表占用的存储空间可以不预先分配划定，而由系统因需求即时生成。因此，建立线性表的链式存储结构的过程就是一个动态生成链表的过程。即从空表的初始状态起，依次建立各节点，并逐个插入链表。

第三个例程是测试空表的。很容易写出程序 3.10 中的函数。

程序 3.10 测试一个链表是不是空表的函数

```
1   //判断链表是否为空，空表返回 true
2   public boolean isEmpty() {
3       return size==0;
4   }
```

下一个函数在程序 3.11 中展示出，假设某个节点是存在的，该函数测试当前的节点是不是链表的最后一个节点。

程序 3.11 测试当前节点是不是链表的最后一个节点函数

```
1   //判断 node 是否为链表中的最后一个节点，如果是最后一个节点返回 true
2   public boolean isLast(Node node) {
3       return node.next==null;
4   }
```

下一个例程是 findData。findData 在程序 3.12 中表示出来，该例程将返回具有特定值的某个节点在链表中的位置。

程序 3.12 findData 函数

```
1   //查找指定元素的节点，返回找到的第一个节点，若未找到返回 null
2   //对元素相等与否的判断可以通过重写 Object 的 equal 方法来实现
3   public Node findData(T obj) {
4       Node current=head;
5       int tempSize=size;
6       while (tempSize>0) {
7           if (obj.equals(current.data)) {
8               return current;
9           } else {
10              current=current.next;
11          }
12          tempSize--;
13      }
14      //特定值未找到
15      return null;
16  }
```

由于链表中的各个节点是由指针链接在一起的，其存储单元地址不是连续的，所以，对其中任意节点的地址无法像数组一样，用一个简单的公式计算出来进行随机访问。因此，如图 3.5 所示，只能从链表的头指针（即 Header）开始，用一

个指针 p 先指向第一个节点，然后根据节点 p 找到下一个节点，以此类推，直至找到所要访问的节点或到最后一个节点（指针为空）。有些编程人员发现以递归编写 findData 例程很方便，因为这样能避免冗长的终止条件。但是，在后面的章节中可以看到，这是一个非常不好的想法，要尽可能去避免它。

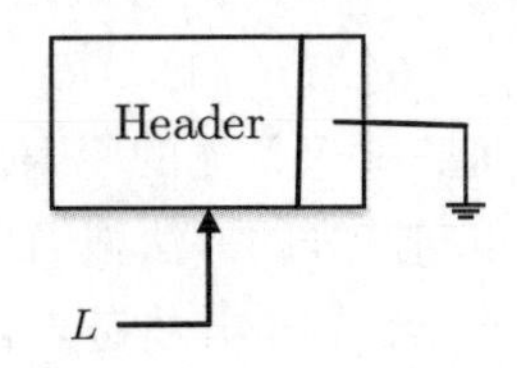

图 3.5 带有表头的空表

在最后一个例程中，我们对单向链表的**迭代器** (iterator) 做一个介绍。迭代器可以在链表上遍历所有节点，迭代器的结构已经在程序 3.5 中给出，next() 方法可以让迭代器返回每个节点的数据，并遍历到这个节点的下一个节点。

程序 3.13 迭代器遍历到下一个节点函数

```
1    //用链表迭代器获取链表中的下一个节点
2    public T next() {
3        if (hasNext()) {
4            T data=current.data;
5            previous=current;
6            current=current.next;
7            return data;
8        } else {
9            throw new NoSuchElementException("Illegal call to next();
             " + "iteration is after end of list.");
10       }
11   }
```

除了 findData 和 remove（当然也包括 findPrevious）例程，已经编码的所有操作所需要的运行时间均为 $O(1)$。因为无论在什么情况下，不管链表多大，都执行固定数目的指令。对于 findData 和 remove 例程，在最坏的情况下的运行时间是 $O(n)$，此时，要寻找的节点不存在于链表中或者位于链表末尾，那么遍历整个链表是有可能的。平均情况下，运行时间是 $O\left(\frac{n}{2}\right)$，也属于多项式时间复杂度 $O(n)$ 的范畴，因为平均需要扫描半个链表。

在程序 3.5 中列出的其他函数实现也很简单，这里将这些作为练习留给读者。

3.4.4　常见的错误

相比于 C 语言，Java 的内存请求和释放都是由 Java 虚拟机完成的，因此编程者在实际编程过程中不需要为指针变量申请内存，也不需要在变量不使用时释放内存。为此也可以避免出现 C 语言中经常抛出的能导致程序崩溃的错误，如 memory access violation 或 segmentation violation，在 C 语言中，这种信息通常都意味着指针变量包含了伪地址，一个常见的原因是变量初始化失败。而相比于 C 语言，在 Java 中删除一个单向链表的方法很简单，只需要遍历链表的每一个节点，清空其数据，再将链表头指针置空并将链表长度置为 0，Java 虚拟机就会自动进行内存回收。必要时还可以调用 System.gc()，向 Java 虚拟机提出内存回收申请。

程序 3.14 是删除整个链表的方法。Java 虚拟机处理闲置空间的工作未必很快完成，因此需要检查处理的程序是否会引起性能的下降，如果是，则需要进行周密的考虑。

程序 3.14　删除链表的正确方法

```
1   //清空链表
2   public void clear(){
3       free();
4       head=null;
5       size=0;
6   }
7
8   public void free(){
9       Node newNode=head;
10      Node temp;
11      //遍历所有节点，释放内存
12      while(newNode != null) {
13          temp=newNode.next;
14          newNode.data=null;
15          newNode=temp;
16      }
17  }
```

3.4.5　模块化设计

软件模块化的原则是随着软件的复杂性诞生的，模块化是解决软件复杂性的重要方法之一。程序设计的基本法则之一是：单个程序文件不宜过长。有些程序

员会把函数控制在一页内，这可以通过把程序分割为一些**模块** (module) 来实现。每一个模块都是一个逻辑单元并执行某个特定的任务，它们通过调用其他模块而使自身保持很小。模块化有以下几个优点。

（1）调试一个小程序的难度要低于调试一个大程序。

（2）当多个人对一个模块化程序进行编程时，编程难度大大降低。

（3）一个好的模块化程序把所涉及的依赖关系局限在一个例程中，这使修改程序变得更加容易。

例如，需要编写一种固定格式的输出，那么只需要用一个例程去实现它。但是，如果输出的相关语句分散在程序各处，那么修改所需要的时间将会大大增加。由此可知，全局变量的存在将会对模块化产生一些副作用。程序设计中模块划分应遵循的准则是：高内聚、低耦合。内聚是从功能角度来度量模块内的联系的，一个好的内聚模块应当恰好做一件事，它描述的是模块内的功能联系。耦合是软件结构中各模块之间相互连接的一种度量，耦合的强弱取决于模块间接口的复杂程度、进入或访问一个模块的点以及通过接口的数据。

3.4.6 双向链表

前面讨论的链式存储结构的节点中只有一个直接后继的指针域，由此，从某个节点出发只能顺指针往后巡查其他节点。若要巡查节点的直接前驱，则需从表头指针出发。为了克服单向链表的这种单向性缺点，可以使用双向链表。顾名思义，双向链表是在单向链表数据结构上附加一个域，使它包含指向前一个节点的指针。它的开销增加了一个附加的链，增加了对空间的需求，同时也使插入和删除的运行时间增加了一倍，因为有更多的指针需要定位。但是，它简化了删除操作，因为一个指向前驱节点的指针的信息都是现成的。图 3.6 表示一个**双向链表** (doubly linked list)。

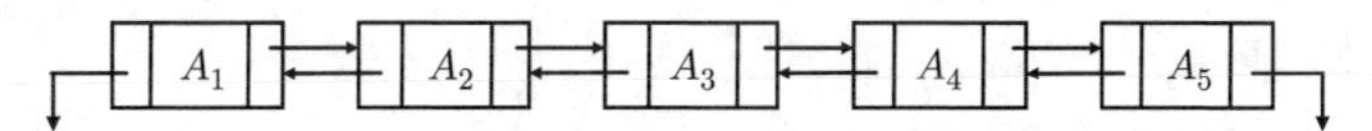

图 3.6 一个双向链表

在双向链表中，有些操作如获取链表的长度等，仅需涉及一个方向的指针，它们的算法描述和单向链表的操作相同。但双向链表在插入、删除时有很大的不同，在双向链表中需同时修改两个方向上的指针，图 3.7 和图 3.8 分别显示了删除和插入节点时指针修改的情况。

在 JDK 中提供了双向链表实现的一个类 LinkedList，其中对双向链表中节点的定义如程序 3.15 所示，可以看到每个节点有三个数据项，分别存储当前节点的数据、后一个节点的指针和前一个节点的指针。

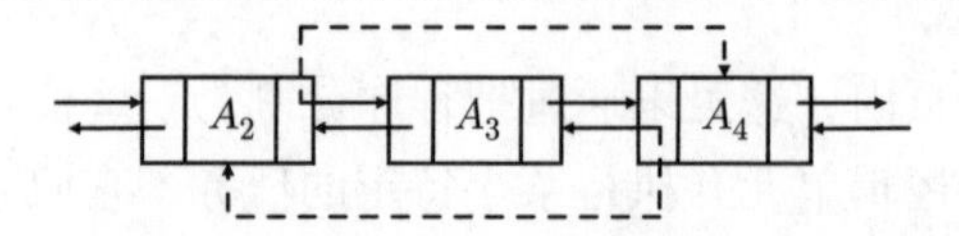

图 3.7 在双向链表中删除一个节点时指针的变化状况

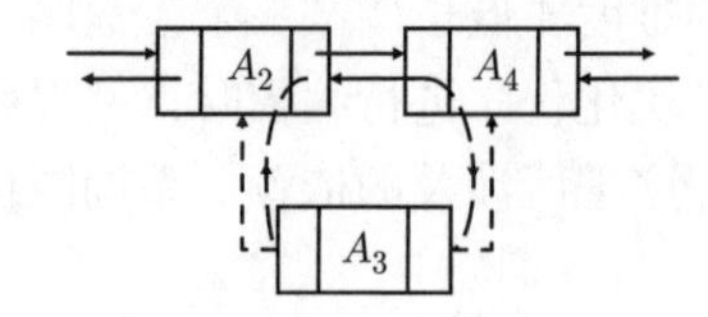

图 3.8 在双向链表中插入一个节点时指针的变化状况

程序 3.15 JDK 中对双向链表节点的定义

```
 1 private static class Node<E> {
 2     E item;
 3     Node<E> next;
 4     Node<E> prev;
 5
 6     Node(Node<E> prev, E element, Node<E> next) {
 7         this.item=element;
 8         this.next=next;
 9         this.prev=prev;
10     }
11 }
```

对双向链表进行删除和插入节点的算法分别如程序 3.16 和程序 3.17 所示，两者的时间复杂度均为 $O(n)$。

程序 3.16 删除节点的算法

```
 1    //移除指定下标位置的节点，其后元素整体前移一位，移除点的下标需合法
      //返回移除的节点数据
 2    public E remove(int index) {
 3        //检查传入下标的合法性
 4        checkElementIndex(index);
 5        return unlink(node(index));
 6    }
 7
 8    //取消链表中非空节点 x 的链接
 9    E unlink(Node<E> x) {
10        //缓存待移除节点的信息
11        final E element=x.item;
```

```
12        final Node<E> next=x.next;
13        final Node<E> prev=x.prev;
14
15        if (prev==null) {
16            //如果待移除节点是头节点的处理方法
17            first=next;
18        } else {
19            prev.next=next;
20            x.prev=null;
21        }
22
23        if (next==null) {
24            //如果待移除节点是尾节点的处理方法
25            last=prev;
26        } else {
27            next.prev=prev;
28            x.next=null;
29        }
30
31        //设置节点数据为空，等待GC回收
32        x.item=null;
33        //更新链表长度统计变量和操作数统计变量
34        size--;
35        modCount++;
36        //返回被删除的节点信息
37        return element;
38    }
```

程序 3.17 插入节点的算法

```
1     //在指定的下标位置插入一个数据，插入点及其后元素整体后移一位，插入
      //点的下标需合法
2     public void add(int index, E element) {
3         //检查下标的合法性
4         checkPositionIndex(index);
5
6         if (index==size)
7             //在链表的末尾追加节点
8             linkLast(element);
9         else
```

```
10            //在链表的中间增加节点
11            linkBefore(element, node(index));
12    }
13
14    //在链表的最后追加一个元素
15    void linkLast(E e) {
16        //last 是指向最后一个元素的指针
17        final Node<E> l=last;
18        //创建新节点
19        final Node<E> newNode=new Node<>(l, e, null);
20        last=newNode;
21        if (l==null)
22            //如果链表为空，则设置链表头指针也为新增节点
23            first=newNode;
24        else
25            //如果链表不为空，则将新增节点链接到原始链表末尾
26            l.next=newNode;
27        //更新链表长度统计变量
28        size++;
29        modCount++;
30    }
31
32    //在指定非空节点之前增加一个节点
33    void linkBefore(E e, Node<E> succ) {
34        //获取目标节点的前驱节点
35        final Node<E> pred=succ.prev;
36        //创建新节点
37        final Node<E> newNode=new Node<>(pred, e, succ);
38        //设置目标节点的前驱节点为创建的新节点
39        succ.prev=newNode;
40        if (pred==null)
41            //如果目标节点为链表头节点，则重新设置链表头节点为创建的
              //新节点
42            first=newNode;
43        else
44            //将创建的新节点链接入链表
45            pred.next=newNode;
46        //更新链表长度统计变量和操作数统计变量
```

```
47          size++;
48          modCount++;
49      }
```

3.4.7 循环链表

循环链表是让最后一个节点反过来指向第一个节点，整个链表形成一个环。循环链表可以有表头，也可以没有表头（若有表头，则最后的节点就指向它），并且还可以是双向链表（第一个节点的前驱节点指针指向最后的节点）。这无疑会影响某些测试，但是这种结构在某些应用程序中很适用。循环链表的特点是无须增加存储量，仅对链表的链接方式稍作改变，即可使链表处理更加方便灵活。在单向链表中，从一个已知节点出发，只能访问到该节点及其后续节点，无法找到该节点之前的其他节点。而在单循环链表中，从任一节点出发都可访问到表中所有节点，这一优点使某些运算在单循环链表上易于实现。图 3.9 展示了一个无表头的双向循环链表。

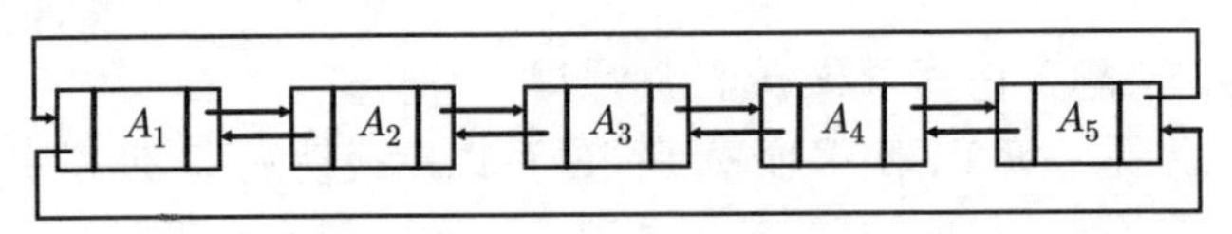

图 3.9　一个无表头的双向循环链表

循环链表的操作和线性链表基本一致，差别仅在于算法中的循环条件不是 p 或 $p \rightarrow$next 是否为空，而是它们是否等于头指针。但有的时候，若在循环链表中设立尾指针而不设立头指针（图 3.10(a)），可使某些操作简化。例如，将两个线性表合并成一个线性表时，仅需将一个线性表的表尾和另一个线性表的表头相接。当线性表以图 3.10(a) 的循环链表做存储结构时，这个操作仅需改变两个指针值即可，运算时间为 $O(1)$。合并后的循环链表如图 3.10(b) 所示。

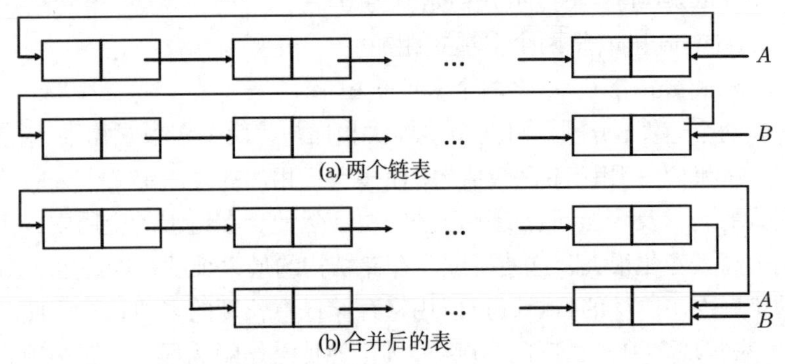

图 3.10　仅设尾指针的循环链表

3.5　链表应用实例

本节提供三个使用链表的例子：第一个例子是实现一元多项式的简单方法；第二个例子是音乐播放列表的例子；第三个例子是一个复杂的例子，它说明链表如何应用于大学的课程注册。

3.5.1　一元多项式

符号多项式的操作已经成为链表处理的典型用例。在数学上，一个一元多项式 $P_n(x)$ 可按升幂写成：

$$P_n(x) = p_0 + p_1x + p_2x^2 + \cdots + p_nx^n$$

它由 $n+1$ 个系数唯一确定。因此，在计算机中，它可用一个线性表 P 来表示：

$$P = [p_0, p_1, p_2, \cdots, p_n]$$

每一项指数 i 隐含在其系数 p_i 的序号里。

假设 $Q_m(x)$ 是一元 m 次多项式，同样可以用线性表 Q 来表示：

$$Q = [q_0, q_1, q_2, \cdots, q_n]$$

一般地，设 $m < n$，则两个多项式相加的结果 $R_n(x) = P_n(x) + Q_m(x)$，可用线性表 R 表示：

$$R = [p_0 + q_0, p_1 + q_1, p_2 + q_2, \cdots, p_n + q_n]$$

一元多项式的 ADT 如下。

polynomial.zero()：将多项式初始化为 0。

polynomial.add()：将两个多项式相加。

polynomial.multiply()：将两个多项式相乘。

其中有两个运算，分别是将两个多项式相加与将两个多项式相乘。显然，可以对上述 P、Q 和 R 采用顺序存储结构，使多项式相加的算法定义十分简单。至此，一元多项式的表示及相加问题似乎已经解决。然而，在通常的应用中，多项式的次数可能很高且变化很大，这使得顺序存储结构的最大长度很难确定。ArrayList 具有自动扩展占用内存的特点，可以用来存储任意长度的多项式，因此本书使用 ArrayList 来实现多项式 ADT，并编写进行各种操作的例程。一元多项式相加的实现，将相同次数的项系数相加即可；一元多项式相乘的实现，在乘法过程中会产生新的项，需要在计算完成后考虑同类项的合并。将数组多项式初始化为零的过程见程序 3.18。

加法和乘法这两种运算例程在程序 3.19 和程序 3.20 中列出。

程序 3.18 将数组多项式初始化为零的过程

```
1    public static ArrayList<Double> zero(ArrayList<Double> poly, int
     length) {
2        //清空多项式中的数据
3        poly.clear();
4        //建立对应 length 长度的多项式，并将多项式系数初始化为 0
5        for (int i=0; i<length; i++) {
6            poly.add(0.0);
7        }
8        return poly;
9    }
```

程序 3.19 两个数组多项式相加的过程

```
1    public static ArrayList<Double> add(ArrayList<Double> poly1,
     ArrayList<Double> poly2) {
2        int i, max_l, min_l;
3        //取 poly1 和 poly2 最高次数的较大者为相加后的最高次数
4        max_l=poly1.size();
5        min_l=poly1.size();
6        if (poly2.size() > poly1.size()) max_l=poly2.size();
7        if (poly2.size() < poly1.size()) min_l=poly2.size();
8
9        //初始化结果 ArrayList
10       ArrayList<Double> polySum=new ArrayList<>(max_l);
11       zero(polySum, max_l);
12
13       //开始求和
14       for (i=0; i<min_l; i++) {
15           polySum.set(i, poly1.get(i)+poly2.get(i));
16       }
17       for (i=min_l; i<max_l; i++){
18           if (poly1.size()==min_l){
19               polySum.set(i, poly2.get(i));
20           } else {
```

```
21              polySum.set(i, poly1.get(i));
22          }
23      }
24
25      return polySum;
26  }
```

程序 3.20 两个数组多项式相乘的过程

```
1   public static ArrayList<Double> multiply(ArrayList<Double> poly1,
    ArrayList<Double> poly2) {
2       int i, j, l;
3       //poly1和poly2的最高次数之和为相乘后的最高次数
4       l=(poly1.size()-1) + (poly2.size()-1) + 1;
5
6       //初始化结果 ArrayList
7       ArrayList<Double> polyMult=new ArrayList<>(l);
8       zero(polyMult, l);
9
10      //开始相乘
11      for (i=0; i<poly1.size(); i++) {
12          for (j=0; j<poly2.size(); j++) {
13              polyMult.set(i+j, polyMult.get(i+j) + poly1.get(i) *
                poly2.get(j));
14          }
15      }
16      return polyMult;
17  }
```

若忽略将输入多项式初始化为零的时间，则乘法例程的运行时间与两个输入多项式的次数的乘积成正比。它适用于大部分项都有的稠密多项式。但如果 $P_1(X) = 10X^{1000} + 5X^{14} + 1$ 且 $P_2(X) = 3X^{1990} - 2X^{1492} + 5$，那么运行时间就会过长了。可以看出，大部分的时间都花在了多项式初始化和零元素相乘上，这些工作大部分没有意义。

针对上述问题，可使用单向链表实现多项式 ADT。多项式的每一项含在一个节点中，并且这些节点以次数递减的顺序排序。例如，图 3.11 中的链表表示 $P_1(X)$ 和 $P_2(X)$。此时可以使用程序 3.21 的声明。

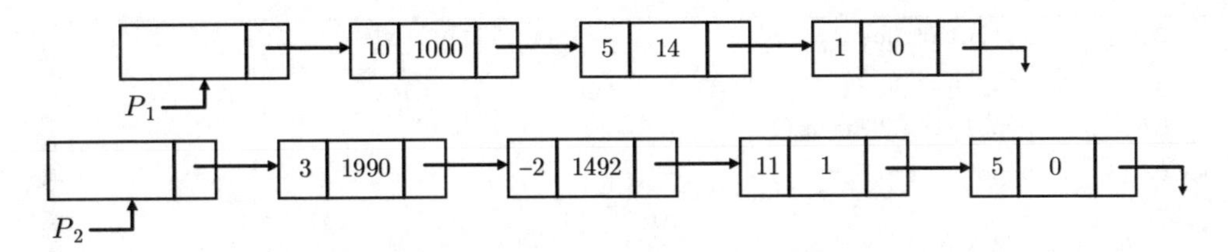

图 3.11 两个多项式的链表表示

程序 3.21 多项式 ADT 链表实现的类型声明

```
1    public static class PolyList extends SingleLinkedList<PolyNode> {
2
3    }
4
5    public static class PolyNode {
6        private double coefficient;    //系数
7        private int exponent;    //指数
8
9        public PolyNode() {
10
11       }
12
13       public PolyNode(double coefficient, int exponent) {
14           this.coefficient=coefficient;
15           this.exponent=exponent;
16       }
17
18   }
```

将多项式初始化为零和加法这两种操作的例程在程序 3.22 和程序 3.23 中列出。

程序 3.22 将链表多项式初始化为零的过程

```
1    public static PolyList zero(PolyList poly) {
2        poly.clear();
3        return poly;
4    }
```

程序 3.23 两个链表多项式相加的过程

```
1    public static PolyList add(PolyList poly1, PolyList poly2) {
2        PolyList polySum=new PolyList();
```

```
3         PolyList.Node p, q;
4         PolyNode newNode;
5         p=poly1.getFirst();
6         q=poly2.getFirst();
7
8         while (p != null && q != null) {    //两个多项式链表均还有数据
9             newNode=new PolyNode();
10            //指数相等则系数相加，存入新多项式中
11            if (p.getData().exponent==q.getData().exponent) {
12                newNode.coefficient=p.getData().coefficient+ q.getData
                  ().coefficient;
13                newNode.exponent=p.getData().exponent;
14                p=p.getNext();
15                q=q.getNext();
16            }
17            //指数不相等则先存入指数较大的项
18            else if (p.getData().exponent > q.getData().exponent) {
19                newNode.coefficient=p.getData().coefficient;
20                newNode.exponent=p.getData().exponent;
21                p=p.getNext();
22            } else {
23                newNode.coefficient=q.getData().coefficient;
24                newNode.exponent=q.getData().exponent;
25                q=q.getNext();
26            }
27            if (newNode.coefficient==0) {    //系数为0的项不存储
28                newNode=null;
29                continue;
30            }
31            polySum.prepend(newNode);
32        }
33        //仅多项式A还有剩余数据
34        while (p!=null) {
35            newNode=new PolyNode();
36            newNode.coefficient=(p.getData()).coefficient;
37            newNode.exponent=(p.getData()).exponent;
38            p=p.getNext();
39            polySum.prepend(newNode);
40        }
```

```
41        //仅多项式B还有剩余数据
42        while (q!=null) {
43            newNode=new PolyNode();
44            newNode.coefficient=(q.getData()).coefficient;
45            newNode.exponent=(q.getData()).exponent;
46            q=q.getNext();
47            polySum.prepend(newNode);
48        }
49
50        return polySum;
51    }
```

上述操作较易实现，唯一的困难在于，两个多项式相乘所得到的多项式必须合并同类项。它可以由多种方法实现，这里把它留作练习。

3.5.2 音乐播放列表排序

我们平时使用音乐播放器时，播放列表中的歌曲可以很方便地进行增添、删除、去重等操作。其本质都可以抽象成一个双向链表。本书用 JDK 中的双向链表实现最常播放的音乐放在播放列表的头部的功能，其基本思想是：如果某个节点的使用频率不为 0，则定义一个向链表头移动的游标，寻找一个比该节点使用频率高的节点，将该节点插到已找到的节点之后即可。程序 3.24 是音乐播放列表类，程序 3.25 是音乐播放列表排序测试程序。

程序 3.24 音乐播放列表类

```
 1 import java.util.LinkedList;
 2
 3 public class MusicPlayList {
 4
 5     private LinkedList<Music> list;
 6
 7     public class Music{
 8         private int index;
 9         private int freq;
10     }
11
12     public MusicPlayList(){
13         //有表头的双向链表
14         this.list=new LinkedList<>();
```

```
15    }
16
17    //列表排序的函数，最终获得按照频率排序的列表
18    public void getOrder(int index) {
19        Music tempList, tempMusic=null;
20
21        //获取data对应的music结构
22        boolean hasFound=false;
23        for (Music aList: list) {
24            tempMusic=aList;
25            if (tempMusic.index==index) {
26                hasFound=true;
27                break;
28            }
29        }
30        if (!hasFound){
31            System.out.println("未找到任何节点！");
32            return;
33        }
34
35        tempMusic.freq++;
36        //开始查找播放频数正确的位置
37        for (Music bList : list) {
38            tempList=bList;
39            //从头开始向后查找，直到找到freq小于目标music的freq的内容
40            if(tempList.freq<tempMusic.freq) {
41                list.remove(tempMusic);
42                list.add(list.indexOf(tempList),tempMusic);
43                //结束循环
44                break;
45            }
46        }
47    }
48
49    //打印链表
50    public void visit() {
51        //使用迭代器输出链表
52        System.out.println("遍历输出结果:");
53        int index=0;
```

```
54          for (Music aList: list) {
55              System.out.printf("index=%d, freq=%d\n", aList.index,
                aList.freq);
56              index++;
57          }
58      }
59
60      //在列表尾部加入新的歌曲
61      public LinkedList<Music> addSong(int index, int freq) {
62          Music pMusic=new Music();
63          pMusic.index=index;
64          pMusic.freq=freq;
65          list.add(pMusic);
66          return list;
67      }
68
69  }
```

程序 3.25 音乐播放列表排序测试

```
1
2  public class MusicPlayListTest {
3
4      public static void main(String[] args) {
5          //引入MusicPlayList工具类
6          MusicPlayList musicPlayList=new MusicPlayList();
7          //加入对象
8          musicPlayList.addSong(0, 0);
9          musicPlayList.addSong(1, 0);
10         musicPlayList.addSong(2, 0);
11         musicPlayList.addSong(3, 0);
12         //执行排序
13         musicPlayList.getOrder(1);
14         musicPlayList.getOrder(1);
15         musicPlayList.getOrder(2);
16         musicPlayList.getOrder(2);
17         musicPlayList.getOrder(2);
18         //输出双向链表
19         musicPlayList.visit();
```

```
20    }
21
22 }
```

3.5.3　多重表

下面给出最后一个例子来阐述链表更加复杂的应用。一所有 40000 名学生和 2500 门课程的大学需要生成两种类型的报告：第一种报告列出每门课程的注册者，第二种报告列出每名学生注册的课程。常用的实现方式是使用二维数组。这样一个数组将会有一亿项，平均一名学生注册三门课程，因此实际上有意义的数据只有 120000 项，大约占 0.1%。

现在需要列出各门课程及每门课程所包含的学生的表，也需要每名学生及其所注册课程的相关表。图 3.12 展示了实现方法。

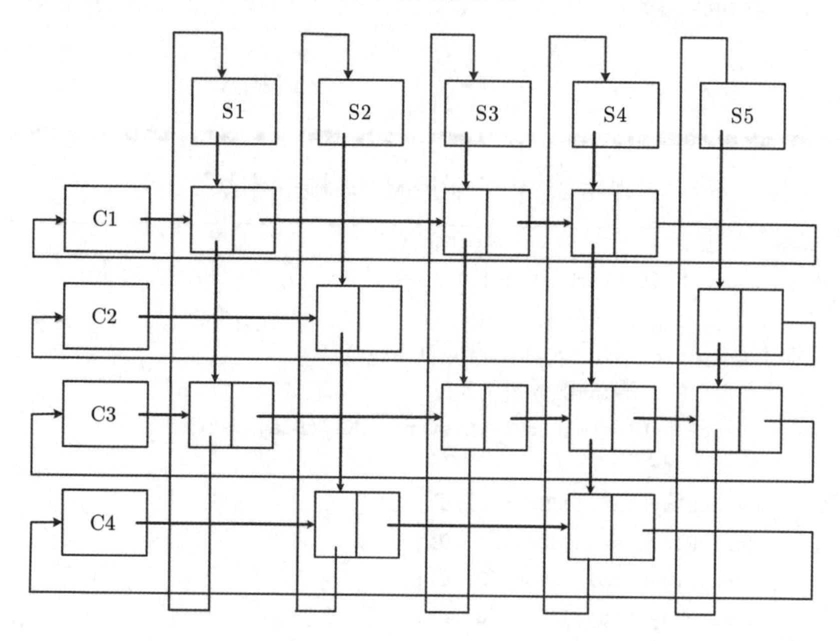

图 3.12　注册问题的多重表实现

如图 3.12 所示，这里已经把两个表合成为一个表。所有的表都各有一个表头，并且都是循环的。例如，为了列出 C3 课程的所有学生，从 C3 开始向右行进从而遍历其表。第一个节点属于学生 S1，虽然不存在明显的信息，但是可以通过跟踪该学生链表直达该表表头从而确定该学生的信息。一旦找到该学生信息，就转回到 C3 的表（在遍历该学生的表之前，记录了指针在课程表中的位置）并找到另一个节点为学生 S3，继续向右行进遍历，发现 S4 和 S5 也在该班上。对任意一名学生，也可以用类似的方法确定该学生注册的所有课程。

循环列表节省空间，但是花费时间。在最坏的情况下，如果第一名学生注册了每一门课程，那么表中的每一项都要检测以确定该生的所有课程名。因为在本例中每名学生注册的课程相对很少，并且每门课程的注册学生也很少，所以最坏的情况是不可能发生的。如果怀疑可能会产生问题，那么每一个（非表头）节点就要有直接指向学生和课程的表头指针。这将使空间的需求加倍，但是却简化并加速实现过程。关于多重表的应用，将会在第 5 章进一步讨论。

3.6 总　结

线性表是最基本、最简单、最常用的一种数据结构。线性表中数据元素之间的关系是线性的，数据元素可以看成排列在一条线上或一个环上。按照存储结构，线性表分为顺序表和链表两类。顺序表以数组为基础，通过设计相应的机制，顺序表也可以实现内存的动态增长。顺序表的优势在于数据节点的随机查找，适用于需要大量访问节点而少量插入、删除节点的程序。链表节点之间的关系用指针来表示，数据元素在线性表中的位序的概念淡化，被数据元素在线性链表中的位置所代替。链表的优势在于空间的合理利用，以及插入、删除时不需要移动等，因此在需要进行大量插入、删除节点操作而对访问节点无要求的程序场合下，它是首选的存储结构。

第 4 章　栈和队列

栈和队列是两类特殊的线性表，对它们进行插入和删除元素时只能在表的两端进行，因此它们是运算受限的线性表。栈和队列在算法设计中经常用到，是非常重要的数据结构。我们将要学习到：

（1）顺序栈和链栈的实现。

（2）栈如何应用于表达式计算。

（3）栈和递归的关系。

（4）顺序队列和链式队列的实现。

4.1　栈

4.1.1　栈的定义

栈是限定插入和删除操作都在表的同一端进行的线性表。允许插入和删除元素的一端称为栈顶，另一端称为栈底。若栈中无元素，则为空栈。设栈 $S=(a_0,a_1,\cdots,a_{n-1})$，则称 a_0 是栈底元素，a_{n-1} 是栈顶元素。若元素 $a_0,a_1,\cdots,a_{n-1}$ 依次进栈，则出栈的顺序与进栈相反，即元素 a_{n-1} 必定最先出栈，然后 a_{n-2} 才出栈，如图 4.1 所示。栈是一种具有**后进先出** (last in first out，LIFO) 特点的线性数据结构。

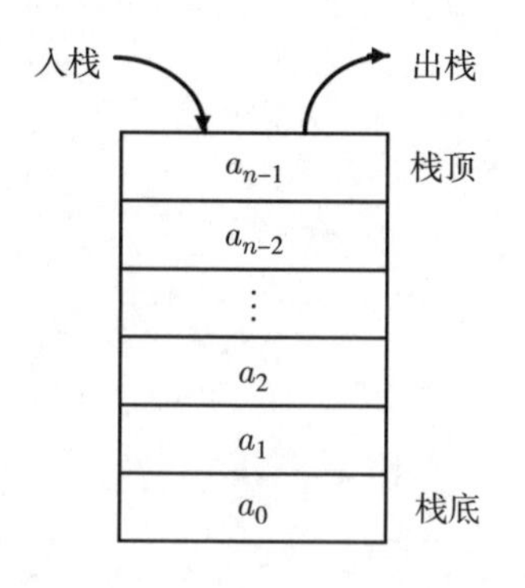

图 4.1　栈的示意图

4.1.2 栈 ADT

栈的基本操作除了插入和删除外，还有建立和查找等，栈 ADT 定义如下。

Stack：建立一个空栈。

push：在栈顶插入元素 x（入栈）。

pop：从栈中删除栈顶元素（出栈）。

peek：返回栈顶元素。

empty：判断栈是否为空。

search：查找元素在栈中的位置。

4.1.3 栈的顺序表示

像线性表一样，栈也有顺序和链接两种表示方式。栈的顺序表示方式也用一维数组加以描述，这样的栈称为顺序栈，如图 4.2 所示。

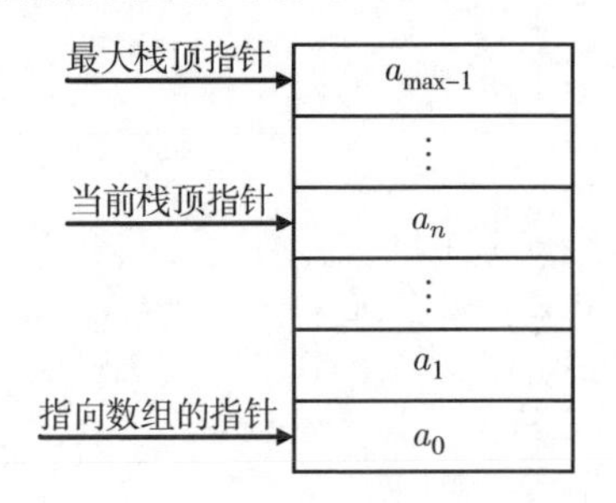

图 4.2 顺序栈

顺序栈结构中包括最大栈顶指针、当前栈顶指针和指向数组的指针，可以用第 3 章中已经写好的 ArrayList 来实现。其中，最大栈顶指针可用 ArrayList 结构中的 _alloced 来表示，当前栈顶指针可以用 length − 1 来表示，指向数组的指针用 data 表示。栈的基本操作除了插入和删除外，还有建立和搜索栈等。

JDK 中专门实现了一个顺序栈类，程序 4.1 给出了具体的代码。

程序 4.1 顺序栈的函数实现

```
1 package java.util;
2
3 public class Stack<E> extends Vector<E> {
4     //新建一个空的栈
5     public Stack() {
6     }
7
8    //添加一个新的元素到栈顶
```

```
9    public E push(E item) {
10       addElement(item);
11
12       return item;
13   }
14
15   //栈顶元素出栈并返回该元素的值
16   public synchronized E pop() {
17       E obj;
18       int len=size();
19
20       obj=peek();
21       removeElementAt(len - 1);
22
23       return obj;
24   }
25
26   //仅返回栈顶元素而不将其出栈
27   public synchronized E peek() {
28       int len=size();
29
30       if (len==0)
31           throw new EmptyStackException();
32       return elementAt(len - 1);
33   }
34
35   //判断栈是否为空栈
36   public boolean empty() {
37       return size()==0;
38   }
39
40   // 返回元素在栈中的位置到栈顶的距离（下标差），搜索失败返回-1
41   public synchronized int search(Object o) {
42       int i=lastIndexOf(o);
43
44       if (i>=0) {
45           return size()-i;
46       }
47       return -1;
```

```
48   }
49
50   /** use serialVersionUID from JDK 1.0.2 for interoperability*/
51   private static final long serialVersionUID=1224463164541339165L;
52 }
```

注意到 JDK 中的 Stack 类并不像 C 语言的栈那样给出完整的代码实现，Stack 类继承自 Vector 类，其核心代码在 Vector 类中。Vector 类是一个集合类，其内部定义了一个 Object 类型的数组 elementData、该数组已被使用的空间 elementCount、容量增量 capacityIncrement，以及很多维护这个数组的方法。Vector 内的数组长度是动态的，内存可以自动增长，当 Vector 的容量不足以容纳新的元素时，如果容量增量大于 0，则 Vector 的容量扩充为原始容量加 capacityIncrement 的大小，否则扩充为原始容量的两倍。

以进栈方法为例，push() 主要调用了 addElement() 方法，在 Vector 类中，addElement() 方法以及内存自动增长机制的实现在程序 4.2 给出。

程序 4.2 Vector 中加入元素以及内存增长的实现

```
 1 public synchronized void addElement(E obj) {
 2     modCount++; //修改次数加1
 3     ensureCapacityHelper(elementCount+1); //确保数组有足够的空间容纳
                                             //新元素
 4     elementData[elementCount++]=obj;  //新元素加入数组末尾，并且更新
                                         //数组被使用的空间数
 5 }
 6
 7 private void ensureCapacityHelper(int minCapacity) {
 8     //overflow-conscious code
 9     if (minCapacity - elementData.length > 0)
10         grow(minCapacity);
11 }
12
13 //数组扩容
14 private void grow(int minCapacity) {
15     //overflow-conscious code
16     int oldCapacity=elementData.length;
17     int newCapacity=oldCapacity+((capacityIncrement > 0) ?
18         capacityIncrement : oldCapacity);
19     if (newCapacity-minCapacity < 0)
```

```
20          newCapacity=minCapacity;
21      if (newCapacity-MAX_ARRAY_SIZE > 0)
22          newCapacity=hugeCapacity(minCapacity);
23      elementData=Arrays.copyOf(elementData, newCapacity);
24 }
```

4.1.4　栈的链接表示

栈也可以用链接方式表示，此时栈顶指针指向栈顶元素，如图 4.3 所示。链接方式表示的栈又称链式栈。

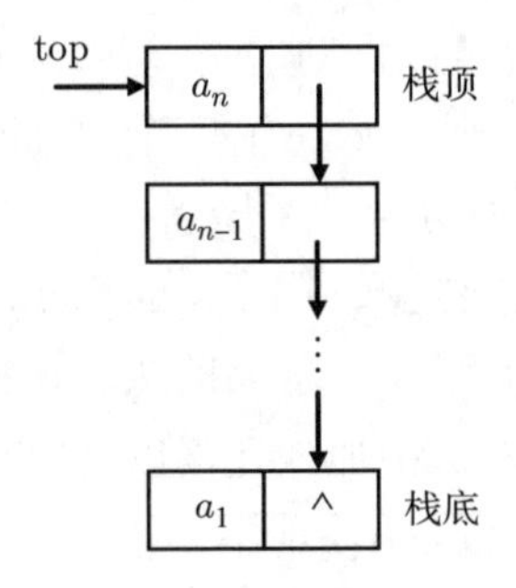

图 4.3　链式栈

链式栈的节点结构定义和操作的实现类似于单链表，因此，可以使用前面已经写好的单链表 Singlelinkedlist 来实现。

本书编写了一种链式栈的简单实现，代码在程序 4.3 给出，存入 LinkedStack.java 文件中。

程序 4.3　链式栈的函数实现

```
1 public class LinkedStack {
2
3     //指示栈的大小(0表示空栈)
4     int size=0;
5
6     //栈顶节点
7     StackNode top=null;
8
9     //节点类
10    class StackNode {
11
12        //节点数据
```

```
13          Object data;
14
15          //下一个节点
16          StackNode next=null;
17      }
18
19      //进栈
20      public void push(Object data) {
21          StackNode newnode=new StackNode();
22          newnode.data=data;
23          size++;
24          newnode.next=top;
25          top=newnode;
26      }
27
28      //出栈，返回栈顶数据
29      public Object pop() throws Exception{
30          if(emtpy())
31              throw new Exception("栈为空栈");
32          Object out=top.data;
33          op=top.next;
34          size--;
35          return out;
36      }
37
38      //返回栈顶数据
39      public Object peek() throws Exception {
40          if (emtpy())
41              throw new Exception("栈为空栈");
42          return top.data;
43      }
44
45      //判断栈是否为空
46      public boolean emtpy(){
47          return this.size==0;
48      }
49
50      //在栈内搜索元素
51      public StackNode search(Object data) throws Exception {
```

```
52          StackNode result=top;
53          while(result!=null) {
54              if (result.data.equals(data))
55                  return result;
56              result=result.next;
57          }
58          throw new Exception("未找到该数据");
59      }
60
61 }
```

4.2　表达式计算

表达式计算是程序设计语言编译中的一个最基本问题，在表达式求值过程中需要用到栈。作为栈的应用实例，下面介绍表达式计算。

4.2.1　表达式

在高级语言程序中存在着各种表达式，如 $a/(b-c)+d*e$。表达式由操作数、操作符和界限符组成。一个表达式中，如果操作符在两个操作数之间，则称为中缀表达式。中缀表达式是表达式最常见的形式，在程序设计语言中普遍使用。为正确计算表达式的值，任何程序设计语言都必须明确规定各操作符的优先级，Java 语言中部分操作符的优先级如表 4.1 所示。Java 语言规定的表达式计算顺序为：有括号时先计算括号中的表达式；高优先级先计算；同级操作符计算有两种情况，有的从左向右，也有的从右向左计算。

表 4.1　部分操作符的优先级

操作符	优先级	操作符	优先级
−,!	7	<,<=,>,>=	4
*,/,%	6	==,!=	3
+,−	5	&&	2
		||	1

4.2.2　计算后缀表达式的值

尽管中缀表达式普遍使用书写形式，但在编译程序中常用表达式的后缀形式求值，原因是后缀表达式中无括号，计算时无须考虑操作符的优先级 (事实上，后缀表达式中的操作符已经按中缀表达式计算的先后顺序排列好了)，因而计算简单。把操作符放在两个操作数之间的表达式称为后缀表达式，又称为逆波兰表达式。

表 4.2 列出了一些中缀表达式和它们对应的后缀表达式的例子。

表 4.2 部分操作符的优先级

中缀表达式	后缀表达式	中缀表达式	后缀表达式
$a*b+c$	$ab*c+$	$a+(b*c+d)/e$	$abc*d+e/+$
$a*b/c$	$ab*c/$	$a*((b+c)/(d-e)-f)$	$abc+de-/f-*$
$a*b*c*d*e*f$	$ab*c*d*e*f*$	$a/(b-c)+d*e$	$abc-/de*+$

利用栈很容易计算后缀表达式的值。为便于算法的实现，在后缀表达式的后面，加上一个后缀表达式的结束符“#”。

后缀表达式的计算过程为：从左往右顺序扫描后缀表达式，遇到操作数就进栈，遇到操作符就从栈中弹出两个操作数，执行该操作符规定的运算，并将结果进栈。如此下去，直到遇到结束符“#”结束。弹出栈顶元素即为结果。注意，这里表达式中只讨论双目操作符，在计算从栈中弹出的两个操作数时，先出栈的放在操作符的右边，后出栈的放在左边。

表 4.3 列出了后缀表达式 $abc-/de+$(其对应的中缀表达式为 $a/(b-c)+d*e$) 的计算过程 $(a=6,b=4,c=2,d=3,e=2)$。

表 4.3 后缀表达式的计算

扫描项	操作	栈
6	6 进栈	6
4	4 进栈	46
2	2 进栈	246
−	2、4 出栈，计算 4 − 2，结果 2 进栈	26
/	2、6 出栈，计算 6/2，结果 3 进栈	3
3	3 进栈	33
2	2 进栈	233
*	2、3 出栈，计算 3*2，结果 6 进栈	63
+	6、3 出栈，计算 3 + 6，结果 9 进栈	9
#	遇到结束符，弹出栈顶元素 9 即为结果	

从表 4.3 中可以看到，当扫描到减号时，2、4 出栈，但执行的是 $4-2=2$，而不是 $2-4=-2$，结果相差甚远。

再看一例，后缀表达式 $abcd-ef+/+$(中缀表达式为 $a*b+(c-d)/(e+f)$) 的计算过程如表 4.4$(a=4,b=2,c=8,d=8,e=2,f=3)$ 所示。

表 4.4　后缀表达式的计算

扫描项	操作	栈
4	4 进栈	4
2	2 进栈	24
*	2、4 出栈，计算 4*2，结果 8 进栈	8
8	8 进栈	88
8	8 进栈	888
−	8、8 出栈，计算 8 − 8，结果 0 进栈	08
2	2 进栈	208
3	3 进栈	3208
+	3、2 出栈，计算 2 + 3，结果 5 进栈	508
/	5、0 出栈，计算 0/5，结果 0 进栈	08
+	0、8 出栈，计算 8 + 0，结果 8 进栈	8
#	遇到结束符，弹出栈顶元素 8 即为结果	

从表 4.4 可以看出，该后缀表达式的结果是 8，如果在做除法时将 5/0，则得到“devided by 0”的错误，而得不到正确结果。

4.2.3　中缀表达式转换为后缀表达式

由于后缀表达式具有计算简便等优点，编译程序中常将中缀表达式转换为后缀表达式。这种转换也是栈应用的一个典型例子。

从表 4.2 中可以看出，在中缀表达式和后缀表达式两种形式中，操作数的顺序是相同的。因此很容易得到转换过程。

(1) 从左到右逐个扫描中缀表达式中的各项，遇到结束符“#”转到步骤 (6)，否则继续。

(2) 遇到操作数直接输出。

(3) 若遇到右括号“)”，则连续出栈输出，直到遇到左括号“(”(注意：左括号出栈但并不输出)，否则继续。

(4) 若是其他操作符，则和栈顶的操作符比较优先级，若小于等于栈顶操作符的优先级，则连续出栈输出，直到大于栈顶操作符的优先级结束，操作符进栈。

(5) 转步骤 (1) 继续。

(6) 输出栈中剩余操作符 (# 除外)。

实现这个转换的关键是确定操作符的优先级，因为优先级决定了操作符是否进栈、出栈。操作符在栈内外的优先级应该有所不同，以体现中缀表达式同优先级操作符从左到右的计算要求。左括号的优先级在栈外最高，但进栈后应该比除

“#”外的操作符低，可使括号内的其他操作符进栈。为此，本书设计了栈内优先级（in-stack priority，ISP）和栈外优先级（incoming priority，ICP），如表 4.5 所示。

表 4.5 操作符的栈内外优先级

操作符	#	(	*、/	+、−	)
ICP	0	7	4	2	1
ISP	0	1	5	3	7

表 4.6 所示为中缀表达式 $a/(b-c)+de$ 转换为后缀表达式 $abc-/de+$ 的过程。

表 4.6 中缀表达式转换成后缀表达式

扫描项	操作	栈	输出
	# 进栈	#	
a	a 输出	#	a
/	ICP('/')>ISP('#'),'/' 进栈	/#	a
(	ICP('(')>ISP('/'),'(' 进栈	(/#	a
b	b 输出	(/#	ab
−	ICP('−')>ISP('('),'−' 进栈	−(/#	ab
c	c 输出	−(/#	abc
)	ICP(')')<ISP('−'),'−' 出栈输出	(/#	$abc-$
	ICP(')')==ISP('('),'(' 出栈	/#	$abc-$
+	ICP('+')<ISP('/'),'/' 出栈输出	#	$abc-/$
	ICP('+')>ISP('#'),'+' 进栈	+#	$abc-/$
d	d 输出	+#	$abc-/d$
*	ICP('*')>ISP('+'),'*' 出栈	*+#	$abc-/d$
e	e 输出	*+#	$abc-/de$
#	输出栈中剩余符号，'*' 出栈输出	+#	$abc-/de*$
	'+' 出栈输出	#	$abc-/de*+$

4.2.4 利用两个栈计算表达式

除了将中缀表达式转化为后缀表达式进行计算，另一种计算表达式的方法是使用两个栈直接对输入的表达式进行计算。设置的两个栈分别为算子栈和算符栈，算子栈用于存放操作数，算符栈用于存放操作符。计算的过程如下：

（1）将表达式以字符串形式读入，从左到右扫描表达式字符串，遇到字符串结束符“\0”转到步骤（6），否则继续。

（2）若遇到操作数，直接进算子栈。

（3）若遇到左括号“(”，则之后直接计算完对应的一对括号内的子表达式。

（4）若遇到右括号“)”，则计算完对应的这对括号内的子表达式，将结果压入栈中。

（5）若遇到除括号外的操作符，则和算符栈的栈顶操作符比较优先级：若小于等于栈顶操作符的优先级，则从算子栈中出栈两个操作数，算符栈的栈顶操作符出栈，出栈的操作数和操作符用于计算，先出栈的操作数计算时在后，将计算结果压入算子栈中。读到的操作符继续和栈顶操作符比较优先级，直到大于栈顶操作符的优先级，操作符进算符栈。

（6）扫描完成后，算符栈中还有剩余操作符，则依次弹出所有的操作符，每弹出一个操作符，相应地弹出两个算子进行计算，先出栈的操作数计算时在后，将计算的结果压入算子栈中。最终在算子栈栈顶的操作数即计算结果。

程序 4.4 是使用两个栈计算表达式的程序，需要用到前面已经编写好的栈的程序。其中的算子栈采用顺序栈和链式栈都能够实现，在这个程序中采用顺序栈，需要用到 JDK 中的 Stack 类。算符栈采用顺序栈，用到的操作较简单，在程序中直接定义实现。

isValid（String）是判断表达式中输入的左、右括号是否匹配的函数（表达式不合法的情况有很多，读者可自行编写更多的判断内容）。table（char op）可返回运算符的优先级的值，值越大，优先级越高。函数 calculate（double,double,char）用于计算两个操作数的运算结果。operate（int）是计算表达式的值的函数。

在计算中把一对括号中的表达式视为一个子表达式，在 operate 函数中调用 operate 函数计算子表达式的值，用到了 4.3 节将要介绍的递归的方法。

程序 4.4　利用两个栈计算表达式

```
 1 import java.util.Stack;
 2
 3 public class StackExp {
 4
 5     String expression=null;
 6     private int k=0;  //全局变量，当前处理字符串的位置
 7
 8     //判断表达式是否合法
 9     boolean isValid() {
10         int bracket=0;
11         int len=expression.length();
12         for (int i=0; i<len; i++) {
```

```
13              if (expression.charAt(i) == '(')
14                  bracket++;  //bracket的作用相当于一个栈
15              if (expression.charAt(i) == ')') {
16                  if (bracket > 0)
17                      bracket--;
18                  else
19                      return false;
20              }
21          }
22          if (bracket==0)
23              return true;
24          else
25              return false;
26      }
27
28      int table(char op) {
29          switch(op) {
30              case '+':
31              case '-':
32                  return 12;
33              case '*':
34              case '/':
35              case '%':
36                  return 13;
37              case ';':
38              case '\0':
39              case ')':
40                  return 1;
41          }
42          return -1;
43      }
44
45      double operate(int len) {
46          int nop=0;     //算符个数
47          Stack ns=new Stack();
48          double val1, val2, temp;
49          char op, opin;
50
51          String os=expression; //算符栈的长度不会长于表达式长度
```

```
52          StringBuilder sb=new StringBuilder(os);
53          sb.setCharAt(nop,';');
54          os=sb.toString();
55          while(expression.charAt(k) != '\0') {
56              if (expression.charAt(k) == '(') {
57                  k++;
58                  temp = operate(len - k);
59                  ns.push(temp);
60              }
61              else if (expression.charAt(k) == ')') {
62                  k++;
63                  break;
64              }
65              else {
66                   if (expression.charAt(k) == ' ')     //跳过空格
67                       k++;
68                   else if (expression.charAt(k) >= '0' && expression.
                     charAt(k) <= '9') {
                     //处理数字
69                       temp=0;
70                       do {
71                           temp=temp * 10 + (expression.charAt(k) - '0');
72                           k++;
73                       } while (expression.charAt(k) >='0' && expression.
                         charAt(k) <= '9');
74                       ns.push(temp);
75                   }
76                   else {  //处理算符
77                   opin=os.charAt(nop);  //栈顶的算符
78                   op=expression.charAt(k);
79                   if (table(opin) >= table(op)) { //比较两个算符的优先级
80                       //从算子栈中推出两个算子
81                       val2=(double) ns.pop();
82                       val1=(double) ns.pop();
83                       temp=(double)calculate(val1, val2, opin);
84                       ns.push(temp);
85                       nop--;
86                   }
87                   else {
```

```
88                          //将算符压入栈中
89                          k++;
90                          nop++;
91                          sb=new StringBuilder(os);
92                          sb.setCharAt(nop, op);
93                          os=sb.toString();
94                     }
95                }
96            }
97        }
98
99        //弹出算符栈中所有的算符，并计算
100       while (nop > 0) {
101           opin=os.charAt(nop);
102           val2=(double)ns.pop();
103           val1=(double)ns.pop();
104           temp=calculate(val1, val2, opin);
105           ns.push(temp);  //计算结果压入栈中
106           nop--;  //相当于从算符栈退栈
107       }
108       temp=(double)ns.pop();
109       return temp;
110   }
111
112   double calculate(double val1, double val2, char op) {
113       switch (op) {
114           case '+':
115               return val1 + val2;
116           case '-':
117               return val1 - val2;
118           case '*':
119               return val1 * val2;
120           case '/':
121               return val1 / val2;
122       }
123       return -1;
124   }
125 }
```

若输入的表达式为 $6/(4-2)+3*2$，计算结果为 9.000。若输入的表达式为 $4*2+(8-8)/(2+3)$，则计算结果为 8.000。

通过以上计算后缀表达式和中缀表达式转换成后缀表达式等例子，我们看到了栈是如何在编译原理中应用的。程序嵌套调用和递归时，也要使用栈结构。实际上，栈的应用很广泛，凡是在保留待处理的数据，并且符合后进先出原则时，都可以使用栈结构。例如，后面将介绍的二叉树非递归遍历算法、图的拓扑排序等都要用到栈。另外，在将一些递归程序转换成非递归程序时，也可以使用栈。

4.3　递　　归

4.3.1　递归的概念

1. 递归定义

我们熟悉的大多数数学函数是由一个简单公式描述的。例如，可以利用公式：

$$C = 5(F-32)/9$$

把华氏温度转换成摄氏温度。有了这个公式，写一个 Java 语言函数就太简单了。除去程序中的说明和大括号，可以将这一行公式翻译成一行 Java 语言程序。

有时候数学函数以不太标准的形式来定义。作为一个例子，可以在非负整数集上定义一个函数 f，它满足 $f(0)=0$ 且 $f(x)=2f(x-1)+x^2$。从这个定义中可以看到 $f(1)=1, f(2)=6, f(3)=21$, 以及 $f(4)=58$。当一个函数用它自己定义时就称为是**递归**（recursive）的。Java 语言允许函数是递归的。但是重要的是，Java 语言仅提供了一种遵循递归思想的实现方式。不是所有的数学递归函数都能正确且有效地由 Java 语言的递归模拟来实现。

递归是一个数学概念，也是一种有用的程序设计方法。在程序设计中，处理重复性计算最常用的办法是组织迭代循环，此外还可以采用递归计算的办法，在非数值计算领域中更是如此。递归本质上也是一种循环的程序结构，它把较复杂的情形逐次归结为较简单的情形的计算，一直归结到最简单的情形的计算，并得到计算结果为止。许多问题采用递归方法来编写程序，这使程序非常简洁和清晰，易于分析。

数据结构可以采用递归方式来定义，线性表、数组、字符串和树等数据结构原则上都可以使用递归的方法来定义。但是习惯上，许多数据结构并不采用递归方式，而是直接定义，如线性表、字符串和一维数组等，其原因是这些数据结构的直接定义方式更自然、更直截了当。对于第 8 章中将要讨论的树形结构，通常给出的是它的递归定义。使用递归方法定义的数据结构常称为递归数据结构。

2. 递归算法

根据函数 f 的定义可以写出其递归计算公式。本书把它设计成一个函数过程，见程序 4.5。

程序 4.5　一个递归函数

```
1 public static int f(int x){
2     if (x==0)
3         return 0;
4     else
5         return 2*f(x-1)+x*x;
6 }
```

第 2 行和第 3 行处理**基准情形**（base case），即此时函数的值可以直接得到而不需要通过递归求解。正如 $f(x)=2f(x-1)+x^2$，如果没有 $f(0)=0$ 这个基准条件，则它在数学上是没有意义的。Java 语言的递归程序若无基准情形也是毫无意义的。第 5 行执行的是递归调用。

函数 f 中又调用了函数 f，这种过程或函数自己调用自己的做法称为递归调用，包含递归调用的过程称为递归过程。从实现方法上说，递归调用与调用其他子程序没有什么区别。设有一个过程 P，它调用 $Q(x)$，P 称为**调用过程**（calling procedure），而 Q 称为**被调过程**（called procedure）。在调用过程 P 时，使用 $Q(a)$ 来引起被调过程 Q 的执行，这里 a 是实际参数，x 称为形式参数。当被调过程是 P 本身时，P 就称为递归过程。有时，递归调用还可以是间接的。对于间接递归调用，在这里不做进一步讨论。

关于递归，有几个重要并且容易混淆的地方。一个常见的问题是：它是否就是**循环逻辑**（circular logic）。答案是：虽然是用函数本身来定义一个函数，但是并没有用函数本身定义函数的一个特定实例。换句话说，通过 $f(5)$ 求得 $f(5)$ 才是循环的。而通过使用 $f(4)$ 来求得 $f(5)$ 的值并不是循环的。当然，除非 $f(4)$ 的值又需要用到对 $f(5)$ 的计算。

对数值计算使用递归通常不是一个好办法，一般只在解释基本论点时这么做。

事实上，递归调用在处理上与其他调用并没有什么不同。如果以参数 4 的值调用函数 f，那么程序的第 5 行要求计算 $2f(3)+4*4$。这样就要执行一个计算 $f(3)$ 的调用，这就要求计算 $2f(2)+3*3$。因此又要执行另一个计算 $f(2)$ 的调用，而这又意味着必须求出 $2f(1)+2*2$ 的值。为此，通过计算 $2f(0)+1*1$ 而得到 $f(1)$。此时，$f(0)$ 必须被赋值。这是一个基准情形，因此这里已知 $f(0)$ 的值。从而 $f(1)$ 的计算得以完成，其结果为 1。然后，$f(2)$、$f(3)$ 以及最后的 $f(4)$ 的值都能够计算出来。跟踪挂起的函数调用 (虽然这些调用已经开始，但是正等待着递归调用来完成) 以及它们中变量的记录工作都是由计算机自动完成的。然而，重要的问题在于，递归调用将会反复进行直到基准情形出现。例如，计算 $f(-1)$ 的值将导致调用 $f(-2)$、$f(-3)$ 等。由于不可能出现基准情形，程序也就不可能计算出答案。偶尔还可能发生更加微妙的错误，本书将其展示在程序 4.6 中。程序 4.6 中的这种错误是：第 5 行中的 bad（1）用 bad（1）来定义了。显然，bad（1）究竟等于多少，这个定义给不出任何线索。因此计算机会反复调用 bad（1）以期望解出它的值。最后，计算机的记录系统会将内存耗尽，导致程序崩溃。一般来说，该函数对一个特殊情形无效，而在其他情形下可能是正确的。但是，对于此处来说并不正确，因为 bad（2）需要调用 bad（1），因此，也无法求得 bad（2）的值。不仅如此，bad（3）、bad（4）和 bad（5）都要调用 bad（2），bad（2）的值无法求得，它们的值也就不能求出。事实上，除了 0，这个程序对任何 n 都不能算出结果。对于含有递归函数的程序，不存在“特殊情况”。

程序 4.6 无终止递归程序

```
1 public static int bad(int n){
2     if(n==0)
3         return 0;
4     else
5         return bad(n/3+1)+n-1;
6 }
```

3. 递归设计法则

1）基准情形

一定存在某些基准情形，它们不用递归就能求解。

2）不断推进

对于那些需要递归求解的情形，递归调用必须能够朝着基准情形推进。

本书将用递归解决一些问题，考虑一本词典作为非数学应用的一个例子。词典中的词都是用其他的词定义的。当需要查找一个单词的时候，因为不理解对该词的解释，于是不得不再查出现在解释中的一些词。而对这些词解释中的某些词可能又不理解，因此还要继续这种搜索。因为词典是有限的，所以实际上，要么最终查到一个词，使读者明白解释中的所有单词 (从而理解这里的解释，并按照查找的路径回头理解其余的解释)；要么发现这个解释形成一个循环，无法明白其中的意思，或者在解释中需要理解的某个单词不在这本词典里。

这样理解这些单词的递归策略：如果知道一个单词的含义，那么就算成功；否则就在词典里查找这个单词。如果理解对该词解释中的所有单词，那么算成功；否则递归地查找一些不认识的单词来“算出”对该单词的解释。如果词典编写得完美无瑕，那么这个过程就能够终止；如果其中一个单词没有查找到或者形成循环定义 (解释)，那么这个过程的循环将不会终止。

下面以打印输出数的例子来说明上述两条法则。

假设有一个正整数 n 并希望将其打印出来。这个例程的名字是 printOut (n)。假设仅有现成的输入/输出（input/output，I/O）例程，只处理单个数字并将其输出到终端。本书将这个例程命名为 printDigit；例如，“printDigit (4)” 将输出一个 “4” 到终端。

递归对该问题提供一个非常简洁的解，为打印“76234”，需要首先打印“7623”，然后再打印出 “4”。第二步利用语句 “printDigit (4)” 能够很容易地实现，但是第一步却不比原问题简单多少。实际上，它们是同一个问题。因此，可以用语句 “printDigit ($n/10$)” 递归地解决它。

这告诉读者如何解决一般的问题，不过仍旧需要确认程序不是无限循环的。由于还没有定义一个基准情形，所以很清楚，依旧还有一些事情要做。如果 $0 \leqslant n < 10$，基准情形为 “printDigit (n)”，现在，“printDigit (n)” 已经对每一个 0~9 的正整数做出定义，而更大的正整数则通过较小的正整数定义。因此不存在循环定义，整个过程如程序 4.7 所示，函数返回值类型为 void。

程序 4.7　打印整数的递归例程

```
1 /*打印非负整数n */
2 public static void printOut(int n){
3     if (n>=10)
4         printOut(n / 10);
5     printDigit(n % 10);
6 }
```

这里的实现方法并不高效，因为还可以不使用 mod 操作（它的耗费很大），因为 $n\%10 = n - \left\lfloor \frac{n}{10} \right\rfloor * 10$（$\lfloor X \rfloor$ 为小于或等于 X 的最大整数）。

下面将用归纳法对上述数字递归打印的程序给予更加严格的证明。

定理 4.1　对于 $n \geqslant 0$，数的递归打印算法是正确的。

证明　首先，如果 n 只有一位数字，那么这个程序显然是正确的，因为它仅仅调用了 printDigit。假设 printOut 对所有 k 位或者位数更少的数均能够正常工作。那么一个 $k+1$ 位的数字可以通过前 k 位数字后跟一位最低位数字来表示。前 k 位数字恰好是 $\lfloor n/10 \rfloor$，假设它能够被正确地打印出来，而最后一位数字是 n mod 10，因此该程序能够正确打印出任意的 $k+1$ 位数。于是，根据归纳法，所有的数字都能够正确地打印。

这个证明看起来可能有点奇怪，因为实际上相当于算法的描述。它阐述了在设计递归程序时，可以假设同一个问题的较小实例均可以正确运行。这些小问题的解可以通过递归简单地得到，递归程序只要将这些解结合起来，就可以得到当前问题的解。其数学根据是归纳法。

3）设计法则

假设所有的递归调用均能够工作。这是一条重要的法则，因为它意味着，当设计递归调用时，一般没有必要知道内存管理的细节，不必试图追踪大量的递归调用。追踪实际的递归调用序列常常是非常困难的。当然，在许多情况下，这正体现了递归的好处，因为计算机能够算出许多复杂的细节。

递归的主要问题还有隐藏的系统开销。虽然这些开销几乎都是合理的 (因为递归程序不仅简化了算法设计，而且有助于写出更加简洁的代码)，但是递归绝不应该作为简单 for 循环的替代物。本书将在 4.3.2 节更仔细地讨论递归设计的系统开销。

4）合成效益法则

在求解一个问题的同一实例时，切勿在不同的递归调用中做重复性的工作，这是一条很重要的法则。还是以之前介绍过的斐波那契数列为例，已知 fib（0）=1，fib（1）=1，程序 4.8 是使用递归编写的计算 fib（n）的程序。虽然只有 6 行，但是这个程序运行效率非常低。

程序 4.8 使用递归计算斐波那契数列

```
1 public static int fib(int n) {
2     if(n<=1)
3         return 1;
4     else
5         return fib(n-1) + fib(n-2);
6 }
```

以计算 fib（10）为例，根据递归的要求，需要计算 fib（9）和 fib（8），但是计算 fib（9）时，又需要计算一次 fib（8）。计算机在运行过程中不会直接使用之前计算的结果，而是重新进行一次完全一样的计算，这增加了大量不必要的消耗。实际上，计算一次 fib（10），从 fib（10）到 fib（1）每项被计算的次数也是一个斐波那契数列，具体的时间复杂度分析在 2.4.2 节中已介绍。

当编写递归例程的时候，关键要牢记递归的四条基本法则。使用递归来计算斐波那契数等简单数学函数的值一般不是一个好主意，其根据就是法则 4）。只要记住这些法则，递归程序设计就能够简单明了。

4.3.2 递归的实现

递归算法的优点是明显的：程序非常简洁和清晰，且易于分析。但它的缺点是耗费时间和空间。

首先，系统实现递归需要有一个系统栈，用于在程序运行时处理函数调用。系统栈是一块特殊的存储区。当一个函数被调用时，系统创建一个工作记录，称为**栈帧**（stack frame），并将其置于栈顶。栈帧中初始时只包含返回地址和指向上一个帧的指针。当该函数调用另一个函数时，调用函数的局部变量、参数将加到它的栈帧中。一旦一个函数运行结束，将从栈中删除它的栈帧，程序控制返回原调用函数继续执行下去。假定 main 函数调用函数 a_1，图 4.4（a）所示为 main 函数系统栈，而图 4.4（b）所示为包括函数 a_1 的系统栈。

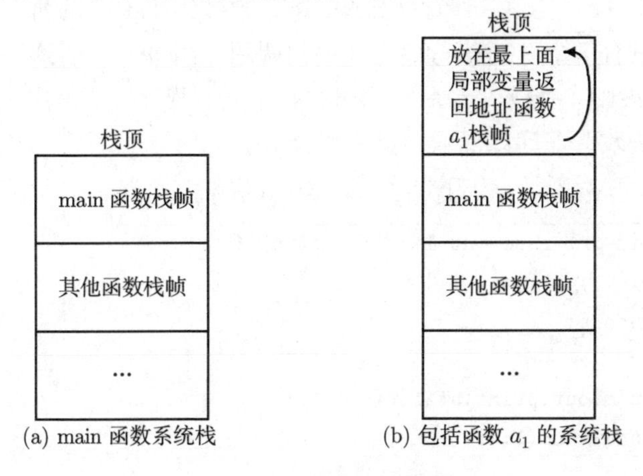

图 4.4 系统栈示意图

由此可见，递归的实现是费空间的。此外，这样的进栈、出栈也是费时的。

其次，递归是费时的。除了前面提到的局部变量、形式参数和返回地址的进栈、出栈，以及参数传递需要消耗时间外，重复计算也是费时的主要原因。本书用递归树来描述计算斐波那契级数的过程。现在考查 fib（4）的执行过程，这一过程的执行如图 4.5 所示的递归树。从图 4.5 可见，主程序调用 fib（4），fib（4）分别调用 fib（2）和 fib（3），fib（2）又分别调用 fib（0）和 fib（1）......其

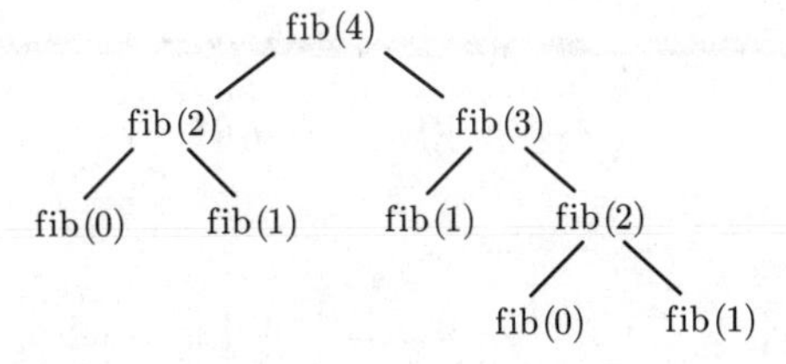

图 4.5 fib(4) 的递归树

中，fib（0）被调用了 2 次，fib（1）被调用了 3 次，fib（2）被调用了 2 次。所以许多计算工作是重复的，当然这是费时的。

正因为递归算法的上述缺点，如果可能，应将递归改为非递归，即采用循环方法来解决同一问题。如果一个递归过程中的递归调用语句是递归过程的最后一条可执行语句，则称这样的递归为**尾递归**。尾递归可以容易地改为迭代过程。因为当递归调用返回时，总是返回上一层递归调用语句的下一条语句处，在尾递归的情况下，正好返回函数的末尾，因此不再需要利用栈来保存返回地址。

此外，除了返回值和引用值外，其他参数和局部变量值都不再需要，因此可以不用栈，直接用循环形式得到非递归过程，从而提高程序的执行效率。

下面用一个例子来说明这一问题。程序 4.9 所示的递归函数 rsum 完成按照 $n-1$ 到 0 的次序，输出有 n 个元素的一维整数数组 list 中的所有元素。从程序中可以看到，只有 $n \geqslant 0$ 时执行输出并递归调用，当 $n<0$ 时递归结束。由于递归语句 rsum（list,$--n$）是最后一条可执行语句，程序 4.9 是尾递归的函数，很容易用迭代方法改为非递归函数，见程序 4.10。

程序 4.9　尾递归的例子

```
1 public static int rsum(int list[], int n) {
2     if(n<=0)
3         return 0;
4     else{
5         System.out.println(list[n - 1]);
6         return rsum(list, --n);
7     }
8 }
```

程序 4.10　非递归实现上述例子

```
1 public static int rsum(int list[], int n) {
2     int i;
3     for(i=n-1; i>=0; i--)
4         System.out.println(list[i]);
5 }
```

4.4　队　　列

4.4.1　队列 ADT

队列是限定在表的一端插入，在表的另一端删除的线性表。允许插入元素的一端称为队尾，允许删除元素的另一端称为队头。若队列中无元素，则为空队列。

若给定队列 $Q=(a_0,a_1,\cdots,a_{n-1})$，则称 a_0 是队头元素，a_{n-1} 是队尾元素。元素 $a_0,a_1,\cdots,a_{n-1}$ 依次入队，出队的顺序与入队相同，即 a_0 出队后，a_1 才能出队，如图 4.6 所示，因此队列为**先进先出**（first in first out，FIFO）的线性数据结构。

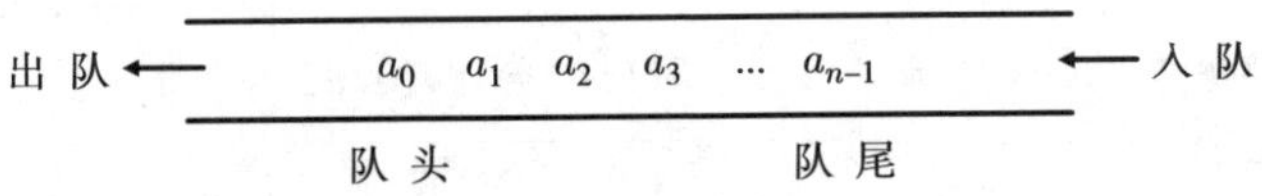

出 队 ← a_0 a_1 a_2 a_3 ... a_{n-1} ← 入 队

队 头 队 尾

图 4.6 队列示意图

队列的基本操作除了入队和出队外，还有建立和撤销队列等操作。队列 ADT 的数据为：0 个或多个元素的线性序列 $a_0,a_1,\cdots,a_{n-1}$，其最大允许长度为 MaxQueueSize。

队列 ADT 定义如下。

add：向队列中加入一个新元素。

remove：从队列首部移除一个元素。

peek：返回队首元素，而不将其移除。

4.4.2 队列的数组实现

在 JDK 源码中，Queue 类仅提供接口，程序 4.11 给出了 JDK 中队列的源码。JDK 源码给出入队、出队、检查三种操作，根据每种操作在异常时是抛出异常还是返回特殊值又分为两个方法，总共六个方法。值得注意的是，队列类 Queue 继承自集合类 Collection，这个类还是 List 等集合类的父类。

程序 4.11 JDK 队列源码

```
1 package java.util;
2
3 public interface Queue<E> extends Collection<E> {
4
5     //在队尾加入元素，如果无可用空间则抛出异常
6     boolean add(E e);
7
8     //在队尾加入元素，如果无可用空间则返回false
9     boolean offer(E e);
10
11    //移除队首元素并返回，如果队列为空则抛出异常
12    E remove();
13
14    //移除队首元素并返回，如果队列为空则返回null
```

```
15     E poll();
16
17     //不移除仅返回队首元素，如果队列为空则抛出异常
18     E element();
19
20     //不移除仅返回队首元素，如果队列为空则返回null
21     E peek();
22 }
```

由于 JDK 源码并未给出队列的具体实现，为了便于理解，本书选取两个程序来介绍队列的数组实现。

程序 4.12 给出了新元素加入队列的函数，使用数组实现的队列可以直接对数组第一个未被使用的项进行赋值，从而实现将元素插入队列尾部。

程序 4.12 新元素加入队列

```
1 public boolean push(Object e) {
2     if (used==maxSize)
3         return false;
4     queue[used]=e;
5     used++;
6     return true;
7 }
```

第二个例程是从队列头部移除元素，由于队列是通过数组实现的，队列头部元素被移除之后，数组的第一个元素就空了，所以队列中从第二项开始的每个元素都要向队头移动一个单位，对应地，其下标减 1。这是一个非常低效的操作，后面会利用循环队列和链式队列来解决这个问题。程序 4.13 给出了数组队列出队的具体实现，元素移除后返回该元素的数据。

程序 4.13 队头元素离开队列

```
1 public Object pop() {
2     if (used==0)
3         return null;
4     Object temp=queue[0];
5     for (int i=0; i<=used-2; i++)
6          queue[i]=queue[i+1];
7     used--;
8     return temp;
9 }
```

程序 4.14 给出了关于数组队列的其他函数的具体实现，和上面两个函数一起被保存到 SeqQueue.java 文件中。

程序 4.14　队列数组实现的其他函数

```
1 public class SeqQueue {
2     private int maxSize; //队列可容纳的最大元素个数
3     private int used=0; //队列已用空间
4     private Object[] queue;
5
6     //新建队列
7     public void newqueue(int size) {
8         maxSize=size;
9         queue=new Object[maxSize];
10     }
11
12     //新元素进入队尾
13     public boolean push(Object e) {
14         if (used==maxSize)
15             return false;
16         queue[used]=e;
17         used++;
18         return true;
19     }
20
21     //队首元素出队
22     public Object pop() {
23         if (used==0)
24             return null;
25         Object temp=queue[0];
26         for (int i=0; i<=used-2; i++)
27             queue[i]=queue[i+1];
28         used--;
29         return temp;
30     }
31
32     //获取队首
33     public Object peek() {
34         if (used==0)
35             return null;
```

```
36          return queue[0];
37      }
38 }
```

4.4.3　队列数组实现的改进

在程序 4.13 所示的队列出队操作中，需将队列中剩下的元素都向队头移动一位，效率低下，这里引入两个变量 head 和 tail，对队列的数组实现进行改进。head 指向队头元素的前一单元，tail 指向队尾元素，MaxQueueSize 是数组的最大长度。队列的顺序表示如图 4.7（a）所示（图中 f 为 head，r 为 tail）。元素入队时，先将队尾指针加 1，然后元素入队；元素出队时，先将队头指针加 1，然后元素出队。元素 20、30、40、50 顺序入队后的情况如图 4.7（b）所示，执行 3 次元素出队的运算后的情况如图 4.7（c）所示。图 4.7（d）所示是 60 入队后的情况。

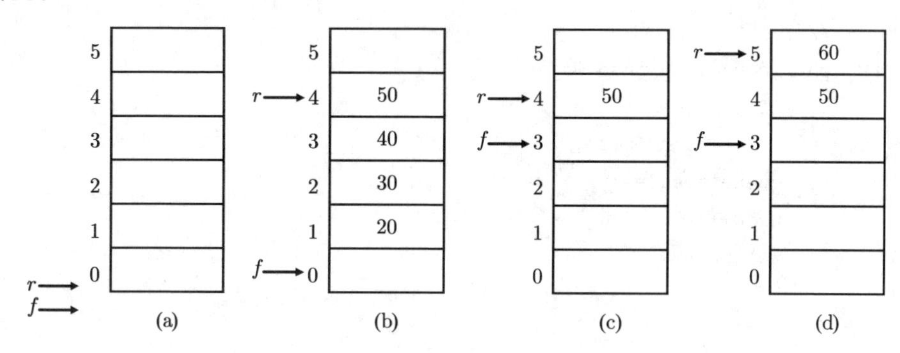

图 4.7　队列的顺序表示及入、出队操作

从图 4.7（d）可以看到，当再有元素需要入队时将产生溢出，然而队列中尚有 3 个空元素单元，称这种现象为假溢出。假溢出现象的发生说明上述存储表示是有缺陷的。一种改进方法是采用循环队列结构，即把数组从逻辑上看成一个头尾相连的环，再有新元素需要入队时，就可以将新元素存入下标 0 的位置。

4.4.4　循环队列

图 4.8（a）给出了循环队列结构。为使入队和出队实现循环，可以利用取余运算符“%”。

队头指针进 1：head=（head+1）%MaxQueueSize。

队尾指针进 1：tail=（tail+1）%MaxQueueSize。

在循环队列结构下，当 head=tail 时为空队列，当（tail+1）%MaxQueueSize=head 时为满队列。注意满队列时实际仍有一个元素的空间未使用。若不留

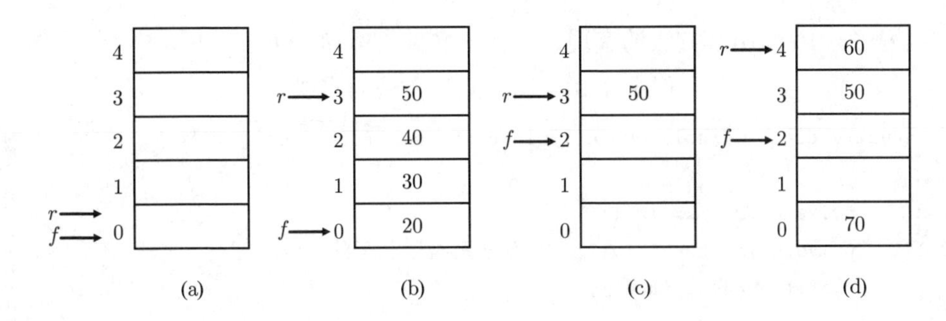

图 4.8　循环队列及入、出队操作

这个元素的空间，则队尾指针 tail 一定指向该元素空间，使得满队列时的判断条件也是 head=tail，则与空队列的判断条件相同而导致无法区分。

图 4.8（b）~ 图 4.8（d）是循环队列的入队和出队示意图。在空队列中依次将 20、30、40、50 插入队列（图 4.8（b）），然后 20、30、40 依次出队（图 4.8（c）），最后 60、70 入队（图 4.8（d））。可以看出，当 60 入队时，tail 已经为 4，尾指针再执行 tail=（tail+1）%MaxQueueSize 后 tail=0，因此 60 被插入位置 0。

程序 4.15 给出了队列的方法声明，存入文件 QueueInterface.java 中。

程序 4.15　队列接口的声明

```
 1 interface QueueInterface {
 2
 3     //新元素加入队列
 4     boolean push(Object element);
 5
 6     //队首元素出队
 7     Object pop();
 8
 9     //返回队首元素
10     Object peek();
11
12     //判断队列是否已满
13     boolean full();
14
15     //判断队列是否为空
16     boolean empty();
17 }
```

程序 4.16 给出其方法的实现，并存入文件 CircularQueue.java 中。

程序 4.16 循环队列方法的实现

```
1 public class CircularQueue implements QueueInterface {
2
3     private int maxsize;
4     private int head, tail;    //分别指示队列的头尾
5     private Object data[];
6
7     //建立一个新的循环队列
8     public void newQueue(int size) {
9         maxsize=size;
10        data=new Object[size];
11        tail=head=-1;
12    }
13
14    @Override
15    public boolean push(Object element) {
16        if (full())
17            return false;
18        tail=(tail+1) % maxsize;
19        data[tail]=element;
20        return true;
21    }
22
23    @Override
24    public Object pop() {
25        if (empty())
26            return null;
27        head=(head+1) % maxsize;
28        return data[head];
29    }
30
31    @Override
32    public boolean empty() {
33        return head==tail;
34    }
35
36    @Override
```

```
37     public Object peek() {
38         return data[(head+1) % maxsize];
39     }
40
41     @Override
42     public boolean full() {
43         return (tail+1 ) % maxsize==(head+maxsize) % maxsize;
44     }
45 }
```

4.4.5 循环队列的应用

在通信程序中，经常使用循环队列作为环形缓冲区的实现来存放通信中发送和接收的数据。环形缓冲区是一个先进先出的循环缓冲区，可以向通信程序提供对缓冲区的互斥访问。

4.4.6 队列的链接表示

队列的链接表示用单链表来存储队列中的元素，队头指针 head 和队尾指针 tail 分别指向队头节点和队尾节点，如图 4.9 所示。链接方式表示的队列称为链式队列。

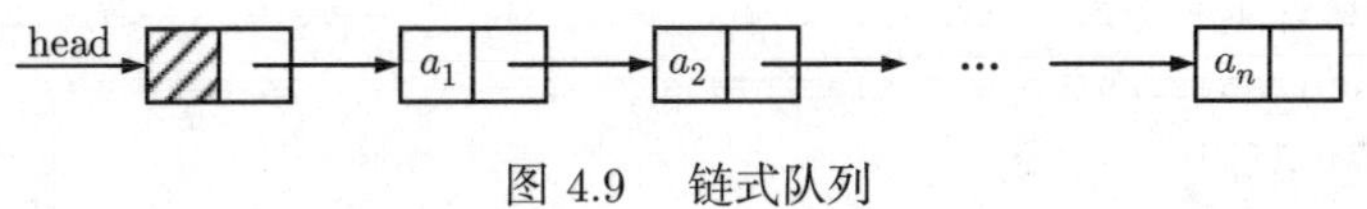

图 4.9 链式队列

链式队列结构可用双向链表结构 list 直接实现。仍然继承自之前的队列接口，程序 4.17 给出了 LinkedQueue.java 中链式队列类型的变量定义。

程序 4.17 链式队列的变量定义

```
1 import java.util.LinkedList;
2 public class LinkedQueue implements QueueInterface {
3
4     //形成双链表实例
5     LinkedList mLinkedQueue = new LinkedList();
6     int maxSize;
7
8     ...
```

在本书的例程中，链式队列是一个双向队列，在节点的结构中，存在指向前驱节点和后继节点的两个指针，每一个节点可以实现向前或者向后查找。队列本身的结构与双向链表相同。

第一个例程是队列头节点出队。特别要注意的是，首先需要判断队列是不是空队，并且如果出队的是队列剩下的最后一个节点，那么 tail 指针也赋值为 null，表示队列变为空队。链式队列队头节点脱离之后，head 指针需要指向新的队头。对链式队列的操作可以通过调用双向链表中已经写好的函数实现。程序 4.18 给出了链式队列的出队操作，程序返回原队头的数据。

程序 4.18　队头节点出队

```
1 //队列队头元素出队，并返回该元素
2 public Object pop() {
3     if (empty())
4         return null;
5     //直接调用链表中的pop方法
6     return mLinkedQueue.pop();
7 }
```

第二个例程是关于队列的入队的，新建一个数据节点，赋值之后将节点加入队尾，需要注意的是如何建立新节点与原队列之间的联系。程序 4.19 给出了入队操作的实现，操作成功返回队列头指针，失败返回空指针。

程序 4.19　新节点加入队列

```
1 //在链式队列末尾加入新的节点
2 public boolean push(Object element) {
3     if (full())
4         return false;
5     //直接使用addLast方法把节点加入队尾
6     mLinkedQueue.addLast(element);
7     return true;
8 }
```

程序 4.20 中两个函数的作用是返回队头节点的数据指针。

程序 4.20　获取队头节点的数据指针

```
1 public Object peek() {
2     //直接调用链表中的peek方法
3     return mLinkedQueue.peek();
4 }
```

程序 4.21 用来判断队列是否为空队。

程序 4.21　判断队列是否为空队

```
1 //判断队列是否为空
2 public boolean empty() {
3     return mLinkedQueue.size() == 0;
4 }
```

最后一个例程用来获取队列的长度，如程序 4.22 所示。

程序 4.22　获取队列的长度

```
1 public int getSize() {
2     return mLinkedQueue.size();
3 }
```

程序 4.18～ 程序 4.22 被存入文件 LinkedQueue.java 中。

4.4.7　舞伴问题

舞伴问题的描述：假设在周末舞会上，男士和女士进入舞厅时，各自排成一队。跳舞开始时，依次从男队和女队的队头上各出一人配成舞伴。若两队初始人数不相同，则较长的那一队中未配对者等待下一轮舞曲。

程序 4.23 以解决舞伴问题为例，给出了链式队列的一种应用。

在算法中，假设男士和女士的记录存放在一个数组中作为输入，然后依次扫描该数组的各元素，并根据性别来决定是进入男队还是女队。当这两个队列构造完成之后，依次将两队当前的队头元素出队来配成舞伴，直至某队列变空为止。此时，若某队仍有等待配对者，算法输出此队列中等待者的人数及排在队头的等待者的名字，他（她）将是下一轮舞曲开始时第一个可获得舞伴的人。

程序 4.23　应用链式队列解决舞伴问题

```
1 public static void dancerPartner(Person[] dancerList) {
2     LinkedQueue maleList=new LinkedQueue();
3     LinkedQueue femaleList=new LinkedQueue();
4
5     //规定队列最大长度
6     maleList.maxSize=20;
7     femaleList.maxSize=20;
8     Person mPerson, fPerson;
9
10    //将数组中的人物信息加入队列
11    for (int i=0; i<=dancerList.length-1; i++) {
```

```
12          if (dancerList[i].sex=='M')
13              maleList.push(dancerList[i]);
14          else
15              femaleList.push(dancerList[i]);
16      }
17      System.out.println("The dancing partners are: ");
18      //每次男女队头人物配对，输出名字并从队列移除，直到某一队为空
19      while (!maleList.empty() && !femaleList.empty()) {
20          mPerson=(Person) maleList.pop();
21          fPerson=(Person) femaleList.pop();
22          System.out.println(mPerson.name + "\t" + fPerson.name);
23      }
24      //输出剩下的队列中的人数以及队头人物名字
25      if (femaleList.empty()) {
26      System.out.println("There are " + maleList.getSize() + " men
        waiting for the next round.");
27      mPerson=(Person) maleList.peek();
28      System.out.println(mPerson.name + " will be the first to get a
        partner. ");
29      }
30      else if (maleList.empty()) {
31           System.out.println("There are " + femaleList.getSize() + "
             women waiting for the next round.");
32           fPerson=(Person) femaleList.peek();
33           System.out.println(fPerson.name + " will be the first to get a
             partner. ");
34      }
35 }
```

程序使用上述链式队列解决该问题，需要用到 LinkedQueue.java 中的方法。第 2、3 行新建男士、女士两个队列 maleList 和 femaleList，在第 11~15 行数组中的人物信息按照性别分别进入男队和女队。在第 19~23 行的 while 循环中，两个队列队头元素出队，并且配对输出，直到某一队为空队，之后输出非空那一队剩下的人数和队头人物姓名。

队列应用非常广泛，凡是需保留待处理的数据，并且符合先进先出原则的，都可以使用队列结构，如本书后面将介绍的图的广度优先搜索程序。操作系统中很多地方都用到了队列，如作业调度、I/O 管理等。

4.5 总　结

本章介绍了栈和队列这两种线性数据结构，它们是存取受到限制的线性表，插入和删除只能在端点进行，而第 3 章中讨论的线性表可以在表中任何位置插入和删除元素。栈的特点是后进先出，队列是先进先出。栈和队列都可以用来保存待处理的数据，如果符合后进先出，则用栈；如果符合先进先出，则用队列。栈和队列都可以像线性表一样用顺序方式和链接方式表示。但队列的顺序表示会出现假溢出现象，因此通常用循环队列实现顺序队列。计算后缀表达式和中缀表达式转换为后缀表达式是栈的应用实例，通过实例可以很好地掌握栈结构及其应用。

本章还介绍了递归的概念和递归算法。递归算法结构清楚、易于分析，但效率不如相应的非递归算法，对于强调效率的算法，一般不用递归。

第 5 章　矩　　阵

矩阵是很多科学与工程计算问题中研究的数学对象。本书感兴趣的不是矩阵本身，而是如何存储矩阵的元，以及如何使矩阵的各种运算能有效地进行。本章是线性表在科学计算中的应用。我们将要学习到：

（1）矩阵和数组的关系。

（2）特殊矩阵的压缩存储方法。

（3）稀疏矩阵的十字链表表示方法。

（4）矩阵运算的算法实现。

本章中出现的 JDK 软件包，若不特殊说明均为 1.8 版本。

5.1　矩阵的二维数组存储

矩阵是一个具有固定格式和数量的数据有序集，每一个数据元素由唯一的一组下标来标识。对于一个矩阵结构，显然，用一个二维数组来存储和表示是一个可行的方法。通常在各种高级语言中，数组一旦被定义，每一维数组的大小及上下界都不能改变。因此在用二维数组存储的矩阵中通常进行下面两种操作。

（1）取值操作：给定一组下标，读取与其相对应的数据元素。

（2）赋值操作：给定一组下标，存储或修改与其相对应的数据元素。

对于矩阵，常见的运算有加法、转置和乘法等，用二维数组存储的矩阵实现这些操作比较容易，程序 5.1 给出了常见矩阵运算方法的声明。

程序 5.1　常见矩阵运算方法的声明

```
 1 public interface DenseMatrixInterface {
 2     /*创建一个矩阵 */
 3     public double[][] create(int mu, int nu);
 4
 5     /*把矩阵B加到矩阵A上 */
 6     public double[][] plus(double[][] A, double[][] B);
 7     /*矩阵转置 */
 8     public double[][] transpose(double[][] A);
 9
10     /*矩阵乘法 */
```

```
11     public double[][] multiply(double[][] A, double[][] B);
12 }
```

程序 5.2 是程序 5.1 中方法的具体实现。

程序 5.2　常见矩阵运算方法的实现

```
 1 public class DenseMatrix implements DenseMatrixInterface {
 2
 3     /*创建一个矩阵 */
 4     public double[][] create(int mu, int nu) {
 5         return new double[mu][nu];
 6     }
 7
 8     /*把矩阵B加到矩阵A上 */
 9     public double[][] plus(double[][] A, double[][] B) {
10         int amu=A.length;
11         int anu=0;
12         if (amu > 0) anu=A[0].length;
13
14         int bmu=B.length;
15         int bnu=0;
16         if (bmu > 0) bnu=B[0].length;
17
18         if (amu != bmu||anu != bnu)
19             throw new UnsupportedOperationException("Size of two matrix
               must be equal.");
20
21         int i, j;
22         double[][] C=create(amu, anu);
23         for (i=0; i<amu; i++)
24             for (j=0; j<anu; j++)
25                 /*矩阵相加规则是两个矩阵同一下标所对应的元相加 */
26                 C[i][j] = A[i][j] + B[i][j];
27         return C;
28     }
29
30     /*矩阵转置 */
31     public double[][] transpose(double[][] A) {
32         int mu=A.length;
```

```
33         int nu=0;
34         if (mu > 0) nu=A[0].length;
35
36         int i, j;
37         double[][] T=create(nu, mu);
38         for (i=0; i<nu; i++)
39             for (j=0; j<mu; j++)
40                 T[i][j]=A[j][i];
41         return T;
42     }
43
44     /*矩阵乘法 */
45     public double[][] multiply(double[][] A, double[][] B) {
46         int amu=A.length;
47         int anu=0;
48         if (amu > 0) anu=A[0].length;
49
50         int bmu=B.length;
51         int bnu=0;
52         if (bmu > 0) bnu=B[0].length;
53
54         if (anu != bmu)
55             throw new UnsupportedOperationException("Size of two matrix
               must be equal.");
56
57         int i, j, k;
58         /*矩阵乘法只有在第一个矩阵的列数和第二个矩阵的行数相同时才有意
           义，矩阵C的行数等于矩阵A的行数，C的列数等于B的列数 */
59         double[][] C=create(amu, bnu);
60         for (i=0; i<amu; i++)
61             for (j=0; j<bnu; j++) {
62                 C[i][j]=0;
63                 for (k=0; k<anu; k++)
64                     C[i][j]+=A[i][k] * B[k][j]; /*矩阵乘法运算规则 */
65             }
66         return C;
67     }
68 }
```

5.2 特殊矩阵的压缩存储

5.2.1 稠密矩阵和稀疏矩阵

若数值为零的元素数目远远多于非零元素的数目，则称该矩阵为**稀疏矩阵**(sparse matrix)；与之相反，若非零元素占大多数，则称该矩阵为**稠密矩阵**(dense matrix)。通常，在用高级语言编制程序时，对于稠密矩阵都用二维数组来存储矩阵元素。有的程序设计语言中还提供了各种矩阵运算，方便用户使用。

然而，在数值分析中经常出现一些阶数很高的稀疏矩阵。有时为了节省存储空间，可以对这类矩阵进行**压缩存储**。压缩存储指为多个值相同的元素只分配一个存储空间；对零元素不分配空间。

若值相同的元素或者零元素在矩阵中的分布有一定规律（如上三角矩阵、下三角矩阵、对角矩阵），则称该矩阵为**特殊矩阵**。下面分别讨论它们的压缩存储。

5.2.2 对称矩阵

若 n 阶矩阵 A 中的元素满足下述性质：

$$a_{ij} = a_{ji}, \quad 0 \leqslant i, j \leqslant n-1$$

则称 A 为 n 阶对称矩阵。图 5.1 是一个 5 阶对称矩阵及它的压缩存储。

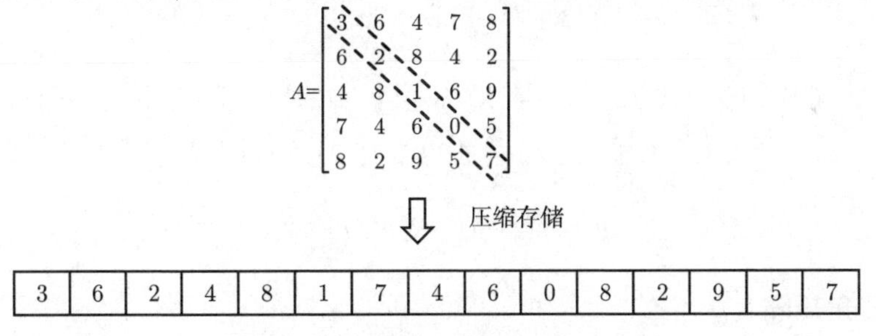

图 5.1　5 阶对称矩阵及它的压缩存储

对称矩阵关于主对角线对称，因此只需存储上三角或下三角部分即可。例如，只存储下三角中的元素 a_{ij}，其中 $j \leqslant i$ 且 $0 \leqslant i \leqslant n-1$，存储次序是：第 1 行的前 1 个元素，第 2 行的前 2 个元素，$\cdots$，第 n 行的前 n 个元素。对于上三角中的元素 $a_{ij}(i<j)$，它和对应的 a_{ji} 相等，因此当访问的元素在上三角时，直接访问和它对应的下三角元素即可。这样，就可以为每一对对称元素分配一个存储空间，就可将 n^2 个元素压缩存储到 $n(n+1)/2$ 个空间中，当 n 较大时，可以节省规模可观的存储资源。

不失一般性，可以以行序为主序存储其下三角（包括对角线）中的元素。假设以一维数组 $\mathrm{Sa}[n(n+1)/2]$ 作为 n 阶矩阵 A 的存储结构，则 $\mathrm{Sa}[k]$ 和矩阵元素

a_{ij} 之间存在着一一对应的关系，存储顺序可用图 5.2 示意。这样，原矩阵下三角中的某一个元素 a_{ij} 分别对应一个 Sa[k]。

Sa[1]
Sa[2]
Sa[3]
Sa[4]
Sa[5]
Sa[6]
Sa[k]
Sa[n(n+1)/2]
a00
a10
a11
a20
a21
a22
…
aij
…
…
a(n-10)
a(n-11)
…
a(n-1)(n-1)
第1行
第2行
第3行
第n行

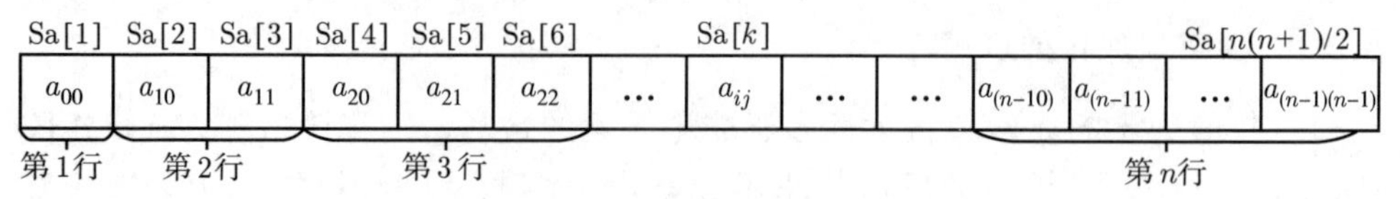

图 5.2 一般对称矩阵的压缩存储

对于下三角中的元素 a_{ij}，其特点是 $j \leqslant i$ 且 $0 \leqslant i \leqslant n-1$，存储到数组 Sa 中后，根据存储原则，它前面有 i 行，共有 $i(i+1)/2$ 个元素，而 a_{ij} 又是它所在的行中的第 $j+1$ 个元素，所以在图 5.2 的排列顺序中，a_{ij} 是第 $i(i+1)/2+(j+1)$ 个元素，因此它在 Sa 中的下标 k 与 i、j 的关系为

$$k = i(i+1)/2 + (j+1), \quad 0 \leqslant k < n(n+1)/2$$

若 $i < j$，则 a_{ij} 是上三角中的元素，因为 $a_{ij} = a_{ji}$，所以，访问上三角中的元素 a_{ij} 时改为访问和它对应的下三角中的 a_{ji} 即可，因此将上式中的行列下标交换就是上三角中的元素与 Sa 中元素的对应关系：

$$k = j(j+1)/2 + (i+1), \quad 0 \leqslant k < n(n+1)/2$$

由此，称 Sa[$n(n+1)/2$] 为 n 阶对称矩阵 A 的压缩存储。对于对称矩阵中的任意元素 a_{ij}，若令 $I = \max(i,j)$，$J = \min(i,j)$，则将上面两个式子综合起来得

$$k = I(I+1)/2 + (J+1)$$

5.2.3 三角矩阵

形如图 5.3 所示的矩阵称为三角矩阵，其中 c 为某个常数。图 5.3（a）为下三角矩阵，主对角线以上均为同一个常数；图 5.3（b）为上三角矩阵，主对角线以下均为同一个常数。下面讨论它们的压缩存储方法。

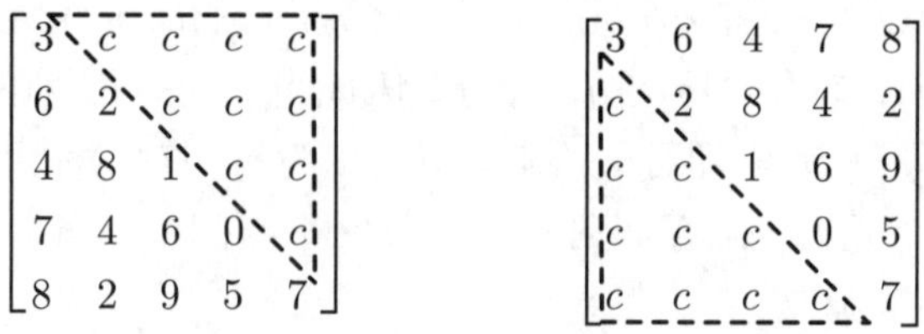

3 c c c c
6 2 c c c
4 8 1 c c
7 4 6 0 c
8 2 9 5 7
3 6 4 7 8
c 2 8 4 2
c c 1 6 9
c c c 0 5
c c c c 7

(a) 下三角矩阵　(b) 上三角矩阵

图 5.3 三角矩阵

1. 下三角矩阵

下三角矩阵与对称矩阵类似，不同之处在于存储完下三角中的元素之后，紧接着存储对角线上方的常数，因为是同一个常数，所以存储一个即可。设存入向量 Sa$[n(n+1)/2+1]$ 中，这样一共存储了 $n(n+1)/2+1$ 个元素，如图 5.4 所示，则 Sa$[k]$ 与 a_{ij} 的对应关系为

$$k=\begin{cases}\dfrac{i(i+1)}{2}+(j+1), & i\geqslant j\\ \dfrac{n(n+1)}{2}+1, & i<j\end{cases}$$

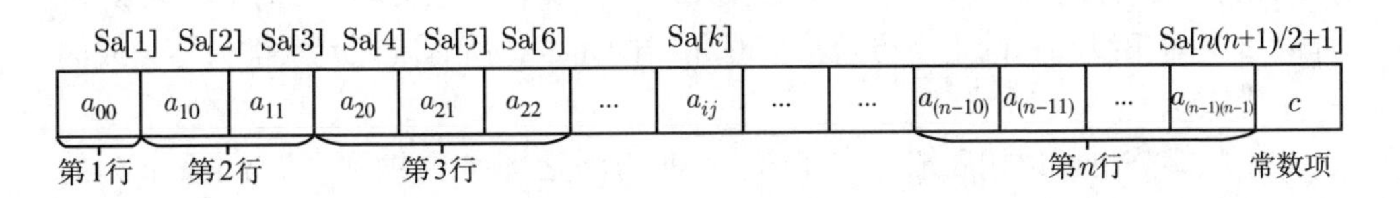

图 5.4 下三角矩阵的压缩存储

2. 上三角矩阵

对于上三角矩阵，存储思想与下三角矩阵类似，以行为主序顺序存储上三角部分，最后存储对角线下方的常数。第 1 行存储 n 个元素，第 2 行存储 $n-1$ 个元素，$\cdots$，第 p 行存储 $n-p+1$ 个元素，a_{ij} 的前面有 i 行，总共存储的元素个数为

$$n+(n-1)+\cdots+(n-i+1)=\sum_{p=0}^{i}(n-p+1)=\frac{i(2n-i+1)}{2}$$

而 a_{ij} 是它所在的行中要存储的第 $j-i+1$ 个元素，所以，它是上三角存储顺序中的第 $\dfrac{i(2n-i+1)}{2}+(j-i+1)$ 个，因此它在 Sa 中的下标为

$$k=\frac{i(2n-i+1)}{2}+(j-i+1)$$

上三角矩阵的压缩存储表如图 5.5 所示，Sa$[k]$ 与 a_{ij} 的对应关系为

$$k=\begin{cases}\dfrac{i(2n-i+1)}{2}+(j-i+1), & i\leqslant j\\ \dfrac{n(n+1)}{2}+1, & i>j\end{cases}$$

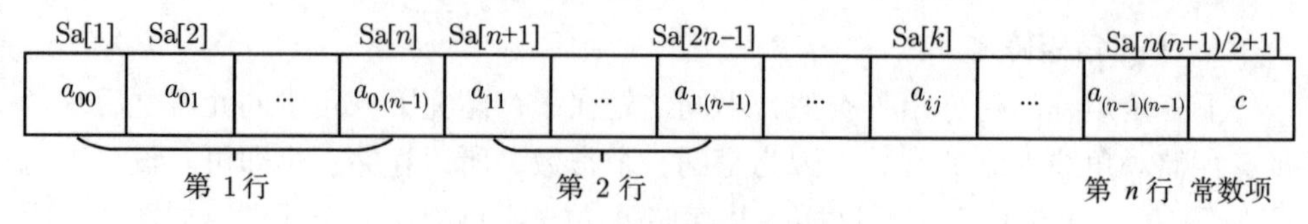

图 5.5 上三角矩阵的压缩存储

5.2.4 带状矩阵

对于一个 n 阶矩阵 A，如果存在最小正整数 m，满足当 $|i-j| \geqslant m$ 时，$a_{ij}=0$，则 A 为带状矩阵，称 $w=2m-1$ 为矩阵 A 的带宽。图 5.6（a）所示是一个 $w=3$（$m=2$）的带状矩阵。带状矩阵也称为对角矩阵。由图 5.6（a）可以看出，在这种矩阵中，所有非零元素都集中在以主对角线为中心的带状区域中，即除了主对角线和它的上下方若干条对角线的元素，所有其他元素都为零（或同一个常数）。

带状矩阵也可以用压缩方式存储。一种方法是将 A 压缩到一个 n 行 w 列的二维数组 B 中，如图 5.6（b）所示，当某行非零元素的个数小于带宽 w 时，先存放非零元素后补零。那么 a_{ij} 映射为 $b_{i'j'}$，映射关系为

$$\begin{cases} i'=i \\ j'=j-i+m-1 \end{cases}$$

另一种压缩方法是将带状矩阵压缩到向量 C 中，以行为主序，顺序存储其非零元素，如图 5.6（c）所示，按其压缩规律可找到相应的映像函数。

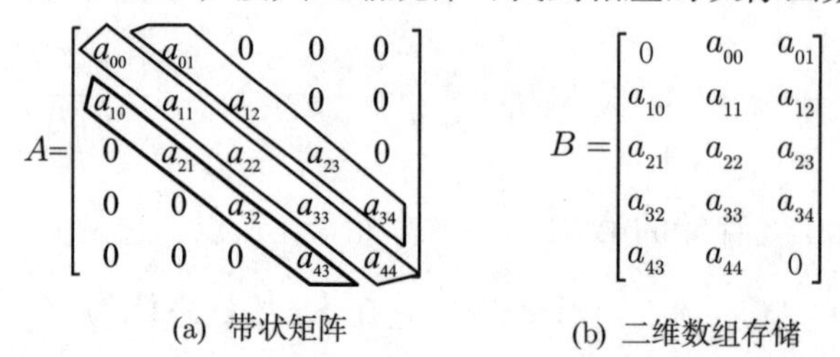

(a) 带状矩阵 (b) 二维数组存储

Sa[1]	Sa[2]	Sa[3]	Sa[4]	Sa[5]	Sa[6]	Sa[7]	Sa[8]	Sa[9]	Sa[10]	Sa[11]	Sa[12]	Sa[13]
a_{00}	a_{01}	a_{10}	a_{11}	a_{12}	a_{21}	a_{22}	a_{23}	a_{32}	a_{33}	a_{34}	a_{43}	a_{44}

(c) 压缩到向量C中

图 5.6 带状矩阵及压缩存储

当 $w=3$ 时，映像函数为

$$k=2i+j+1$$

5.3　稀疏矩阵的压缩存储

假设在 $m \times n$ 的矩阵中，有 t 个元素不为零。令 $\delta = \dfrac{t}{m \times n}$，称 δ 为矩阵的**稀疏因子**，通常认为 $\delta \leqslant 0.05$ 时为稀疏矩阵。

稀疏矩阵 ADT 的定义如下。

数据对象：$D = \{A[i][j] | i = 1, 2, \cdots, m; j = 1, 2, \cdots, n, m$ 和 n 分别为矩阵的行数和列数$\}$。

基本操作：

create(A);

操作结果：创建稀疏矩阵 A。

destroy(A);

初始条件：稀疏矩阵 A 存在。

操作结果：销毁稀疏矩阵 A。

print(A);

初始条件：稀疏矩阵 A 存在。

操作结果：输出稀疏矩阵 A。

plus(A, B);

初始条件：矩阵 A 和 B 的行数和列数对应相等。

操作结果：把矩阵 B 加到矩阵 A 中。

sub(A, B);

初始条件：矩阵 A 和 B 的行数和列数对应相等。

操作结果：矩阵 A 减去矩阵 B。

transpose(A);

初始条件：稀疏矩阵 A 存在。

操作结果：求稀疏矩阵 A 的转置。

multiply(A, B, C);

初始条件：矩阵 A 的列数等于矩阵 B 的行数。

操作结果：求稀疏矩阵乘积 $C = A * B$。

在很多科学管理和工程运算中，常遇到阶数很高的大型稀疏矩阵，如果按常规的分配方法顺序分配在计算机内，将会浪费很多内存。为此本书提出另外一种存储方法，即仅存储非零元素。但对于这类矩阵，通常零元素分布没有规律，为了能找到相应的元素，仅存储非零元素的值是不够的，还要记下它所在的行和列的位置 (i, j)。反之，一个三元组 (i, j, a_{ij}) 唯一确定了矩阵 A 的一个非零元素。

由此，稀疏矩阵可由表示非零元素的三元组及其行列数唯一确定，如下列三元组表：[(1,2,12), (1,3,9), (3,1,−3), (3,6,14), (4,3,24), (5,2,18), (6,1,15), (6,4,−7)]。加上 (6, 7) 这一对行数、列数值便可作为图 5.7 中矩阵 M 的另一种描述。而由上述三元组表的不同表示方法可引出稀疏矩阵不同的压缩存储方法。

$$\begin{bmatrix} 0 & 12 & 9 & 0 & 0 & 0 & 0 \\ 0 & 0 & 0 & 0 & 0 & 0 & 0 \\ -3 & 0 & 0 & 0 & 0 & 14 & 0 \\ 0 & 0 & 24 & 0 & 0 & 0 & 0 \\ 0 & 18 & 0 & 0 & 0 & 0 & 0 \\ 15 & 0 & 0 & -7 & 0 & 0 & 0 \end{bmatrix} \qquad \begin{bmatrix} 0 & 0 & -3 & 0 & 0 & 15 \\ 12 & 0 & 0 & 0 & 18 & 0 \\ 9 & 0 & 0 & 0 & 24 & 0 \\ 0 & 0 & 0 & 0 & 0 & -7 \\ 0 & 0 & 0 & 0 & 0 & 0 \\ 0 & 0 & 14 & 0 & 0 & 0 \\ 0 & 0 & 0 & 0 & 0 & 0 \end{bmatrix}$$

(a)M矩阵 (b)T矩阵

图 5.7 稀疏矩阵 M 和 T

5.3.1 三元组顺序表存储

将三元组按行优先顺序，同一行中列号从小到大的规律排列成一个线性表，称为**三元组表**。以顺序存储结构来表示三元组表，则可得稀疏矩阵的一种压缩存储方式——**三元组顺序表**。稀疏矩阵的三元组顺序表存储表示如下：

```
1    public int mu, nu, tu;    /*矩阵的行数、列数及非零元素的个数 */
2    public ArrayList<SPNode> data;    /*三元组表 */
3
4    /*三元组表的存储类型 */
5    public SparseMatrix(int mu, int nu, int tu) {
6        this.mu=mu;
7        this.nu=nu;
8        this.tu=tu;
9        this.data=new ArrayList<>();
10       for (int t=0; t<=tu; t++)
11           this.data.add(new SPNode(0, 0, -1));
12   }
13
14   /*三元组类型 */
15   public static class SPNode {
16       public int row, col;    /*非零元素的行、列 */
17       public double val;  /*非零元素值 */
18
19       public SPNode(int row, int col, double val) {
```

```
20            this.row=row;
21            this.col=col;
22            this.val=val;
23        }
24    }
```

在此，data 域中表示非零元素的三元组是以行序为主序顺序排列的，从后面的讨论中读者容易看出这样做将有利于进行某些矩阵运算。下面将讨论在这种压缩存储结构下如何实现矩阵的转置运算。

转置运算是一种最简单的矩阵运算。对于一个 $m \times n$ 的矩阵 M，它的转置矩阵 T 是一个 $n \times m$ 的矩阵，且 $T(i,j) = M(j,i)$，$1 \leqslant i \leqslant n$，$1 \leqslant j \leqslant m$。图 5.7 中的矩阵 M 和 T 互为转置矩阵。

显然，一个稀疏矩阵的转置矩阵仍是稀疏矩阵。假设 a 和 b 是 SPMatrix 型的变量，分别表示矩阵 M 和 T，a.data 和 b.data 分别如表 5.1 所示。

表 5.1　稀疏矩阵 M 和 T 的三元组表

i	j	v	i	j	v
1	2	12	1	3	−3
1	3	9	1	6	15
3	1	−3	2	1	12
3	6	14	2	5	18
4	3	24	3	1	9
5	2	18	3	4	24
6	1	15	4	6	−7
6	4	−7	6	3	14
	a.data			b.data	

要想由 a 得到 b，分析 a 和 b 之间的差异可见，只要做到：① 将矩阵的行列值相互交换；② 将每个三元组中的 i 和 j 相互调换；③ 重排三元组之间的次序。前两条是容易做到的，关键是如何实现第三条，即如何使 b.data 中的三元组以 T 的行（M 的列）为主序依次排列。

可以有下面两种处理方法。

（1）按照 b.data 中三元组的次序依次在 a.data 中找到相应的三元组进行转置。换句话说，按照矩阵 M 的列序来进行转置。为了找到 M 的每一列中所有的非零元素，需要对其三元组表 a.data 从第一行起整个扫描一遍，由于 a.data 是以 M 的行序为主序来存放每个非零元素的，由此得到的恰是 b.data 应有的顺序。其具体算法如程序 5.3 所示。

程序 5.3 稀疏矩阵转置算法

```
1    public static SparseMatrix transpose1(SparseMatrix a) {
2        /*申请存储空间 */
3        SparseMatrix b=new SparseMatrix(a.nu, a.mu, a.tu);
4        int p, q, col;
5        /*有非零元素则转换 */
6        if (b.tu > 0) {
7            q=1;
8            /*按M的列序转换 */
9            for (col=1; col<=a.nu; col++) {
10               /*扫描整个三元组表 */
11               for (p=1; p<=a.tu; p++) {
12                   if (a.data.get(p).col==col) {
13                       b.data.set(q, new SparseMatrix.SPNode(a.data.get
                         (p).col,
14                               a.data.get(p).row, a.data.get(p).val));
15                       q++;
16                   }
17               }
18           }
19       }
20       return b;
21   }
```

分析这个算法，主要的工作是在 p 和 col 的两重循环中完成的，故算法的时间复杂度为 $O(\mathrm{nu} \times \mathrm{tu})$，即和 M 的列数及非零元素的个数的乘积成正比。可以知道，一般矩阵的转置算法为：

```
1 for(col=0; col<nu; col++)
2     for(row=0; row<mu; row++)
3         T[col][row]=A[row][col];
```

其时间复杂度为 $O(\mathrm{mu} \times \mathrm{nu})$。当非零元素的个数 tu 和 mu×nu 同数量级时，程序 5.3 的时间复杂度就为 $O(\mathrm{mu} \times \mathrm{nu}^2)$ 了（例如，假设在 100×500 的矩阵中有 tu=10000 个非零元素），虽然节省了存储空间，但时间复杂度提高了，因此程序 5.3 仅适用于 tu≪mu×nu 的情况。

（2）按照 a.data 中三元组的次序进行转置，并将转置后的三元组置入 b.data 中恰当的位置。如果能预先确定矩阵 M 中每一列（T 中每一行）的第一个非零元素在 b.data 中应有的位置，那么在对 a.data 中的三元组依次进行转置时，便可直接放到 b.data 中恰当的位置上。为了确定这些位置，在转置前应先求得 M 的每一列中非零元素的个数，进而求得每一列的第一个非零元素在 b.data 中应有的位置。

在此，需要附设 num 和 cpot 两个一维数组。num[col] 表示矩阵 M 中第 col 列非零元素的个数，cpot[col] 表示 M 中第 col 列的第一个非零元素在 b.data 中的恰当位置。显然有

$$\begin{cases} \text{cpot}[1] = 1 \\ \text{cpot}[\text{col}] = \text{cpot}[\text{col}-1] + \text{num}[\text{col}-1], \quad 2 \leqslant \text{col} \leqslant \text{a.nu} \end{cases}$$

例如，对图 5.7 的矩阵 M，num 和 cpot 的值如表 5.2 所示。

表 5.2 矩阵 M 的向量 num 和 cpot 的值

col	1	2	3	4	5	6	7
num[col]	2	2	2	1	0	1	0
cpot[col]	1	3	5	7	8	8	9

这种转置方法称为快速转置，其算法如程序 5.4 所示。

程序 5.4 稀疏矩阵转置的改进算法

```
1    public static SparseMatrix transpose2(SparseMatrix a) {
2        SparseMatrix b=new SparseMatrix(a.nu, a.mu, a.tu);
3        int i, j, k;
4        int[] num=new int[a.nu+1];
5        int[] cpot=new int[a.nu+1];
6        if (b.tu > 0) {     /*有非零元素则转换 */
7            for (i=1; i<=a.tu; i++) {  /*求矩阵M中每一列非零元素的个数*/
8                j=a.data.get(i).col;
9                num[j]++;
10           }
11
12           cpot[1]=1;
13           for (i=2; i<=a.nu; i++)      /*求矩阵M中第i列的第一个非零元素
             在T.data中的恰当位置 */
14               cpot[i]=cpot[i - 1] + num[i - 1];
15           for (i=1; i<=a.tu; i++) {     /*扫描三元组表 */
16               j=a.data.get(i).col;     /*当前三元组的列号 */
17               k=cpot[j];     /*当前三元组在T.data中的位置 */
```

```
18                b.data.set(k, new SparseMatrix.SPNode(a.data.get(i).col,
19                        a.data.get(i).row, a.data.get(i).val));
20                cpot[j]++;
21            }
22        }
23        return b;
24    }
```

这个算法仅比前一个算法多用了两个辅助向量。从时间上看，算法中有 4 个并列的单循环，循环次数分别为 nu 和 tu，因而总的时间复杂度为 $O(\text{nu} + \text{tu})$。在 M 的非零元个数 tu 和 mu×nu 同数量级时，其时间复杂度为 $O(\text{mu} \times \text{nu})$，和经典算法的时间复杂度相同。

三元组顺序表又称有序的双下标法，它的特点是，非零元素在表中按行序有序存储，因此便于进行以行顺序处理的矩阵运算。然而，若需要按行号存取某一行的非零元素，则需从头开始进行查找。

5.3.2 行逻辑链接的顺序存储

为了便于随机存取任意一行的非零元素，需知道每一行的第一个非零元素在三元组表中的位置。为此，可将 5.3.1 节快速转置矩阵的算法中创建的指示行信息的辅助数组 cpot 固定在稀疏矩阵的存储结构中。称这种带行链接信息的三元组表为**行逻辑链接的顺序表**，其类型描述如下：

```
1    public int mu, nu, tu;    /*矩阵的行数、列数及非零元素的个数 */
2    public ArrayList<SPNode> data;      /*三元组表 */
3    public int[] rpos;     /*各行第一个非零元素的位置表 */
4
5    /*三元组表的存储类型 */
6    public RLSMatrix(int mu, int nu, int tu) {
7        this.mu=mu;
8        this.nu=nu;
9        this.tu=tu;
10       this.data=new ArrayList<>();
11       for (int i=0; i<=tu; i++)
12           this.data.add(new SPNode(0, 0, -1));
13       this.rpos=new int[mu + 1];
14   }
15
```

```
16    /*三元组类型 */
17    public static class SPNode {
18        public int row, col;    /*非零元素的行、列 */
19        public double val;  /*非零元素值 */
20
21        public SPNode(int row, int col, double val) {
22            this.row=row;
23            this.col=col;
24            this.val=val;
25        }
26    }
```

在下面讨论的两个稀疏矩阵相乘的例子中，容易看出这种表示方法的优越性。

两个矩阵相乘的经典算法也是大家所熟悉的。若设

$$C = A \times B$$

其中，A 是 $m_1 \times n_1$ 的矩阵；B 是 $m_2 \times n_2$ 的矩阵。当 $n_1 = m_2$ 时有如下算法：

```
1 for(i=1; i<=amu; i++){
2     for(j=1; j<=bnu; j++){
3         C[i][j]=0;
4         for(k=1; k<=anu; k++) C[i][j]+=A[i][k]*B[k][j];
5     }
6 }
```

此算法的时间复杂度是 $O(m_1n_1n_2)$。

当 A 和 B 是稀疏矩阵并用三元组表作为存储结构时，就不能套用上述算法。假设 A 和 B 分别为

$$A = \begin{bmatrix} 3 & 0 & 0 & 5 \\ 0 & -1 & 0 & 0 \\ 2 & 0 & 0 & 0 \end{bmatrix}, \quad B = \begin{bmatrix} 0 & 2 \\ 1 & 0 \\ -2 & 4 \\ 0 & 0 \end{bmatrix} \tag{5.1}$$

则 $C = A \times B$ 为

$$C = \begin{bmatrix} 0 & 6 \\ -1 & 0 \\ 0 & 4 \end{bmatrix}$$

它们的三元组 A.data、B.data 和 C.data 分别如表 5.3 所示。

表 5.3　稀疏矩阵 A、B、C 的三元组表

i	j	e	i	j	e	i	j	e
1	1	3	1	2	2	1	2	6
1	4	5	2	1	1	2	1	−1
2	2	−1	3	1	−2	3	2	4
3	1	2	3	2	4			
A.data			B.data			C.data		

下面讲述如何由 A 和 B 求得 C。

（1）乘积矩阵 C 中元素：

$$C(i,j)=\sum_{k=1}^{n_1}A(i,k)\times B(k,j),\quad 1\leqslant i\leqslant m_1,1\leqslant j\leqslant n_2 \tag{5.2}$$

在经典算法中，无论 $A(i,k)$ 和 $B(k,j)$ 的值是否为零，都要进行一次乘法运算，而实际上，这两者有一个值为零时，其乘积也为零。因此，在对稀疏矩阵进行运算时，应免去这种无效操作，换句话说，为求 C 的值，只需在 A.data 和 B.data 中找到相应的各对元素（即 A.data 中的 j 值和 B.data 中的 i 值相等的各对元素）相乘即可。

例如，A.data[1] 表示的矩阵元素（1,1,3）只要和 B.data[1] 表示的矩阵元素（1,2,2）相乘；而 A.data[2] 表示的矩阵元素（1,4,5）则不需和 B.data 中任何元素相乘，因为 B.data 中没有 i 为 4 的元素。由此可见，为了得到非零的乘积，只要对 A.data 中的每个元素 $(i,k,A(i,k))(1\leqslant i\leqslant m_1,1\leqslant k\leqslant n_1)$，找到 B.data 中所有相应的元素 $(k,j,B(k,j))(1\leqslant k\leqslant m_2,1\leqslant j\leqslant n_2)$ 相乘即可，为此需在 B.data 中寻找矩阵 B 中第 k 行的所有非零元素。在稀疏矩阵的行逻辑链接的顺序表中，B.rpos 提供了有关信息。例如，式（5.1）中的矩阵 B 的 rpos 值如表 5.4 所示。

表 5.4　矩阵 B 的 rpos 的值

row	1	2	3	4
rpos[row]	1	2	3	5

并且，由于 rpos[row] 指示矩阵 B 的第 row 行中第一个非零元素在 B.data 中的序号，rpos[row + 1] − 1 指示矩阵 B 的第 row 行中最后一个非零元素在 B.data 中的序号。而最后一行中一个非零元素在 B.data 中的位置显然就是 B.tu 了。

（2）稀疏矩阵相乘的基本操作是：对于 A 中每个元素 A.data[p]($p = 1, 2, \cdots$, A.tu)，找到 B 中所有满足条件 A.data[p].j = B.data[q].i 的元素 B.data[q]，求得 A.data[p].v 和 B.data[q].v 的乘积，而从式（5.2）得知，乘积矩阵 C 中每个元素的值是个累计和，这个乘积 A.data[p].val × B.data[q].val 只是 $C(i, j)$ 中的一部分。为便于操作，应对每个元素设一个累计和的变量，其初值为零，然后扫描数组 A，求得相应元素的乘积并累加到适当的求累计和的变量上。

（3）两个稀疏矩阵的乘积不一定是稀疏矩阵。反之，即使式（5.2）中每个分量值 $A(i, k) \times B(k, j)$ 不为零，其累加值 $C(i, j)$ 也可能为零。因此乘积矩阵 C 中的元素是否为非零元素，只有在求得其累加和后才能得知。由于 C 中元素的行号和 A 中元素的行号一致，又由于 A 中元素排列是以 A 的行序为主序的，所以可对 C 进行逐行处理，先求得累计求和的中间结果（C 的一行），然后压缩存储到 C.data 中。

由此，两个稀疏矩阵相乘（$C = A \times B$）的过程可大致描述如下：

```
1 C初始化:
2 if(C是非零矩阵) { /*逐行求积 */
3     for(arow=1; arow <= A.mu; arow++) { /*处理A的每一行 */
4         ctemp[]=0;    /*累加器清零 */
5         计算C中第arow行的积并存入ctemp[]中;
6         将ctemp[]中非零元素压缩存储到C.data中;
7     }
8 }
```

程序 5.5 是上述过程的具体实现。

程序 5.5　两个稀疏矩阵相乘

```
1     public static RLSMatrix multiply(RLSMatrix A, RLSMatrix B) {
2         /*求矩阵乘积 C = A * B，采用行逻辑链接存储表示 */
3         int tp, t, b_row, c_col, i;
4         double[] c_temp=new double[B.nu + 1];
5         if (A.nu != B.mu) throw new UnsupportedOperationException("Size
          of two matrix mismatch.");
6         /*C初始化 C.nu = B.nu */
7         RLSMatrix C=new RLSMatrix(A.mu, B.nu, 0);
8         if (A.tu * B.tu != 0) {    /*C是非零矩阵 */
9             for (int a_row=1; a_row <= A.mu; a_row++) {
              /*处理A的每一行，C的行数和A的相同 */
10                C.rpos[a_row]=C.tu+1;
```

```
11
12                for (i=1; i<=C.nu; i++) c_temp[i]=0;
                  /*当前行各元素累加器清零 */
13                if (a_row < A.mu) tp=A.rpos[a_row + 1];
                  /*查找当前行各元素累加右边界 */
14                else tp=A.tu+1;
15                for (int p=A.rpos[a_row]; p < tp; p++) {
                  /*对当前行中每个非零元 */
16                    b_row=A.data.get(p).col;  /*找到对应元在B中的行号 */
17                    if (b_row < B.mu) t=B.rpos[b_row + 1];
                      /*找到累加边界 */
18                    else t=B.tu+1;
19                    for (int q=B.rpos[b_row]; q < t; q++) {
20                        c_col=B.data.get(q).col;  /*乘积元素在C中列号 */
21                        c_temp[c_col]+=A.data.get(p).val * B.data.get
                          (q).val;
22                        /*对A.data中的每个元素(i,k,A(i,k)), 找到B.data中
                          所有相应的元素(k,j,B(k,j))相乘即可*/
23                    }
24                }
25                for (c_col=1; c_col<=C.nu; c_col++) {
                  /*存储C中该行非零元 */
26                    if (c_temp[c_col]!=0) {
27                        C.tu++;
28                        C.data.add(C.tu, new SPNode(a_row, c_col, c_temp
                          [c_col]));
29                    }
30                }
31            }
32        }
33        return C;
34    }
```

分析上述算法的时间复杂度有如下结果：累加器 c_emp 初始化的时间复杂度为 $O(\text{A.mu}\times\text{B.nu})$，求 C 的所有非零元素的时间复杂度为 $O(\text{A.tu}\times\text{B.tu/B.mu})$，进行压缩存储的时间复杂度为 $O(\text{A.mu}\times\text{B.nu})$，因此，总的时间复杂度就是 $O(\text{A.mu}\times\text{B.nu}+\text{A.tu}\times\text{B.tu/B.mu})$。

若 A 是 m 行 n 列的稀疏矩阵，B 是 n 行 p 列的稀疏矩阵，则 A 中非零元

素的个数 A.tu = $\delta_A \times m \times n$，$B$ 中非零元素的个数 B.tu = $\delta_B \times n \times p$，此时算法的时间复杂度就相当于 $O(m \times p)$，显然，这是一个相当理想的结果。

如果事先能估算出所求乘积矩阵 C 不再是稀疏矩阵，则以二维数组表示 C，相乘的算法也就更简单了。

5.3.3 十字链表

当矩阵的非零元素个数和位置在操作过程中变化较大时，就不宜采用顺序存储结构来表示三元组的线性表。例如，在进行将矩阵 B 加到矩阵 A 上的操作时，非零元素的插入或删除会引起 A.data 中元素的移动。为此，对这种类型的矩阵，采用链式存储结构表示三元组的线性表更为恰当。

在链表中，每个非零元素可用一个含五个域的节点表示，其中 i、j 和 e 这三个域分别表示该非零元素所在的行、列和非零元素的值，向右域 right 用以链接同一行中下一个非零元素，向下域 down 用以链接同一列中下一个非零元素。同一行的非零元素通过 right 域链接成一个线性链表，同一列的非零元素通过 down 域链接成一个线性链表。每个非零元素既是某个行链表中的一个节点，又是某个列链表中的一个节点，整个矩阵构成了一个十字交叉的链表，所以称这样的存储结构为**十字链表**，可用两个分别存储行链表的头指针和列链表的头指针的一维数组表示。例如，式（5.1）中的矩阵 M 的十字链表如图 5.8 所示。

程序 5.6 是稀疏矩阵的十字链表表示和建立十字链表的算法。

程序 5.6 稀疏矩阵的十字链表表示和建立十字链表

```
1   /*十字链表矩阵结构 */
2   /*行表头和列表头的指针 */
3   public OLNode[] rhead, chead;
4   /*矩阵的行数、列数及非零元个数 */
5   public int mu, nu, tu;
6
7   public OLMatrix(int mu, int nu, int tu) {
8       this.mu=mu;
9       this.nu=nu;
10      this.tu=tu;
11      //申请行头节点
12      this.rhead=new OLNode[mu];
13      for (int i=0; i<mu; i++) this.rhead[i]=new OLNode(i, 0, 0);
14      //申请列头节点
15      this.chead=new OLNode[nu];
16      for (int i=0; i<nu; i++) this.chead[i]=new OLNode(0, i, 0);
```

```
17  }
18
19  /*三元组类型 */
20  public static class OLNode {
21      public int row, col;    /*该非零元的行和列下标 */
22      public double val;  /*该非零元的值 */
23      public OLNode down, right;  /*该非零元所在行表和列表的后继链域*/
24
25      public OLNode(int row, int col, double val) {
26          this.row=row;
27          this.col=col;
28          this.val=val;
29          this.down=null;
30          this.right=null;
31      }
32  }
33
34  /*向十字链表中插入元素 */
35  public void insert(int row, int col, double val) {
36      OLNode p, q;
37      p=new OLNode(row, col, val);
38
39      /*将p插入行链中 */
40      q=this.rhead[row - 1];
41      while (q.right != null && q.right.col < col)
42          q=q.right;
43      p.right=q.right;
44      q.right=p;
45
46      /*再将p插入列链中 */
47      q=this.chead[col - 1];
48      while (q.down != null && q.down.row < row)
49          q=q.down;
50      p.down=q.down;
51      q.down=p;
52  }
```

对于 m 行 n 列且有 t 个非零元素的稀疏矩阵，程序 5.6 的执行时间为 $O(t\times s)$，$s=\max(m,n)$，这是因为每建立一个非零元素的节点时都要查询它在行表和列表

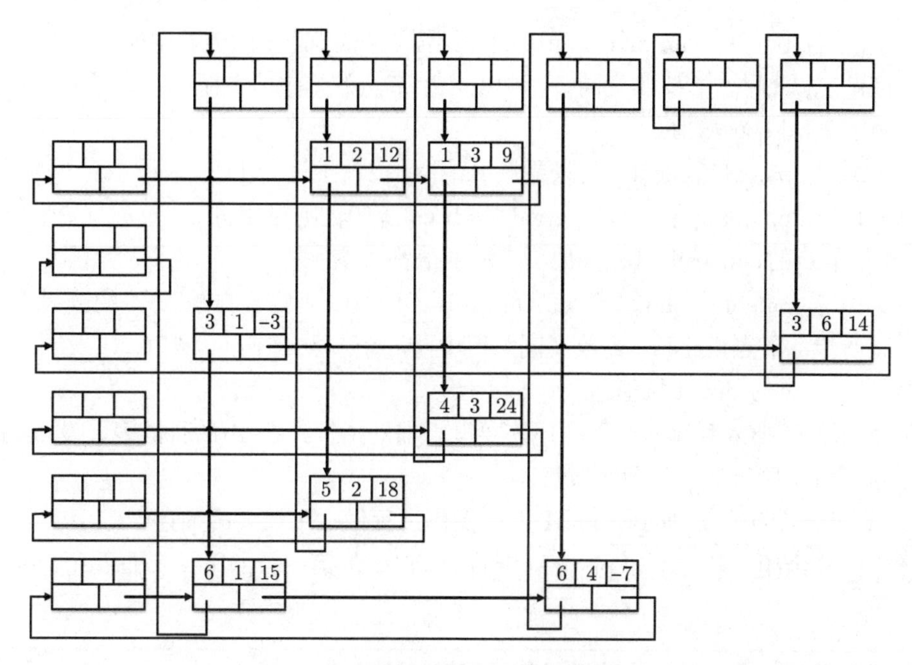

图 5.8 稀疏矩阵 M 的十字链表

中的插入位置，此算法对非零元素输入的先后次序没有任何要求。反之，若按以行序为主序的次序依次输入三元组，则可将建立十字链表的算法改写成 $O(t)$ 数量级的（t 为非零元素的个数）。

下面讨论在使用十字链表表示稀疏矩阵时，将矩阵 B 加到矩阵 A 上的运算。

两个矩阵相加和两个一元多项式相加极为相似，不同的是一元多项式中只有一个变化（指数项），而矩阵中每个非零元素有两个变化（行值和列值），每个节点既在行表中又在列表中，致使插入和删除时指针的修改稍微复杂，所以需要更多的辅助指针。

假设两个矩阵相加后的结果为 A'，则 A' 中的非零元素 a'_{ij} 只可能有 3 种情况。它或者是 $a_{ij}+b_{ij}$，或者是 $a_{ij}(b_{ij}=0)$，或者是 $b_{ij}(a_{ij}=0)$。由此，当将 B 加到 A 上时，对矩阵 A 的十字链表来说，或者是改变节点的 val 域值（$a_{ij}+b_{ij}\neq 0$），或者不变（$b_{ij}=0$），或者插入一个新节点（$a_{ij}=0$）。还有一种可能的情况是：与矩阵 A 中的某个非零元素相对应，和矩阵 A' 是零元素，即对 A 的操作是删除一个节点 $(a_{ij}+b_{ij}=0)$。由此，整个运算过程可从矩阵的第一行起逐行进行。对每一行都从行表头出发分别找到 A 和 B 在该行中的第一个非零元素节点后开始比较，然后按上述四种情况分别处理。

假设指针 pa 和 pb 分别指向矩阵 A 和 B 中行值相同的两个节点，pa=null 表明矩阵 A 在该行中没有非零元素，则上述四种情况的处理过程如下。

（1）若 pa=null 或 pa.col>pb.col，则需要在矩阵 A 的链表中插入一个值为 b_{ij} 的节点。此时，需要改变同一行中前一个节点的 right 域值，以及同一列中前一个节点的 down 域值。

（2）若 pa.col<pb.col，则只要将 pa 指针往右推进一步。

（3）若 pa.col=pb.col 且 $\text{pa.val} + \text{pb.val} \neq 0$，则只要将 $a_{ij} + b_{ij}$ 的值送到 pa 所指节点的 val 域即可，其他所有域的值都不变。

（4）若 $\text{pa.col} = \text{pb.col}$ 且 $\text{pa.val} + \text{pb.val} = 0$，则需要在矩阵 A 的链表中删除 pa 所指的节点。此时，需改变同一行中前一个节点的 right 域值，以及同一列中前一个节点的 down 域值。

为了便于插入和删除节点，还需要设立辅助指针，在 A 的行链表上设 qa 指针，指示 pa 所指节点的前驱节点。

下面对将矩阵 B 加到矩阵 A 上的操作过程做一个概要的描述。

（1）初始化。令 pa 和 pb 分别指向 A 和 B 的第一行的第一个非零元素的节点，即

```
1 pa=A.rhead[0].right;pb=B.rhead[0].right;qa=A.rhead[0];
```

（2）按如下步骤依次处理本行节点，直到 B 的这一行中无非零元素的节点，即 pb=null。

① 若 pa=null（A 的这一行中非零元素已处理完）或 pa.col>pb.col，则需在 A 中插入一个 pb 所指节点的复制节点。假设新节点的地址为 new_p，则 A 的行链表中的指针做如下变化：

```
1 /*新节点插入pa之前 */
2 OLNode new_p=new OLNode(pb.row, pb.col, pb.val);
3 new_p.right=pa;
4 qa.right=new_p;
5 qa=new_p;
```

A 的列链表中的指针也要做相应的改变。首先需要找到新节点在同一列中的前驱节点，并让 q 指向它，然后在列链表中插入新节点：

```
1 /*新节点插入到q之后 */
2 q=A.chead[new_p.col - 1];
3 while (q.down != null && q.down.row < new_p.row) q=q.down;
4 new_p.down=q.down;
5 q.down=new_p;
```

② 若 pa $\neq$ null 且 pa.col < pb.col，则令 pa 指向本行下一个非零元素的节点，即

```
1 qa=pa;pa=pa.right;
```

③ 若 pa.col = pb.col，则将 B 中当前节点的值加到 A 中当前节点上，即

```
1 pa.val+=pb.val;
```

此时若 pa.val $\neq 0$，则指针不变，否则删除 A 中该节点，即行表中指针变化如下：

```
1 /*从行链中删除 */
2 qa.right=pa.right;
```

同时，为了改变列链表中的指针，需要先找到同一列中的前驱节点，且让 qa_col 指向该节点，然后按如下方式修改相应指针：

```
1 qa_col.down=q.down;
2 q=null;
3 pa=qa;
```

(3) 判断是否结束。若本行不是最后一行，则令 pa 和 pb 指向下一行的第一个非零元素的节点，转步骤 (2)；否则结束。

通过对这个算法的分析可以得出下述结论：从一个节点来看，进行比较、修改指针所需的时间是一个常数；整个运算过程在于对 A 和 B 的十字链表逐行扫描，其循环次数主要取决于矩阵 A 和 B 中非零元素的个数 A.tu 和 B.tu，所以算法的时间复杂度为 $O(\mathrm{A.tu} + \mathrm{B.tu})$。

下面给出十字链表存储的稀疏矩阵的转置和乘法操作算法。程序 5.7 是稀疏矩阵的转置算法。按矩阵 A 的列序依次查找 A 每一列中的节点，同一列的元素依次插入转置矩阵 T 的同一行中。在 A 中的一列中从上向下依次查找，则对应的节点在 T 的行链中插入顺序是从左向右依次插入，只要用一个指针 pre 标记上一次在 T 的行链中插入的节点，则在行链中的插入操作就比较方便。但将节点插入 T 的列链中仍需要找到待插入节点位置的前驱节点。

程序 5.7 稀疏矩阵的转置

```
1     /*矩阵转置 */
2     public static OLMatrix transpose(OLMatrix A) {
3         OLMatrix T=new OLMatrix(A.nu, A.mu, A.tu);
4         OLNode p, q, pa, pre;
```

```
5       int row_num=1;
6
7       while (row_num <= T.mu) {
8           pa=A.chead[row_num - 1].down;
9           pre=T.rhead[row_num - 1]; /*pre指向行链中前一个插入的节点 */
10          while (pa != null) {
11              p=new OLNode(pa.col, pa.row, pa.val);
12              pre.right=p;    /*在转置矩阵行链表中插入节点 */
13              pre=p;
14              q=T.chead[pa.row - 1];    /*再将节点插入列链表 */
15              while (q.down != null) q=q.down;
16              q.down=p;
17
18              pa=pa.down;
19          }
20          row_num++;
21      }
22      return T;
23  }
```

程序 5.8 是两个稀疏矩阵相乘的算法。以矩阵 A 的行序为主循环，以矩阵 B 的列序为次循环。新得到的节点在相乘得到的矩阵 C 中的插入方式与转置操作类似。

程序 5.8　稀疏矩阵相乘

```
1   public static OLMatrix multiply(OLMatrix A, OLMatrix B) {
2       OLNode p, q, qa, qb, pre;
3       double x;
4       int i, j;
5       /*判断A矩阵列数是否等于B矩阵行数 */
6       if (A.nu != B.mu) {
7           throw new UnsupportedOperationException("Size of two matrix
            mismatch.");
8       }
9       OLMatrix M=new OLMatrix(A.mu, B.nu, 0);
10
11      for (i=1; i<=M.mu; i++) {
12          pre=M.rhead[i-1];
13          for (j=1; j<=M.nu; j++) {
```

```
14                  qa=A.rhead[i-1].right;
15                  qb=B.chead[j-1].down;
16                  x=0;
17                  while (qa != null && qb != null) {
18                      if (qa.col < qb.row)
19                          qa=qa.right;
20                      else if (qa.col > qb.row)
21                          qb=qb.down;
22                      else {  /* 有列号与行号相同的元素才相乘 */
23                          x+=qa.val * qb.val;
24                          qa=qa.right;
25                          qb=qb.down;
26                      }
27                  }
28                  if (x!=0) {
29                      p=new OLNode(i, j, x);
30                      pre.right=p;    /*将p插入第i行中 */
31                      pre=p;
32                      q=M.chead[j - 1];
33                      while (q.down != null) q=q.down;
34                      q.down=p;    /*将p插入第j列中 */
35
36                      M.tu++;
37                  }
38              }
39          }
40          return M;
41      }
```

程序 5.9 的作用是将矩阵按一定格式输出到屏幕。

程序 5.9　输出稀疏矩阵

```
1       public static void print(OLMatrix A) {    /*输出矩阵 */
2           int i, j;
3           OLNode p, q;
4           for (i=1; i<=A.mu; i++) {
5               j=1;
6               p=A.rhead[i-1];  /*指向第i行的头节点 */
7               q=p.right;   /*指向第i行的第一个节点 */
```

```
 8            while (q!=null) {
 9                for (; j<q.col; j++)
10                    System.out.print("   0");
11                j++;
12                System.out.printf("%4.0f", q.val);
13                q=q.right;
14            }
15            for (; j<=A.nu; j++)
16                System.out.print("   0");
17            System.out.print("\n");
18        }
19    }
```

运行如下的程序:

```
 1 public class OLMatrixTest {
 2
 3     public static void main(String[] args) {
 4         OLMatrix A=new OLMatrix(3, 4, 5);
 5         A.insert(1,1,4);
 6         A.insert(1,3,1);
 7         A.insert(2,4,1);
 8         A.insert(3,2,2);
 9         A.insert(3,4,3);
10         OLMatrix.print(A);
11         System.out.println();
12
13         OLMatrix B=new OLMatrix(4, 3, 7);
14         B.insert(1,1,7);
15         B.insert(2,2,2);
16         B.insert(2,3,4);
17         B.insert(3,1,1);
18         B.insert(3,3,3);
19         B.insert(4,1,7);
20         B.insert(4,2,-1);
21         OLMatrix.print(B);
22         System.out.println();
23
24         OLMatrix C=OLMatrix.multiply(A, B);
```

```
25          OLMatrix.print(C);
26          System.out.println();
27      }
28
29  }
```

如果输入稀疏矩阵 A 和 B：

$$A=\begin{bmatrix}4&0&1&0\\0&0&0&1\\0&2&0&3\end{bmatrix},\quad B=\begin{bmatrix}7&0&0\\0&2&4\\1&0&3\\7&-1&0\end{bmatrix} \tag{5.3}$$

则运行输出结果为

$$\begin{bmatrix}29&0&3\\7&-1&0\\21&1&8\end{bmatrix} \tag{5.4}$$

5.3.4 稀疏矩阵的并行运算

随着计算机技术的飞速发展和各门学科研究过程中日益增长的计算需求，并行计算的概念应运而生。**并行计算**是相对串行计算而言的。在串行计算中，唯一的处理器按照顺序依次执行计算任务，每个时刻只会进行一个计算任务的一个步骤，只有在当前计算任务的所有步骤依次完成后才会执行下一个计算任务。因此，串行计算在处理计算规模大的问题时往往效率比较低。并行计算是将一个大问题分解成为多个子问题，并由多个处理单元配合完成。并行计算一般可以分为**时间上的并行和空间上的并行**：时间上的并行是指通过流水线技术进行计算任务，使同一时刻可以进行多个计算任务的不同步骤；空间上的并行指通过多个处理器并行执行不同的计算任务。并行计算能够加速问题的求解速度，提高计算资源的利用率，能够快速、高效求解复杂度高的计算问题。

随着半导体工艺和网络通信技术的发展，多中央处理器并行计算机系统和**图形处理器**（graphic process unit, GPU）并行计算得到空前发展，为并行计算理论提供了物理实现方法。如今，GPU 受游戏市场、视觉仿真应用等需求的拉动，在性能和功能上均得到巨大的发展，其性能已超越同期主流的 CPU 性能。2007 年 6 月，NVIDIA 公司正式发布**统一计算设备架构**（compute unified device architecture, CUDA），这是一种具有新的指令集架构和并行编程模型的通用计算架构。这种架构是专门针对 GPU 并行计算而设计的，CUDA 使 GPU 通用计算逐渐流行，并运用到诸多学科的科学研究和工程应用之中。CUDA 以一种新的编程模型和指令集架构提供了一种通用计算架构，使研究人员能够解决 GPU 大规模计算的问题。CUDA 允许开发者使用高级编程语言 C 语言。基于 CUDA 的 C 语言对原来的 C 语言进行扩展，允许程序员定义 C 语言函数，称为内核，即在调用时，并行执行 n 次 n 个不同的 CUDA 并行线程，而不是像普通的 C 语言函数只执行一次。这使 GPU 成为一个高度并行、多线程、多核的处理器，具有巨大的计算能力。

如之前所述，现实工程中大量问题可用稀疏矩阵表示，稀疏矩阵的各类运算也广泛应用于科学和工程计算中。但是，这类运算往往面临着数据量大、非零值分布不规则、计算结果矩阵的无规则分布等问题。随着并行计算技术的发展，很多学者将并行计算的思想运用到稀疏矩阵的运算中，极大地提高了稀疏矩阵的运算效率。例如，罗海飙等在 2013 年设计了一种混合并行的稀疏矩阵相乘算法，多线程下计算速度比传统商业软件平均提高 50%；白洪涛等在 2010 年基于 GPU 实现了一种稀疏矩阵向量乘的优化加速方法，比 CPU 串行执行版本提高了 3 倍以上的速度。

5.4 总　　结

一个 $m \times n$ 的稀疏矩阵中有 t 个非零元素，而 t 的数量远小于 $m \times n$，如果采用传统的线性表的顺序存储方式进行保存，必然造成大量存储空间的浪费，而且在真实的工程计算中高阶稀疏矩阵的存储带来的浪费是无法承受的，所以在数据结构中提出不仅要对非零元素进行有效保存，还要保持其固有逻辑结构。

对于特殊矩阵，可以用数组来进行存储，而对于一般稀疏矩阵，由于矩阵中零元素的分布又是没有规律可循的，如何在实际运用中高效、准确、便捷地构造出其存储结构，是科学计算问题的基础性问题，本章介绍的三元组、行逻辑链接存储和十字链表是常见的稀疏矩阵三种存储方式，本章给出了行逻辑链接和十字链表存储方式下，矩阵的转置和乘法运算的算法，并分析了其时间复杂度。

第 6 章　查找和散列表

前面介绍过的线性表，无论是数组实现还是链表实现，查找元素时均需要进行遍历和一系列与关键字比较的操作，查找效率不高。本章将介绍一种表，其元素和位置存在某种对应关系，查找元素时根据关键字一次存取便可取得元素，不仅查找便捷，还能做到方便地插入、删除，这就是散列表。我们将要学习到：

（1）一般查找方法及其分析。

（2）常见散列函数。

（3）解决散列函数冲突的方法。

（4）利用散列表查找的算法。

6.1　查找方法

6.1.1　顺序表的查找

顺序查找（sequential search，SS）的查找过程为：从表中最后一个记录开始，逐个进行记录的关键字和给定值的比较，若某个记录的关键字和给定值相等，则查找成功，找到所查记录；反之，若直至第一个记录，其关键字和给定值比较都不相等，表明表中没有查到记录，则查找不成功。此查找过程可用程序 6.1 描述。

程序 6.1　顺序查找

```
1 public static int searchSeq(StaticSearchTable st, KeyType key) {
2     //在顺序表st中顺序查找其关键字等于key的数据元素。若找到，返回该元素
      //在表中的位置，查找不成功，返回0
4     st.elem[0].key = key; //0号单元作为监视哨
5     for(i=st.length; st.elem[i].key != key; i--); //从后往前找
6     return i;  //找不到时，i为0
7 }
```

在该算法中，查找之前先对 st.elem[0] 的关键字赋值 key，目的在于免去查找过程中每一步都要检测整个表是否查找完毕。在此，st.elem[0] 起到了监视哨的作用。这仅是一个程序设计技巧上的改进，然而实践证明，这个改进能使顺序查找在 st.length $\geqslant$ 1000 时，进行一次查找所需的平均时间几乎减少一半。当然，监视哨也可设在高下标处。

查找操作的**性能分析**。已知衡量算法好坏的量度有 3 条：时间复杂度（衡量算法执行的时间量级）、空间复杂度（衡量算法的数据结构所占存储以及大量的附加存储）和算法的其他性能。对于查找算法来说，通常只需要一个或几个辅助空间。而且查找算法中的基本操作是将记录的关键字和给定值进行比较，因此，通常以其关键字和给定值进行比较的记录个数的平均值作为衡量查找算法好坏的依据。

定义 6.1　为确定目标在查找表中的位置，需和给定值进行比较的关键字个数的期望值称为查找算法在查找成功时的**平均查找长度**（average search length, ASL）。

对于含有 n 个记录的表，查找成功时的平均查找长度为

$$\text{ASL} = \sum_{i=1}^{n} P_i C_i$$

其中，P_i 为查找表中第 i 个记录的概率，且 $\sum\limits_{i=1}^{n} P_i = 1$；$C_i$ 为找到表中其关键字与给定值相等的第 i 个记录时，和给定值进行过比较的关键字个数。显然 C_i 随查找过程不同而不同。

从顺序查找的过程可见，C_i 取决于所查记录在表中的位置。例如，查找表中最后一个记录时，需要比较 n 次。一般情况下，C_i 等于 $n-i+1$。

假设 $n = \text{st.length}$，则顺序查找的平均查找长度为

$$\text{ASL} = nP_1 + (n-1)P_2 + \cdots + 2P_{n-1} + P_n \tag{6.1}$$

假设每个记录的查找概率相等，即

$$P_i = \frac{1}{n}$$

则在等概率情况下顺序查找的平均查找长度为

$$\begin{aligned} \text{ASL} &= \sum_{i=i}^{n} P_i C_i \\ &= \frac{1}{n} \sum_{i=1}^{n} (n-i+1) \end{aligned}$$

$$\text{ASL}_{\text{SS}} = \frac{n+1}{2} \tag{6.2}$$

有时，表中各个记录的查找概率并不相等。例如，将全校学生的病历档案建立一张表存放在计算机中，体弱多病学生的病历记录查找概率必定高于健康学生

的病历记录。由于式(6.1)中的 ASL 在 $P_n \geqslant P_{n-1} \geqslant \cdots \geqslant P_2 \geqslant P_1$ 时达到极小值。因此，对记录的查找概率不等的查找表，若能预先得知每个记录的查找概率，则应先根据记录的查找概率进行排序，使表中记录按查找概率由小至大重新排序，以便提高查找效率。

然而，在一般情况下，记录的查找概率预先无法测定。为了提高查找效率，可以在每个记录中附设一个访问频度域，并使顺序表中的记录始终保持按访问频度非递减排序，使查找概率大的记录在查找过程中不断后移，以便在以后的逐次查找中减少比较次数。或者在每次查找之后都将刚查到的记录直接移至表尾。

顺序查找和我们后面将要讨论的其他查找算法相比，其缺点是 ASL 较大，特别是当 n 很大时，查找效率较低。然而，它有很大的优点：算法简单且适用面广。它对表的结构无任何要求，无论记录是否按关键字有序均可应用，而且，上述所有讨论对线性表也同样适用。

容易看出，上述对平均查找长度的讨论是在 $\sum\limits_{i=1}^{n} P_i = 1$ 的前提下进行的，换句话说，可以认为每次查找都是成功的。在实际应用的大多数情况下，查找成功的可能性比不成功的可能性大得多，特别是在表中记录数 n 很大时，查找不成功的概率可以忽略不计。当查找不成功的情形不能忽视时，查找算法的平均查找长度应是查找成功时的平均查找长度与查找不成功时的平均查找长度之和。

对于顺序查找，不论给定值 key 为何值，查找不成功时，和给定值进行比较的关键字个数均为 $n+1$。假设查找成功与不成功的可能性相同，对每个记录的查找概率也相等，则 $P_i = \dfrac{1}{2n}$，此时顺序查找的平均长度为

$$\begin{aligned} \text{ASL}'_{\text{SS}} &= \frac{1}{2n}\sum_{i=1}^{n}(n-i+1) + \frac{1}{2}(n+1) \\ &= \frac{3}{4}(n+1) \end{aligned} \tag{6.3}$$

6.1.2 有序表的查找

以有序表表示静态查找表时，search 函数可用**折半查找**(binary search，BS)来实现。

1. 折半查找的查找过程

先确定待查记录所在的范围(区间)，然后逐步缩小范围直到找到或找不到该记录为止。

例如，已知如下 11 个数据元素的有序表(关键字为数据元素的值)：

$$[05, 13, 19, 21, 37, 56, 64, 75, 80, 88, 92]$$

现在查找关键字为 21 和 85 的数据元素。

假设指针 low 和 high 分别指示待查元素所在范围的下界和上界，指针 mid 指示其中间位置，即 $\text{mid} = \lfloor(\text{low} + \text{high})/2\rfloor$。在此例中，low 和 high 的初值分别为 1 和 11，即 $[1, 11]$ 为待查范围。

下面先看给定值 $\text{key} = 21$ 的查找过程:

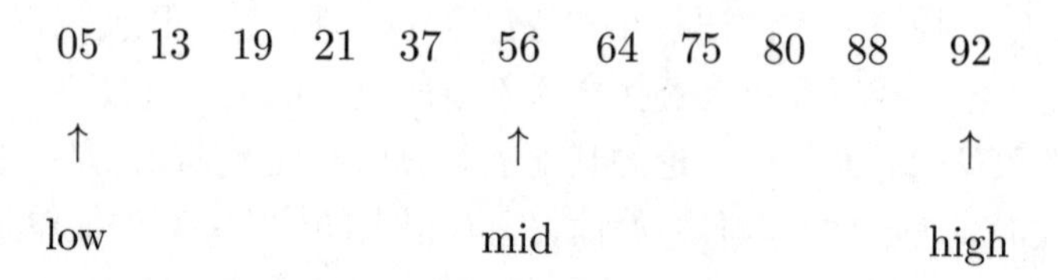

首先令查找范围中间位置的数据元素的关键字 st.elem[mid].key 与给定值 key 相比较，因为 st.elem[mid].key>key，说明待查元素若存在，必在区间 [low, mid−1]，则令指针 high 指向第一个 mid−1 个元素，重新求得 mid=(1+5)/2=3:

05 13 19 21 37 56 64 75 80 88 92

↑ ↑ ↑

low mid high

仍以 st.elem[mid].key 和 key 相比，因为 st.elem[mid].key<key，说明待查元素若存在，必在 [mid+1,high] 范围内，则令指针 low 指向第 mid+1 个元素，求得 mid 的新值为 4，比较 st.elem[mid].key 和 key，若相等，则查找成功，所查找元素在表中序号等于指针 mid 的值。

05 13 19 21 37 56 64 75 80 88 92

↑ ↑

low high

↑

mid

再看 $\text{key} = 85$ 的查找过程。

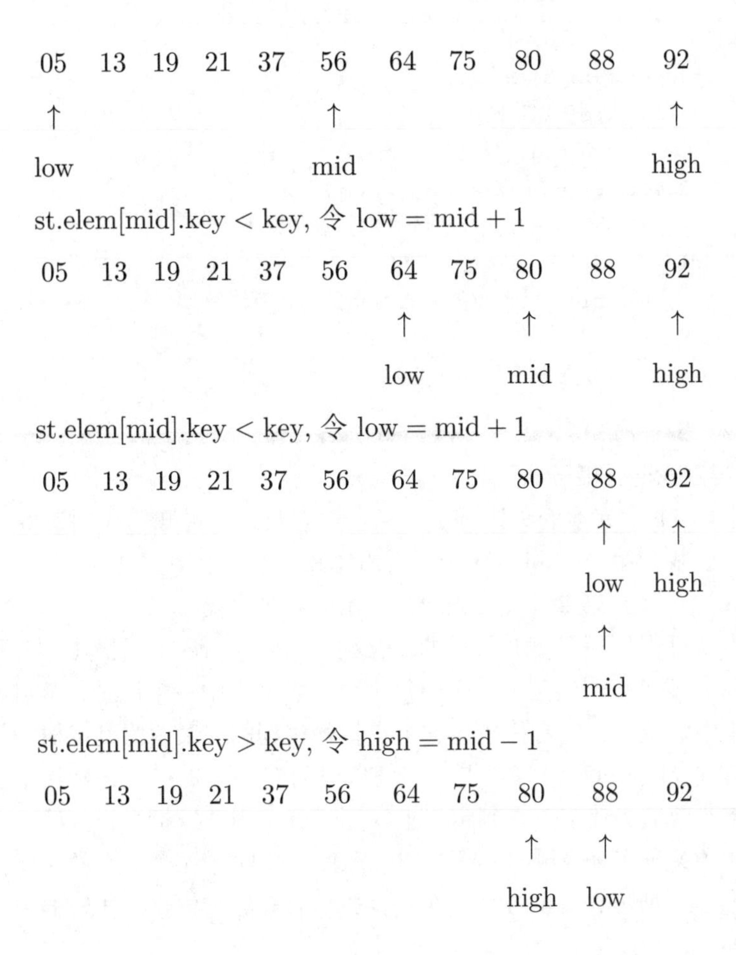

此时因为下界 low > 上界 high，说明表中没有关键字等于 key 的元素，查找不成功。

从上述例子可见，折半查找过程是将处于区间中间位置记录的关键字和给定值比较，若相等，则查找成功，若不相等，则缩小范围，直至新的区间中间位置记录的关键字等于给定值或者查找区间的大小小于零（表明查找不成功）为止。

上述折半查找过程如程序 6.2 所示。

程序 6.2 折半查找

```
1 public static int searchBin(StaticSearchTable st, KeyType key) {
2     //在有序表中折半查找其关键字等于key的数据元素，设关键字按升序排列
3     //若找到，则返回该元素在表中的位置，否则返回0
4     int low=1, high=st.length, mid; //设置区间初值
```

```
5     while(low <= high) {
6         mid=(low+high)/2;
7         if(st.elem[mid].key==key)
8             return mid; //找到待查元素
9         else if(st.elem[mid].key > key)
10            high=mid - 1; //继续在前半区间进行查找
11        else
12            low=mid + 1; //继续在后半区间进行查找
13    }
14    return 0    //表中不存在待查元素
15 }
```

2. 折半查找的性能分析

先看上述 11 个元素的具体例子。从上述查找过程可知：找到第 6 个元素仅需比较 1 次；找到第 3 个和第 9 个元素需比较 2 次；找到第 1、4、7 和 10 个元素需比较 3 次；找到第 2、5、8 和 11 个元素需要比较 4 次。

这个查找过程可用图 6.1 所示的**二叉树**（binary tree）来描述，另一种树形结构将在第 8 章进行明确定义。树中每个节点表示表中一个记录，节点中的值为该记录在表中的位置，通常称描述这个查找的过程的二叉树为判定树，从判定树上可见，查找 21 的过程恰好是走了一条从根到节点 4 的途径，和给定值进行比较的关键字个数恰为该节点在判定树上的层次数。因此，折半查找法在查找成功时进行比较的关键字个数最多不超过树的深度，而具有 n 个节点的判定树的深度为 $\lfloor \log_2 n \rfloor + 1$，所以，折半查找法在查找成功时和给定值进行比较的关键字个数最多为 $\lfloor \log_2 n \rfloor + 1$。

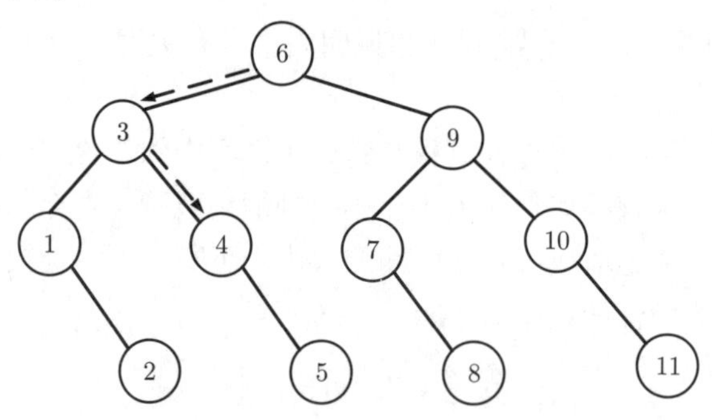

图 6.1　描述折半查找过程的判定树及查找 21 的过程

如果图 6.1 所示判定树中所有节点的空指针域上加一个指向一个方形节点的指针，如图 6.2 所示，并且，称这些方形节点为判定树的外部节点（与之相对，称那些圆形节点为内部节点），那么折半查找时查找失败的过程就是走了一条从根节点到外部节点的路径，和给定值进行比较的关键字个数等于该路径上内部节点个数，例如，查找 85 的过程即走了一条从根到节点 9-10 的路径。因此，折半查找在查找不成功时和给定值进行比较的关键字个数最多也不超过 $\lfloor \log_2 n \rfloor + 1$。

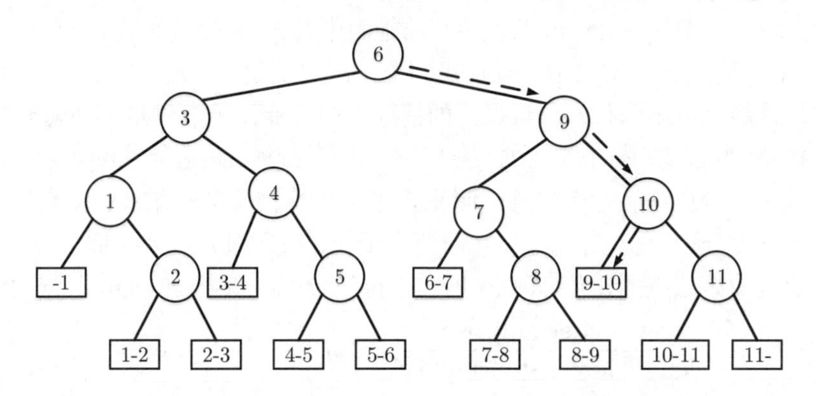

图 6.2 加上外部节点的判定树和查找 85 的过程

那么折半查找的 ASL 是多少呢?为了讨论方便,假定有序表的长度 $n = 2^h - 1$（反之，$h = \log_2(n+1)$），则描述折半查找的判定树是深度为 h 的**满二叉树**（二叉树的一种，我们将在第 8 章对此进行明确定义）。树中层次为 1 的节点有 1 个，层次为 2 的节点有 2 个，$\cdots$，层次为 h 的节点有 2^{h-1} 个，树中节点总数为 $2^h - 1$ 个。假设表中记录的查找概率相等 $\left(P_i = \dfrac{1}{n}\right)$，则查找成功时折半查找的平均查找长度为

$$
\begin{aligned}
\mathrm{ASL_{bs}} &= \sum_{i=1}^{n} P_i C_i \\
&= \frac{1}{n} \sum_{j=1}^{h} j \cdot 2^{j-1} \\
&= \frac{n+1}{n} \log_2(n+1) - 1
\end{aligned} \tag{6.4}
$$

对任意的 n，当 n 较大（$n > 50$）时，可有下列近似结果：

$$
\mathrm{ASL_{bs}} = \log_2(n+1) - 1
$$

可见，折半查找的效率比顺序查找高，但折半查找只适用于有序表，且限于顺序存储结构（对线性链表无法有效地进行折半查找）。

以有序表表示静态查找表时，进行查找的方法除折半查找外，还有斐波那契查找和插值查找。

斐波那契查找是根据斐波那契数列的特点对表进行分割的。假设开始时表中记录某个数比某个斐波那契数小 1，即 $n = F_u - 1$，然后将给定值 key 和 st.elem[F_{u-1}].key 进行比较，若相等，则查找成功；若 key < st.elem[F_{u-1}].key，则继续在 st.elem[1] ~ st.elem[$F_{u-1}-1$] 的子表中查找，否则继续在 st.elem[$F_{u-1}+1$] ~ st.elem[$F_u - 1$] 的子表中进行查找，后一子表的长度为 $F_{u-1}-1$。斐波那契查找的平均性能比折半查找好，但最坏的情况下的性能（虽然仍是 $O(\log n)$）却比折半查找差。它还有一个优点就是分割时，只需进行加、减运算，因为斐波那契数列本身就是通过加法构建起来的，而斐波那契查找的过程中将原来长度为 F_u 的表分割为长度分别为 F_{u-1} 和 F_{u-2} 的两个子表，分割过程只涉及加、减运算。

插值查找是根据给定值 key 来确定进行比较的关键字 st.elem[i].key 的查找方法。令 $i = \dfrac{\text{key} - \text{st.elem}[l].\text{key}}{\text{st.elem}[h].\text{key} - \text{st.elem}[l].\text{key}}(h-l+1)$，其中 st.elem[$l$] 和 st.elem[$h$] 分别为有序表中具有最小关键字和最大关键字的记录。显然，这种插值查找只适用于关键字均匀分布的表，在这种情况下，对表长较大的顺序表，其平均性能比折半查找好。

6.1.3 索引顺序表的查找

若以索引顺序表表示静态查找表，则 search 函数可用分块查找来实现。

分块查找又称索引顺序表查找，这是顺序查找的一种改进方法。在此查找法中，除表本身以外，尚需建立一个“索引表”。例如，图 6.3 所示为一个表及其索引表，表中含有 18 个记录，可分为 3 个子表 $(R_1, R_2, \cdots, R_6)$、$(R_7, R_8, \cdots, R_{12})$、$(R_{13}, R_{14}, \cdots, R_{18})$，对每个子表（或称块）建立一个索引项，其中包括两项内容：关键字项（其值为该子表内的最大关键字）和指针项（指示该子表的第一个记录在表中的位置）。索引表按关键字项进行排序，则表或者有序或者分块有序。分块有序指的是第二个子表中所有关键字均大于第一个子表中的最大关键字，第三个子表中的所有关键字均大于第二个子表中的最大关键字，⋯，以此类推。

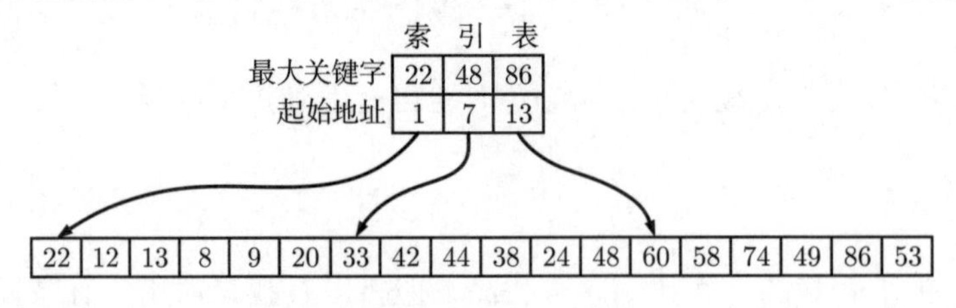

图 6.3 表及其索引表

因此，分块查找过程需要分两步进行。先确定待查记录所在块（子表），然后在块中顺序查找。假设给定值 key = 38，则先将 key 依次和索引表中各最大关键字进行比较，因为 $22 < \text{key} < 48$，则关键字为 38 的记录若存在，必定在第二个子表中，由于同一索引项中的指针指示第二个子表中的第一个记录是表中第 7 个记录，则自第 7 个记录起进行顺序查找，直到 st.elem[10].key = key 为止。假如此子表中没有关键字等于 key 的记录（例如，key = 29 时自第 7 个记录起至第 12 个记录的关键字和 key 比较都不等），则查找不成功。

由于由索引项组成的索引表按关键字有序，则确定块的查找可用顺序查找，也可用折半查找，而块中记录是任意排序的，则在块中只能是顺序查找。

由此，分块查找的算法即这两种查找算法的简单合成。

分块查找的平均查找长度为

$$\text{ASL}_{\text{bs}} = L_b + L_w$$

其中，L_b 为查找索引表确定所在块的平均查找长度；L_w 为块中查找元素的平均查找长度。

一般情况下，为进行分块查找，可以将长度为 n 的表均匀地分成 b 块，每块含有 s 个记录，即 $b = \lceil n/s \rceil$；又假定表中每个记录的查找概率相等，则每块查找的概率为 $1/b$，块中每个记录的查找概率为 $1/s$。

若用顺序查找确定所在块，则分块查找的平均长度为

$$\begin{aligned}\text{ASL}_{\text{bs}} &= L_b + L_w \\ &= \frac{1}{b}\sum_{j=1}^{b} j + \frac{1}{s}\sum_{i=1}^{s} i \\ &= \frac{b+1}{2} + \frac{s+1}{2} \\ &= \frac{1}{2}\left(\frac{n}{s} + s\right) + 1 \qquad (6.5)\end{aligned}$$

可见，此时的平均查找长度不仅和表长 n 有关，而且和每一块中的记录个数 s 有关。在给定 n 的前提下，s 是可以选择的。容易证明，当 s 取 $\sqrt{n}$ 时，ASL_{bs} 取最小值 $\sqrt{n}+1$，这个值比顺序查找有了很大的改进，但是远不及折半查找。

若用折半查找确定所在块，则分块查找的平均长度为

$$\text{ASL}_{\text{bs}} \approx \log_2\left(\frac{n}{s} + 1\right) + \frac{s}{2}$$

6.1.4 散列表的查找

散列是一种用于以常数平均时间执行插入、删除和查找的技术。但是，那些需要元素间任何排序信息的操作将不会得到有效的支持。因此，如 findMin、findMax 以及线性时间将排过序的整个表进行打印的操作都是散列所不支持的。

散列表的查找和插入都是利用散列函数，在连续的内存空间中查找或者加入记录。对查找而言，简化了比较过程，是一种效率极高的查找方法，也是极为常用的一种技术，后面将详细介绍。

6.2 散　列　表

散列（Hashing），又称哈希，是一种重要的存储方法，也是一种常见的查找方法。它的基本思想是：以元素的关键字 key 为自变量，通过一个确定的函数关系 h, 计算出对应的函数值 h（key），把这个值解释为元素的存储地址，并按此存放；查找时，由同一个函数对给定值 kx 计算地址，将 kx 与地址单元中元素关键字进行比较，确定查找是否成功。因此散列法又称为关键字-地址转换法。散列法中使用的转换函数称为散列函数，按这个思想构造的表，称为散列表。

在数据结构中搜索一个元素需要进行一系列关键字值间的比较。搜索效率取决于搜索过程中执行比较的次数。散列表是表示集合和字典的另一种有效方法，它提供了一种完全不同的存储和搜索方式：通过将关键字值直接映射到表中某个位置上来存储元素；由给定的关键字值，根据映射，计算得到元素的存储位置来访问元素。不过这只是一种理想状态，散列表的实际应用中还存在许多需要解决的问题。

6.2.1 基本思想

本节先介绍一下理想的散列表数据结构。理想的散列表就是一个固定长度的数组，我们把数组（表）的长度记为 TableSize，每个关键字被映射到 0 ~TableSize −1 中的某个数，并且被放到相应的单元中。这个映射就称为**散列函数**，理想情况下，它应运算简单并保证任何两个不同的关键字映射到不同的单元。不过，在实际应用中这是不可能实现的，因为单元的数目有限，而关键字却是取之不尽的。因此，我们要找到一个散列函数，该函数能够尽可能地在表上均匀分配关键字。

典型情况下，一个关键字可以是整数或者是一个带有相关信息（例如，人的名字）的字符串。图 6.4 是一个典型的散列表，在这个例子中，John 散列到 3，Phil 散列到 4，Dave 散列到 6，Mary 散列到 7。

这就是散列的基本思想，剩下的问题则是如何选择一个散列函数，以及当两个关键字散列到同一个值时（称为**冲突**），应如何处理以及如何确定散列表的大小。

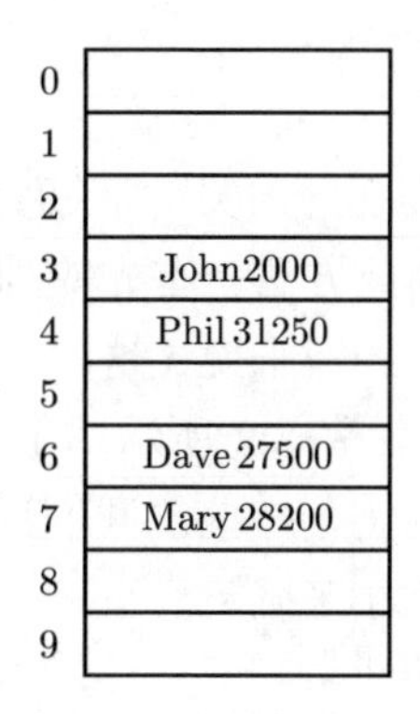

图 6.4 一个典型的散列表

6.2.2 构造散列函数的原则

构造一个散列函数的方法有很多，但是究竟什么是“好”的散列函数？一个理想的散列函数 h 应当满足下列条件：①能快速计算；②具有均匀性。

假定散列表长度为 M，那么散列表函数 h 将关键字值转换成 $[0, M-1]$ 中的整数，即 $0 \leqslant h(\text{key}) < M$。一个均匀的散列函数应当是：如果 key 是从关键字值集合中随机选取的一个值，则 $h(\text{key})$ 以同等的概率取区间 $[0, M-1]$ 中的每一个值。

6.3 常见散列函数

6.3.1 直接定址法

$$h(\text{key}) = a \cdot \text{key} + b, \quad a, b \text{ 为常数}$$

即取关键字的某个线性函数值为散列地址，这类函数是一一对应函数，不会产生冲突，但要求地址集合与关键字集合大小相同，因此对较大的关键字集合不适用。

例 6.1 关键字集合为 {100,300,500,700,800,900}，选取散列函数为 $h(\text{key}) = \text{key}/100$，则存放形式如表 6.1 所示。

表 6.1 存放形式

$h(\text{key})$	0	1	2	3	4	5	6	7	8	9
关键字		100		300		500		700	800	900

6.3.2　数字分析法

数字分析法常被用于一个实现已知关键字值分布的静态文件。设关键字值是 n 位数，每位的基数是 r。使用此方法，首先应列出关键字集合中的每个关键字值，分析每位数字的分布情况。一般来说，这 r 个数字在各位出现的频率不一定相同。例如，有一组关键字值，如表 6.2 所示，在其各位的数字分布中，第 4、第 5 和第 6 位的各个数字分布相对均匀一些。我们便取这几位为散列函数值。当然选取的位数需要根据散列表的大小来确定。

表 6.2　数字分析法

第 1 位	第 2 位	第 3 位	第 4 位	第 5 位	第 6 位
9	4	2	1	4	8
9	4	2	3	5	6
9	4	2	5	7	2
9	4	2	6	6	4
9	4	3	3	9	5
9	4	2	4	7	2
9	4	2	7	3	1
9	4	1	2	8	7
9	4	2	3	4	5

6.3.3　平方取中法

在符号表应用中广泛采用平方取中散列函数。该方法首先把 key 平方，然后取 $(\text{key})^2$ 的中间部分作为 $h(\text{key})$ 的值。中间部分长度（或称位数）取决于 M 的大小。

平方取中法可以避免除法运算，一般使用下列散列函数，即

$$h(x) = \left\lfloor \frac{M}{W}(x^2 \text{mod} W) \right\rfloor$$

其中，$W = 2^w$ 和 $M = 2^k$ 都是 2 的幂，W 是计算机字长，M 是散列表长；关键字 x 是无符号整数。其做法是：将 x^2，取 w 位；再右移 $w - k$ 位。由于右移时左边补零，因此结果总在 $0 \sim M - 1$ 中。

设关键字用内部码表示，$w = 18$，$k = 9$。表 6.3 所示的例子中内码采用八进制表示。

表 6.3 平方取中法

关键字值的内码	内码的平方	散列函数值
0100	0010000	010
1100	1210000	210
1200	1440000	440

6.3.4 折叠法

此方法把关键字自左到右分成位数相等的几部分，每一部分的位数应与散列表地址的位数相同，只有最后一部分的位数可以短一些。把这部分的数据叠加起来，就可以得到该关键字值和散列地址。

有以下两种叠加方法。

（1）**移位法**，即把各部分的最后一位对齐相加。

（2）**分界法**，即沿各部分的分界来回折叠，然后对齐相加。

例如，设关键字 key = 12320324111220，若散列地址取 3 位，则 key 被划分为 5 段，即

$$123, 203, 241, 112, 20$$

移位法的计算结果如图 6.5（a）所示。分界法的计算结果如图 6.5（b）所示。如果计算结果超出地址位数，则将最高位去掉，仅保留低的 3 位，作为散列函数的值。

$$\begin{array}{cccc} & 1 & 2 & 3 \\ & 2 & 0 & 3 \\ & 2 & 4 & 1 \\ & 1 & 1 & 2 \\ + & & 2 & 0 \\ \hline & 6 & 9 & 9 \end{array} \qquad \begin{array}{cccc} & 1 & 2 & 3 \\ & 3 & 0 & 2 \\ & 2 & 4 & 1 \\ & 2 & 1 & 1 \\ + & & 2 & 0 \\ \hline & 8 & 9 & 7 \end{array}$$

(a)移位法 (b)分界法

图 6.5 折叠法

6.3.5 除留余数法

除留余数法的散列函数的形式如下：

$$h(\text{key}) = \text{key} \bmod M$$

其中，key 是关键字；M 是散列表的大小。M 的选择十分重要，如果 M 选择不当，在某些选择关键字值的方式下，会造成严重冲突。例如，若 $M = 2^k$，则 $h(\text{key}) = \text{key} \bmod M$ 的值仅依赖于最后 k 比特。如果 key 是十进制数，则 M

应避免取 10 的幂次。多数情况下，选择一个不超过 M 的素数 P，令散列函数为 $h(\text{key}) = \text{key} \bmod P$，会收到较好的效果。

6.4　解决散列函数冲突的方法

前面的讨论表明，一个散列表中发生冲突是在所难免的。因此寻求较好的解决冲突的方法是一个重要的问题。**解决冲突**也称为“溢出”处理技术。有两种常用解决冲突的方法：**拉链法**和**开放定址法**。拉链法也称**开散列法**，而开放定址法又称为**闭散列法**。请注意此处的名称问题，以免引起混淆。

6.4.1　拉链法

拉链法是解决冲突的一种行之有效的方法。我们已经看到某些散列地址可被多个关键字值共享。解决这一问题的最自然的方法是为每个散列地址建立一个单链表，表中存储所有具有该散列值的同义词，单链表可以是无序的，也可按升序（或降序）排序。图 6.6 显示了这种方法。该例子采用除法散列函数，除数为 11，同义词按升序排列。

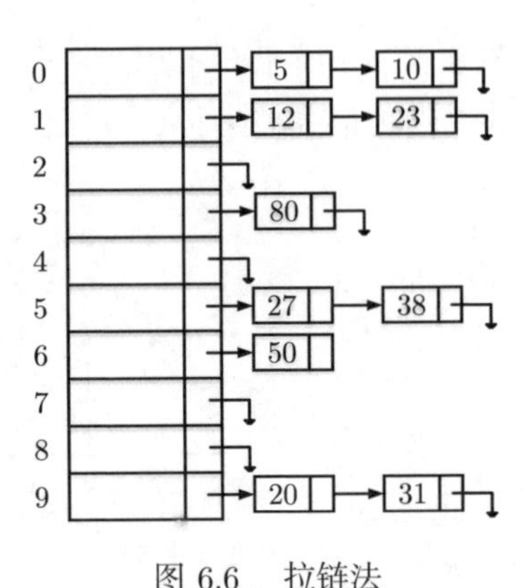

图 6.6　拉链法

在拉链法的散列表中搜索一个元素是容易的。首先要计算待查元素的散列地址，然后搜索该地址的单链表。在插入时，同样先计算新元素的散列地址，然后按在有序表中插入一个新元素的方法，在同义词链表中插入操作。为了删除关键字值为 k 的元素，应先在关键字值的散列地址处的单链表中找到该元素，然后删除。

采用拉链法建立散列表，在极端情况下散列表中全部为同义词，所以最坏情况下为了搜索一个关键字值，需检查全部 n 个元素。一般情况下有 n 个元素的散列表的链表的平均长度为 n/M。

6.4.2 开放定址法

解决冲突的另一种方法称为开放定址法。这种方法不建立链表，仍设散列表的长度为 M，地址范围为 $[0, M-1]$。我们从空表开始，通过逐个向表中插入新元素来建立散列表。插入关键字值为 key 的新元素的方法是：从 $h(\text{key})$ 开始，按照某种规定的次序探查允许插入新元素的**空位置**。地址 $h(\text{key})$ 称为**基位置**。如果 $h(\text{key})$ 已经被占用了，那么就需要有一种解决冲突的策略来确定如何探查下一个空位置。所以这种方法也称为空缺编址法。

不同的解决冲突的策略，可产生不同的需要被检查的未知的序列，称为**探查序列**。探查表中空闲位置的探查序列形如：

$$h(\text{key}), (h(\text{key})+p(1))\text{mod}M, \cdots, (h(\text{key})+p(i))\text{modM}, \cdots$$

根据生成探查序列的规则不同，可以有**线性探查法**、**伪随机探查法**、**平方探查法**和**双散列法**等开放定址法。

1. 线性探查法

开放定址法的探查序列为 $h(\text{key}), (h(\text{key})+p(1))\text{mod}M, \cdots, (h(\text{key})+p(i))$ $\text{mod}M, \cdots$，线性探查法是当 $p(i)=i$ 时的开放定址法。

线性探查法是一种最简单的开放定址法。它使用下列循环探查序列，即

$$h(\text{key}), h(\text{key})+1, \cdots, M-1, 0, \cdots, h(\text{key})-1$$

从基位置 $h(\text{key})$ 开始，探查该位置是否被占用，即是否为空位置，如果被占用，则继续检查位置 $h(\text{key})+1$，若该位置也已占用，再检查由探查序列规定的下一个位置。

可将线性探查法的探查序列记为

$$h_i = (h(\text{key})+i)\text{mod}M, \quad i=0,1,2,\cdots,M-1$$

先看线性探查法插入元素的方法。在图 6.7 所示的例子中，仍采用除数为 11 的除法散列函数。为了在图 6.7(a) 中插入关键字值为 58 的元素，先计算基位置 $h(58)=58\text{mod}11=3$。从图 6.7(a) 中可见，位置 3 已占用，线性探查法需检查下一个位置。位置 4 当前闲置，所以可将 58 插入位置 4 处。如果需继续插入关键字值 24，24 可直接插在关键字值的基地址 2 处。继续在图 6.7(b) 所示的散列表中插入关键字值 35，得到图 6.7(c) 的散列表。

线性探查法对散列表的搜索同样从基位置 $h(\text{key})$ 开始，按照上面描述的线性循环探查序列查找该元素。设 key 是待查关键字值，若存在关键字值为 key 的

元素，则搜索成功，否则，遇到一个空位置或者回到 $h(\text{key})$（说明此时表已满），则搜索失败。

例如，为了在图 6.7(c) 的散列表中搜索 47，首先计算基位置 $h(47) = 47 \bmod 11 = 3$。令 47 与位置 3 处的关键字 80 比较，不相等，继续按线性循环探查序列检查下一个位置处的关键字值，将 47 与此处的 58 比较，由于此时仍不相等，需继续与 35 比较。再下一个位置是空位置，这表示 47 不在表中，搜索失败。

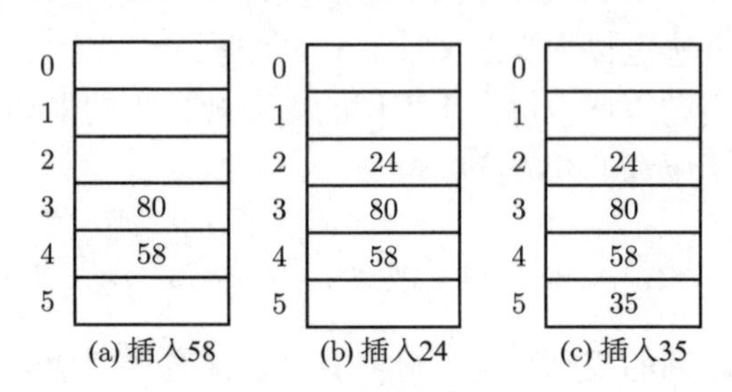

图 6.7　线性探查法

在散列表中删除一个元素有两点需要考虑：一是删除过程不能简单地将一个元素清除，这会隔离探查序列后的元素，从而影响以后的元素搜查过程；二是一个元素被删除后，希望该元素的位置应当能够重新使用。

例如，从图 6.7(c) 中删除 58，不能简单地将位置 4 设置为空，这样会使以后无法找到 35。通过对表中每个元素增设一个**标志位**（设为 empty），上述两点有望解决。空散列表的所有元素的标志位被初始化为 true。当向表中存入一个新元素时，存入位置处的标志位置成 false。删除元素时并不改变元素的标志位，只是将该元素的关键字值设置成一个从不使用的特殊值，而不能设置为**空值**（应设为 NeverUsed）。初始时，所有的位置都置成空值。

在搜索一个元素时，当遇到一个标志位为 true 的元素，或者搜索完表中全部元素，重新回到位置 $h(\text{key})$ 时，表示搜索失败。这种方案的缺点是，过不了多久，几乎所有的标志位均会被置成 false，搜索时间增长。为了提高性能，经过一段时间后常常要重新组织散列表。

标志位被用于散列表的搜索过程，而空值用于散列表的插入过程。在插入新元素（关键字值为 key）时，可将新元素插在按探查序列查找到的第一个空值的位置处。

2. 伪随机探查法

伪随机探查法的探查序列是 $h(\text{key})$，$(h(\text{key}) + p(1)) \bmod M, \cdots, (h(\text{key}) + p(i)) \bmod M, \cdots$，其中 $p(i)$ 是一个随机产生的序列。序列 $p(i)$ 的生成需要使用随机数发生器并且确定一个起点，对于一个散列表而言，一旦序列 $p(i)$ 产生就不再进行改动。

举例来说，如果取随机序列 $p(i)=2,3,7,\cdots,M=11$，散列函数为 $h(\text{key})=\text{key}\%M$，依次将关键字值为 47、26、38 的数据加入表中，这三个数据将分别占据单元 3、4、5。此时将关键字值为 25 的数据加入，计算其散列函数为 3，产生冲突。如果使用伪随机探查法，那么下一个探查的单元为 $h(\text{key})+p(1)=3+2=5$，仍然冲突，下一个探查的单元为 $h(\text{key})+p(2)=3+3=6$，无冲突，则将数据填入。如果使用线性探查法则会与 3、4、5 单元各产生一次冲突。

伪随机探查法和平方探查法类似，可以避免出现线性探查法的一次聚集问题，但缺点是不能探查表上全部单元。

3. 平方探查法

在使用线性探查法时，如果在图 6.7(b) 所示的这种情况下再插入数据 35，35 会依次和 24、80、58 产生冲突，那么需要试选三次之后才能找到一个空单元。只要表足够大，总能够找到一个自由单元，但是如此花费的时间还是相当多的。更糟的是，即使表相对较空，已经被占据的单元也可能位置上相邻，而形成一些区块，这种情况称为**一次聚集**。于是，散列表区块中任何关键字都需要多次试选单元才能够解决冲突，然后该关键字被添加到相应区块中，这样就会降低插入和查找效率。

平方探查法是消除线性探查中一次聚集问题的冲突解决方法。平方探查法就是冲突函数为二次函数的探测方法。流行的选择是 $p(i)=i^2$，也就是说当位置 $h(\text{key})$ 发生冲突后，依次探查 $h(\text{key})+1^2$、$h(\text{key})+2^2\cdots\cdots$ 直到发现空单元并插入数据。

对于线性探查，让元素几乎填满散列表并不是个好主意，因为此时表的性能会降低。对于平方探查法情况甚至更糟：一旦表被填满超过一半，如果表的大小不是素数，那么甚至在表被填满一半之前，就不能保证一次找到一个空单元了。这是因为最多有一半的表可以用作解决冲突的备选位置。

平方探查法是一种较好的处理冲突的方法，它的好处是可以避免出现一次聚集问题，缺点是不能探查到表上全部单元。

4. 双散列法

双散列法使用两个散列函数，第一个散列函数计算探查序列的起始值，第二个散列函数计算下一个位置的探查步长。

设表长为 M，双散列法的探查序列 $H_0,H_1,H_2,\cdots$ 为

$$h_1(\text{key}),(h_1(\text{key})+h_2(\text{key}))\text{mod}M,(h_1(\text{key})+2h_2(\text{key}))\text{mod}M,\cdots$$

双散列法的探查序列也可以写成

$$H_i = (h_1(\text{key}) + ih_2(\text{key}))\text{mod}M, \quad i = 0, 1, \cdots, M-1$$

设 M 是散列表的长度，则对任意 key，$h_2(\text{key})$ 应是小于 M，且与 M 互质的整数。这样的探查序列能够保证最多经过 M 次探查便可遍历表中的所有地址。

例如，若 M 是素数，可取 $h_2(\text{key}) = \text{key mod}(M-2)+1$。

在图 6.8 的例子中，$h_1(\text{key}) = \text{key mod}11$，$h_2(\text{key}) = \text{key mod}(9+1)$。

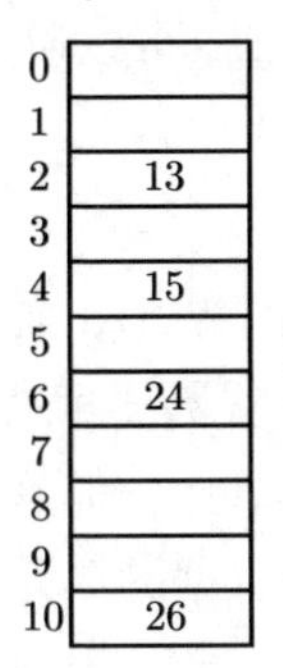

图 6.8　双散列法

6.4.3　装填因子

散列表的装填因子定义为

$$\alpha = \frac{\text{填入表中的元素个数}}{\text{散列表的长度}}$$

其中，α 是散列表装满程度的标志因子。由于表长是定值，α 与“填入表中的元素个数”成正比，所以，α 越大，填入表中的元素越多，产生冲突的可能性就越大；α 越小，填入表中的元素越少，产生冲突的可能性就越小。

6.4.4　再散列

对于使用平方探查的开放定址散列法，如果表的元素填得太满，那么操作的运行时间将过长，且插入操作可能失败，失败极有可能发生在很多移动和插入操作交替的场合。此时，一种解决方法是建立另外一个大约两倍大的表（而且使用一个相关的新散列函数），扫描整个原始散列表，计算每个（未删除的）元素的新散列值并将其插入新表中。

例如，设将元素 13,15,24 和 6 插入大小为 7 的开放定址散列表中，散列函数是 $h(\text{key}) = \text{key mod 7}$。设使用线性探查法解决冲突问题。插入结果得到的散列表表示在图 6.9 中。

0	6
1	15
2	
3	24
4	
5	
6	13

图 6.9 使用线性探查法插入 13,15,6,24 时的开放定址散列表

如果将 23 插入表中，那么图 6.10 中插入后的表将有超过 70% 的单元是满的。因为表过满，所以建立一个新的表。该表大小之所以为 17，是因为 17 是原表大小两倍后的第一个素数。新的散列函数为 $h(\text{key}) = \text{key} \bmod 17$。扫描原来的表，并将元素 6,15,23,24 以及 13 插入新表中。最后得到的表见图 6.11。

0	6
1	15
2	23
3	24
4	
5	
6	13

图 6.10 使用线性探查法插入 23 后的开放定址散列表

0	
1	
2	
3	
4	
5	
6	6
7	23
8	24
9	
10	
11	
12	
13	13
14	
15	15
16	

图 6.11 在再散列之后的开放定址散列表

以上整个操作就称为**再散列**（rehashing）。显然这是一种昂贵的操作；其运行时间为 $O(n)$，因为有 n 个元素要再散列，而表的大小约为 $2n$，但是，由于不是经常发生，因此实际效果并没有那么差。特别是，在最后的再散列之前必然已经存在 $n/2$ 次插入。当然，具体到每个插入上的基本是一个常数开销。如果这种数据结构是程序的一部分，那么其效果是不显著的。另外，如果再散列作为交互系统的一部分运行，那么其插入引起再散列的用户将会感受到运行速度减慢。

再散列可以用平方探查法等多种方法实现。一种做法是只要表满到一半就进行再散列;第二种方法是只有当插入失效时才再散列;第三种方法即**途中**（middle-of-the-road）策略：当表到达某一个装填因子时进行再散列，因为随着装填因子的增加，表的性能将下降。

在程序中散列表的大小是有限的，再散列方法使程序员不再需要担心表的容量不够，因此进行再散列非常重要。

6.5　散列表的查找

散列表的查找过程基本上和造表过程相同。一些关键字可通过散列函数转换的地址直接找到，另一些关键字在散列函数得到的地址上产生了冲突，需要按处理冲突的方法进行查找。在介绍的三种处理冲突的方法中，产生冲突后的查找仍然是给定值与关键字进行比较的过程。所以，散列表查找效率依然用平均查找长度来衡量。

查找过程中，关键字的比较次数取决于产生冲突的多少，这也就是影响查找效率的因素。产生冲突多少的影响因素有以下三个。

（1）散列函数是否均匀。

（2）处理冲突的方法。

（3）散列表的装填因子。

分析这三个因素，尽管散列函数的“好坏”直接影响冲突产生的频度，但一般情况下，我们总认为所选的散列函数是“均匀的”，因此，可不考虑散列函数对查找平均长度的影响。

6.5.1　散列表的实现

JDK 7 中 HashMap 源码原理上就是拉链法，其底层实现方法是维护一个数组，当冲突发生时，将新节点和发生冲突的节点形成链表，新节点加入链表尾部。本书将以 JDK 7 为例来说明散列结构。

而在 JDK 8 中，考虑到链表本身存在查找效率低下的问题，源码中使用数组和链表或红黑树来实现 HashMap，当数组中的同一位置发生大量冲突时，该位置的链表会转化为红黑树结构以提高在该位置的搜索效率。

JDK 中，散列表源码被保存到文件 Hashmap.java 中，程序 6.3 中给出了 HashMap 类中几个重要参数的作用及其默认值和节点类型。

程序 6.3 散列表的参数

```
1 public class HashMap<K,V>
2         extends AbstractMap<K,V>
3         implements Map<K,V>, Cloneable, Serializable
4 {
5     /**
6      * 默认初始容量为16
7      */
8     static final int DEFAULT_INITIAL_CAPACITY = 1 << 4; //aka 16
9 
10    /**
11     * 最大容量为2^30
12     */
13    static final int MAXIMUM_CAPACITY=1 << 30;
14 
15    /**
16     * 装填因子，默认为0.75
17     */
18    static final float DEFAULT_LOAD_FACTOR=0.75f;
19 
20    /**
21     * 当散列表没有发生冲突时，用来存放数据的表
22     */
23    static final Entry<?,?>[] EMPTY_TABLE={};
24 
25    /**
26     * 存放数据的表，会在必要时扩容，长度必须为2的幂
27     */
28    transient Entry<K,V>[] table=(Entry<K,V>[]) EMPTY_TABLE;
29 
30    /**
31     * 表中已有数据个数
32     */
33    transient int size;
```

```
34
35     /**
36      * 下一次重构的大小(capacity * load factor)
37      */
38 //If table==EMPTY_TABLE then this is the initial capacity at which the
39 //table will be created when inflated.
40     int threshold;
41
42     /**
43      * 散列表的装填因子
44      */
45     final float loadFactor;
```

程序 6.4 给出了散列表迭代器的类型，迭代器的作用是遍历和删改链表节点。

程序 6.4　散列表的迭代器

```
 1 private abstract class HashIterator<E> implements Iterator<E> {
 2     Entry<K,V> next;          //将返回的下一个节点
 3     int expectedModCount;     //For fast-fail
 4     int index;                //current slot
 5     Entry<K,V> current;       //当前节点
 6
 7     HashIterator() {
 8        expectedModCount=modCount;
 9        if (size > 0) { //advance to first entry
10            Entry[] t=table;
11            while (index < t.length && (next=t[index++])==null)
12                ;
13        }
14     }
15
16     public final boolean hasNext() {
17         return next != null;
18     }
19
20     //遍历到下一个节点
21     final Entry<K,V> nextEntry() {
22         if (modCount != expectedModCount)
23             throw new ConcurrentModificationException();
```

```
24          Entry<K,V> e = next;     //e表示应当返回的节点
25          if (e==null)
26              throw new NoSuchElementException();
27
28          if ((next=e.next)==null) {  //next指向下一个节点，且e即最后
                                        //一个节点
29              Entry[] t=table;  //table是用于存放整个散列表的对象
30              while (index < t.length && (next=t[index++])==null)
31                  ;
32          }
33          current=e;    //更新当前节点
34          return e;
35      }
36
37      public void remove() {
38          if (current==null)    //抛出异常判定
39              throw new IllegalStateException();
40          if (modCount != expectedModCount)
41              throw new ConcurrentModificationException();
42          Object k=current.key; //获取当前节点key值
43          current=null;
44          HashMap.this.removeEntryForKey(k);  //调用方法移除该key值的节点
45          expectedModCount=modCount;    //更新变量
46      }
47 }
```

程序 6.5 给出了散列表链表节点的结构，可以看出节点类中的变量有表示数组索引的 hash 值、表示存放数据位置的 key 值等。

程序 6.5　散列表链表节点类型

```
1 /**
2  * 基本的节点定义
3  */
4 static class Entry<K,V> implements Map.Entry<K,V> {
5     final K key;           //存放时用到的key值
6     V value;
7     Entry<K,V> next;       //指向产生冲突的下一节点
8     int hash;              //用来定位在数组索引中的位置
9
```

```
10      /**
11       * 创建新的链表节点
12       */
13      Entry(int h, K k, V v, Entry<K,V> n) {
14          value=v;
15          next=n;
16          key=k;
17          hash=h;
18      }
19
20      public final K getKey() {
21          return key;
22      }
23
24      public final V getValue() {
25          return value;
26      }
27
28      //设定新的值，返回旧值
29      public final V setValue(V newValue) {
30          V oldValue=value;
31          value=newValue;
32          return oldValue;
33      }
34
35      public final boolean equals(Object o) { //用来判断o是否和当前链表
                                                //节点的key、value相等
36          if (!(o instanceof Map.Entry))
37              return false;
38          Map.Entry e=(Map.Entry)o;
39          Object k1=getKey();
40          Object k2=e.getKey();
41          if (k1==k2 || (k1 != null && k1.equals(k2))) {
42              Object v1=getValue();
43              Object v2=e.getValue();
44              if (v1==v2 || (v1 != null && v1.equals(v2)))
45                  return true;
46          }
```

```
47          return false;
48      }
49
50      public final int hashCode() {
51          return Objects.hashCode(getKey()) ^ Objects.hashCode(getValue());
52      }
53
54      public final String toString() {
55          return getKey() + "=" + getValue();
56      }
57
58      void recordAccess(HashMap<K,V> m) {
59      }
60
61      void recordRemoval(HashMap<K,V> m) {
62      }
63 }
```

存放数据时，由 key 计算出对应的 hash 值，并存放到数组的相应位置，这一计算过程由程序 6.6 中的方法实现。

程序 6.6 散列表 hash 值计算

```
 1 /**
 2  * 获取key值对应的hash值
 3  */
 4 final int hash(Object k) {
 5     int h=hashSeed;
 6     if (0!=h && k instanceof String) {
 7         return sun.misc.Hashing.stringHash32((String) k);
 8     }
 9
10     h ^= k.hashCode();
11
12     //This function ensures that hashCodes that differ only by
13     //constant multiples at each bit position have a bounded
14     //number of collisions (approximately 8 at default load factor).
15     h ^= (h >>> 20) ^ (h >>> 12);
16     return h ^ (h >>> 7) ^ (h >>> 4);
17 }
```

```
18
19 /**
20  * 返回hash值在数组中的位置
21  */
22 static int indexFor(int h, int length) {
23     //assert Integer.bitCount(length) == 1 : "length must be a non-
       zero power of 2";
24     return h & (length-1);
25 }
```

程序 6.7 是 JDK 建立一个空散列表的具体实现。

程序 6.7　按设定参数建立一个新的散列表

```
 1 /**
 2  * 建立一个特定初始容量和装填因子的空散列表
 3  */
 4 public HashMap(int initialCapacity, float loadFactor) {
 5     if ( initialCapacity<0)    //容量大小必须大于等于零
 6         throw new IllegalArgumentException("Illegal initial capacity:
           " +
 7          initialCapacity);
 8     if ( initialCapacity>MAXIMUM_CAPACITY) //设定容量超过最大值时，设为
                                             //MAXIMUM_CAPACITY
 9          initialCapacity=MAXIMUM_CAPACITY;
10     if ( loadFactor<=0||Float.isNaN(loadFactor)) //装填因子必须大于0且
                                                   //是有限值
11         throw new IllegalArgumentException("Illegal load factor: " +
12         loadFactor);
13     this.loadFactor=loadFactor;
14     threshold=initialCapacity;
15     init();
16 }
17
18 /**
19  * 建立一个特定容量大小，装填因子为默认值（0.75）的散列表
20  */
21 public HashMap(int initialCapacity) {
22     this( initialCapacity, DEFAULT_LOAD_FACTOR);
23 }
```

```
24
25 /**
26  * 建立一个默认容量（16）和默认装填因子（0.75）的散列表
27  */
28 public HashMap() {
29     this(DEFAULT_INITIAL_CAPACITY, DEFAULT_LOAD_FACTOR);
30 }
31
32 /**
33  * 根据输入的表建立一个装填因子为默认值（0.75）的散列表
34  * 散列表内的数据和输入的表一致，容量为足够容纳表中所有
35  * 数据的量
36  */
37 public HashMap(Map<? extends K, ? extends V> m) {
38     this(Math.max((int) (m.size() / DEFAULT_LOAD_FACTOR) + 1,
39         DEFAULT_INITIAL_CAPACITY), DEFAULT_LOAD_FACTOR);
40     inflateTable(threshold);
41     putAllForCreate(m);
42 }
```

程序 6.8 是 JDK 中向散列表中加入数据的方法，调用 put 方法只需要传入 key 和 value 即可。在 put 方法中，首先判断 key 值是否已在表中存在，如果存在相同的 key 值，则将已有节点的 value 值替换为新的，并返回原有节点 value；如果原表中没有关键字 key，那么创建新的节点插入链表首段。

程序 6.8 向散列表中插入一个数据

```
 1 /**
 2  * 向表中存入特定key值和value的数据对象，如果表中存在相同key值的数据，
 3  * 则原有数据将被取代
 4  * @param key 新数据的key值
 5  * @param value 新数据的value值
 6  * @return 如果存在相同key值的数据，则返回原有数据，否则返回null
 7  */
 8 public V put(K key, V value) {
 9     if (table==EMPTY_TABLE) { //如果表指向空表对象，则初始化散列表
10         inflateTable(threshold);
11     }
12     if (key==null)    //如果key为null，调用putForNullKey方法
13         return putForNullKey(value);
```

```
14     int hash=hash(key);   //获取hash值
15     int i=indexFor(hash, table.length);   //获取hash值在数组中的索引
16     for (Entry<K,V> e=table[i]; e != null; e=e.next) {  //遍历数组索
       //引位置中的链表，若找到含有相同key值的节点，取代并返回原有数据
17         Object k;
18         if (e.hash==hash && ((k=e.key)==key || key.equals(k))) {
19             V oldValue=e.value;
20             e.value=value;
21             e.recordAccess(this);
22             return oldValue;
23         }
24     }
25
26     modCount++; //修改次数+1
27     addEntry(hash, key, value, i);  //若表中不含该key值，作为新节点加入
28     return null;
29 }
30
31 /**
32  * 加入一个新节点
33  */
34 void addEntry(int hash, K key, V value, int bucketIndex) {
35     if ((size>=threshold) && (null != table[bucketIndex])) {  //判断
       //是否需要扩大表规模
36         resize(2*table.length);
37         hash=(null != key) ? hash(key) : 0;
38         bucketIndex=indexFor(hash, table.length);
39     }
40
41     createEntry(hash, key, value, bucketIndex);
42 }
43
44 void createEntry(int hash, K key, V value, int bucketIndex) {
45     Entry<K,V> e=table[bucketIndex];
46     table[bucketIndex]=new Entry<>(hash, key, value, e);
       //这里新节点next指向原来的表头节点e
47     size++;
48 }
```

接下来是对散列表的查找，由程序 6.9 给出函数来实现。散列表的查找思路很简单，首先检查特殊情况，即散列表是否为空，key 值是否是 null，再直接遍历链表直到找到相同的 key 值，如果没有找到则返回 null。

程序 6.9 散列表的查找

```
 1 /**
 2  * 返回散列表存放的特定key对应的数据
 3  */
 4 public V get(Object key) {
 5     if (key==null)
 6         return getForNullKey();
 7     Entry<K,V> entry=getEntry(key);
 8
 9     return null==entry ? null : entry.getValue();
10 }
11
12 /**
13  * 返回含有关键字key值的节点对象
14  */
15 final Entry<K,V> getEntry(Object key) {
16     if (size==0) {
17         return null;
18     }
19     int hash=(key==null) ? 0 : hash(key);
20     //遍历数组索引所在位置的链表
21     for (Entry<K,V> e=table[indexFor(hash, table.length)];
22         e!=null;
23         e=e.next) {
24         Object k;
25         if (e.hash==hash &&
26         ((k=e.key)==key||(key!=null && key.equals(k))))
           //找到key则返回节点
27             return e;
28     }
29     return null;
30 }
```

程序 6.10 是关于散列表节点的删除的，在方法中传入散列表指针和关键字 key，功能是删除散列表中关键字为 key 的节点，程序的思路和查找类似。

程序 6.10　散列表的删除

```
1 /**
2  * 移除关键字key对应的内容
3  */
4 public V remove(Object key) {
5     Entry<K,V> e=removeEntryForKey(key);
6     return (e==null ? null : e.value);
7 }
8
9 /**
10  * 移除节点的方法
11  */
12 final Entry<K,V> removeEntryForKey(Object key) {
13     if (size==0) {    //判断散列表是否是空表
14         return null;
15     }
16     int hash=(key==null) ? 0 : hash(key);
17     int i=indexFor(hash, table.length);   //确定数组的索引
18     Entry<K,V> prev=table[i];
19     Entry<K,V> e = prev;
20
21     while (e!=null) {
22         Entry<K,V> next = e.next;
23         Object k;
24         //如果找到关键字key的节点e
25         if (e.hash==hash &&
26         ((k=e.key)==key||(key!=null && key.equals(k)))) {
27             modCount++;
28             size--;
29             if (prev==e)  //如果e为表首节点
30                 table[i]=next;
31             else
32                 prev.next=next;
33             e.recordRemoval(this);
34             return e;
35         }
36         prev=e;   //链表向前推进
37         e=next;
```

```
38     }
39     return e;
40 }
```

本书之前提到了散列表的再散列操作，程序 6.11 展示了再散列的实现算法，这里是通过建立一个新表，然后将全部数据转移来完成的。

程序 6.11 再散列的一种实现

```
 1 /**
 2  * 重新确定表的规模
 3  */
 4 void resize(int newCapacity) {
 5     Entry[] oldTable=table;
 6     int oldCapacity=oldTable.length;
 7     if (oldCapacity==MAXIMUM_CAPACITY) {
 8         threshold=Integer.MAX_VALUE;
 9         return;
10     }
11
12     Entry[] newTable=new Entry[newCapacity];
13     transfer(newTable, initHashSeedAsNeeded(newCapacity));  //转移数据
14     table=newTable;
15     threshold=(int)Math.min(newCapacity * loadFactor, MAXIMUM_CAPACITY
       + 1);
16 }
17
18 /**
19  * 将所有数据从当前表转移到新表
20  */
21 void transfer(Entry[] newTable, boolean rehash) {
22     int newCapacity=newTable.length;
23     for (Entry<K,V> e : table) {    //遍历数组
24         while(null != e) {  //遍历每个链表节点
25             Entry<K,V> next=e.next;
26             if (rehash) {
27                 e.hash=null==e.key ? 0 : hash(e.key);
28             }
29             int i=indexFor(e.hash, newCapacity);
               //确定节点在新表中的索引
```

```
30              e.next=newTable[i];   //节点插入链表头部
31              newTable[i]=e;
32              e=next;
33          }
34      }
35 }
```

上面几个程序是 JDK 7 中的源代码，本书以为此例介绍了散列表的一种实现，该实现中解决冲突用了拉链法，采用了再散列机制。

6.5.2　性能分析

散列方法存储速度快，也较为节省空间，静态查找、动态查找均适用，但由于存取是随机的，因此不便于顺序查找。

在有 n 个元素的散列表中搜索、插入和删除一个元素的时间，最坏情况下均为 $O(n)$。但散列表的平均性能还是相当好的。

现在使用均匀的散列函数计算地址，又设 $A_s(n)$ 是成功搜索一个随机选择的关键字值的平均比较次数，那么采用上述不同的方法调节冲突时散列表的平均搜索长度（即平均比较次数）如表 6.4 所示。

表 6.4　各种调节冲突方案的平均搜索长度

调节冲突的方法	成功搜索 $A_s(n)$	不成功搜索 $A_u(n)$
线性探查法	$\frac{1}{2}\left(1+\frac{1}{1-\alpha}\right)$	$\frac{1}{2}\left(1+\frac{1}{1-\alpha^2}\right)$
平方探查和双散列法	$-\frac{1}{\alpha}\ln(1-\alpha)$	$-\frac{1}{1-\alpha}$
拉链法	$1+\frac{\alpha}{2}$	$\alpha+\mathrm{e}^{-\alpha}$

6.5.3　散列表的改进

在上述 JDK 7 的代码中，查找操作需要进行链表遍历，单链表的遍历是一种时间复杂度为 $O(n)$ 的操作，当单链表中的节点数量过多时，这一操作就会花费不少的时间。

为了提高对大规模数据的查找效率，在 JDK 8 的散列表中用到了链表和红黑树两种数据结构。在 JDK 8 的 putVal 方法 (即加入一个新元素到散列表中的实际调用方法) 中，如果加入新节点导致数组该位置的单链表节点个数超过阈值 (默认为 8)，则执行 treeifyBin 方法，这个方法的作用是将数组该位置的链表转换为红黑树，并且将链表中的全部节点转化为树节点存放到红黑树中，这是 JDK 8

新加入的特性。

另外，在 JDK 8 中，链表和红黑树之间的转换是双向的，当散列表删去树节点后，如果红黑树结构中的节点个数低于阈值 (默认为 6)，则执行 untreeify 方法，这个方法的作用是将红黑树转换成链表结构。红黑树和链表有各自的特点：链表增减效率高，查询效率低；而红黑树恰恰相反，增减效率低，查询效率高。这种双向转化机制能够保证散列表执行操作时整体效率处于较优的状态。

红黑树是一种新的数据结构，它的节点类型与链表不同，每个节点被划分为"红色"或者"黑色"，通过改变颜色和旋转机制保证整个红黑树的结构是近似平衡的，可以看作一种二叉查找树的改进，正因为如此，在红黑树中增减节点可能会导致树的结构发生变化，但是红黑树查找的时间复杂度是 $O(\log n)$，比遍历单链表具有更高的查找效率，二叉查找树和红黑树在后续的章节中都会进行介绍。

6.6 总　结

在对数据表进行查找的过程中，对于顺序表可以采用顺序查找的方法，对于有序表可以采用折半查找、斐波那契查找和插值查找的方法，对于索引顺序表可以采用分块查找的方法，对于散列表则可以直接调用散列函数完成查找操作。

散列表可以用来以常数平均时间实现插入和查找操作。当使用散列表时，如装填因子这样的细节是需要特别注意的，否则时间界不再有效。当关键字不是短串或者整数时，仔细选择散列函数也非常重要。

对于开放定址散列算法，除非完全不可避免，否则装填因子不应超过 0.5。如果使用线性探查法，那么性能会随着装填因子接近于 1 而急速下降。再散列运算可以通过使表增长（或收缩）来实现，这样将会保持合理的装填因子。对于空间紧缺并且散列表大小受到限制的情况，这是很重要的。

使用散列表不可能找出最小元素。除非准确地知道一个字符串，否则散列表也不可能有效地查找它。

如果不需要有序的信息以及对输入是否被排序有所怀疑，那么就应该选择散列这种数据结构。

第 7 章　排　　序

排序 (sorting) 是计算机程序设计中的一种重要操作，其功能是将一个数据元素（或记录）集合或序列重新排列成一个按关键字有序的序列。

为了便于查找，通常希望计算机中的数据表是按关键字有序的，如有序表的折半查找，查找效率较高。还有，第 8 章要介绍的二叉排序树的构造过程本身就是一个排序的过程。因此，学习和研究各种排序方法是计算机工作者的重要课题之一。我们将要学习到：

（1）排序的概念与分类。

（2）常见内排序方法及其效率分析。

（3）外排序的方法要点。

（4）利用 ArrayList 和 SList 实现排序算法。

本章中出现的 JDK 软件包，若不特殊说明均为 1.8 版本。

7.1　基 本 概 念

为了便于讨论，在此首先对排序给出一个确切的定义。

假设含 n 个记录的序列为

$$\{R_1, R_2, \cdots, R_n\} \tag{7.1}$$

其相应的关键字序列为

$$\{K_1, K_2, \cdots, K_n\}$$

需确定 $1, 2, \cdots, n$ 的一种排列 $p_1, p_2, \cdots, p_n$，使其相应的关键字满足如下的非递减 (或非递增) 关系：

$$K_{p_1} \leqslant K_{p_2} \leqslant \cdots \leqslant K_{p_n}$$

或

$$K_{p_1} \geqslant K_{p_2} \geqslant \cdots \geqslant K_{p_n}$$

即使式（7.1）的序列成为一个按关键字有序的序列：

$$\{R_{p_1}, R_{p_2}, \cdots, R_{p_n}\}$$

这样一种操作称为**排序**。

若关键字是主关键字，则对任意待排序序列，经排序后得到的结果是唯一的；若关键字是次关键字，排序结果可能不唯一，这是因为待排序的序列中可能存在两个或者两个以上具有相同关键字的值的记录。假设 $K_i = K_j(1 \leqslant i \leqslant n, 1 \leqslant j \leqslant n, i \neq j)$，且在排序前的序列中 R_i 领先于 R_j（即 $i < j$），若能保证在排序后的序列中 R_i 仍领先于 R_j，则称此方法是**稳定**的；反之，若可能使排序后的序列中 R_j 领先于 R_i，则称此排序方法是**不稳定**的。

排序分为两类：内排序和外排序。

内排序：指待排序序列完全存放在内存中所进行的排序过程，适合不太大的元素排序。

外排序：指排序过程中还需要访问外存储器。非常大的元素序列因不能完全放入内存，只能使用外排序。例如，大的数据库记录的排序一般需要外排序，内排序方法是外排序的基础。

7.2 插 入 排 序

7.2.1 直接插入排序

1. 基本原理

假设有 n 个记录，存放在数组 data 中，重新安排记录在数组中的存放顺序，使其按关键字有序，即

$$\text{data}[1] \leqslant \text{data}[2] \leqslant \cdots \leqslant \text{data}[n]$$

先看一个子问题：设 $1 < j \leqslant n$，且 $\text{data}[1] \leqslant \text{data}[2] \leqslant \cdots \leqslant \text{data}[j-1]$，将 $\text{data}[j]$ 插入，重新安排存放顺序，使 $\text{data}[1] \leqslant \text{data}[2] \leqslant \cdots \leqslant \text{data}[j]$，得到新的有序表，记录数增 1。具体步骤如下：

（1）$\text{data}[0] = \text{data}[j]$（将 $\text{data}[j]$ 赋值给 $\text{data}[0]$，使 $\text{data}[j]$ 为待插入记录空位），$i = j - 1$（从第 i 个记录向前测试插入位置，用 $\text{data}[0]$ 作为辅助单元可以避免判断 $i < 1$）。

（2）若 $\text{data}[0] \geqslant \text{data}[i]$，转步骤 (4)（插入位置确定）。

（3）若 $\text{data}[0] < \text{data}[i]$，$\text{data}[i+1] = \text{data}[i]$，$i = i - 1$，转步骤 (2)（调整待插入位置）。

（4）$\text{data}[i+1] = \text{data}[0]$（存放待插入记录）。

（5）向有序表中插入一个记录的过程结束。

如果上述数组中的元素不满足 $\text{data}[1] \leqslant \text{data}[2] \leqslant \cdots \leqslant \text{data}[j-1]$，在将 $\text{data}[j]$ 插入这样的无序表时，需要将 j 依次取 $2, 3, \cdots, n$，重复上述过程直到 $j = n$，整个 data 的排序就完成了。

例 7.1　向关键字为 $\{2, 10, 18, 25\}$ 的有序列表插入一个关键字为 9 的记录。

data[1]	data[2]	data[3]	data[4]	data[5]	存储单元
2	10	18	25	9	将 data[5] 插入四个记录的有序表中，$j = 5$
	$\text{data}[0] = \text{data}[j]$;	$i = j - 1$;			初始化，设置待插入位置
2	10	18	25	,	$\text{data}[i+1]$ 为待插入位置
$i = 4$,	$\text{data}[0] < \text{data}[i]$,	$\text{data}[i+1] = \text{data}[i]$;	$i--$;		调整待插入位置
2	10	18	,	25	
$i = 3$,	$\text{data}[0] < \text{data}[i]$,	$\text{data}[i+1] = \text{data}[i]$;	$i--$;		调整待插入位置
2	10	,	18	25	
$i = 2$,	$\text{data}[0] < \text{data}[i]$,	$\text{data}[i+1] = \text{data}[i]$;	$i--$;		调整待插入位置
2	,	10	18	25	
$i = 2$,	$\text{data}[0] \geqslant \text{data}[i]$,	$\text{data}[i+1] = \text{data}[i]$;			插入位置 i 确定，向空位填入插入记录
2	9	10	18	25	向有序表中插入一个记录的过程结束

2. 算法实现

静态查找表基于 Java 中的 ArrayList，采用顺序存储结构，其直接插入排序算法如程序 7.1 所示。

程序 7.1　直接插入排序算法

```
1    //这里需要传入比较器comparator，用来比较ArrayList中两个数据的大小关系
2    //这里假设 comparator.compare(value1, value2) 满足 value1>=value2 时
     //返回大于0的数，否则返回小于0的数
3    public void insertSort(StaticTable<T> p, Comparator comparator) {
4        int i, j;
5        for (i=2; i<=p.size()-1; i++) {     /* p.size()即表长度n */
6            /* 两者不等时，需将data[i]插入有序表 */
7            if (comparator.compare(p.get(i - 1), p.get(i)) != 0) {
8                p.set(0, p.get(i));     /*为统一算法设置监测 */
9                for (j=i-1; comparator.compare(p.get(j), p.get(0)) > 0;
                 j--) {
10                   p.set(j + 1, p.get(j));     /*记录后移 */
```

```
11                  if (j==0) break;
12              }
13              p.set(j+1, p.get(0));    /*插入正确的位置 */
14          }
15      }
16  }
```

算法采用的是查找比较操作和记录移动操作交替进行的方法。具体的做法是将插入记录 data[i] 的关键字依次与有序区中记录 data[j]($j = i-1, i-2, \cdots, 1$) 的关键字进行比较，若 data[j] 的关键字大于 data[i]，则将 data[j] 后移一个位置。若 data[j] 的关键字小于或等于 data[i]，则查找过程结束，$j+1$ 即 data[i] 的插入位置。因为关键字比 data[i] 大的记录均已后移，所以只要将 data[i] 插入该位置即可。

算法中借助了一个附加记录 data[0]，其作用有两个：一是进入查找循环之前，它保存了 data[i] 的副本，保证不至于因为记录的后移而丢失 data[i] 中的内容；二是在 for 循环中，“监视”下标变量 j 是否越界。因此将 data[0] 称为“监视哨”，这使得测试循环条件的时间减少一半。

根据上述算法，我们用一个例子来说明直接插入排序的过程。设待排序的文件有 8 个记录，其关键字分别为 $\{47, 33, 61, 82, 72, 11, 25, 48\}$，直接插入排序过程如图 7.1 所示，图中用方括号表示当前的有序区，圆括号内是“监视哨”的值。

初始关键字：	[47], 33, 61, 82, 72, 11, 25, 48
i=2(33)	[33, 47], 61, 82, 72, 11, 25, 48
i=3(61)	[33, 47, 61], 82, 72, 11, 25, 48
i=4(82)	[33, 47, 61, 82], 72, 11, 25, 48
i=5(72)	[33, 47, 61, 72, 82], 11, 25, 48
i=6(11)	[11, 33, 47, 61, 72, 82], 25, 48
i=7(25)	[11, 25, 33, 47, 61, 72, 82], 48
i=8(48)	[11, 25, 33, 47, 48, 61, 72, 82]

图 7.1　直接插入排序示例

7.2.2 对直接插入排序的分析

本节将对前面的排序方法进行效率分析。

（1）空间效率：仅用了一个辅助单元。

（2）时间效率：向有序表中逐个插入记录的操作进行了 $n-1$ 次，每次操作分为比较关键字和移动记录，而比较的次数和移动记录的次数取决于待排序列按关键字的初始排序。

最好的情况下，即待排序列已按照关键字有序，每次操作只需 1 次比较和 2 次移动 ($p \to \mathrm{data}[0] = p \to \mathrm{data}[i]$ 和 $p \to \mathrm{data}[j+1] = p \to \mathrm{data}[0]$)。

$$\text{总比较次数} = n - 1$$

$$\text{总移动次数} = 2(n - 1)$$

最坏的情况下，即第 j 次操作，插入记录需要与前面的 j 个记录进行 j 次关键字比较，移动记录的次数为 $j + 2$ 次。

$$\text{总比较次数} = \sum_{j=1}^{n-1} j = \frac{1}{2}n(n-1)$$

$$\text{总移动次数} = \sum_{j=1}^{n-1}(j+2) = \frac{1}{2}(n-1)(n+4)$$

平均情况下，即第 j 次操作，插入记录大约与前面的 $\frac{j}{2}$ 个记录进行关键字比较，移动记录的次数为 $\frac{j}{2} + 2$ 次。

$$\text{总比较次数} = \sum_{j=1}^{n-1} \frac{j}{2} = \frac{1}{4}n(n-1) \approx \frac{1}{4}n^2$$

$$\text{总移动次数} = \sum_{j=1}^{n-1}(\frac{j}{2} + 2) = \frac{1}{4}n(n-1) + 2(n-1) \approx \frac{1}{4}n^2$$

由此，直接插入排序的时间复杂度为 $O(n^2)$。但在待排序序列基本有序的情况下，复杂度可以大大降低，这是本方法的重要优点。7.2.3 节的希尔排序就是利用这个优点改进的方法。

从排序过程中不难看出，它是一个稳定的排序方法。

7.2.3 希尔排序

1. 基本原理

希尔排序又称缩小增量排序，是 1959 年由 D.L.Shell 提出来的。它的做法如下：

（1）选择一个步长序列 $t_1, t_2, \cdots, t_k$，其中 $t_i > t_j (i < j)$，$t_k = 1$。

（2）按步长序列个数 k，对序列进行 k 次排序。

（3）每次排序，根据对应步长 t_i，将待排序列分割成若干长度为 m 的子序列，分别对各子表进行插入排序。仅步长因子为 1 时，整个序列作为一个表来处理，表长度即整个序列的长度。

例 7.2 待排序列为 $\{39, 80, 76, 41, 13, 29, 50, 78, 30, 11, 100, 7, 41', 86\}$，步长因子 P 分别取 5、3、1，则排序过程如下。

步长为 5 的子序列分别为 {39,29,100},{80,50,7},{76,78,41′},{41,30,86},{13, 11},如图 7.2 所示。第一次排序结果:$\{29, 7, 41', 30, 11, 39, 50, 76, 41, 13, 100, 80, 78, 86\}$。

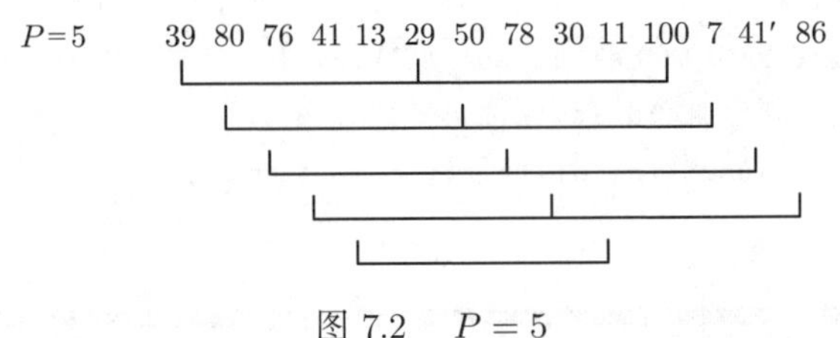

图 7.2 $P = 5$

步长为 3 的子序列分别为 {29,30,50,13,78},{7,11,76,100,86},{41′,39,41,80}，如图 7.3所示。第二次排序结果:$\{13, 7, 39, 29, 11, 41', 30, 76, 41, 50, 86, 80, 78, 100\}$。

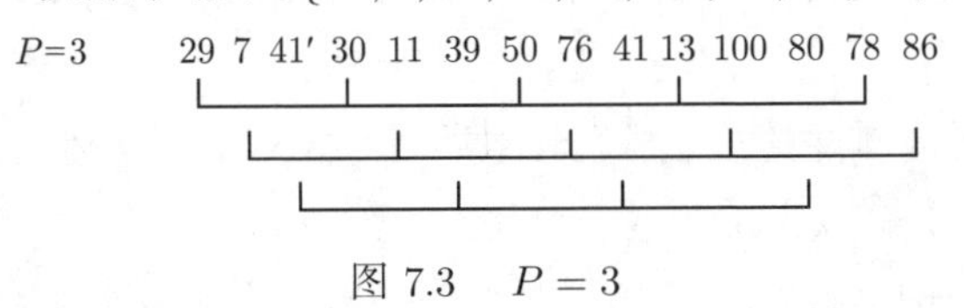

图 7.3 $P = 3$

步长为 1 的子序列为 $\{13, 7, 39, 29, 11, 41', 30, 76, 41, 50, 86, 80, 78, 100\}$，此时序列基本“有序”，对其进行直接插入排序，得到最终结果：$\{7, 11, 13, 29, 30, 39, 41', 41, 50, 76, 78, 80, 86, 100\}$。

2. 算法实现

希尔排序算法如程序 7.2 所示。

程序 7.2 希尔排序算法

```
1     /*一次增量为dk的插入排序，dk为步长因子*/
2     private void shellInsert(StaticTable<T> p, int dk, Comparator
      comparator) {
3         int i, j;
4         for (i=dk+1; i<=p.size()-1; i++)
5             /*两者不等时，需将r[i]插入有序表*/
6             if (comparator.compare(p.get(i - dk), p.get(i)) != 0) {
7                 p.set(0, p.get(i));    /*为统一算法设置监测*/
8                 for (j=i-dk; j>0 && comparator.compare(p.get(j),
                  p.get(0)) > 0; j=j-dk)
9                     p.set(j+dk, p.get(j));    /*记录后移*/
10                p.set(j+dk, p.get(0));    /*插入正确的位置*/
```

```
11          }
12      }
13
14      /*按增量序列 delta 对顺序表 p进行希尔排序*/
15      public void shellSort(StaticTable<T> p, int delta[], Comparator
        comparator) {
16          for (int k=0; k<delta.length; k++) {
17              /*一趟增量为delta[k]的插入排序*/
18              shellInsert(p, delta[k], comparator);
19          }
20      }
```

3. 希尔排序特点

子序列的构成不是简单的逐段分割，而是将相隔某个增量的记录组成一个子序列。

希尔排序可提高排序速度，因为分组后 n 值减小，n^2 更小，而 $T(n) = O(n^2)$，所以 $T(n)$ 从总体上看减小了。

关键字较小的记录跳跃式前移，在进行最后一次增量为 1 的插入排序时，序列已基本有序。

增量序列取法：无除 1 以外的公因子，最后一个增量值必须为 1。

7.2.4 对希尔排序的分析

希尔排序时效分析很难，关键字的比较次数与记录移动次数依赖于步长因子序列的选取，特定情况下可以估算出关键字的比较次数和记录的移动次数。目前还没有人给出选取最好的步长因子序列的方法。步长因子序列可以有各种取法，有取奇数的，也有取质数的，但需要注意：步长因子中除 1 外没有公因子，且最后一个步长因子必须为 1。

希尔排序方法是一个不稳定的排序方法。因为在例 7.2 中，排序前 41 领先于 $41'$，而排序后，$41'$ 领先于 41 了。

7.3 交换排序

交换排序主要通过两两比较待排记录的关键字进行，若发现两个记录的次序相反即进行交换，直到没有反序的记录。本节介绍两种交换排序：**冒泡排序**和**快速排序**。

7.3.1 冒泡排序

1. 基本原理

设想被排序的记录数组 $R[1,\cdots,n]$ 垂直竖立，将每个记录 $R[i]$ 看作重量为 $R[i]$.key 的气泡。根据轻气泡不能在重气泡之下的原则，从下往上扫描数组 R，凡扫描到违反本原则的轻气泡，就使其向上“漂浮”，如此反复进行，直至最后任何两个气泡都是轻者在上，重者在下。

初始时 $R[1,\cdots,n]$ 为无序区，第一次扫描从该区底部向上依次比较相邻两个气泡的重量，若发现轻者在下，重者在上，则交换两者的位置。本次扫描完毕时，最轻的气泡就漂浮到了顶部，即关键字最小的记录被放在最高位置 $R[1]$ 上。第二次扫描时，只需扫描 $R[2,\cdots,n]$，扫描完毕时，次轻的气泡漂浮到 $R[2]$ 的位置上。一般地，第 i 次扫描时，$R[1,\cdots,i-1]$ 和 $R[i,\cdots,n]$ 分别为当前的有序区和无序区，扫描仍从无序区底部向上直至该区顶部，扫描完毕时，该区中最轻气泡漂浮到顶部位置 $R[i]$ 上，结果 $R[1,\cdots,i]$ 变为新的有序区。

例 7.3 图 7.4 是冒泡排序过程的示例，第一列为初始关键字 $\{49,38,65,97,76,13,27,50\}$，第二列起依次为各次排序 (各次扫描) 的结果，图中两条横线之间是待排序的无序区。

序号	初始关键字	第一趟扫描	第二趟扫描	第三趟扫描	第四趟扫描	第五趟扫描	第六趟扫描	第七趟扫描
1	$\overline{49}$	13	13	13	13	13	13	13
2	38	$\overline{49}$	27	27	27	27	27	27
3	65	38	$\overline{49}$	38	38	38	38	38
4	97	65	38	$\overline{49}$	49	49	49	49
5	76	97	65	50	$\overline{50}$	50	50	50
6	13	76	97	65	65	$\overline{65}$	65	65
7	27	27	76	97	76	76	$\overline{76}$	76
8	$\underline{50}$	$\underline{50}$	$\underline{50}$	$\underline{76}$	$\underline{97}$	$\underline{97}$	$\underline{97}$	$\overline{\underline{97}}$

图 7.4 冒泡排序示例

从上述的排序过程中可以看到：对任一组记录进行冒泡排序时，至多要进行 $n-1$ 次排序过程。但是，若在某一次排序中没有记录需要交换，则说明待排序记录已按关键字有序，因此，冒泡排序过程可以提前终止。例如，在图 7.4 中，第五次排序过程中已没有记录需要交换，说明此时整个文件已经达到有序状态。为此，在程序 7.3 给出的算法中，引入一个布尔量 noSwap，在每次结束之前，先将它置为 true，在排序过程中有交换发生时改为 false。在一次排序结束时再检查

noSwap，若仍为 true 便终止算法。

2. 算法实现

程序 7.3 冒泡排序算法

```
1    public void bubbleSort(StaticTable<T> p, Comparator comparator) {
2        int i, j, n;
3        T swap;
4        n=p.size();
5        boolean noSwap=false;
6        /*每次循环初始化 noSwap ，如果一次循环结束后仍然为 true,
         说明表完成排序*/
7        for (i=1; i<=n-1 && !noSwap; i++) {
8            noSwap=true;
9            for (j=n-1; j>=i; j--) {
10               /*如果相邻两个数不是按从小到大排列，交换两数*/
11               if (comparator.compare(p.get(j-1), p.get(j)) > 0) {
12                   swap=p.get(j - 1);
13                   p.set(j-1, p.get(j));
14                   p.set(j, swap);
15                   /*进入下一次循环*/
16                   noSwap=false;
17               }
18           }
19       }
20   }
```

7.3.2 对冒泡排序的分析

对冒泡排序进行效率分析。

时间效率：总共要进行 $n-1$ 次冒泡，对 j 个记录进行一次冒泡需要 $j-1$ 次关键字比较。

总比较次数：$\sum\limits_{j=2}^{n}(j-1)=\dfrac{1}{2}n(n-1)$。

移动次数：最好的情况下，待排序已有序，不需要移动；最坏的情况下，每次比较后均要进行三次移动 (数据交换)，移动次数 $=\sum\limits_{j=2}^{n}3(j-1)=\dfrac{3}{2}n(n-1)$。因此，冒泡排序的最坏时间复杂度是 $O(n^2)$，平均时间复杂度也是 $O(n^2)$。显然，冒泡排序是就地排序，它是稳定的。

7.3.3 快速排序

快速排序通过比较关键字、交换记录，以某个记录为界 (该记录称为支点)，将待排序列分成两部分。其中一部分所有记录的关键字大于等于支点记录的关键字，另一部分所有记录的关键字小于支点记录的关键字。这里将待排序列按关键字以支点记录分成两部分的过程称为**一次划分**。对各部分不断划分，直到整个序列按关键字有序。

这种方法的每一步都把要排序的表 (或称子表或表的一部分) 第一个元素放到它在表中的最终位置。同时在这个元素的前面和后面各形成一个子表，在前子表中的所有元素的关键字都比该元素的关键字小，而在后子表中的所有元素的关键字都比它大。此后再对每个子表进行这样的一步，直到最后每个子表都只有一个元素，排序完成。

具体来说，一次划分的过程如下：设待排序列为 $\mathrm{data}[1],\cdots,\mathrm{data}[n]$，首先任意选取一个数据（通常选用待排序列的第一个数）作为关键数据，然后将所有比它小的数都放到它前面，所有比它大的数都放到它后面，这个过程称为快速排序的一次划分。具体实现如下：

设 $1 \leqslant p < q \leqslant n$，$\mathrm{data}[p],\mathrm{data}[p+1],\cdots,\mathrm{data}[q]$ 为待排序列。

（1）设置两个搜索指针，low 是向后搜索指针，high 是向前搜索指针，$\mathrm{low} = p$；$\mathrm{high} = q$；取第一个记录为支点记录，low 位置暂设为支点空位，$\mathrm{data}[0] = \mathrm{data}[\mathrm{low}]$。

（2）若 $\mathrm{low} = \mathrm{high}$，支点空位确定，即 low，这时填入支点记录，一次划分结束，$\mathrm{data}[\mathrm{low}] = \mathrm{data}[0]$。

若 $\mathrm{low} < \mathrm{high}$，则开始从 high 所指位置向前搜索，至多到 $\mathrm{low}+1$ 的位置。搜索过程中如果满足 $\mathrm{data}[\mathrm{high}] < \mathrm{data}[0]$，则暂停搜索，并将 data[high] 和 data[low] 互换。

接着从 low 所指位置向后搜索，至多到 $\mathrm{high}-1$ 的位置。搜索过程中如果满足 $\mathrm{data}[\mathrm{low}] > \mathrm{data}[0]$，则暂停搜索，并将 data[high] 和 data[low] 互换。

（3）不断重复进行第（2）步，直到满足 $\mathrm{low} = \mathrm{high}$，即找到支点位置为止。

例 7.4 一次快速排序例程示例。

data[1]	data[2]	data[3]	data[4]	data[5]	data[6]	data[7]	data[8]	data[9]	data[10]	存储单元
49	14	38	74	96	65	8	49′	55	27	记录中关键字

（1）$\mathrm{low} = 1$；$\mathrm{high} = 10$；设置两个搜索指针。

$\mathrm{data}[0] = \mathrm{data}[\mathrm{low}]$；支点记录送辅助单元。

49 14 38 74 96 65 8 49′ 55 27

↑ ↑

low high

（2）第一次搜索交换，从 high 向前搜索小于 data[0] 的记录，并与 data[low] 交换，得到结果：

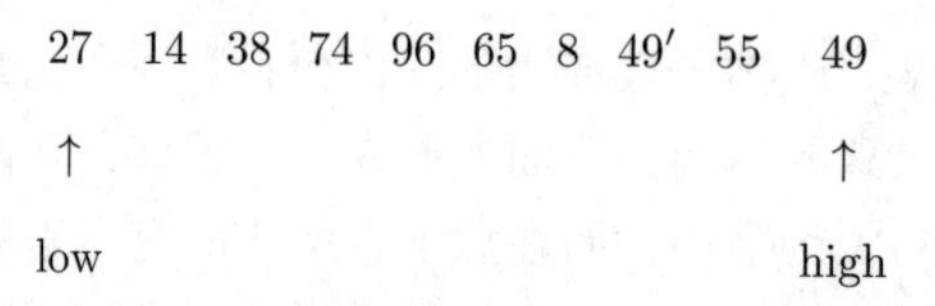

从 low 向后搜索大于 data[0] 的记录，并与 data[high] 交换，得到结果：

27 14 38 49 96 65 8 49′ 55 74

↑ ↑

low high

（3）第二次搜索交换，从 high 向前搜索小于 data[0] 的记录，并与 data[low] 交换，得到结果：

27 14 38 8 96 65 49 49′ 55 74

↑ ↑

low high

从 low 向后搜索大于 data[0] 的记录，并与 data[high] 交换，得到结果：

27 14 38 8 49 65 96 49′ 55 74

↑ ↑

low high

（4）第三次搜索交换，从 high 向前搜索小于 data[0] 的记录，并与 data[low] 交换，得到结果：

27 14 38 8 49 65 96 49′ 55 74

↑↑

low high

从 low 向后搜索大于 data[0] 的记录，并与 data[high] 交换，得到结果：

27 14 38 8 49 65 96 49′ 55 74

↑↑

low high

low=high，划分结束，填入支点记录：

27 14 38 8 49 65 96 49′ 55 74

7.3.4 实际的快速排序程序

快速排序算法如程序 7.4 所示。

程序 7.4 快速排序算法

```
1    /*递归形式的快速排列*/
2    /*对顺序表tbl中的子序列tbl.[low...high]做快速排列*/
3    public void quickSort(StaticTable<T> tbl, int low, int high,
     Comparator comparator) {
4        int pivotLocation;
5        if(low<high) {
6            pivotLocation=arrayListPartition(tbl, low, high, comparator);
             /*将表一分为二*/
7            quickSort(tbl, low, pivotLocation-1, comparator);
             /*对低子表递归排序*/
8            quickSort(tbl, pivotLocation+1, high, comparator);
             /*对高子表递归排序*/
9        }
10    }
11
12    /**
13     * 一趟快速排序
14     * 交换顺序表tbl中子表tbl.data[low...high]的记录，使支点记录到位，
       并返回其所在位置，此时在它之前（后）的记录均不大（小）于它
15     */
16    private int arrayListPartition(ArrayList<T> arrayList, int low,
      int high, Comparator comparator) {
17        T pivotKey; /*记录支点数据的变量*/
18        T temp;
19        pivotKey=arrayList.get(low); /*取支点记录关键字*/
```

```
20      while(low < high) { /*从表的两端交替地向中间扫描*/
21          while(low < high && comparator.compare(arrayList.get(high),
            pivotKey) >= 0)
22              high--;
23          temp=arrayList.get(low);
24          arrayList.set(low, arrayList.get(high));
25          arrayList.set(high, temp);  /*将比支点记录小的交换到低端*/
26          while(low < high && comparator.compare(pivotKey, arrayList.
            get(low)) >= 0)
27              low++;
28          temp=arrayList.get(high);
29          arrayList.set(high, arrayList.get(low));
30          arrayList.set(low, temp);   /*将比支点记录大的交换到高端*/
31      }
32      return low; /*返回支点记录所在位置*/
33  }
```

7.3.5 对快速排序的分析

（1）空间复杂度：快速排序是递归的，每层递归调用时的指针和参数均要求用栈来存放，递归调用层次数和二叉树的深度一致。因而，空间复杂度在理想情况下为 $O(\log_2 n)$，即深度递归；在最坏的情况下，即二叉树是一个单链，空间复杂度为 $O(n)$。

（2）时间复杂度：在 n 个记录的待排序列中，一次划分需要约 n 次关键字比较，时间复杂度为 $O(n)$，若设 $T(n)$ 为对 n 个待排序记录进行快速排序所需要的时间，分析如下。

在理想情况下：每次划分正好将原序列分成两个等长的子序列，则

$$
\begin{aligned}
T(n) &\leqslant cn + 2T\left(\frac{n}{2}\right)\ (c\ \text{为常数}) \\
&\leqslant cn + 2\left(cn + 2T\left(\frac{n}{4}\right)\right) = 3cn + 8T\left(\frac{n}{8}\right) \\
&\qquad\vdots \\
&\leqslant cn\log_2 n + nT(1) = O(n\log_2 n)
\end{aligned}
\tag{7.2}
$$

最坏情况下，即每次划分只得到一个子序列，时间复杂度为 $O(n^2)$。

快速排序通常被认为是在同数量级 $(O(n\log_2 n))$ 的排序方法中平均性能最好的。但若初始序列按关键字有序或基本有序，快速排序反而退化为冒泡排序。为

改进它，通常采用**三者取中法**来选取支点记录，即选取排序区间的左右两个端点和中点，先对这三个记录的关键字进行排序，再选取这三个记录中居中的关键字的对应记录为支点，随后按照标准的快速排序法进行排序。

快速排序是一个不稳定的排序方法。

7.4 选择排序

选择排序主要是每一次从待排序列中选取一个关键字最小的记录，即第一次从 n 个记录中选取关键字最小的记录，第二次从剩下的 $n-1$ 个记录中选取关键字最小的记录，直到整个序列的记录选完。这样由选取记录顺序，便得到了按关键字有序的序列。

下面介绍一种简单的选择排序方法——**直接选择排序**（或**简单选择排序**）。

操作方法：第一次，从 n 个记录中找出关键字最小的记录与第一个记录交换；第二次，从第二个记录开始的 $n-1$ 个记录中再选出关键字最小的记录与第二个记录交换；如此，第 i 次，则从第 i 个记录开始的 $n-i+1$ 个记录中选出关键字最小的记录与第 i 个记录交换，直到整个序列按关键字有序。

例 7.5 直接选择排序过程示例。

初始关键字：[49 38 65 49′ 97 13 27 76]
一次排序后：13 [38 65 49′ 97 49 27 76]
二次排序后：13 27 [65 49′ 97 49 38 76]
三次排序后：13 27 38 [49′ 97 49 65 76]
四次排序后：13 27 38 49′ [97 49 65 76]
五次排序后：13 27 38 49′ 49 [97 65 76]
六次排序后：13 27 38 49′ 49 65 [97 76]
七次排序后：13 27 38 49′ 49 65 76 [97]
最后结果：13 27 38 49′ 49 65 76 97

7.4.1 算法实现

选择排序算法如程序 7.5 所示。

程序 7.5 选择排序算法

```
1   public void selectSort(StaticTable<T> s, Comparator comparator) {
2       int i, j, t;
3       T swap;
4       /*做size() - 1趟选取*/
```

```
5       for(i=1; i < s.size(); i++) {
6           /*在i开始的size() - i + 1个记录中选关键字最小的记录*/
7           for (j=i+1, t=i; j<=s.size()-1; j++) {
8               if (comparator.compare(s.get(t), s.get(j)) > 0) {
9                   t=j;    /*t中存放关键字最小记录的下标*/
10               }
11           }
12           /*关键字最小的记录与第i个记录交换*/
13           swap=s.get(t);
14           s.set(t, s.get(i));
15           s.set(i, swap);
16       }
17   }
```

7.4.2 效率分析

从程序 7.5 中可以看出，直接选择排序移动次数较少，但关键字的比较次数依然是 $\frac{1}{2}n(n+1)$，所以时间复杂度仍为 $O(n^2)$。

直接选择排序是一个不稳定的排序方法，只要考查例 7.5 中的 49 和 $49'$ 的领先关系就可以知道。

7.5 归并排序

归并排序是另一类排序方法，**归并**的含义是将两个或者两个以上的有序表组合成一个新的有序表。它的实现方法早已为读者所熟悉，无论是顺序存储结构还是链表存储结构，都可在 $O(m+n)$ 的时间量级上实现。利用归并的思想容易实现排序。假设初始序列含有 n 个记录，则可以看成 n 个有序的子序列，每个子序列的长度为 1，然后两两归并，得到 $\left\lceil \frac{n}{2} \right\rceil$ 个长度为 2 或 1 的有序子序列；再两两归并，如此重复，直到得到一个长度为 n 的有序序列，其核心操作是将一维数组中前后相邻的两个有序序列归并为一个有序序列。

7.5.1 二路归并排序

1. 基本原理

二路归并排序的基本操作是将两个有序表合并为一个有序表。设 data$[u,\cdots,t]$ 由两个有序子表 data$[u,\cdots,v-1]$ 和 data$[v,\cdots,t]$ 组成，两个子表长度分别为 $v-u$、$t-v+1$。要将它们合并为一个有序表 vf$[u,\cdots,t]$，只要设

置三个指示器 i、j 和 k，其初值分别是这三个记录区的首位置。合并时依次比较 data[i] 和 data[j] 的关键字，取关键字较小的记录复制到 rf[k] 中，然后将指向被复制记录的指示器和指向复制位置的指示器 k 分别加 1，重复这一过程，直到全部记录被复制到 rf[$u,\cdots,t$]。上述思想归纳如下：

（1）置两个子表的起始下标及辅助数组的起始下标，$i=u;j=v;k=u$。

（2）若 $i \geqslant v$ 或 $j>t$，则说明其中一个子表已合并完，比较选取结束，转向第（4）步。

（3）选取 data[i] 和 data[j] 关键字较小的存入辅助数组 rf。如果 data[i] $<$ data[j], rf[k] $=$ data[i]; i++; k++; 转第（2）步；否则，rf[k] $=$ data[j]; j++; k++; 转第（2）步。

（4）将尚未处理完的子表全部存入辅助数组：如果 $i<v$，说明前一子表非空，将 data[$i,\cdots,v-1$] 存入 rf[$k,\cdots,t$]；如果 $j \leqslant t$，说明后一子表非空，将 data[$j,\cdots,t$] 存入 rf[$k,\cdots,t$]。

（5）合并结束。

1 个元素的表总是有序的。所以对 n 个元素待排序列，每个元素可看成 1 个有序子表。对子表两两合并生成 $\dfrac{n}{2}$ 个子表，所得子表除最后一个子表长度可能为 1，其余子表长度均为 2。再进行两两合并，直到生成 n 个元素按关键字有序的表。

二路归并排序就是调用**一次归并**过程将待排序表进行若干次归并，每次归并后有序子表的长度扩大一倍。第一次归并时，有序子表的长度为 1。

例 7.6 二路归并排序过程示例。

初始关键字：	25	57	48	37	12	92	86
$n=7$ 个子表：	[25]	[57]	[48]	[37]	[12]	[92]	[86]
第一次归并后：	[25	57]	[37	48]	[12	92]	[86]
第二次归并后：	[25	37	48	57]	[12	86	92]
第三次归并后：	[12	25	37	48	57	86	92]

2. 算法实现

归并排序算法实现如程序 7.6 所示。

程序 7.6 归并排序算法

```
1    public void mergeSort(StaticTable<T> p, StaticTable<T> rf, Comparator
     comparator) {
2        //对p表归并排序，rf为与p表等长的辅助数组
3        StaticTable<T> swap=new StaticTable<>();
4        for (int i=0; i<p.size(); i++){
5            swap.add(null);
```

```
6       }
7
8       int i, len;
9       for(len=1; len<p.size(); len=2*len) { //从q2归并到q1
10          for(i=0; i+2*len-1<p.size(); i=i+2*len) {
11              merge(p, rf, i, i+len, i+2*len-1, comparator);
                //对等长的两个子表进行合并
12          }
13          if(i+len-1<p.size()) {
14              merge(p, rf, i, i+len, p.size()-1, comparator);
                //对不等长的两个子表进行合并
15          } else if(i<p.size()) {
16              while (i<p.size()) {
17                  rf.set(i, p.get(i));
18                  i++;
19              }
20          }
21          /*循环利用表空间，为下一次合并打下基础*/
22          Collections.copy(swap, rf);
23          Collections.copy(rf, p);
24          Collections.copy(p, swap);
25      }
26  }
27
28  /*两个子表合并*/
29  /*将两个有序子表 r[u,…,v-1] 和 r[v,…,t] 合并成一个有序表
    rf[u,…,t]*/
30  /*如果从u到v和v到t是不降的两组，那么合并后u到t的数据也是不降的*/
31  private void merge(StaticTable<T> r, StaticTable<T> rf, int u,
    int v, int t, Comparator comparator) {
32      int i, j, k;
33      for(i=u, j=v, k=u; i<v && j <= t; k++) {
34          if(comparator.compare(r.get(j), r.get(i))>0) {
35              rf.set(k, r.get(i));
36              i++;
37          } else {
38              rf.set(k, r.get(j));
39              j++;
```

```
40            }
41        }
42        if(i<v) {
43            for (; i<v; i++) {
44                //将r从i到v-1的内容赋值给rf从k到t
45                rf.set(k, r.get(i));
46                k++;
47            }
48        }
49        if(j<=t) {
50            for (; j<=t; j++) {
51                //将r从j到t的内容赋值给rf从k到t
52                rf.set(k, r.get(j));
53                k++;
54            }
55        }
56    }
```

7.5.2 对归并排序的分析

由于归并排序需要一个与表等长的辅助元素数组空间，所以空间复杂度为 $O(n)$。

对 n 个元素的表，将这 n 个元素看作叶子节点，若将两两归并生成的子表看作它们的双亲节点，则归并过程对应由叶向根生成一棵二叉树的过程。所以归并次数约等于二叉树的高度 -1，即 $\log_2 n$，每次归并需移动记录 n 次，所以时间复杂度为 $O(n\log_2 n)$。

也可以用一种推导的方式得出二路归并排序的时间复杂度。先不妨假设 n 是 2 的幂，二路归并排序所需的时间为 $T(n)$，对于 $n=1$ 的情况已经无须排序，所以时间为常数，记为 $T(1)=1$。对于 n 个数据的二路归并排序，所需的时间等于分别完成两个 $\dfrac{n}{2}$ 长度的归并排序，再加上合并的时间，即

$$T(n)=2T\left(\frac{n}{2}\right)+n$$

用 n 去除递归关系的两边，得

$$\frac{T(n)}{n}=\frac{T\left(\frac{n}{2}\right)}{\frac{n}{2}}+1$$

根据这个递归关系可类似地写出

$$\frac{T\left(\frac{n}{2}\right)}{\frac{n}{2}} = \frac{T\left(\frac{n}{4}\right)}{\frac{n}{4}} + 1$$

$$\frac{T\left(\frac{n}{4}\right)}{\frac{n}{4}} = \frac{T\left(\frac{n}{8}\right)}{\frac{n}{8}} + 1$$

$$\vdots$$

$$\frac{T(2)}{2} = \frac{T(1)}{1} + 1$$

将上面所有等式相加，可得

$$\frac{T(n)}{n} = \frac{T(1)}{1} + \log_2 n$$

所以

$$T(n) = n\frac{T(1)}{1} + n\log_2 n = O(n\log_2 n)$$

虽然归并排序的运行时间是 $O(n\log_2 n)$，但是合并两个排序的表需要线性附加内存，在整个算法中还要进行将数据复制到临时数组再复制回来的工作，其结果是严重放慢了排序的速度。归并排序的一种变形可以非递归地实现，但即使如此，对于重要的内部排序应用而言，人们还是会选择快速排序。后面会看到，合并的例程是大多数外部排序算法的基石。

二路归并排序是一个稳定的排序方法。

7.6 基数排序

基数排序 (radix sorting) 是和前面所述各类排序方法完全不相同的一种排序方法。从之前的讨论中可以看出，实现排序主要是通过关键字之间的比较和移动记录这两种操作，而实现基数排序不需要进行关键字之间的比较。基数排序是一种借助多关键字排序的思想对单逻辑关键字进行排序的方法。

7.6.1 多关键字的排序

一般情况下，假设有 n 个记录的序列：

$$\{R_1, R_2, \cdots, R_n\}$$

且记录 R_i 中含有 d 个关键字 $(K_i^0, K_i^1, \cdots, K_i^{d-1})$，则成品序列 $\{R_1, R_2, \cdots, R_n\}$ 对关键字 $(K_i^0, K_i^1, \cdots, K_i^{d-1})$ 有序是指，对于序列中任意两个记录 R_i 和 $R_j(1 \leqslant i < j \leqslant n)$ 都满足下列有序关系：

$$(K_i^0, K_i^1, \cdots, K_i^{d-1}) < (K_j^0, K_j^1, \cdots, K_j^{d-1})$$

其中，K_i^0、K_j^0 是最主位关键字；K_i^{d-1}、K_j^{d-1} 是最次位关键字。为实现多关键字排序，通常有两种方法：第一种方法是先对最主位关键字 K^0 进行排序，将序列分为若干子序列，每个子序列中的记录都具有相同的 K^0 值，然后就每个子序列对关键字 K^1 进行排序，按照 K^1 值分成若干更小的子序列，依次重复，直到对 K^{d-2} 进行排序后得到的每个子序列中的记录都具有相同的关键字，然后分别就每个子序列对 K^{d-1} 进行排序，最后将所有子序列依次连接在一起成为一个有序序列，这种方法称为**最高位优先** (most significant digit first，MSD) 法；第二种方法是从最次位关键字 K^{d-1} 起进行排序。然后再对高一位的关键字 K^{d-2} 进行排序，依次重复，直至对 K^0 进行排序后便成为一个有序序列，这种方法称为**最低位优先** (least significant digit first，LSD) 法。

MSD 法和 LSD 法只约定按照什么样的关键字次序来进行排序，而没有规定对每个关键字进行排序时所用的方法。但从上面的内容可以看出这两种排序方法的不同特点：若按照 MSD 法进行排序，必须将序列逐层分割成若干子序列，然后对各子序列分别进行排序；而按 LSD 法进行排序时，不必分成子序列，对每个关键字都是整个序列参加排序，但是对 $K^i(0 \leqslant i \leqslant d-2)$ 进行排序时，只能用稳定的排序方法。另外，按 LSD 法进行排序时，在一定条件下（对前一个关键字 $K^i(0 \leqslant i \leqslant d-2)$ 的不同值，后一个关键字 K^{i+1} 均取相同值），也可以不通过关键字间比较来实现排序，而是通过若干次“分配”和“收集”来实现排序。

7.6.2 链式基数排序

基数排序是借助“分配”和“收集”两种操作对单逻辑关键字进行排序的一种内部排序方法。

有的逻辑关键字可以看成由若干个关键字复合而成的。例如，若关键字是数值，且其值都在 $0 \leqslant K \leqslant 999$ 范围内，则可把每一个十进制数字看成一个关键字，即可认为 K 由 3 个关键字 (K^0, K^1, K^2) 组成，其中 K^0 是百位数，K^1 是十位数，K^2 是个位数；若关键字 K 由 5 个字母组成，则可以看成由 5 个关键字 $(K^0, K^1, K^2, K^3, K^4)$ 组成，其中 K^j 是（自左向右）第 $j+1$ 个字母。由于如此分解而得的每个关键字 K^j 都在相同的范围内（对数字，$0 \leqslant K^j \leqslant 9$，对字母 $'A' \leqslant K^j \leqslant' Z'$），按 LSD 法进行排序更为方便，只要从最低数位关键字起，按关键字的不同值将序列中的记录分配到 RADIX 个队列中后再收集，如此重复 d 次。按这种方案实现排序的方法，称为**基数排序**，其中“基”指的是 RADIX 的取值范围，在上述两种关键字下，它们分别是 10 和 26。

实际上，早在计算机出现之前，利用卡片分类机对穿孔卡上的记录进行排序就是采用的这种方法。然而，在计算机出现之后基数排序却长期得不到应用，原因是所需的辅助存储量（RADIX $\times N$ 个记录空间）太大。直到 1954 年有人提出用计数代替分配才使基数排序得以在计算机上实现，但此时仍需要 n 个记录和 2×RADIX 个计数单元的辅助空间。此后，有人提出用链表作为存储结构，则又省去了 n 个记录的辅助空间。下面介绍这种链式基数排序的方法。

先看一个具体的例子。首先以静态链表存储 n 个待排记录，并令表头指针指向第一个记录，如图 7.5所示。第一次分配对最低数位关键字（个位数）进行，改变记录的指针值将链表中的记录分配至 10 个链队列中，每个队列中的记录关键字的个位数相等，如图 7.6所示，其中 $f[i]$ 和 $e[i]$ 分别为第 i 个队列的头指针和尾指针；第一次收集是改变所有非空队列的队尾记录的指针域，令其指向下一个非空队列的队头记录，重新将 10 个队列中的记录链成一个链表，如图 7.7所示；第二次分配、第二次收集以及第三次分配和第三次收集分别是对十位数和百位数进行的，其过程和个位数相同，如图 7.8 ~ 图 7.11 所示，至此排序完毕。

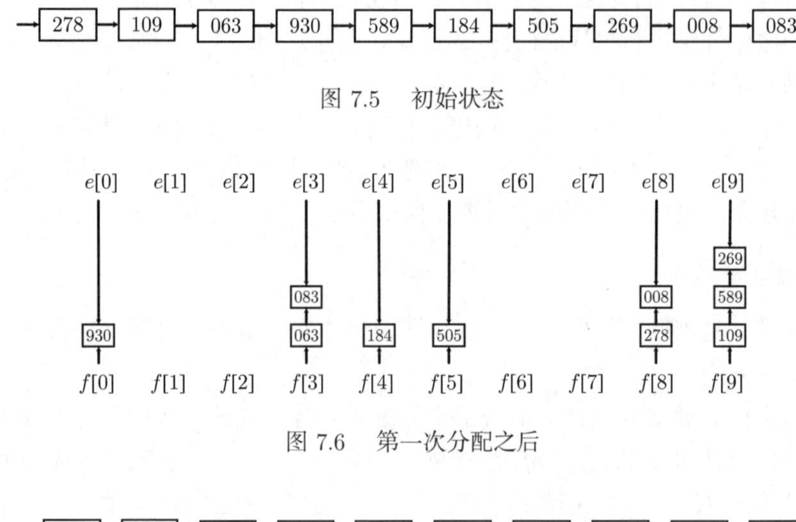

图 7.5 初始状态

图 7.6 第一次分配之后

图 7.7 第一次收集之后

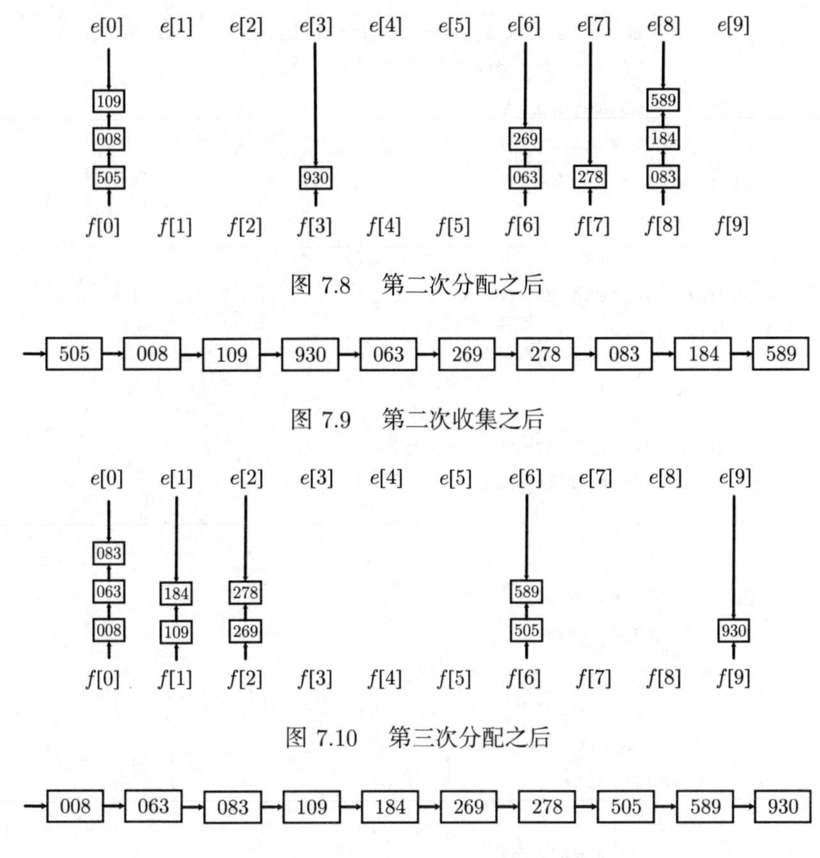

图 7.8 第二次分配之后

图 7.9 第二次收集之后

图 7.10 第三次分配之后

图 7.11 第三次收集之后的有序记录

7.6.3 对基数排序的分析

在描述算法并对基数排序进行效率分析之前，还需定义新的数据类型（以下是数据类型定义的算法）。

```
1    /*静态链表类型*/
2    public class StaticList {
3        /*关键词项数的最大值*/
4        private final int MAX_NUM_OF_KEY=8;
5        /*关键字基数，此时是十进制整数的基数*/
6        private final int RADIX=10;
7        /*静态链表的最大容量*/
8        private final int MAX_SPACE=10000;
9
10        /*静态链表的可利用空间，r[0]为头节点*/
```

```
11        private StaticListNode[] r=new StaticListNode[MAX_SPACE];
12        /*记录当前的关键字个数*/
13        private int keyNum;
14        /*静态链表的当前长度*/
15        private int recNum;
16        private int index=0;
17
18        public int getKeyNum() {
19            return keyNum;
20        }
21
22        public void setKeyNum(int keyNum) {
23            this.keyNum=keyNum;
24        }
25
26        public int getRecNum() {
27            return recNum;
28        }
29
30        public void add(StaticListNode item){
31            r[index]=item;
32            index++;
33            this.recNum=index;
34        }
35
36        /*静态链表的节点类型*/
37        public class StaticListNode<T>{
38            /*关键字*/
39            private int[] keys;
40            /*其他数据项*/
41            private T otherItems;
42            /*指向下一个数据的指针*/
43            private int next;
44
45            public StaticListNode(int[] keys) {
46                this.keys=keys;
47            }
48
49            public int[] getKeys() {
```

```
50                  return keys;
51              }
52          }
53      }
```

程序 7.7 为链式基数排序中一次分配的算法，程序 7.8 为一次收集的算法，程序 7.9 为链式基数排序的算法。从算法中容易看出，对于 n 个记录（假设每个记录含 d 个关键字，每个关键字的取值范围为 r 个值）进行链式基数排序的时间复杂度为 $O(d(n+r))$，其中每一次分配的时间复杂度为 $O(n)$，每一次收集的时间复杂度为 $O(r)$，整个程序要进行 d 次分配和收集，所需辅助空间为 $2r$ 个队列指针。当然，由于需用链表作为存储结构，相对于其他以顺序结构存储记录的排序方法而言，基数排序还增加了 n 个指针域的空间。

程序 7.7　分配算法

```
1       private void distribute(StaticListNode[] r, int i, int[] f, int[] e) {
2           /*本算法按第i个关键字keys[i]建立RADIX个子表，使同一子表中记录
            keys[i]相同*/
3           /*f[0...RADIX-1]和e[0...RADIX-1]分别指向各子表中第一个和最后
            一个记录*/
4           int j, p;
5           for(j=0; j<RADIX; j++) f[j]=0; /*各子表初始化为空表*/
6           for(p=r[0].next; p!=0; p=r[p].next) {
7               j=r[p].keys[i]; /*将记录中第i个关键字映射到[0...RADIX-1]*/
8               /*将p所指的节点插入第j个子表中*/
9               if(f[j]==0) f[j]=p;
10              else r[e[j]].next=p;
11              e[j]=p;
12          }
13      }
```

程序 7.8　收集算法

```
1       private void collect(StaticListNode[] r, int i, int[] f, int[] e) {
2           /*本算法按keys[i]自小至大地将f[0...RADIX-1]所指各子表依次链接成
            一个链表*/
3           /*e[0...RADIX]为各子表的尾指针*/
4           int j, t;
5           for (j=0; f[j]==0; j++); /*找第一个非空子表*/
6           r[0].next=f[j]; /*r[0].next指向第一个非空子表中第一个节点*/
7           t=e[j];
```

```
8        while (j<RADIX) {
9            for (j=j+1; j<RADIX && f[j]==0; j++); /*找下一个非空子表*/
10           /*链接两个非空子表*/
11           if (j<RADIX && f[j]!=0) {
12               r[t].next=f[j];
13               t=e[j];
14           }
15       }
16       r[t].next=0; /*t指向最后一个非空子表中的最后一个节点*/
17   }
```

程序 7.9 链式基数排序算法

```
1    /*list是采用静态链表表示的顺序法*/
2    /*将list改造为静态链表*/
3    public void rearrange(){
4        StaticList list=this;
5        for(int i=0; i<list.recNum-1; i++) list.r[i].next=i+1;
6        list.r[list.recNum-1].next=0;
7    }
8
9    /*基数排序主函数*/
10   /*对list做基数排序，使得list成为按关键字自小到大的有序静态链表，
     list.r[0]为头节点*/
11   public void radixSort() {
12       StaticList list=this;
13       /*按最低位优先依次对各关键字进行分配和收集*/
14       for(int i=list.keyNum-1; i>=0; i--) {
15           int[] f=new int[RADIX];
16           int[] e=new int[RADIX];
17           distribute(list.r, i, f, e); /*第i趟分配*/
18           collect(list.r, i, f, e); /*第i趟收集*/
19       }
20   }
```

7.7 外部排序

7.7.1 外部排序的概念

迄今为止，我们考查过的所有算法都需要将输入数据装入内存。然而，存在

一些应用程序，它们的输入数据量太大，以至于无法装入内存中，外部排序就是用来处理大量输入的算法。

7.7.2 简单算法

基本的外部排序算法使用程序 7.6 展示的归并排序中的 merge 方法。

设有四盘磁带：T_{a_1}、T_{a_2}、T_{b_1}、T_{b_2}，它们是两盘输入磁带和两盘输出磁带。根据算法的特点，磁带 a 和磁带 b 或者用作输入磁带，或者用作输出磁带。设数据最初在 T_{a_1} 上，并设内存可以一次容纳（和排序）m 个记录。一种自然的做法是第一步从输入磁带一次读入 m 个记录，在内部将这些记录排序，然后把这些排过序的记录交替地写到 T_{b1} 或 T_{b2} 上。将每组排过序的记录称为一个**顺串**。做完这些之后，倒回所有的磁带。本例中输入数据如表 7.1所示。

表 7.1 输入数据

磁带	磁带上的数据												
T_{a_1}	81	94	11	96	12	35	17	99	28	58	41	75	15
T_{a_2}													
T_{b_1}													
T_{b_2}													

如果 $m=3$，那么在顺串之后，磁带将包含表 7.2 所指出的数据。

表 7.2 顺串后磁带所包含数据

磁带	磁带上的数据						
T_{a_1}							
T_{a_2}							
T_{b_1}	11	81	94	17	28	99	15
T_{b_2}	12	35	96	41	58	75	

下面进行**归并**操作，现在 T_{b_1} 和 T_{b_2} 包含一组顺串。将每盘磁带的第一个顺串取出并将二者合并，把结果写到 T_{a_1} 上，该结果是一个二倍长的顺串。然后从每盘磁带取出下一个顺串，合并，并将结果写到 T_{a_2} 上。继续这个过程，交替使用 T_{a_1} 和 T_{a_2}，直到 T_{b_1} 或 T_{b_2} 为空。此时，或者 T_{b_1} 和 T_{b_2} 均为空，或者剩下一个顺串。对于后者，应把剩下的顺串复制到适当的顺串上。将四盘磁带倒回，并重复相同的步骤，这一次用两盘 a 磁带作为输入，两盘 b 磁带作为输出，结果得到一些 $4m$ 的顺串。继续这个过程直到得到长为 n 的一个顺串。

该算法将需要 $\left\lceil \log_2 \dfrac{n}{m} \right\rceil$ 次工作，外加一次构造初始的顺串。例如，若有 1000

万个记录，每个记录需要 128B，并有 4MB 的内存，则第一次将建立 320 个顺串，此时再需要 9 次以完成排序。这里的例子再需要 $\left\lceil \log_2 \frac{13}{3} \right\rceil = 3$ 次，如表 7.3 ~ 表 7.5 所示。

表 7.3　基本算法第一次工作后的结果

磁带	磁带上的数据						
T_{a_1}	11	12	35	81	94	96	15
T_{a_2}	17	28	41	58	75	99	
T_{b_1}							
T_{b_2}							

表 7.4　基本算法第二次工作后的结果

磁带	磁带上的数据											
T_{a_1}												
T_{a_2}												
T_{b_1}	11	12	17	28	35	51	58	75	81	94	96	99
T_{b_2}	15											

表 7.5　基本算法第三次工作后的结果

磁带	磁带上的数据												
T_{a_1}	11	12	15	17	28	35	41	58	75	81	94	96	99
T_{a_2}													
T_{b_1}													
T_{b_2}													

7.7.3　多路合并

如果有额外的磁带，那么可以减少输入数据排序所需要的次数，通过将 2-路合并扩充为 k-路就能够实现。

两个顺串的合并操作通过将每个输入磁带转到每个顺串的开头来完成。然后，找到较小的元素，把它放到输出磁带上，并将相应的输入磁带向前推进。如果有 k 盘输入磁带，那么这种方法以相同的方式工作，唯一的区别在于，它发现 k 个元素中最小的元素的过程稍微有点复杂。可以通过使用**优先队列**找出这些元素中的最小元素，优先队列是一种能够直接找出、返回和删除队列中最小元素的队列形式，第 9 章中将详细介绍其实现方式。为了得出下一个写到磁盘上的元素，应进行一次 DeleteMin 操作，将相应的磁带向前推进，如果在输入磁带上的顺串尚未完成，则将新元素插入优先队列中。仍然利用前面的例子，将数据分配到三盘磁带上进行说明。排序过程如表 7.6~ 表 7.8 所示。

表 7.6　3-路合并算法第一次工作后的结果

磁带	磁带上的数据						
T_{a_1}							
T_{a_2}							
T_{a_3}							
T_{b_1}	11	81	94	4	41	58	75
T_{b_2}	12	35	96	15			
T_{b_3}	17	28	99				

还需要两次 3-路合并以完成排序。

表 7.7　3-路合并算法第二次工作后的结果

磁带	磁带上的数据									
T_{a_1}	11	12	17	28	35	81	94	96	99	
T_{a_2}	15	41	58	75						
T_{a_3}										
T_{b_1}										
T_{b_2}										
T_{b_3}										

表 7.8　3-路合并算法第三次工作后的结果

磁带	磁带上的数据												
T_{a_1}													
T_{a_2}													
T_{a_3}													
T_{b_1}	11	12	15	17	28	35	41	58	75	81	94	96	99
T_{b_2}													
T_{b_3}													

在初始顺串构造阶段之后，使用 k-路合并所需要的次数为 $\left\lceil \log_k \dfrac{n}{m} \right\rceil$，这里 log 的底数为 k，是因为每次这些顺串达到原来的 k 倍大小。对于上面的例子公式也成立，因为 $\lceil \log_3 13/3 \rceil = 2$。

7.7.4 多相合并

7.7.3 节讨论的 k-路合并方法需要使用 $2k$ 盘磁带，这对某些应用来说是非常不方便的。其实，只使用 $k+1$ 盘磁带也是有可能完成排序工作的。作为例子，本节阐述只用 3 盘磁带就完成 2-路合并的方法。

设有三盘磁带 T_1、T_2 和 T_3，在 T_1 上有一个输入文件，它将产生 34 个顺串。一种选择是在 T_2 和 T_3 的每一盘磁带中放入 17 个顺串。然后可以将结果合并到 T_1 上，得到一盘有 17 个顺串的磁带。由于所有的顺串都在一盘磁带上，所以必须把其中的一些顺串放到 T_2 上以进行另一次合并。执行合并的逻辑方式是将前 8 个顺串从 T_1 复制到 T_2 并进行合并，这样的效果是，对于所做的每一次合并又附加了额外的半次工作。

另一种选择是把原始的 34 个顺串不均衡地分成两份。设把 21 个顺串放到 T_2 上，把 13 个顺串放到 T_3 上。然后，在 T_3 用完之前将 13 个顺串合并到 T_1 上。此时倒回磁带 T_1 和 T_3，然后将具有 13 个顺串的 T_1 和 8 个顺串的 T_2 合并到 T_3 上。此时合并 8 个顺串直到 T_2 用完，这样，在 T_1 上将留下 5 个顺串，而在 T_3 上则有 8 个顺串。然后再合并 T_1 和 T_3，等等。表 7.9 显示了在每次合并之后每盘磁带上的顺串个数。

表 7.9 每次合并之后每盘磁带上的顺串个数

磁带	初始顺串个数	在 T_3+T_2 之后	在 T_1+T_2 之后	在 T_1+T_3 之后	在 T_2+T_3 之后	在 T_1+T_2 之后	在 T_1+T_3 之后	在 T_2+T_3 之后
T_1	0	13	5	0	3	1	0	1
T_2	21	8	0	5	2	0	1	0
T_3	13	0	8	3	0	2	1	0

顺串最初的分配对排序有很大的影响。例如，若 22 个顺串放在 T_2 上，12 个在 T_3 上，则第一次合并后得到 T_1 上的 12 个顺串以及 T_2 上的 10 个顺串。第二次合并后，T_1 上有 2 个顺串，T_3 上有 10 个顺串。此时，进展的速度慢了下来，因为在 T_3 用完之前我们只能合并两组顺串。第三次合并后，T_2 有 2 个顺串，T_3 有 8 个顺串。同样，我们只能合并两组顺串，第四次合并后，T_1 有 2 个顺串，T_3 有 6 个顺串。再经过三次合并后，T_2 还有 2 个顺串，其余磁带均已经没有任何内容，必须将一个顺串复制到另一盘磁带上，然后结束合并。整个合并的过程如表 7.10 所示。

表 7.10 顺串初始化分配对排序的影响

磁带	初始顺串个数	在 T_3+T_2 之后	在 T_1+T_2 之后	在 T_1+T_3 之后	在 T_2+T_3 之后	在 T_1+T_3 之后	在 T_2+T_3 之后	在 T_1+T_3 之后	顺串拆分之后	在 T_2+T_3 之后
T_1	0	12	2	0	2	0	2	0	0	1
T_2	22	10	0	2	0	2	0	2	1	0
T_3	12	0	10	8	6	4	2	0	1	0

事实上，本书给出的最初分配是最优的。如果顺串的个数是一个斐波那契数 F_n，那么分配这些顺串的最好的方式是把它们分裂成两个斐波那契数 F_{n-1} 和 F_{n-2}。否则为了将顺串的个数补足成一个斐波那契数，就必须用一些哑顺串 (dummy run)，即长度为零的顺串来填补磁带。这里把如何将一组初始顺串分别放到磁带上的具体做法留作练习。

此外，还可以把上面的做法扩充到 k-路合并，此时需要第 k 阶斐波那契数用于分配顺串，其中 k 阶斐波那契数的定义为 $F^{(k)}(n) = F^{(k)}(n-1) + F^{(k)}(n-2) + \cdots + F^{(k)}(n-k)$，辅以适当的条件 $F^{(k)}(n) = 0, 0 \leqslant n \leqslant k-2, F^{(k)}(k-1) = 1$。

7.7.5 替换选择

最后要考虑的是顺串的构造。现在为止，本书用到的策略是最简可能：读入尽可能多的记录并将它们排序，再把结果写到某盘磁带上。当第一个记录写到输出磁带上时，它所使用的内存就可以被另外的记录使用，如果输入磁带上的下一个记录比刚刚输出的记录大，那么它就可以放入这个顺串中。

利用这种想法，可以写出一个产生顺串的方法，该方法称为**替换选择** (replacement selection)。一开始，m 个记录读入内存并被放到一个优先队列中，执行一次 DeleteMin，把最小的记录写到输出磁带上，再从输入磁带读入下一个记录。如果它比刚刚写出的记录大，那么可以把它加入优先队列中；否则，不能把它放入当前的顺串。由于优先队列少一个元素，此时可以把这个元素存入优先队列的**死区** (dead space)，直到顺串完成构建，而该新元素将用于下一个顺串。将一个元素存入死区的做法类似于在堆排序中的做法。继续这样的步骤直到优先队列大小为 0，此时该顺串构建完成。接着使用死区中的所有元素建立一个新的优先队列，开始构建一个新的顺串。表 7.11 解释表 7.1 输入数据第一次产生顺串的过程，其中 $m=3$，$H[0]$、$H[1]$、$H[2]$ 是优先队列中的顺序。死元素以“*”标示。

表 7.11 顺串构建的例子

	$H[0]$	$H[1]$	$H[2]$	输出	读入的下一个元素
顺串 1	11	94	81	11	96
	81	94	96	81	12*
	94	96	12*	94	35*
	96	35*	12*	96	17*
	17*	35*	12*	运行终点	重建堆
顺串 2	12	35	17	12	99
	17	35	99	17	28
	28	99	35	28	58
	35	99	58	35	41
	41	99	58	41	75
	58	99	75	58	15*
	58	99	15*	58	磁带终点
	99		15*	99	
			15*	运行终点	重建堆
顺串 3	15			15	

在这个例子中，替换选择只产生 3 个顺串，这与通过排序得到 5 个顺串不同。正因为如此，3-路合并经过一次而并非两次结束。如果输入数据是随机分配的，那么可以证明替换选择产生平均长度为 $2m$ 的顺串。在这个例子中，本书没有节省任何一次，虽然在较为理想的状况下是可以节省的，可能有 125 或更少的顺串。由于外部排序花费的时间太多，节省的每一次都可能对运行时间产生显著的影响。

可以看到，有可能替换选择并不比标准算法更好。然而，输入数据常常从排序开始，此时替换选择仅产生少数非常长的顺串。这种类型的输入通常要进行外部排序，这就使替换选择具有特殊的价值。

7.8 ArrayList 与 LinkedList 中的排序方法

前面提到的插入排序、交换排序、选择排序和二路归并排序都是基于 ArrayList 结构实现的，对于其他的数据结构，有不同的编码实现，但是算法的思路是一致的。可以选择一种排序算法加入数据结构的头文件中，方便以后使用。从时间效率上考虑，一般数据结构的排序方法都是基于快速排序实现的。

7.8.1 ArrayList 中的排序方法

在 JDK 1.8 版本中对 ArrayList 有其自定义的排序算法，JDK 采用结合了合并排序和插入排序的一种排序算法 TimSort，它在实际运用中有很好的效率。Tim Peters 在 2002 年设计了该算法并在 Python 中使用，TimSort 是 Python 中 list.sort 方法的默认实现，该算法找到数据中已经排好序的分区（run），然后按规则合并这些分区。Python 自从 2.3 版以来一直采用 TimSort 算法排序。TimSort 排序算法利用了现实中多数数据通常是部分已排好序的特点，在实际应用过程中具有很好的时间复杂度和空间复杂度。

TimSort 算法为了减少对升序部分的回溯和对降序部分的性能倒退，将输入按升序和降序特点进行了分区。排序输入的单位不是一个个单独的数据，而是一个个分区。针对这些分区序列，每次将一个分区拿出来按规则进行合并。每次合并会将两个分区合并成一个分区，合并的结果保存到栈中。一直合并，直到处理完所有的分区，即将栈上剩余的分区合并到只剩一个为止，这时这个仅剩的分区便是排好序的结果。

TimSort 算法的过程如下：

（1）判断待排序元素的个数。如果待排序元素个数小于 32（MIN_MERGE），则直接使用不合并的 mini-TimSort 二分排序，函数返回；否则使用 TimSort 排序。

（2）选取分区最小长度值 minRun 划分分区，如图 7.12 所示。如果数组长度为 2 的 n 次幂，则返回 16（MIN_MERGE/2），否则，逐位向右位移（即除以 2），直到找到 16~32 的一个数，作为分区最小长度值 minRun。之后，待排序数组将被分成以 minRun 大小为区块的一块块子分区，按照升序和降序划分出各个分区：如果是升序的，那么分区中的后一元素要大于或等于前一元素，如果是**严格降序**的，则分区中的前一元素大于后一元素，需要将分区中的元素翻转。为了保证排序算法的稳定性，必须是严格降序才能对分区进行翻转，分区中的元素是已经排好序的。

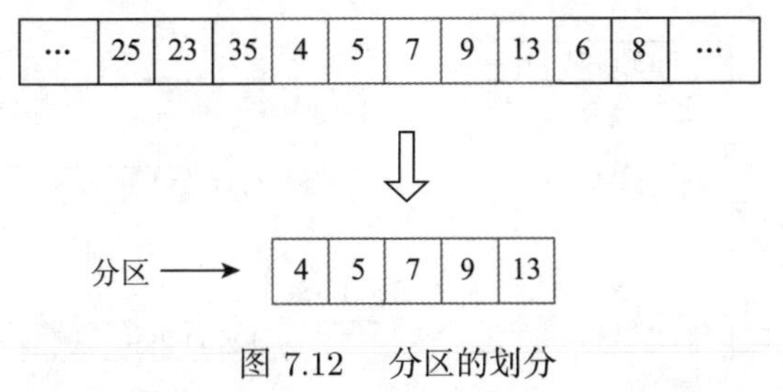

图 7.12 分区的划分

（3）从左到右扫描数组，找到所有的分区。当分区中元素个数小于 minRun 时，从数组中选择合适的元素插入分区中，使分区长度达到 minRun。这样可以使大部分分区的长度达到均衡，有助于后面分区的合并。

（4）按照一定的规则合并分区，如图 7.13 所示。合并分区的原则是要保证有最高的效率，当 TimSort 算法找到一个分区时，会将该分区在数组中的起始位置和分区的长度放入栈中，然后根据先前放入栈中的分区决定是否合并，合并的原则如下（假设 X、Y、Z 为相邻的三个分区）：① 只对相邻的区块进行合并；② 若当前区块数为 2，如果 $X \leqslant Y$，将 X 和 Y 合并入栈；③ 若当前区块数 ⩾3，如果 $X \leqslant Y+Z$，将 X 和 Y 合并入栈，直到同时满足 $X > Y+Z$ 和 $Y > Z$。

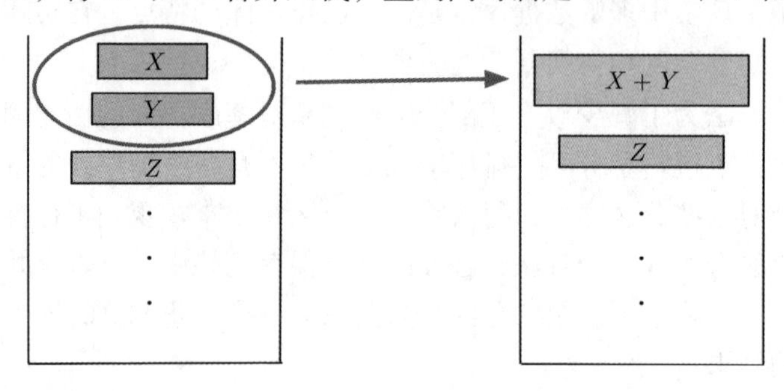

图 7.13　分区的合并

合并算法采用简单插入算法，依次从左到右或从右到左比较，然后合并两个分区。为了提高效率，Timsort 使用**二分插入算法**（binary merge sort），先用二分查找算法找到插入的位置，然后再插入元素。如图 7.14 所示，如果要合并两个有序分区 X 和 Y，假设 X 分区长度较短。二分查找算法首先对分区 X 进行分析，找到分区 X 中比分区 Y 中的第一个元素大的元素 x'，算法在合并的时候就可以不对 x' 之前的那些元素进行处理了。同样地，对于分区 Y 也是如此，算法对分区 Y 进行分析，找到分区 Y 中比分区 X 中的最后一个元素大的元素 y'，算法在合并的时候就可以不对 y' 之后的那些元素进行处理了。这种二分查找算法对于高度随机的数据效率提升不高，但在数据已经基本有序的情况下是比较有效的。

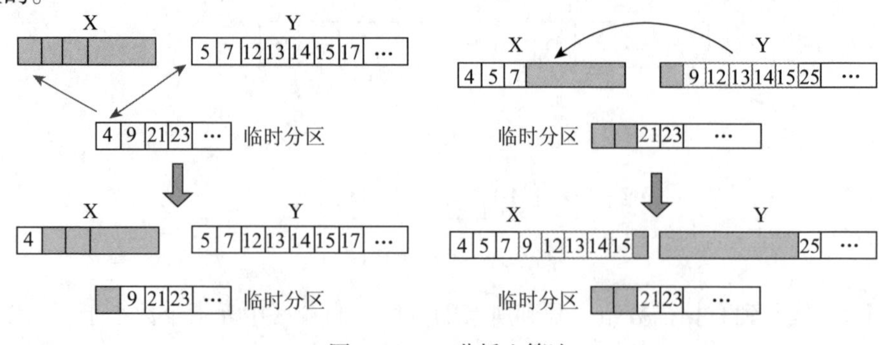

图 7.14　二分插入算法

（5）递归运行合并算法，最后剩下的一个分区就是排好序的结果。

JDK 1.8 版本中使用 TimSort 对 ArrayList 进行排序的详细代码如程序 7.10 所示，本书加入了中文注释，方便读者理解。

程序 7.10 ArrayList 的排序算法

```
1     public class ArrayList {
2         /* Java JDK 中 ArrayList 的排序方法 */
3         public void sort(Comparator<? super E> c) {
4             final int expectedModCount=modCount;
5             Arrays.sort((E[]) elementData, 0, size, c);
6             if (modCount != expectedModCount) {
7                 throw new ConcurrentModificationException();
8             }
9             modCount++;
10        }
11    }
12
13    public class Arrays {
14        /**
15         * 按照比较器comparator提供的比较方法，对ArrayList指定范围内
             的数据进行排序
16         * 排序范围从fromIndex开始直到toIndex，左闭右开区间
17         * 如果fromIndex==toIndex，那么排序范围为空
18         * 这是一种稳定的排序方法，相等的元素在排序前后的位置不变
19         * 此排序方法是稳定的、自适应的、迭代的合并排序方法
20         *
21         * @param <T>        待排序元素的抽象类
22         * @param a          待排序的数组
23         * @param fromIndex  排序范围起点
24         * @param toIndex    排序范围终点
25         * @param c          排序比较器
26         * @throws ClassCastException           如果数组元素不是互相
             可比较的，将抛出此异常
27         * @throws IllegalArgumentException     如果 fromIndex >
             toIndex 或比较器 comparator 不符合规范，将抛出此异常
28         * @throws ArrayIndexOutOfBoundsException 如果 fromIndex <
             0 或 toIndex > a.length，将抛出此异常
29         */
30        public static <T> void sort(T[] a, int fromIndex, int toIndex,
```

```
31                                      Comparator<? super T> c) {
32          if (c==null) {
33              //比较器为空，采用默认比较器排序
34              sort(a, fromIndex, toIndex);
35          } else {
36              //下标合法性检查
37              rangeCheck(a.length, fromIndex, toIndex);
38              if (LegacyMergeSort.userRequested)
39                  //采用传统的合并排序进行数组排序
40                  legacyMergeSort(a, fromIndex, toIndex, c);
41              else
42                  //采用结合了合并排序(mergeSort)和插入排序
                   //(insertionSort)的排序算法 TimSort 进行排序
43                  TimSort.sort(a, fromIndex, toIndex, c, null, 0, 0);
44          }
45      }
46
47      /**
48       * 检查fromIndex和toIndex下标的合法性，若下标越界则抛出异常
49       */
50      private static void rangeCheck(int arrayLength, int fromIndex,
        int toIndex) {
51          if (fromIndex > toIndex) {
52              throw new IllegalArgumentException(
53                      "fromIndex(" + fromIndex + ") > toIndex("
                        + toIndex + ")");
54          }
55          if (fromIndex < 0) {
56              throw new ArrayIndexOutOfBoundsException(fromIndex);
57          }
58          if (toIndex > arrayLength) {
59              throw new ArrayIndexOutOfBoundsException(toIndex);
60          }
61      }
62  }
63
64  public class TimSort {
65      /**
66       * 对待排序数组的指定区间进行排序，采用工作区数组作为缓存
```

```
67         * 此方法在完成数组下标界限检查后调用
68         *
69         * @param a         待排序的数组
70         * @param lo        排序范围起点（包含）
71         * @param hi        排序范围终点（不包含）
72         * @param c         排序比较器
73         * @param work      工作区数组（排序缓存）
74         * @param workBase 工作区数组初始可用空间
75         * @param workLen  工作区数组可用长度
76         * @since 1.8
77         */
78        static <T> void sort(T[] a, int lo, int hi, Comparator<?
          super T> c,
79                             T[] work, int workBase, int workLen) {
80            assert c!=null && a != null && lo >= 0 && lo <= hi && hi
              <= a.length;
81
82            int nRemaining = hi-lo;
83            if (nRemaining < 2)
84                return;  //数组长度为0或1，表明已完成排序
85
86            //如果待排序元素个数小于32(MIN_MERGE)
              //则直接使用不合并的 mini-TimSort 二分排序
87            if (nRemaining < MIN_MERGE) {
88                int initRunLen=countRunAndMakeAscending(a, lo, hi, c);
89                //传入的待排序数组若小于阈值MIN_MERGE(Java实现中为32
                  //Python实现中为64)则调用 binarySort，这是一个不包含
                  //合并操作的mini-TimSort
90                //类似于插入排序，初始已排好序列是一个升序或严格降序
                  //的序列
91                binarySort(a, lo, hi, lo+initRunLen, c);
92                return;
93            }
94
95            /**
96             * 选取minRun大小，之后待排序数组将被分成以minRun大小为区块
               的一块块子数组
97             * 从左到右扫描数组，找到所有的run
```

```
98         * 当run的长度小于minrun时，为了使这样的run的长度达到minrun
           的长度，从数组中选择合适的元素插入run中
99         * 这样做使大部分的run的长度达到均衡，有助于后面run的合并
           操作，最后合并这些run
100        */
101       TimSort<T> ts=new TimSort<>(a, c, work, workBase, workLen);
102       //获得区块run最小长度，如果数组长度为2的n次幂，则返回16
          //（MIN_MERGE / 2）
103       //其他情况下，逐位向右位移（即除以2），直到找到介于16和32
          //的一个数
104       int minRun=minRunLength(nRemaining);
105       do {
106           //找到初始的一组升序数列
107           //countRunAndMakeAscending 会找到一个run，这个 run 必须
              //是已经排序的，并且函数会保证它为升序
108           //也就是说，如果找到的是一个降序的，会对其进行翻转
109           int runLen=countRunAndMakeAscending(a, lo, hi, c);
110
111           //如果区块run长度小于minRun，则将后续的数补足，区块扩展
              //到min(minRun, nRemaining)
112           if (runLen<minRun) {
113               int force=nRemaining<=minRun ? nRemaining : minRun;
114               //利用 binarySort 对 run 进行扩展，并且扩展后的
                  //run 仍然是有序的
115               binarySort(a, lo, lo+force, lo+runLen, c);
116               runLen=force;
117           }
118
119           //将当前run的基点位置和长度压栈，必要时合并
120           ts.pushRun(lo, runLen);
121           //对当前的各区块进行merge，merge会满足以下原则（假设
              //X，Y，Z为相邻的三个区块）
122           //a) 只对相邻的区块merge
123           //b) 若当前区块数仅为2，If X<=Y，将X和Y merge
124           //c) 若当前区块数>=3，If X<=Y+Z，将X和Y merge，直到
              //同时满足X>Y+Z和Y>Z
125           ts.mergeCollapse();
126
127           //准备下一轮的排序
```

```
128                lo+=runLen;
129                nRemaining -= runLen;
130            } while (nRemaining != 0);
131
132            //合并所有剩下的区块run, 完成最终排序
133            assert lo==hi;
134            ts.mergeForceCollapse();
135            assert ts.stackSize==1;
136        }
137
138        //获得区块run的最小长度
139        private static int minRunLength(int n) {
140            assert n>=0;
141            int r=0;
142            while (n>=MIN_MERGE) {
143                r|=(n & 1);
144                n>>=1;
145            }
146            return n+r;
147        }
148    }
```

7.8.2 LinkedList 中的排序方法

JDK 1.8 中对双向链表 LinkedList 的排序是通过 Collections 类的 sort 方法进行的，Collections 类中的相关代码如程序 7.11 所示。

程序 7.11 Collections 类中与排序有关的代码

```
1      public class Collections {
2          //对于实现了Comparable中的compareTo()方法的泛型
3          //排序函数调用时输入为相应的List
4          @SuppressWarnings("unchecked")
5          public static <T extends Comparable<? super T>>
           void sort(List<T> list) {
6              list.sort(null);
7          }
8
9          //对于未实现Comparable中的compareTo()方法的泛型
10         //排序函数调用时输入为相应的List和比较器Comparator
```

```
11        @SuppressWarnings({"unchecked", "rawtypes"})
12        public static <T> void sort(List<T> list, Comparator<?
          super T> c) {
13            list.sort(c);
14        }
15    }
```

对于程序 7.12 中的类 A，由于它实现了 Comparble 接口，因此可以直接调用第一个 sort 函数而不传入比较器参数。

程序 7.12　实现了 Comparble 接口的类 A

```
1     //对于下面实现了Comparble接口的类A，可以直接调用第一个sort函数，
      //不传入比较器
2     class A implements Comparable<A> {
3         public int value;
4         //升序排列
5         @Override
6         public int compareTo(A o) {
7             if(this.value > o.value)
8                 return 1;
9             else if(this.value < o.value)
10                return -1;
11            else
12                return 0;
13        }
14        public A (int i) {
15            value=i;
16        }
17    }
```

JDK 1.8 中，Collections 类的 sort 方法的实际实现还是调用了 Arrays 类中的 sort 方法，如程序 7.13 所示，底层算法是使用 7.8.1 节所述的 TimSort 方法实现的，这里不再赘述。

程序 7.13　LinkedList 排序的实际实现

```
1     public interface List<E> extends Collection<E> {
2         default void sort(Comparator<? super E> c) {
3             Object[] a=this.toArray();
4             Arrays.sort(a, (Comparator) c);
5             ListIterator<E> i=this.listIterator();
```

```
6            for (Object e : a) {
7                i.next();
8                i.set((E) e);
9            }
10       }
11   }
12
13   public class Arrays {
14       public static <T> void sort(T[] a, Comparator<? super T> c) {
15           if (c==null) {
16               sort(a);
17           } else {
18               if (LegacyMergeSort.userRequested)
19                   legacyMergeSort(a, c);
20               else
21                   TimSort.sort(a, 0, a.length, c, null, 0, 0);
22           }
23       }
24   }
```

7.9 总　结

综合比较本章内讨论的各种排序方法，大致有表 7.12 中的几种。基数排序的复杂度中，r 代表关键字的基数，d 代表每个记录中关键字的个数，n 代表记录数。

表 7.12　排序方法比较

类别	排序方法	时间复杂度			空间复杂度	稳定性
		平均情况	最好情况	最坏情况	辅助存储	
插入排序	直接插入	$O(n^2)$	$O(n)$	$O(n^2)$	$O(1)$	稳定
	希尔排序	$O(n^{1.3})$	$O(n)$	$O(n^2)$	$O(1)$	不稳定
选择排序	直接选择	$O(n^2)$	$O(n^2)$	$O(n^2)$	$O(1)$	不稳定
	堆排序	$O(n\log_2 n)$	$O(n\log_2 n)$	$O(n\log_2 n)$	$O(1)$	不稳定
交换排序	冒泡排序	$O(n^2)$	$O(n)$	$O(n^2)$	$O(1)$	稳定
	快速排序	$O(n\log_2 n)$	$O(n\log_2 n)$	$O(n^2)$	$O(n\log_2 n)$	不稳定
归并排序		$O(n\log_2 n)$	$O(n\log_2 n)$	$O(n\log_2 n)$	$O(1)$	稳定
基数排序		$O(d(n+r))$	$O(d(n+r))$	$O(d(n+r))$	$O(n+2r)$	稳定

从表 7.12 中可以得出以下结论。

（1）从平均性能而言，快速排序最佳，所需时间最少，但快速排序在最坏情况下的时间性能不如归并排序。

（2）表 7.12 中的简单排序包括除了希尔排序之外的所有插入排序、冒泡排序和简单选择排序，其中直接插入排序最简单，当序列中的记录基本有序或 n 值较小时，它是最佳的选择方法，因此常将它和其他的排序方法，如快速排序、归并排序等结合在一起使用。

（3）基数排序的时间复杂度也可以写成 $O(dn)$。因此，它最适用于 n 值很大而关键字较小的序列。若关键字也很大，而序列中大多数记录的最高位关键字均不同，则也可先按最高位关键字将序列分成若干小的子序列，然后进行直接插入排序。

（4）从方法的稳定性来比较，基数排序是最稳定的内排方法，所有时间复杂度为 $O(n^2)$ 的简单排序法也是稳定的。然而，快速排序、希尔排序等时间性能较好的排序方法都是不稳定的。一般来说，若排序过程中的比较是在相邻两个记录的关键字间进行的，则排序方法是稳定的。值得提出的是，稳定性由方法本身决定，对不稳定的排序方法而言，无论其描述形式如何，总能举出一个说明不稳定的实例。反之，对稳定的排序方法，总能找到一种不引起不稳定的描述形式。由于大多数情况下排序是按照记录的主关键字进行的，所以所用的排序方法是否稳定无关紧要。若按排序记录的次关键字进行排序，则应根据问题所需，慎重选择排序方法及其描述算法。

（5）外排序主要用于应用程序输入的数据量太大，以至于无法装入内存中的情形，算法专为处理大量输入而设立，它克服了传统排序方法将所有数据装入内存，造成对资源大量占用的缺点。

第 8 章　树

对于大量的输入数据，链表的线性访问时间太长，不宜使用。本章将介绍一种称为树的简单的数据结构，其大部分操作的运行时间平均为 $O(\log n)$。

在计算机科学中**树**（tree）是非常有用的抽象概念，其中以树和二叉树最为常用，直观看来，树是以分支关系定义的层次结构，树结构在客观世界中广泛存在，如人类社会的族谱和各种社会组织都可以用树来形象地表示。树在计算机领域中也得到了广泛应用，如在编译程序中，可用树来表示源程序的语法结构。又如，在数据库系统中，树形结构也是信息的重要组织形式之一。本书将要简述对这种数据结构在概念上的简单修改，它保证了在最坏情形下的上述时间界。除此之外，本书还将介绍另一种变化的数据结构**二叉查找树**（binary search tree），对于长的指令序列，它对每种操作的运行时间基本上是 $O(\log n)$。我们将要学习到：

（1）树的概念和术语。

（2）表达式树、决策树和哈夫曼树等的实际应用。

（3）应用于查找与排序的树（查找树）的基础知识与实现。

8.1　树的基础知识

树是 $n(n \geqslant 0)$ 个节点的有限集。在任意一棵非空树中：① 有且仅有一个特定的称为**根**（root）的节点；② 当 $n > 1$ 时，其余节点可分为 $m(m > 0)$ 个互不相交的有限集 $T_1, T_2, \cdots, T_m$，其中每一个集合本身又是一棵树，并且称为根的**子树**（subtree）。例如，图 8.1（a）是只有一个根节点的树；图（b）是有 13 个节点的树，其中 A 是根，其余节点分成 3 个互不相交的子集：$T_1 = \{B, E, F, K, L\}$，$T_2 = \{C, G\}$，$T_3 = \{D, H, I, J, M\}$；T_1、T_2 和 T_3 都是根 A 的子树，且本身也是一棵树。例如，T_1，其根为 B，其余节点分为两个互不相交的子集：$T_{11} = \{E, K, L\}$，$T_{12} = \{F\}$。T_{11} 和 T_{12} 都是 B 的子树。而 T_{11} 中 E 是根，$\{K\}$ 和 $\{L\}$ 是 E 的两棵互不相交的子树，其本身又是只有一个根节点的树。

8.1.1　基本术语

一棵树是一些**节点**（node）的集合。这个集合可以是空集；若非空，则一棵树由根节点以及 0 个或多个非空的（子）树 T_1，T_2，$\cdots$，T_m 组成，这些子树中每一棵根都被来自根节点的一条有向的**边**（edge）连接。树的节点包含一个数据元素

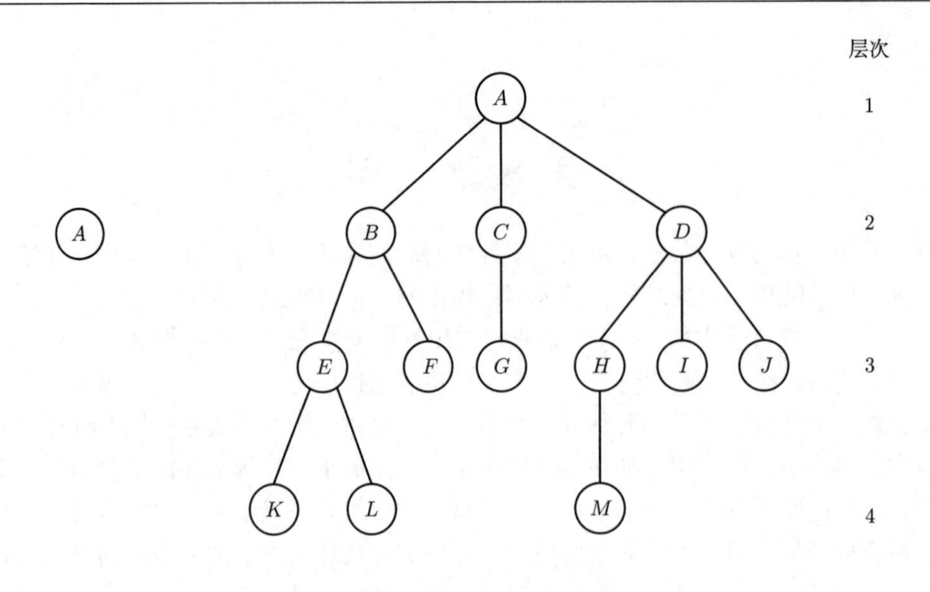

图 8.1　树的示例

及若干指向其子树的分支。节点拥有的子树数称为节点的**度**（degree）。例如，在图 8.1（b）中，A 的度为 3，C 的度为 1，F 的度为 0。度为 0 的节点称为**叶子**（leaf）或**终端节点**。图 8.1（b）中的节点 K、L、F、G、M、I、J 都是树的叶子。度不为 0 的节点称为非终端节点或**分支节点**。除根节点之外，分支节点也称为内部节点。树的度是树内各节点的度的最大值。如图 8.1（b）的树的度为 3。节点的子树的根称为该节点的**孩子**（child），相应地，该节点称为孩子的**双亲**（parent）。例如，在图 8.1（b）所示的树中，D 为 A 的子树 T_3 的根，则 D 是 A 的孩子，而 A 则是 D 的双亲，同一个双亲的孩子之间互称**兄弟**（sibling）。例如，H、I 和 J 互为兄弟。将这些关系进一步推广，可认为 D 是 M 的**祖父**。节点的**祖先**是从根到该节点所经分支上的所有节点。例如，M 的祖先为 A、D 和 H。反之，以某节点为根的子树中的任一节点都称为该节点的**子孙**，如 B 的子孙为 E、K、L 和 F。

从节点 n_1 到 n_k 的**路径**（path）定义为节点 n_1，n_2，$\cdots$，n_k 的一个序列，使得对于 $1 \leqslant i < k$，节点 n_i 是 n_{i+1} 的父亲。这个路径的**长**（length）为该路径上的边的条数，即 $k-1$。从每一个节点到它自己有一条长为 0 的路径。注意，在一棵树中从根到每个节点只存在一条路径。

节点的**层次**（level）从根开始定义起，根为第一层，根的孩子为第二层。若某节点在第 l 层，则其子孙的根就在第 $l+1$ 层。其双亲在同一层的节点互为**堂**

兄弟。例如，节点 G 与 E、F、H、I、J 互为堂兄弟。对任意节点 n_i，n_i 的**深度**（depth）为从根到 n_i 的唯一路径的长。因此，根的深度为 0。n_i 的**高**（height）是从 n_i 到一片树叶的最大路径的长。因此所有的树叶的高都是 0，而一棵树的高等于它的根的高。一棵树的深度等于它的最深的树叶的深度，该深度等于这棵树的高。图 8.1（b）所示的树的深度为 4，B 的深度为 1 而高为 2。

如果将树中节点的各子树看成从左至右是有次序的（即不能互换），则称该树为**有序树**，否则称为**无序树**。在有序树中最左边的子树的根称为**第一个孩子**，最右边的称为**最后一个孩子**。

森林（forest）是 $m(m \geqslant 0)$ 棵互不相交的树的集合。对树中每个节点而言，其子树的集合即为森林。由此，也可以由森林和树相互递归的定义来描述树。

就逻辑结构而言，任何一棵树都是一个二元组 $T=(\text{root}, F)$，其中，root 是数据元素，称作树的根节点；F 是 $m(m \geqslant 0)$ 棵树的森林，F=(T_1, T_2, $\cdots$, T_m)，其中 T_i=(r_i, F_i) 称作根 root 的第 i 棵子树；当 $m \neq 0$ 时，在树根和其子树森林之间存在下列关系：

$$\text{RF} = \{< \text{root}, r_i > | i = 1, 2, \cdots, m, m > 0\}$$

这个定义将有助于得到森林和树与二叉树之间转换的递归定义。

8.1.2 树的 ADT

上述树的结构定义加上树的一组基本操作就构成了抽象数据类型的树的定义，具体定义如下。

数据对象 D：D 是具有相同特性的数据元素的集合。

数据关系 R：若 R 为空集，则称为空树。

若 D 仅含一个数据元素，则 R 为空集，否则 $R=\{H\}$，H 是如下二元关系。

（1）在 D 中存在唯一的称为根的数据元素 root，它在关系 H 下无前驱。

（2）若 $D-\{\text{root}\} \neq \varnothing$，则存在 $D-\{\text{root}\}$ 的一个划分 D_1，D_2，$\cdots$，$D_m(m > 0)$，对任意 $j \neq k$（$1 \leqslant j,k \leqslant m$）有 $D_j \bigcap D_k = \varnothing$，且对任意的 $i(1 \leqslant i \leqslant m)$，唯一存在数据元素 $x_i \in D_i$，有 $< \text{root}, x_i > \in H$。

（3）对应于 $D-\{\text{root}\}$ 的划分，$H-\{< \text{root}, x_1 >, \cdots, < \text{root}, x_m >\}$ 有唯一的一个划分 H_1，H_2，$\cdots$，H_m（$m > 0$），对任意 $j \neq k(1 \leqslant j,k \leqslant m)$ 有 $H_j \bigcap H_k = \varnothing$，且对任意 $i(1 \leqslant i \leqslant m)$，$H_i$ 是 D_i 上的二元关系，（D_i，$\{H_i\}$）是一棵符合基本定义的树，称为根 root 的子树。

基本操作 P 如下。

（1）tree();

操作结果：构造空树 T。

（2）clear();

初始条件：树 T 存在。

操作结果：将树 T 清为空树。

（3）isEmpty();

初始条件：树 T 存在。

操作结果：若树 T 为空树，则返回 true，否则返回 false。

（4）depth();

初始条件：树 T 存在。

操作结果：返回 T 的深度。

（5）root();

初始条件：树 T 存在。

操作结果：返回 T 的根。

（6）get(key);

初始条件：树 T 存在，key 是 T 中某个节点。

操作结果：返回节点。

（7）put(key, value);

初始条件：树 T 存在，key 是 T 中某个节点。

操作结果：节点 key 赋值为 value。

（8）parent(key);

初始条件：树 T 存在，key 是 T 中某个节点。

操作结果：若 key 是 T 的非根节点，则返回它的双亲，否则函数值为“空”。

（9）leftChild(key);

初始条件：树 T 存在，key 是 T 中某个节点。

操作结果：若 key 是 T 的非叶子节点，则返回它的最左孩子，否则返回“空”。

（10）rightSibling(key);

初始条件：树 T 存在，key 是 T 中某个节点。

操作结果：若 key 有右兄弟，则返回它的右兄弟，否则函数值为“空”。

（11）insertChild(key, i，c);

初始条件：树 T 存在，key 是 T 中某个节点，c 为与 T 不相交的非空树。

操作结果：将非空树 c 插入 T 作为 T 中 key 节点的第 i 棵子树。

（12）remove(key);

初始条件：树 T 存在，key 指向 T 中某个节点。

操作结果：删除 T 中 key 指向的节点。

（13）traverse(visit());

初始条件：树 T 存在，visit 是对节点操作的应用函数。

操作结果：按某种次序对 T 的每个节点调用函数 visit() 一次且至多一次。一旦 visit() 失败，则操作失败。

8.1.3 树的表示

树的结构定义是一个递归的定义，即在树的定义中又用到树的概念，它道出了树的固有特性。树还可有其他的表示形式，如图 8.2 所示为图 8.1（b）中树的各种表示。其中图 8.2（a）是以嵌套集合（即一些集合的集体，对于其中任何两个集合，或者不相交，或者一个包含另一个）的形式表示的；图 8.2（b）是以广义表的形式表示的，根作为由子树森林组成的表的名字写在表的左边；图 8.2（c）用的是凹入表示法（类似书的编目）。表示方法的多样化，正说明了树结构在日常生活中及计算机程序设计中的重要性。一般来说，分等级的分类方案都可用层次结构来表示，也就是说，都可形成一个树结构。

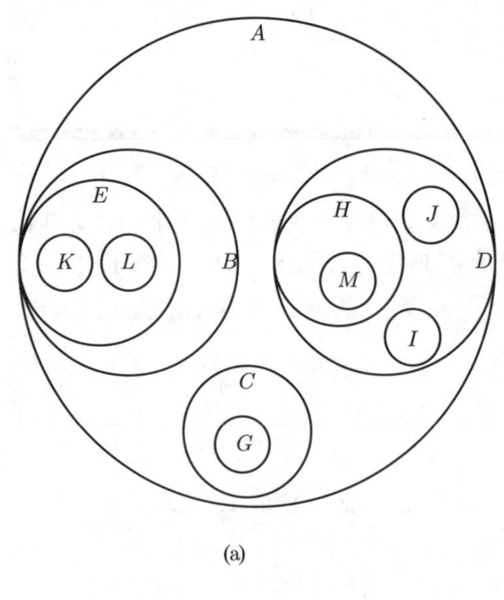

(a)

$(A(B(E(K,L),F),C(G),D(H(M),I,J)))$

(b)

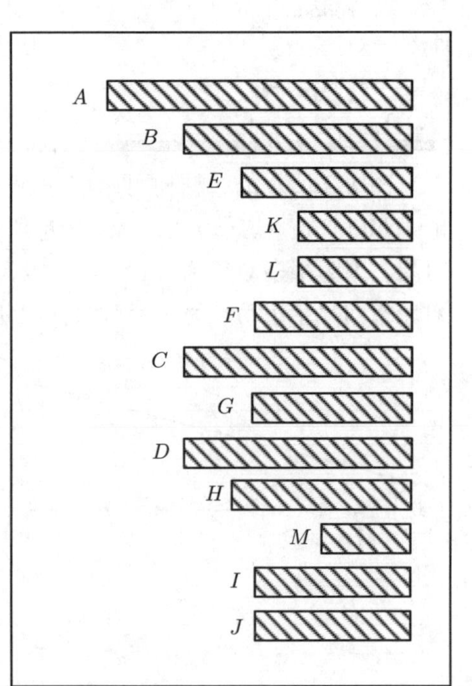

(c)

图 8.2　树的其他 3 种表示法

8.1.4 树的实现

为了实现一棵树，在每一个节点除数据外还要有一些指向其他节点的对象，使该节点的每一个儿子都有一个对象指向它。然而，由于每个节点的儿子数变化可以很大并且事先不知道，因此在数据结构中建立到各儿子节点直接的链接是不可行的，因为这样会浪费太多空间。解法很简单：将每个节点的所有儿子都放在父节点的链表中。如程序 8.1 中的声明就是典型的声明。

程序 8.1 树的节点声明

```
1 public class MyTree1 {
2
3     class TreeNode {
4          Object value;
5          TreeNode firstChild;    //第一个儿子节点
6          TreeNode nextSibling;   //下一个兄弟节点
7  }
8   //根节点
9   TreeNode root;
10  //树节点数目
11  int size=0;
12 }
```

图 8.3 所示的一棵树可以用这种实现方法表示出来。图中向下的箭头是指向 firstchild（第一儿子）的对象。从左到右的箭头是指向 nextsibling（下一兄弟）的对象。因为很多对象为 null，所以没有把它们画出。在图 8.3 中，节点 E 有一个对象指向兄弟 (F)，另一个对象指向儿子 (I)，而有的节点这两种对象都是 null。

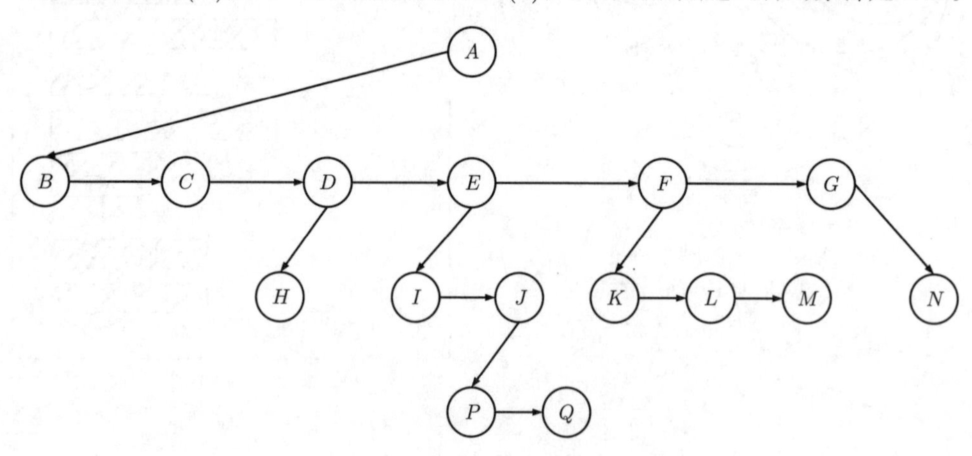

图 8.3 树的儿子兄弟表示法

8.2 树 的 遍 历

树有很多应用，流行的用法之一是包括 UNIX、VAX/VMS 和 DOS 在内的许多常用操作系统中的目录结构。图 8.4 是 UNIX 文件系统中一个典型的目录，其中“*”代表文件夹。

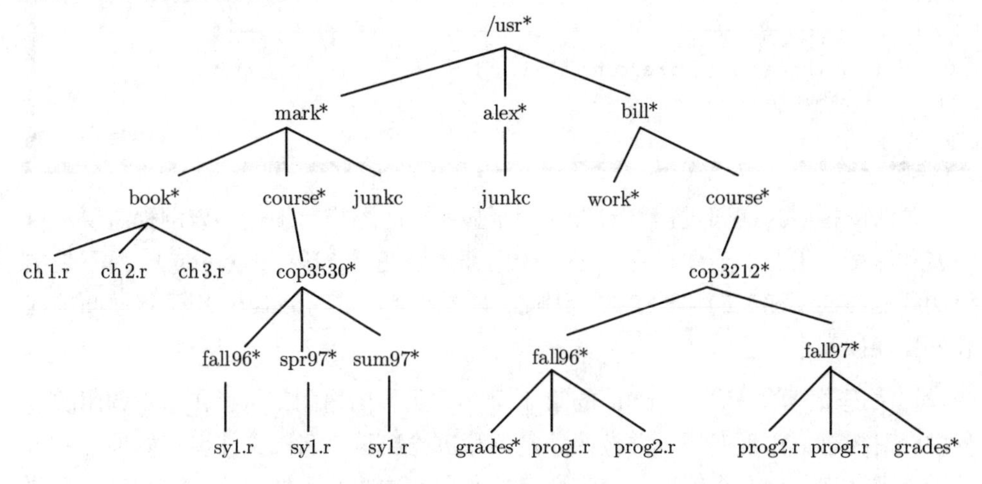

图 8.4　UNIX 目录

这个目录的根是“/usr”。（名字后面的星号指出“/usr”本身就是一个目录。）“/usr”有三个儿子：mark、alex 和 bill，它们自己也都是目录。因此“/usr”包含三个目录而且没有正规的文件。文件名“/usr/mark/book/ch1.r”先后三次通过最左边的儿子节点而得到。在第一个“/”后的每个“/”都表示一条边；结果为一个全路径名。这个分级文件系统非常流行，因为它能够使用户逻辑地组织数据。不仅如此，在不同目录下的两个文件还可以享有相同的名字，因为它们必然有从根开始的不同的路径从而具有不同的路径名。在 UNIX 文件系统中的目录就是含有它的所有儿子的一个文件。因此，这些目录几乎是完全按照上述的类型声明构造的。事实上，如果将打印一个文件的标准命令应用到一个目录上，那么在该目录中的这些文件名能够在（与其他非 ASCII 信息一起的）输出中被看到。

8.2.1 前序遍历

若想要列出目录中所有文件的名字。输出格式将是：深度为 d_i 的文件的名字将被 d_i 次跳格（tab）缩进后输出。该算法在程序 8.2 中实现。

程序 8.2　列出分级文件系统中目录的例程

```
1 public static void listDir(DirectoryOrFile D, int depth) {
2     if(D is a legitimate entry) {  /*D合法 */
```

```
3         print_name(D, depth);
4         if(D is a directory) /*D是一个目录 */
5             for each child, C, of D
6                  listDir(C, depth-1);
7     }
8 }
9
10 void listDirectory(DirectoryOrFile D) {
11     listDir(D, 0);
12 }
```

算法的核心为递归过程 listDir。为了显示根时不进行缩进，该例程需要从目录名和深度 0 开始。这里的深度是一个内部**簿记变量**（Bookkeeping），而不是主调例程能够期望知道的那种参数。因此，驱动例程 listDirectory 用于将递归例程和外界连接起来。

算法逻辑简单易懂。listDir 的第 1 个参数是指向树的变量，在递归调用的过程中会对树进行深度遍历，并按照一定的缩进输出目录名、文件名。如果是一个目录，那么递归地一个一个处理它所有的儿子。这些儿子处在一个深度上，因此需要缩进一段附加的空格。程序输出如下：

```
1 /usr
2 mark
3     book
4         ch1.r
5         ch2.r
6         ch3.r
7     course
8         cop3530
9             fall96
10                 syl.r
11             spr97
12                 syl.r
13             sum97
14                 syl.r
15   junk.c
16 alex
17   junk.c
18 bill
```

```
19  work
20  course
21      cop3212
22          fall96
23              grades
24              prog1.r
25              prog2.r
26          fall97
27              prog2.r
28              prog1.r
29              grades
```

如程序 8.2 所示，这种遍历的策略称为**前序遍历**（preorder traversal）。在前序遍历中，对节点的处理工作是在它的诸儿子节点被处理之前（pre）进行的，即第 3 行打印的操作在处理子节点（第 6 行）操作之前。当该程序运行时，显然第 3 行对每个节点恰好执行一次，因为每个名字只输出一次。由于第 3 行对每个节点最多执行一次，因此第 4 行也必须对每个节点执行一次。不仅如此，对于每个节点的每一个儿子节点第 6 行最多只能被执行一次。不过，儿子的个数恰好比节点的个数少 1。最后，第 6 行每执行一次，for 循环就迭代一次。每当循环结束时再加上一次。每个 for 循环终止在 null 对象上，但每个节点最多有一个这样的对象。因此，每个节点总的工作量是常数。如果有 n 个文件名需要输出，则运行时间就是 $O(n)$。

8.2.2 后序遍历

另一种遍历树的方法是**后序遍历**（postorder traversal）。在后序遍历中，在一个节点处的工作是在它的诸儿子节点被计算后（post）进行的。例如，图 8.5 表示的是与前面相同的目录结构，其中圆括号内的数代表每个文件占用的磁盘区块（disk block）的个数。

由于目录本身也是文件，因此它们也有大小。设想要计算被该树所有文件占用的磁盘块的总数。最自然的做法是找出含于子目录“/usr/mark(30)”、“/usr/alex(9)”和“/usr/bill(32)”的块的个数。于是，磁盘块的总数就是子目录中块的总数（71）加上“/usr”使用的一个块，共 72 个块。程序 8.3 的方法 sizeDirectory 实现这种遍历策略。

程序 8.3 计算一个目录大小的例程

```
1 static void sizeDirectory(DirectoryOrFile D) {
2     int totalsize;
```

```
3       totalsize=0;
4       if(D is a legitimate entry) {
5           totalsize=file_size(D);
6           if(D is a directory)
7               for each child, C, of D
8                   totalsize+=sizeDirctory(C);
9       }
10      return totalsize;
11 }
```

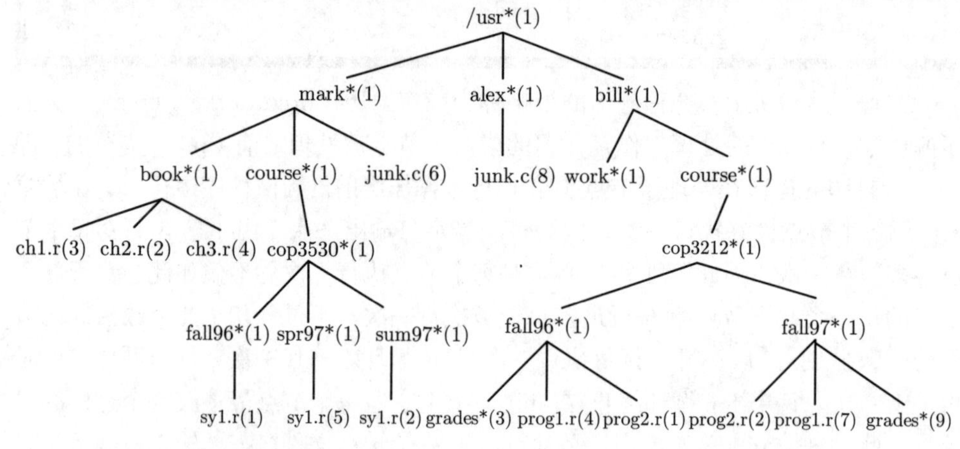

图 8.5 经由后序遍历得到的具有文件大小的 UNIX 目录

如果 D 不是一个目录，那么 sizeDirectory 只返回 D 所占用的块数。否则被 D 占用的块数将被加到在其所有子节点（递归地）发现的块数中。为了区别后序遍历策略和前序遍历策略之间的不同，下面展示了由该算法产生的每个目录或文件的大小。

```
1           ch1.r          3
2           ch2.r          2
3           ch3.r          4
4       book              10
5                   syl.r  1
6             fall96       2
7                   syl.r  5
8              spr97       6
9                  syl.r   2
10             sum97       3
11        cop3530         12
```

```
12    course              13
13    junk.c               6
14 mark                   30
15    junk.c               8
16 alex                    9
17    work                 1
18              grades     3
19              prog1.r    4
20              prog2.r    1
21          fall96         9
22              prog2.r    2
23              prog1.r    7
24              grades     9
25          fall97        19
26     cop3212            29
27  course                30
28 bill                   32
29 /usr                   72
```

8.3 二 叉 树

8.3.1 二叉树基本概念

二叉树（binary tree）是另一种树形结构，其中每个节点至多有两棵子树（即二叉树中不存在度大于 2 的节点），并且，二叉树的子树有左右之分，其次序不能任意颠倒。

图 8.6 显示的是一棵由一个根和两棵子树组成的二叉树，$T_{\rm L}$ 和 $T_{\rm R}$ 均可能为空。

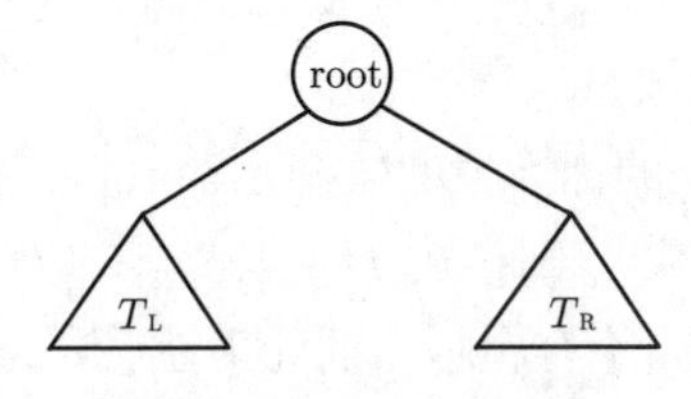

图 8.6 一般二叉树

完全二叉树和满二叉树是两种特殊形态的二叉树。

一棵深度为 k 且有 2^k-1 个节点的二叉树称为**满二叉树**。图 8.7（a）所示是一棵深度为 4 的满二叉树，这种树的特点是每一层上的节点数都是最大节点数。

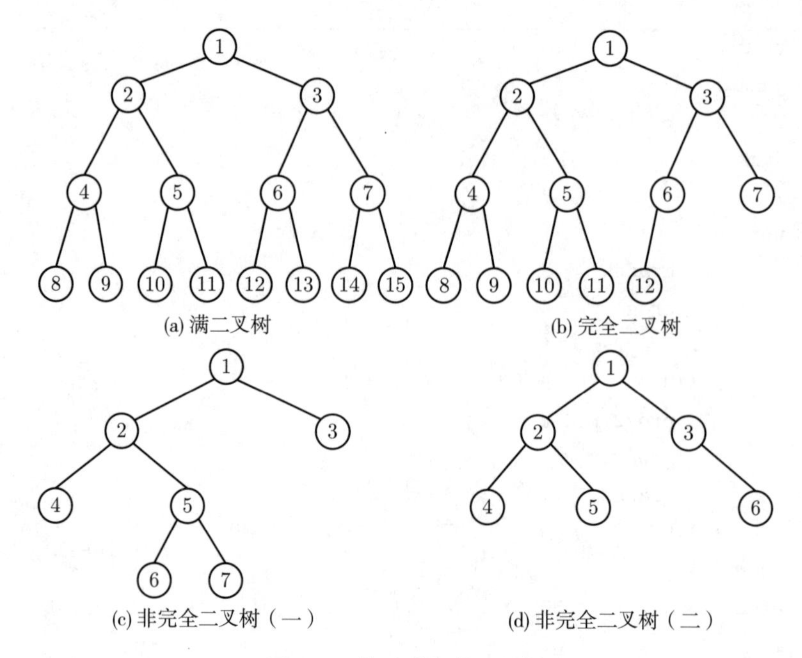

(a) 满二叉树　　(b) 完全二叉树

(c) 非完全二叉树（一）　　(d) 非完全二叉树（二）

图 8.7　特殊形态的二叉树

可以对满二叉树的节点进行连续编号，约定编号从根节点起，自上而下，自左至右。由此可引出完全二叉树的定义。深度为 k 的，有 n 个节点的二叉树，当且仅当其每一个节点都与深度为 k 的满二叉树中编号为 $1\sim n$ 的节点一一对应时，称为**完全二叉树**。图 8.7（b）所示为一棵深度为 4 的完全二叉树。显然，这种树的特点是：① 叶子节点只可能在层次最大的两层上出现；② 对任一节点，若其右分支下的子孙的最大层次为 l，则其左分支下的子孙的最大层次必为 l 或 $l+1$。图 8.7（c）和图 8.7（d）就不是完全二叉树。

二叉树的抽象数据类型定义如下。

数据对象 D：D 是具有相同特性的数据元素的集合。

数据关系 R：若 $D=\varnothing$，则 $R=\varnothing$，此时称为空二叉树；若 $D\neq\varnothing$，则 $R=\{H\}$，H 是如下二元关系。

（1）在 D 中存在唯一的称为根的数据元素 root，它在关系 H 下无前驱。

（2）若 $D-\{\mathrm{root}\}\neq\varnothing$，则存在 $D-\{\mathrm{root}\}=\{D_\mathrm{l},\ D_\mathrm{r}\}$，且 $D_\mathrm{l}\bigcap D_\mathrm{r}=\varnothing$。

（3）若 $D_\mathrm{l}\neq\varnothing$，则 D_l 中存在唯一的元素 x_l，$<\mathrm{root},x_\mathrm{l}>\in H$ 且存在 D_l 上的关系 $H_\mathrm{l}\subset H$；若 $D_\mathrm{r}\neq\varnothing$，则 D_r 中存在唯一的元素 x_r，$<\mathrm{root},x_\mathrm{r}>\in H$，且存在 D_r 上的关系 $H_\mathrm{r}\subset H$；$H=<\mathrm{root},x_\mathrm{l}>,<\mathrm{root},x_\mathrm{r}>,H_\mathrm{l},H_\mathrm{r}$。

（4）（D_l，$\{H_\mathrm{l}\}$）是一棵符合本定义的二叉树，称为根的左子树，（D_r，$\{H_\mathrm{r}\}$）是一棵符合本定义的二叉树，称为根的右子树。

基本操作 P 如下。

（1）init();

操作结果：构造空二叉树 T。

（2）destroy();

初始条件：二叉树 T 存在。

操作结果：销毁空二叉树 T。

（3）clear();

初始条件：二叉树 T 存在。

操作结果：将二叉树 T 清空为树。

（4）isEmpty();

初始条件：二叉树 T 存在。

操作结果：若 T 为空二叉树，则返回 true，否则返回 false。

（5）depth();

初始条件：二叉树 T 存在。

操作结果：返回 T 的深度。

（6）root();

初始条件：二叉树 T 存在。

操作结果：返回 T 的根。

（7）value(e);

初始条件：二叉树 T 存在，e 是 T 中某个节点。

操作结果：返回 e 的值。

（8）put(e, value);

初始条件：二叉树 T 存在，e 是 T 中某个节点。

操作结果：节点 e 赋值为 value。

（9）parent(e);

初始条件：二叉树 T 存在，e 是 T 中某个节点。

操作结果：若 e 是 T 的非根节点，则返回它的双亲，否则返回“空”。

（10）leftChild(e);

初始条件：二叉树 T 存在，e 是 T 中某个节点。

操作结果：返回 e 的左孩子。若 e 无左孩子，则返回“空”。

（11）rightChild(e);

初始条件：二叉树 T 存在，e 是 T 中某个节点。

操作结果：返回 e 的右孩子。若 e 无右孩子，则返回“空”。

（12）leftSibling(e);

初始条件：二叉树 T 存在，e 是 T 中某个节点。

操作结果：返回 e 的左兄弟。若 e 是 T 的左孩子或无左兄弟，则返回“空”。

（13）rightSibling(e)；

初始条件：二叉树 T 存在，e 是 T 中某个节点。

操作结果：返回 e 的右兄弟。若 e 是 T 的右孩子或无右兄弟，则返回“空”。

（14）insertChild(p, LR, c)；

初始条件：二叉树 T 存在，p 指向 T 中某个节点，LR 为 0 或 1，非空二叉树 c 与 T 不相交且右子树为空。

操作结果：根据 LR 为 0 或 1，插入 c 为 T 中 p 所指节点的左或右子树。p 所指向节点的原有左或右子树则成为 c 的右子树。

（15）deleteChild(p, LR)；

初始条件：二叉树 T 存在，p 指向 T 中某个节点，LR 为 0 或 1。

操作结果：根据 LR 为 0 或 1，删除 T 中 p 所指节点的左或右子树。

（16）preOrderTraverse(visit())；

初始条件：二叉树 T 存在，visit 是对节点操作的应用函数。

操作结果：前序遍历 T，对每个节点调用函数 visit 一次且仅一次。一旦 visit() 失败，则操作失败。

（17）inOrderTraverse(visit())；

初始条件：二叉树 T 存在，visit 是对节点操作的应用函数。

操作结果：中序遍历 T，对每个节点调用函数 visit 一次且仅一次。一旦 visit() 失败，则操作失败。

（18）postOrderTraverse(visit())；

初始条件：二叉树 T 存在，visit 是对节点操作的应用函数。

操作结果：后序遍历 T，对每个节点调用函数 visit 一次且仅一次。一旦 visit() 失败，则操作失败。

（19）levelOrderTraverse(visit())；

初始条件：二叉树 T 存在，visit 是对节点操作的应用函数。

操作结果：层序遍历 T，对每个节点调用函数 visit 一次且仅一次。一旦 visit() 失败，则操作失败。

上述数据结构的递归定义表明二叉树或为空，或是由一个根节点加上两棵分别称为左子树和右子树的、互不相交的二叉树组成。由于这两棵子树也是二叉树，则由二叉树的定义，它们也可以是空树。由此，二叉树可以有 5 种基本形态，如图 8.8 所示。

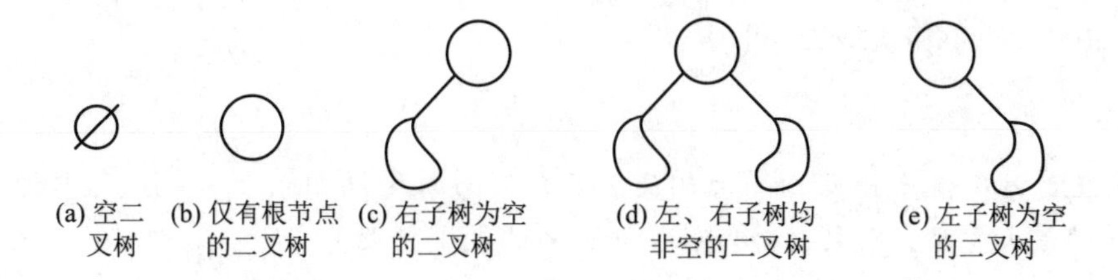

图 8.8 二叉树的 5 种基本形态

8.3.2 二叉树的性质

二叉树具有下列重要特性。

性质 8.1 *在二叉树的第 i 层上至多有 2^{i-1} 个节点（$i \geqslant 1$）。*

利用归纳法容易证得此性质。

$i=1$ 时，只有一个根节点，同时，$2^{i-1}=2^0=1$ 是成立的。

现在假定对所有的 j，$1 \leqslant j < i$，命题成立，即第 j 层上至多有 2^{j-1} 个节点。那么，可以证明 $j=i$ 时命题也成立。

由归纳假设：第 $i-1$ 层上至多有 2^{i-2} 个节点。由于二叉树的每个节点的度至多为 2，所以在第 i 层上的最大节点数为 $i-1$ 层上的最大节点数的 2 倍，即 $2 \times 2^{i-2} = 2^{i-1}$。

性质 8.2 *深度为 k 的二叉树至多有 2^k-1 个节点（$k \geqslant 1$）。*

由性质 8.1 可见，深度为 k 的二叉树的最大节点数为

$$\sum_{i=1}^{k}(\text{第 } i \text{ 层上的最大节点数}) = \sum_{i=1}^{k} 2^{i-1} = 2^k - 1$$

性质 8.3 *对任何一棵二叉树 T，如果其终端节点数为 n_0，度为 2 的节点数为 n_2，则 $n_0 = n_2 + 1$。*

设 n_1 为二叉树 T 中度为 1 的节点数。因为二叉树中所有节点的度均小于或等于 2，所以其节点总数为

$$n = n_0 + n_1 + n_2 \tag{8.1}$$

再看二叉树中的分支数。除了根节点外，其余节点都有一个分支进入，设 B 为分支总数，则 $n = B + 1$。由于这些分支是由度为 1 或 2 的节点射出的，所以又有 $B = n_1 + 2n_2$。于是得

$$n = n_1 + 2n_2 + 1 \tag{8.2}$$

由式 (8.1) 和式 (8.2) 可得

$$n_0 = n_2 + 1$$

性质 8.4 具有 n 个节点的完全二叉树的深度为 $\lfloor \log_2 n \rfloor + 1$（$\lfloor x \rfloor$ 为不大于 x 的最大整数，反之，$\lceil x \rceil$ 为不小于 x 的最小整数）。

证明 假设深度为 k，则根据性质 8.2 和完全二叉树的定义，有

$$2^{k-1} - 1 < n \leqslant 2^k - 1 \text{ 或 } 2^{k-1} \leqslant n < 2^k$$

于是 $k - 1 \leqslant \log_2 n < k$，因为 k 是整数，所以 $k = \lfloor \log_2 n \rfloor + 1$。

性质 8.5 如果对一棵有 n 个节点的完全二叉树（其深度为 $\lfloor \log_2 n \rfloor + 1$）的节点按层序编号（从第 1 层到第 $\lfloor \log_2 n \rfloor + 1$ 层，每层从左到右），则对任一节点 $i(1 \leqslant i \leqslant n)$，有以下结论。

（1）如果 $i = 1$，则节点 i 是二叉树的根，无双亲；如果 $i > 1$，则其双亲 PARENT(i) 是节点 $\lfloor i/2 \rfloor$。

（2）如果 $2i > n$，则节点 i 无左孩子（节点 i 为叶子节点）；否则其左孩子 LCHILD(i) 是节点 $2i$。

（3）如果 $2i + 1 > n$，则节点 i 无右孩子；否则其右孩子 RCHILD(i) 是节点 $2i + 1$。

我们只要先证明（2）和（3），便可以从（2）和（3）导出（1）。

对于 $i = 1$，由完全二叉树的定义，其左孩子是节点 2。若 $2 > n$，即不存在节点 2，此时节点 i 无左孩子。节点 i 的右孩子也只能是节点 3，若节点 3 不存在，即 $3 > n$，此时节点 i 无右孩子。

对于 $i > 1$，可分两种情况讨论：① 设第 $j(1 \leqslant j \leqslant \lfloor \log_2 n \rfloor)$ 层的第一个节点的编号为 i（由二叉树的定义和性质 8.2 可知 $i = 2^{j-1}$），则其左孩子必为第 $j + 1$ 层的第一个节点，其编号为 $2^j = 2(2^{j-1}) = 2i$，若 $2i > n$，则无左孩子；其右孩子必为第 $j + 1$ 层第二个节点，其编号为 $2i + 1$，若 $2i + 1 > n$，则无右孩子；② 假设第 $j(1 \leqslant j \leqslant \lfloor \log_2 n \rfloor)$ 层上某个节点的编号为 $i(2^{j-1} \leqslant i < 2^j - 1)$，且 $2i + 1 < n$，则其左孩子为 $2i$，右孩子为 $2i + 1$，又编号为 $i + 1$ 的节点是编号为 i 的节点的右兄弟或者堂兄弟，若它有左孩子，则编号必为 $2i + 2 = 2(i + 1)$，若它有右孩子，则其编号必为 $2i + 3 = 2(i + 1) + 1$。如图 8.8所示为完全二叉树上节点及其左、右孩子节点之间的关系。

8.3.3 二叉树的实现

因为一棵二叉树最多有两个儿子，所以可以用对象直接指向它们。树节点的声明在结构上类似于双链表的声明。一个节点主要是由**数据**（value）信息加上两

个指向孩子节点的对象（left 和 right）和指向双亲节点的对象（parent）组成的结构，如程序 8.4 所示。

程序 8.4 二叉树的声明

```
1 public class MyTree {
2      //根节点
3     TreeNode root;
4     //树节点数目
5     int size=0;
6
7     class TreeNode<K,V> {
8         K key;
9         V value;
10        TreeNode left;    //第一个儿子节点
11        TreeNode right;   //下一个兄弟节点
12        TreeNode parent;  //父母节点
13   }
14
15 }
```

算法的实现依赖于具体的存储结构，当二叉树采用不同的结构存储时，各种基本操作的实现算法是不同的。基于上述二叉树的存储结构，下面讨论一些常用操作的实现算法。

二叉树的插入操作如程序 8.5 所示。

程序 8.5 二叉树的插入操作

```
1 public TreeNode insert(TreeNode node, K key, V value, Boolean isLeft) {
2      TreeNode t=new TreeNode();
3      t.treeNode(key, value);
4      t.parent=node;
5      if (isLeft) {
6           if (node.left!=null) {
7               node.left.parent=t;
8               t.left=node.left;
9           }
10          node.left=t;
11     }
12     else {
13          if (node.right!=null) {
```

```
14              node.right.parent=t;
15              t.right=node.right;
16          }
17          node.right=t;
18      }
19      size++;
20      return t;
21 }
```

应用于链表上的许多法则也可以应用到树上。当进行一次插入时，必须调用 TreeNode t = new TreeNode() 创建一个节点。若将要插入的位置上已经存在节点，则将该节点作为新节点的孩子节点。

程序 8.6 为函数声明中其余函数的具体实现。

程序 8.6　二叉树常用操作的实现

```
1 //删除树中以node为根节点的子树
2 public void remove(TreeNode node) {
3      TreeNode parent=node.parent;
4      if (parent!=null) {
5          if (parent.left==node)
6              parent.left=null;
7          else if (parent.right==node)
8               parent.right=null;
9      }
10     else    //如果node是根节点
11         root=null;
12     size--;
13 }
14
15 //获得根节点
16 public TreeNode getRoot() {
17     return root;
18 }
19
20 //获得节点数据
21 public V getValue(TreeNode node) {
22     return node.value;
23 }
24
```

```
25 //获得节点的孩子节点
26 public TreeNode getChildNode(TreeNode node, Boolean isLeft) {
27     return isLeft==true ? node.left : node.right;
28 }
29
30 //获得节点的父母节点
31 public TreeNode getParentNode(TreeNode node) {
32     return node.parent;
33 }
```

其中删除节点的操作 remove 根据需要可以有不同的实现方式。若删除的节点不是叶节点，则需要以某种规则将该节点分支中的节点重新生成一棵子树连接到二叉树中。在上面的程序中简单地将删除的节点的分支节点都删除了。

我们可以用习惯上在画链表时使用的矩形画出二叉树，但是树一般画成圆圈并用一些直线连接起来，因为二叉树实际上就是**图**（graph）。当涉及树时，我们也不明显地画出 null 对象，因为具有 n 个节点的每一棵二叉树都将需要 $n+1$ 个 null 对象。

8.3.4 二叉树的遍历方法以及非递归实现

二叉树的遍历是按照某种访问顺序实现访问二叉树中的每个节点，使每个节点被访问一次且仅被访问一次。

遍历是二叉树中经常要用到的一种操作。因为在实际应用问题中，常常需要按一定顺序对二叉树中的每个节点逐个进行访问，查找具有某一特征的节点，然后对这些满足条件的节点进行处理。

通过一次完整的遍历，可使二叉树中节点信息由非线性排列变为某种意义上的线性序列。也就是说，遍历操作使非线性结构线性化。

由二叉树的定义可知，一棵二叉树由根节点、根节点的左子树和根节点的右子树三部分组成。因此，只要依次遍历这三部分，就可以遍历整棵二叉树。若以 D、L、R 分别表示访问根节点、遍历根节点的左子树、遍历根节点的右子树，则二叉树的遍历方式有六种：DLR、LDR、LRD、DRL、RDL 和 RLD。如果限定先左后右，则只有前三种方式，即 DLR（前序遍历）、LDR（中序遍历）和 LRD（后序遍历）。

1. 前序遍历

前序遍历（preorder traversal）的递归过程为，若二叉树为空，遍历结束，否则：① 访问根节点；② 前序遍历根节点的左子树；③ 前序遍历根节点的右子树。

程序 8.7　前序遍历二叉树的递归算法

```
1 /*visit是访问节点的方法 */
2 public boolean preorderTraverse(TreeNode node) {
3     if(node) {
4          visit(node); /*访问节点 */
5          /*前序遍历左子树 */
6          if(preOrderTraverse(node.left)) {
7              /*前序遍历右子树 */
8              if(preOrderTraverse(node.right))
9                  return true;
10         return true;
11         }
12    }
13    return false;
14 }
```

访问节点的函数可以根据需要确定，后面的中序遍历和后序遍历也要用到这个函数。

对于图 8.9 所示的二叉树，按前序遍历所得到的节点序列为

$$ABDGCEF$$

2. 中序遍历

中序遍历（inorder traversal）的递归过程为，若二叉树为空，遍历结束，否则：① 中序遍历根节点的左子树；② 访问根节点；③ 中序遍历根节点的右子树。

程序 8.8　中序遍历二叉树的递归算法

```
1 public boolean inorderTraverse(TreeNode node) {
2     if(node) {
3         /*中序遍历左子树 */
4         if(inorderTraverse(node.left)) {
5              visit(node); /*访问节点 */
6              /*中序遍历右子树 */
7              if(inorderTraverse(node.right))
8                  return true;
9              return false;
10        }
11        return false;
12    }
```

```
13     return true;
14 }
```

对于图 8.9 所示的二叉树，按中序遍历所得到的节点序列为

$$DGBAECF$$

3. 后序遍历

后序遍历（postorder traversal）的递归过程为，若二叉树为空，遍历结束，否则：① 后序遍历根节点的左子树；② 后序遍历根节点的右子树；③ 访问根节点。

程序 8.9 后序遍历二叉树的递归算法

```
1 public boolean postordTraverse(TreeNode node) {
2     if(node) {
3         /*后序遍历左子树 */
4         if(postordTraverse(node.left)) {
5             /*后序遍历右子树 */
6             if(postordTraverse(node.left)) {
7                 visit(node); /*访问节点 */
8                 return true;
9             }
10            return false;
11        }
12        return false;
13    }
14    return true;
15 }
```

对于图 8.9 所示的二叉树，按后序遍历所得到的节点序列为

$$GDBEFCA$$

4. 层次遍历

二叉树的层次遍历，是指从二叉树的第一层（根节点）开始，从上至下逐层遍历，在同一层中，则按从左到右的顺序对节点逐个访问。对于图 8.9 所示的二叉树，按层次遍历得到的结果序列为

$$ABCDEFG$$

下面讨论层次遍历的算法。

由层次遍历的定义可以推知，在进行层次遍历时，对一层节点访问完后，再按照它们的访问程序对各个节点的左孩子和右孩子顺序访问，这样一层一层进行，先遇到的节点先访问，这与队列的操作原则比较吻合。因此在进行层次遍历时，可设置一个队列结构，遍历从二叉树的根节点开始，首先将根节点对象入队列，然后从队头取出一个元素，每取一个元素，执行下面两个操作。

（1）访问该元素所指节点。

（2）若该元素所指节点的左、右孩子节点非空，则该元素所指节点的左孩子对象和右孩子对象顺序入队。

此过程不断进行，当队列为空时，二叉树的层次遍历结束。

在下面的层次遍历算法中，二叉树以二叉链表存放，队列（queue）采用前面已经编写过的 SeqQueue 结构方便实现。

程序 8.10　层次遍历二叉树的算法

```
1 public void levelOrder(TreeNode node) {
2     SeqQueue mQueue=new SeqQueue();
3     if(node==null)
4         return;
5     while(!mQueue.isEmpty()) {
6          visit(mQueue.pop());   /*访问队首节点并出队 */
7          TreeNode temp=mQueue.peek();
8          if(temp.left!=null)
9              /*将队首节点的左孩子节点入队列 */
10             mQueue.push(temp.left);
11         if(temp.right!=null)
12             /*将队首节点的右孩子节点入队列 */
13             mQueue.push(temp.right);
14         mQueue.push(node);
15    }
16 }
```

5. 二叉树遍历的非递归实现

前面给出的二叉树前序、中序和后序三种遍历算法都是递归算法。当给出二叉树的链式存储结构以后，用具有递归功能的程序设计语言很方便就能实现上述算法。然而，并非所有程序设计语言都允许递归；另外，递归程序虽然简洁，但可读性一般不好，执行效率也不高。因此，就存在如何把一个递归算法转化为非递归算法的问题。解决这个问题的方法可以通过对三种遍历方法的实质过程的分析得到。

如图 8.9 所示的二叉树，对其进行前序、中序和后序遍历都是从根节点 A 开始的，且在遍历过程中经过节点的路线是一样的，只是访问的时间不同而已。图 8.9 所示的从根节点左外侧开始，由根节点右外侧结束的曲线，为遍历图 8.9 的路线。沿着该路线按 Δ 标记的节点读得的序列为前序序列，按 $*$ 标记读得的序列为中序序列，按 $\bigoplus$ 标记读得的序列为后序序列。

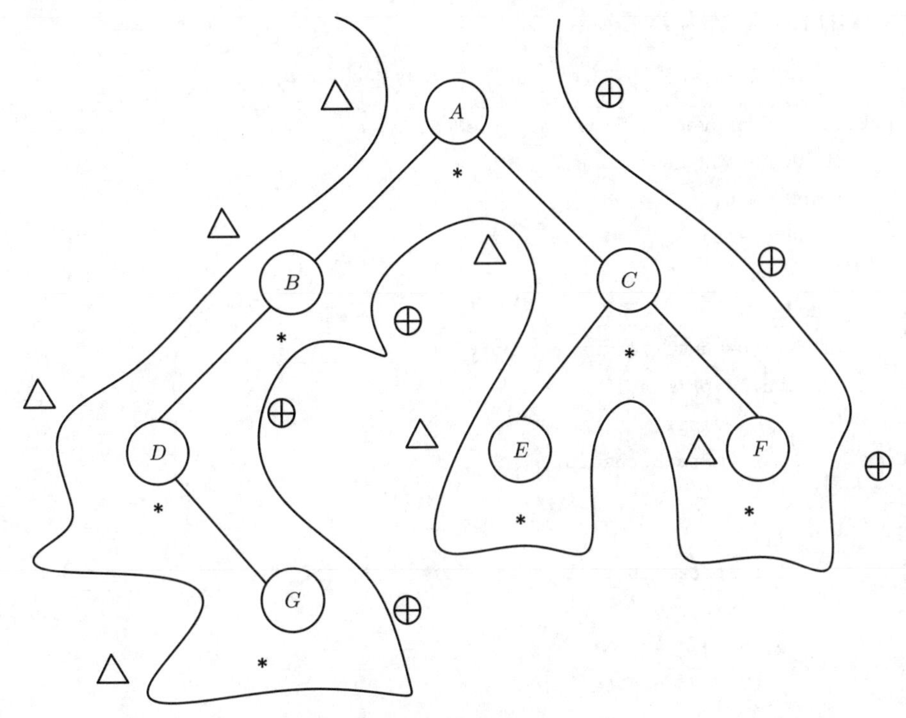

图 8.9 遍历图的路线示意图

然而，这一路线正是从根节点开始沿左子树深入下去，当深入到最左端，无法再深入下去时则返回，再逐一进入刚才深入时遇到节点的右子树，再进行如此的深入和返回，直到最后从根节点的右子树返回到根节点为止。前序遍历是在深入时遇到节点就访问，中序遍历是在从左子树返回时遇到节点访问，后序遍历是在从右子树返回时遇到节点访问。

在这一过程中，返回节点的顺序与深入节点的顺序相反，即后深入先返回，正好符合栈结构后进先出的特点。因此，可以用栈来帮助实现这一遍历路线，其过程如下。

在沿左子树深入时，深入一个节点入栈一个节点，若为前序遍历，则在入栈之前访问；当沿左分支深入不下去时则返回，即从堆栈中弹出前面压入的节点，若为中序遍历，则此时访问该节点，然后从该节点的右子树继续深入；若为后序遍历，则将此节点二次入栈，然后从该节点的右子树继续深入，与前面类似，仍为深入一个节点入栈一个节点，深入不下去再返回，直到第二次从栈里弹出该节点，才访问它。

1）前序遍历的非递归实现

在下面的算法中，二叉树以二叉链表存放，栈 mStack 采用前面已介绍过的 JDK 中的 Stack 结构实现。

程序 8.11 前序遍历的非递归算法

```
1 public void nrpreorderTraverse(TreeNode node) {
2     Stack mStack=new Stack();
3     TreeNode p;
4     if(node==null)
5         return;
6     p=node;
7     while(!(p==null && mStack.empty())) {
8          while(p != null) {
9               visit(p); /*访问节点 */
10              mStack.push(p);
11              p=p.left;
12         }
13         if(mStack.empty())   /*栈空时结束 */
14             return;
15         else {
16         p=(TreeNode)mStack.pop();
17         p=p.right;
18         }
19    }
20 }
```

对于图 8.9 所示的二叉树，用该算法进行遍历的过程中，栈 mStack 和当前节点 p 的变化情况以及树中各节点的访问次序如表 8.1所示。

表 8.1 二叉树前序非递归遍历过程

步骤	对象 p	栈 m Stack 内容	访问节点值
0	A	空	—
1	B	A	A
2	D	A, B	B
3	null	A, B, D	D

续表

步骤	对象 p	栈 m Stack 内容	访问节点值
4	G	A, B	—
5	null	A, B, G	G
6	null	A, B	—
7	null	A	—
8	C	空	—
9	E	C	C
10	null	C, E	E
11	null	C	—
12	F	空	—
13	null	F	F
14	null	空	—

2）中序遍历的非递归实现

中序遍历的非递归算法的实现，只需将前序遍历的非递归算法中的 visit(p) 移到 mStack.push(p) 和 p=p.left 之间即可。

3）后序遍历的非递归实现

由前面的讨论可知，后序遍历与前序遍历和中序遍历不同，在后序遍历过程中，节点在第一次出栈后，还需再次入栈，也就是说，节点要入两次栈，出两次栈，而访问节点是在第二次出栈时访问。因此，为了区别同一个节点对象的两次出栈，设置一个标志 flag，令

$$\text{flag}=\begin{cases}1, & \text{第一次出栈，节点不能访问}\\ 2, & \text{第二次出栈，节点可以访问}\end{cases}$$

当节点对象进、出栈时，其标志 flag 也同时进、出栈。因此，可将栈中元素的数据类型定义为节点对象和标志 flag 合并的结构体类型。定义如下：

```
1 public class StackObject {
2     TreeNode treeNode;
3     int flag;
4 }
```

后序遍历二叉树的非递归算法如下。在算法中，栈 mStack 用 Stack 结构实现，变量 p 表示当前要处理的节点，整型变量 sign 为节点 p 的标志量。

程序 8.12　后序遍历的非递归算法

```
1 public void nrpostorderTraverse(TreeNode node){
2     Stack mStack=new Stack();
3     TreeNode p;
4     StackObject temp, q;
5     int sign;
6     while(!(p==null && mStack.empty())) {
7             if(p!=null) { /*节点第一次进栈 */
8                 q=new StackObject();
9                 q.treeNode=p;
10                q.flag=1;
11                mStack.push(q);
12                p=p.left;
13          }
14          else {
15              temp=mStack.peek();
16              p=temp.treeNode;
17              sign=temp.flag;
18              mStack.pop();
19              if(sign==1) {
20                  q=new StackObject();
21                  q.treeNode=p;
22                  q.flag=2;
23                  mStack.push(q);
24                  p=p.left;
25              }
26              else {
27                  visit(p);
28                  p=null;
29              }
30          }
31    }
32 }
```

8.3.5　表达式树

二叉树有许多与搜索无关的应用。二叉树的主要用处之一是编译器的设计领域，我们现在来探讨这个问题。

图 8.10 表示一个表达式树（expression tree）的例子。表达式树的树叶是操作数（operand），如常数或变量，而其他的节点为操作符（operator）。由于这里所有的操作都是二元的，因此这棵特定的树正好是二叉树，这是最简单的情况。一个节点也有可能只有一个儿子，如具有一目减算符（unary minus operator）的情形。我们可以将通过递归计算左子树和右子树所得到的值应用在根处的算符操作中而算出表达式树 T 的值。在我们的例子中，左子树的值是"$a+(bc)$"，右子树的值是"$((de)+f)g$"，因此整个数表示"$(a+(bc))+(((de)+f)g)$"。

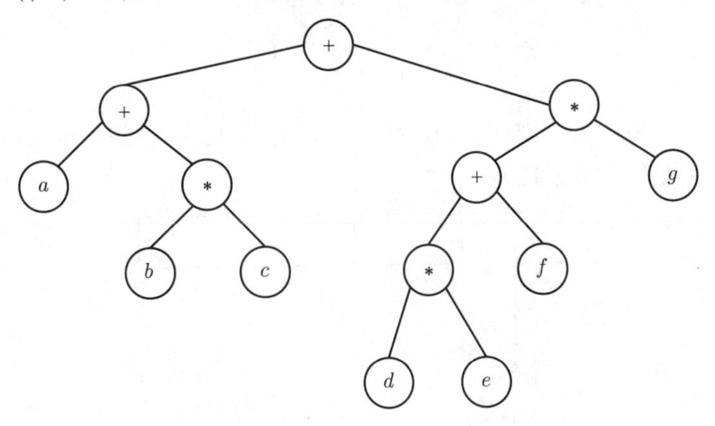

图 8.10 $(a+(bc))+(((de)+f)g)$ 的表达式树

我们可以通过递归产生一个带括号的左表达式，然后输出在根处的运算符，最后再递归地产生一个带括号的右表达式而得到一个（对两个括号整体进行运算的）中缀表达式（infix expression）。这种一般的方法（左，节点，右）称为**中序遍历**，对应产生中缀表达式，这种对应很容易记忆。

另一个遍历策略是递归输出左子树、右子树，然后输出运算符。如果我们应用这种策略于上面的树，则输出将是"$abc*+de*f+g*+$"，它就是后缀表达式。对应的遍历策略称为**后序遍历**。前面已见过这种排序策略。

第三种遍历策略是先输出运算符，然后递归地输出右子树和左子树。其结果"$++a*bc*+*defg$"是不太常用的前缀（prefix）记法，对应的遍历策略为**前序遍历**。

1. 构造一棵表达式树

下面给出一种算法来把后缀表达式转变成表达式树。由于已经有了将中缀表达式转变成后缀表达式的算法，因此我们能够从这两种常用类型的输入生成表达式树。所描述的方法酷似后缀求值算法。我们一次一个符号地读入表达式，如果符号是操作数，那么就建立一个单节点树并将它的对象推入栈中。如果符号是操作符，那么就从栈中弹出两棵树 T_1 和 T_2 的对象（T_1 的先弹出）并形成一棵新的树，该树的根就是操作符，它的左、右儿子分别指向 T_2 和 T_1。然后将这棵新树的对象压入栈中。

来看一个例子，设输入为

$$ab + cde + **$$

前两个符号是操作数，因此创建两棵单节点树并将它们的对象压入栈中（图 8.11）。

图 8.11　读取 a、b

接着，“+”被读入，因此这两棵树的对象被弹出，一棵新的树形成，而该树的对象被压入栈中（图 8.12）。

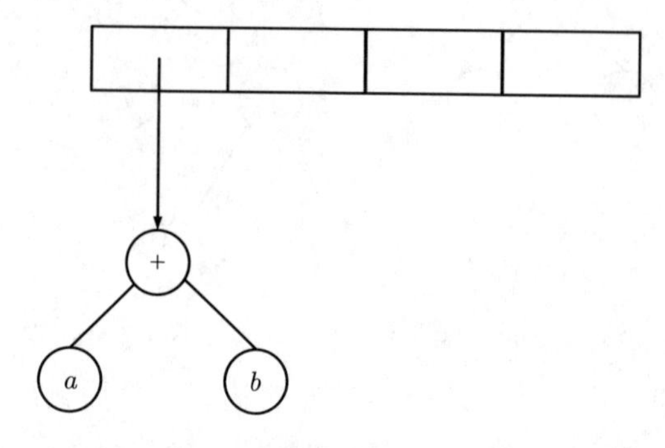

图 8.12　读取“+”

然后，c、d 和 e 被读入，在每个单节点树创建后，对应的树的对象被压入栈中（图 8.13）。

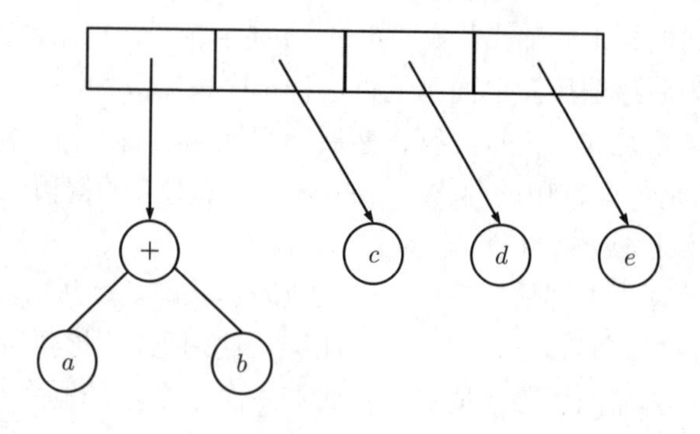

图 8.13　读取 c、d、e

接下来读入“+”，两棵树合并（图 8.14）。

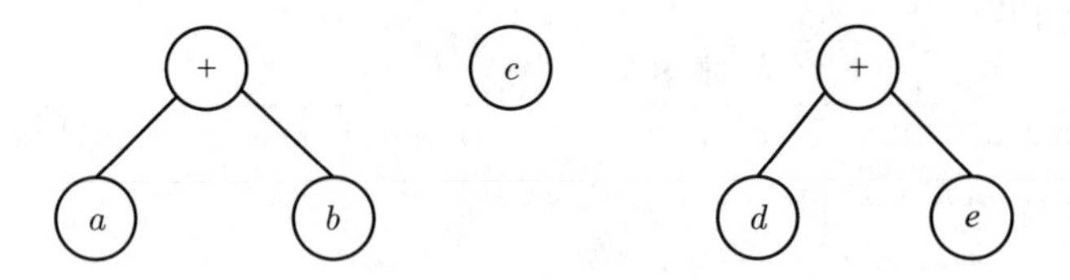

图 8.14 读取“+”

继续进行，读入“*”，弹出两个数并形成一个新的树，“*”是它的根(图 8.15)。

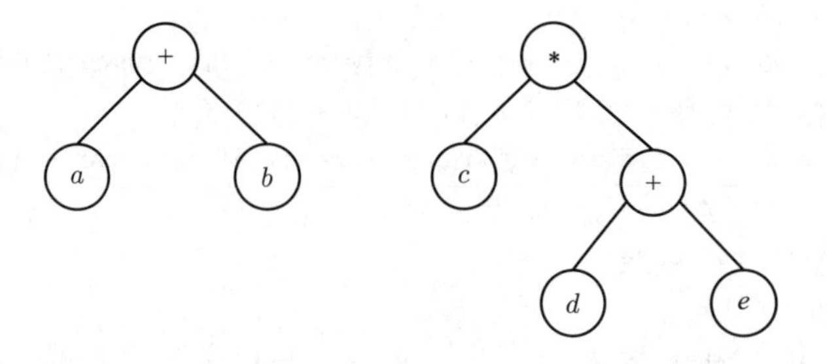

图 8.15 读入“*”

最后，读入最后一个符号“*”，两棵树合并，而最后的树的对象留在栈中(图 8.16)。

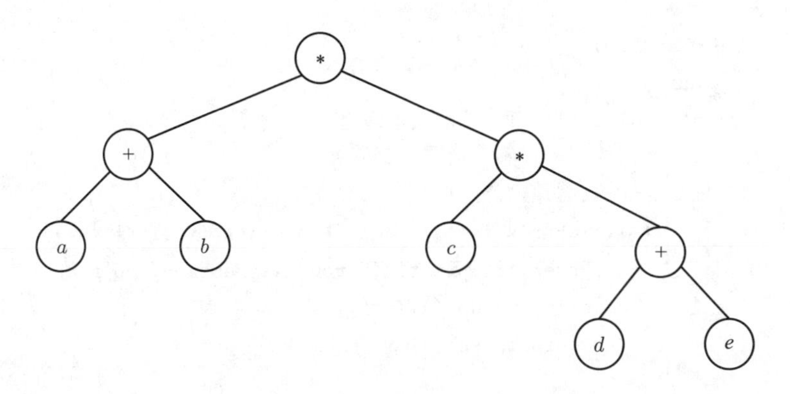

图 8.16 读入最后一个“*”

2. 计算表达式

下面将实现按中序输入的表达式的计算。首先需要构造表达式树，如程序 8.13 所示。由于程序中用到了递归的方法构造树，不需要再另外定义栈结构。在这个程序中对表达式的合法性进行了较为充分的判断。

程序 8.13　构造表达式树

```
1 public static boolean createExpressionTree(BiTree tree, BiTree.TreeNode
  parent, boolean isLeft, String p, int l) {
2         //lnum记录"("的未成对个数
3         //rpst1/rpst2记录表达式中("*"、"/")/("+"、"-")的位置
4       //pn记录操作数中"."的个数,以判断输入操作数是否合法
5       int i=0, lnum=0, rpst1=-1, rpst2=-1, pn=0;
6       if(l==0)
7           return true;
8      //判断表达式是否正确
9      if(p.charAt(0)=='+' || p.charAt(0)=='*' || p.charAt(0)=='/'
       || p.charAt(0)=='.' || p.charAt(0)==')') {
10         System.out.println("Wrong expression: not start with number or
           left bracket!\n");
11         return false;
12     }
13     if(!(p.charAt(l-1) == ')' || p.charAt(l-1) >= '0' &&
       p.charAt(l-1) <= '9')) {
14          System.out.println("Wrong expression: not end with number or
            right bracket!\n");
15          return false;
16    }
17    if(p.charAt(0)=='(')
18        lnum++;
19    for(i=1; i<l ; i++) {
20    //如果小数点的前一位不是数字，则报错
21        if(p.charAt(i)=='.') {
22            if(!(p.charAt(i-1) >= '0' && p.charAt(i-1) <= '9')) {
23                 System.out.println("Wrong expression: no number
                   following dot(.)!\n");
24                 return false;
25            }
26        }
27        else if(p.charAt(i)=='*' || p.charAt(i)=='/') {
28            if(!(p.charAt(i-1) >= '0' && p.charAt(i-1) <= '9'
              || p.charAt(i-1) == ')')) {
29                 System.out.println("Wrong expression: not number or
                   right bracket on the left of (*)!\n");
```

```
30                  return false;
31              }
32              if(lnum==0)
33                  rpst1=i;
34          }
35          else if(p.charAt(i)=='(') {
36              if(p.charAt(i-1) == '+' || p.charAt(i-1) == '-'
                || p.charAt(i-1) == '*' || p.charAt(i-1) == '/'
                || p.charAt(i-1) == '(')
37                      lnum++;
38              else {
39                  System.out.println("Wrong expression: unexpected char
                    appears on the left of left bracket!\n");
40                  return false;
41              }
42          }
43          else if(p.charAt(i)==')') {
44              if(p.charAt(i-1) == ')' || p.charAt(i-1) >= '0' &&
                p.charAt(i-1) <= '9')
45                  lnum--;
46              else {
47                  System.out.println("Wrong expression: unexpected char
                    appears on the left of right bracket!\n");
48                  return false;
49              }
50              if(lnum < 0) {
51                  System.out.println("Wrong expression: left bracket and
                    right bracket not equal!\n");
52                  return false;
53              }
54          }
55          else if(p.charAt(i) == '+' || p.charAt(i) == '-') {
56              if(p.charAt(i) == '+' && !(p.charAt(i-1) >= '0' &&
                p.charAt(i-1) <= '9' || p.charAt(i-1) == ')')) {
57                  System.out.println("Wrong expression: unexpected char
                    appears on the left of (+)!\n");
58                  return false;
59              }
60              else if(p.charAt(i) == '-' && !(p.charAt(i-1) >= '0' &&
```

```
        p.charAt(i-1) <= '9' || p.charAt(i-1) == ')'
        || p.charAt(i-1) == '(')) {
61              System.out.println("Wrong expression: unexpected char
                appears on the left of (-)!\n");
62              return false;
63          }
64          if(lnum==0)
65              rpst2=i;
66          }
67      }
68      //"("、")"未能完全配对,表达式输入不合法
69      if(lnum != 0) {
70           System.out.println("Wrong expression:  left bracket and
             right bracket not equal!\n");
71           return false;
72      }
73      if(rpst2 > -1) {
74          String value=" ";
75          StringBuilder mStringBuilder=new StringBuilder(value);
76          mStringBuilder.setCharAt(0, p.charAt(rpst2));
77          value=mStringBuilder.toString();
78          BiTree.TreeNode newNode=tree.insert(parent, 0, value,
            isLeft);
79          if(createExpressionTree(tree, newNode, true, p, rpst2))
80              if(createExpressionTree(tree, newNode, false,
                p.substring(rpst2+1), l-rpst2-1))
81                  return true;
82          return false;
83      }
84      //此时表明表达式或者是一个数字，或是表达式整体被一对括号括起来
85      if(rpst1<0) {
86          if (p.length()==1) {
87               String value=p.substring(0, 1);
88               tree.insert(parent,0, value, isLeft);
89               return true;
90      }
91      if(p.charAt(0) == '(') { //此时表达式整体被一对括号括起来
92          if(createExpressionTree(tree, parent, isLeft,
            p.substring(1), l-2))
```

```
93                  return true;
94              else
95                  return false;
96          }
97          else {
98               if(p.charAt(1) != '(') { //此时表达式一定是一个数字
99                   for(i=0; i<l; i++) {
100                      if(p.charAt(i)=='.')
101                          pn++;
102                      if(pn > 1) {
103                          System.out.println("Wrong expression: more
                             than one dot(.) found in a number!\n");
104                          return false;
105                      }
106                  }
107                  String value=p.substring(0, l);
108                  tree.insert(parent,0, value, isLeft);
109                  return true;
110              }
111               else { //此时表达式首一定是操作符"-",(其余部分被一
                  //对括号括起来)
112                    String value=p.substring(0, 1);
113                    BiTree.TreeNode newNode=tree.insert(parent, 0,
                       value, isLeft);
114                    if(createExpressionTree(tree, newNode, false,
                       p.substring(2), l-3))
115                        return true;
116                    else
117                        return false;
118               }
119         }
120     }
121     else { //此时表明表达式为几个因子相乘或相除而组成的
122         String value=p.substring(rpst1, rpst1 + 1);
123         StringBuilder mStringBuilder=new StringBuilder(value);
124         mStringBuilder.append('\0');
125         value=mStringBuilder.toString();
```

```
126         BiTree.TreeNode newNode=tree.insert(parent, 0, value, isLeft);
127         if(createExpressionTree(tree, newNode, true, p, rpst1))
128             if(createExpressionTree(tree, newNode, false,
                p.substring(rpst1+1),l - rpst1 - 1))
129                 return true;
130             return false;
131     }
132 }
```

其中参数 tree 是表达式树的对象，parent 表示构造的表达式子树树根节点的双亲节点。side 表示在双亲节点的哪一侧构造子树。对象 p 表示表达式字符串，l 是表达式的长度。

程序 8.14 是计算表达式树的函数，计算的过程按后序进行，对象 rst 表示计算的结果。

程序 8.14 计算表达式树

```
1 public static boolean calculate(BiTree.TreeNode node, double[] rst) {
2     double[] l={0};
3     double[] r={0};//l、r分别存放左右子树所代表的子表达式的值
4         if(node==null) {
5             rst[0]=0;
6             return true;
7         }
8
9         if(node.left==null && node.right==null) {
10            rst[0]=new Double((String) node.value);
11            return true;
12        }
13        else {
14        //先计算左子树和右子树
15            if(calculate(node.left, l))
16                if(calculate(node.right,r)) {
17                switch(((String)node.value).charAt(0)) {
18                    case '+' :
19                        rst[0] = l[0] + r[0];
20                        break;
21                    case '-' :
22                        rst[0]=l[0] - r[0];
23                        break;
```

```
24                  case '*' :
25                      rst[0]=l[0] * r[0];
26                      break;
27                  case '/' :
28                      if(r[0]==0) {
29                          System.out.println("Divided by 0!\n");
                            //告警,除数为0
30                          return false;
31                      }
32                      else {
33                           rst[0]=l[0] / r[0];
34                           break;
35                      }
36                  default :
37                      return false;
38              }
39              return true;
40          }
41          return false;
42      }
43 }
```

函数 inorderPrint 实现将表达式树按中序输出（不带括号），程序如下：

```
1 public static boolean inorderPrint(BiTree.TreeNode node) {
2     if (node!=null) {
3         if (inOrderPrint(node.left)) {
4             System.out.print((String)node.value);
5             if (inOrderPrint(node.right))
6                 return true;
7             return false;
8         }
9         return false;
10    }
11    return true;
12 }
```

执行如下程序：

```
1 public static void main(String args[]) {
```

```
2          BiTree mBiTree=new BiTree();
3          String exp1="-2+3/1.5-(10*3)+40";
4          String exp2="-(3+4*5)+1*2.5";
5          double[] rst={0};
6
7          mBiTree.newTree();
8          mBiTree.root.value="\0";
9          createExpressionTree(mBiTree, mBiTree.root, true, exp1,
           exp1.length());
10         inorderPrint(mBiTree.root);
11         calculate(mBiTree.root.left, rst);
12         System.out.println("=" + rst[0]);
13
14         mBiTree.newTree();
15         mBiTree.root.value="\0";
16         createExpressionTree(mBiTree, mBiTree.root, true, exp2,
           exp2.length());
17         inorderPrint(mBiTree.root);
18         calculate(mBiTree.root.left, rst);
19         System.out.println("=" + rst[0]);
20 }
```

则输出结果如下：

```
-2+3/ 1.5-10* 3+40 = 10.0
-3+4* 5+1* 2.5 = -20.5
```

8.3.6 哈夫曼树

哈夫曼（Huffman）树，又称最优二叉树，是一类带权路径长度最短的二叉树，有着广泛的应用。本节先讨论最优二叉树。

首先给出路径和路径长度的概念。从树中一个节点到另一个节点之间的分支构成这两个节点之间的路径，路径上的分支数目称作**路径长度**。**树的路径长度**是从树根到每个节点的路径长度之和。完全二叉树就是这种路径长度最短的二叉树。

若将上述概念推广到一般情况，考虑带权的节点。节点的带权路径长度为从该节点到树根之间的路径长度与节点上权的乘积。**树的带权路径长度**为树中所有叶子节点的带权路径长度之和，通常记作 $\mathrm{WPL}=\sum\limits_{k=1}^{n} w_k l_k$。

假设有 n 个权值 $\{w_1, w_2, \cdots, w_n\}$，试构造一棵有 n 个叶子节点的二叉树，每个叶子节点带权为 w_i，则其中带权路径长度 WPL 最小的二叉树称作**最优二叉树或哈夫曼树**。

例如，图 8.17 中的 3 棵二叉树，都有 4 个叶子节点 a、b、c、d，分别带权 7、5、2、4，它们的带权路径长度分别为

（a）WPL=$7 \times 2 + 5 \times 2 + 2 \times 2 + 4 \times 2 = 36$

（b）WPL=$7 \times 3 + 5 \times 3 + 2 \times 1 + 4 \times 2 = 46$

（c）WPL=$7 \times 1 + 5 \times 2 + 2 \times 3 + 4 \times 3 = 35$

其中以（c）树的最小。可以验证，它恰为哈夫曼树，即其带权路径长度在所有带权为 7、5、2、4 的 4 个叶子节点的二叉树中居最小。

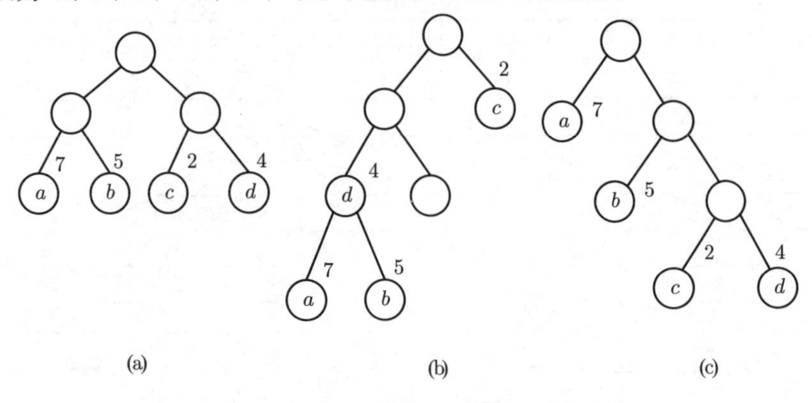

图 8.17 具有不同带权路径长度的二叉树

在解某些判定问题时，利用哈夫曼树可以得到最佳判定算法。例如，要编制一个将百分制转换成五级分制的程序。显然，此程序很简单，只要利用条件语句便可完成，如：

```
1 if(a < 60)
2     b="bad";
3 else if(a < 70)
4     b="pass";
5 else if(a < 80)
6     b="general";
7 else if(a < 90)
8     b="good";
9 else
10    b="excellent";
```

这个判定过程可以用图 8.18（a）的判定树来表示。如果上述程序需反复使用，而且每次的输入量很大，则应考虑上述程序的质量问题，即其操作所需时间。

因为在实际生活中，学生的成绩在 5 个等级上的分布是不均匀的。假设其分布规律如表 8.2所示，则 80% 以上的数据需进行 3 次或 3 次以上的比较才能得出结果。假定以 5、15、40、30 和 10 为权构造一棵有 5 个叶子节点的哈夫曼树，则可以得到如图 8.18（b）所示的判定过程，它可使大部分的数据经过较少的比较次数得出结果。但由于每个判定框都有两次比较，将这两次比较分开，我们得到如图 8.18（c）所示的判定树，按此判定树可写出相应的程序。假设现有 10000 个输入数据，若按图 8.18（a）的判定过程进行操作，则总共需进行 31500 次比较；而若按图 8.18（c）的判定过程进行操作，则总共仅需 22000 次比较。

表 8.2 成绩分布规律

分数	0 ~ 59	60 ~ 69	70 ~ 79	80 ~ 89	90 ~ 100
比例	0.05	0.15	0.40	0.30	0.10

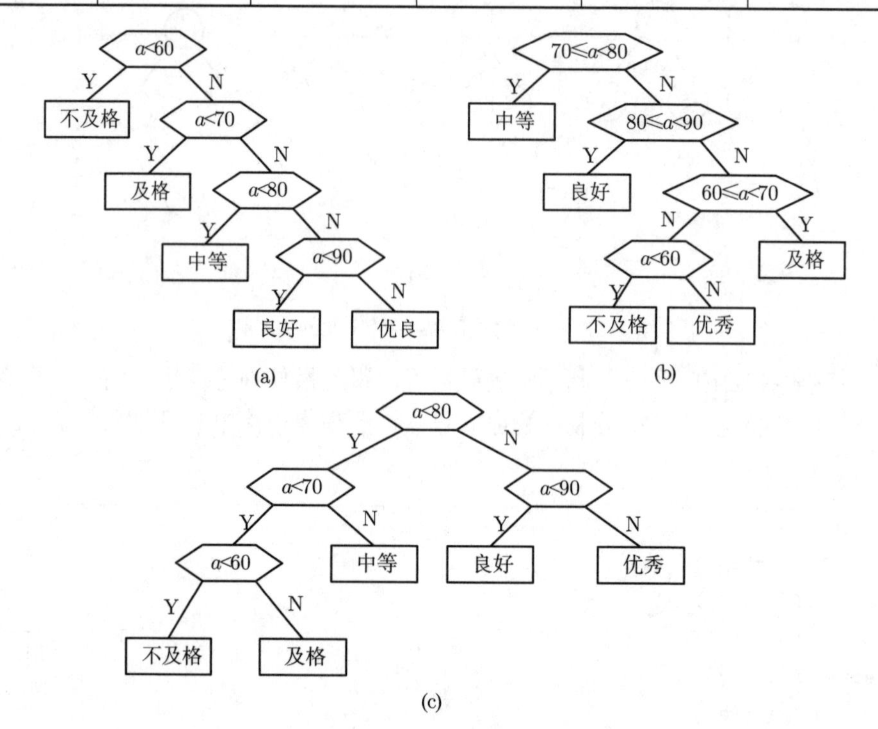

图 8.18 转换五级分制的判定过程

那么，如何构造哈夫曼树呢？哈夫曼最早给出了一个带有一般规律的算法，俗称哈夫曼算法，现叙述如下：

（1）根据给定的 n 个权值 $\{w_1, w_2, \cdots, w_n\}$ 构成 n 棵二叉树的集合 $F=\{T_1, T_2, \cdots, T_n\}$，其中每棵二叉树 T_i 中只有一个带权为 w_i 的根节点，其左、右子树均空。

（2）在 F 中选取两棵根节点的权值最小的树作为左、右子树构造一棵新的二叉树，且置新的二叉树的根节点的权值为其左、右子树上根节点的权值之和。

（3）在 F 中删除这两棵树，同时将新得到的二叉树加入 F 中。

（4）重复步骤（2）和步骤（3），直到 F 只含一棵树为止，这棵树就是哈夫曼树。

例如，图 8.19展示了图 8.17（c）的哈夫曼树的构造过程。其中，根节点上标注的数字是所赋的权。

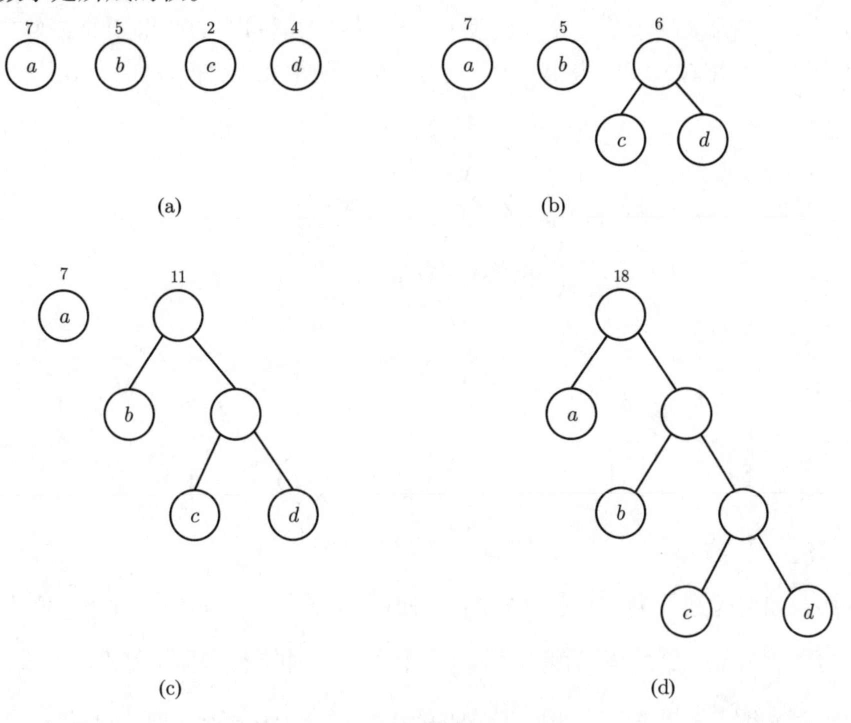

图 8.19　哈夫曼树的构造过程

电报是进行快速远距离通信的手段之一，即将需要传送的文字转换成由二进制的字符组成的字符串。例如，假设需传送的电文为 ‘ABACCDA’，它只有 4 种字符，只需两个字符的串便可分辨。假设 A、B、C、D 的编码分别为 00、01、10 和 11，则上述 7 个字符的电文便为 ‘00010010101100’，总长 14 位，对方接收时，可按二位一分进行译码。

当然，在传送电文时，希望总长尽可能地短。如果对每个字符设计长度不等的编码，且让电文中出现次数较多的字符采用尽可能短的编码，则传送电文的总长便可减少。如果设计 A、B、C、D 的编码分别为 0、00、1 和 01，则上述 7 个字符的电文可转换成总长为 9 的字符串 ‘000011010’。但是这样的电文无法翻译，例如，传送过去的字符串中前 4 个字符的子串 ‘0000’ 就可有多种译法，或是 ‘AAAA’，或是 ‘ABA’，也可以是 ‘BB’ 等。因此，若要设计长短不等的编码，则必须是任一个字符的编码都不是另一个字符的编码的前缀，这种编码称作**前缀编码**。

可以利用二叉树来设计二进制的前缀编码。假设有一棵如图 8.20所示的二叉树，其 4 个叶子节点分别表示 A、B、C、D 这 4 个字符，且约定左分支表示字符 ‘0’，右分支表示字符 ‘1’，则可以将从根节点到叶子节点的路径上分支字符组成的字符串作为该叶子节点字符的编码。读者可以证明，如此得到的必为二进制前缀编码。如由图 8.20所得 A、B、C、D 的二进制前缀编码分别为 0、10、110 和 111。

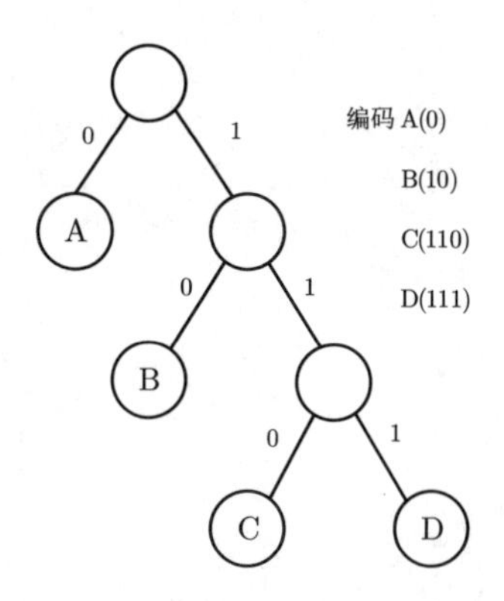

图 8.20　前缀编码示例

那么如何得到使电文总长最短的二进制前缀编码呢？假设每种字符在电文中出现的次数为 w_i，其编码长度为 l_i，电文中只有 n 种字符，则电文总长为 $\sum\limits_{i=1}^{k} w_i l_i$。对应到二叉树上，若置 w_i 为叶子节点的权，l_i 恰为从根到叶子的路径长度，则 $\sum\limits_{i=1}^{k} w_i l_i$ 恰为二叉树上带权路径长度。由此可见，设计电文总长最短的二进制前缀编码即为以 n 种字符出现的频率作权，设计一棵哈夫曼树的问题，由此得到的二进制前缀编码便称为哈夫曼编码。

下面讨论具体做法。由于哈夫曼树中没有度为 1 的节点（这类树又称严格的（strict）或正规的二叉树），则一棵有 n 个叶子节点的哈夫曼树共有 $2n-1$ 个节点，可以存储在一个大小为 $2n-1$ 的一维数组中。如何选定节点结构？由于在构成哈夫曼树之后，为求编码需从叶子节点出发走一条从叶子到根的路径；而为译码需从根出发走一条从根到叶子的路径。则对每个节点而言，既需知双亲的信息，又需知孩子节点的信息。由此，哈夫曼树的节点存储结构与前面实现的二叉树相似, 只需要把二叉树节点中的数据 value 设置成权值。构造哈夫曼树的算法如程序 8.15 所示。

程序 8.15 构造哈夫曼树

```
1 public static void createHuffmanTree(BiTree huffmanTree, int[] weights,
  int[] tmpWeights, BiTree.TreeNode[] nodes) {
2     int maxValue=100; //最大权值
3     int x1, x2; //x1, x2, m1, m2分别存储最小和次小的位置和节点值
4     int m1, m2;
5     int i, j;
6     int len=weights.length;
7     int[] flag=new int[2*len-1];  //标志weights和tmpWeights是否已经处理过
8     for (i=0; i<2*len-1; i++)
9          flag[i]=0;
10
11    //形成叶节点
12    for (i=0; i<len; i++) {
13        nodes[i]=huffmanTree.new TreeNode();
14        nodes[i].treeNode(0, weights[i]);
15        nodes[i].parent=null;
16        nodes[i].right=null;
17        nodes[i].left=null;
18    }
19
20    //构造哈夫曼树
21    for (i=0; i<len - 1; i++) {
22        m1=m2=maxValue;
23        x1=x2=0;
24        for (j=0; j<len; j++) {
25            if (flag[j] < 1 && weights[j] < m1) {
26                //小于最小权重，则最小权重节点变为次小权重节点
                  //新节点变为最小节点
27                m2=m1;
28                x2=x1;
29                m1=weights[j];
30                x1=j;
31            } else if (flag[j] < 1 && weights[j] < m2) {
32                //如果大于最小权重而小于次小权重，则新节点变为次小节点
33                m2=weights[j];
```

```
34                  x2=j;
35              }
36          }
37          for (j=0; j < i; j++) {
38              if (flag[j + len] < 1 && tmpWeights[j] < m1) {
39                  m2=m1;
40                  x2=x1;
41                  m1=tmpWeights[j];
42                  x1=j + len;
43              }
44              else if (flag[j + len] < 1 && tmpWeights[j] < m2) {
45                  m2=tmpWeights[j];
46                  x2=j + len;
47              }
48          }
49          flag[x1]=1;
50          flag[x2]=1;
51          tmpWeights[i]=m1 + m2;
52          nodes[i + len]=huffmanTree.new TreeNode();
53          nodes[i + len].left=nodes[x1];
54          nodes[i + len].right=nodes[x2];
55          nodes[i + len].value=tmpWeights[i];
56          nodes[i + len].parent=null;
57          nodes[x1].parent=nodes[i + len];
58          nodes[x2].parent=nodes[i + len];
59      }
60      huffmanTree.root=nodes[2 * len - 2];
61      huffmanTree.size=2 * len - 1;
62 }
```

数组 weights 存放各个叶子节点的权值，长度为 len，即有 len 个叶子节点，该数组在传入方法时已被赋值。数组 tmpWeights 存放新增加的节点的权值，其长度应为 $\mathrm{len}-1$。节点向量 nodes 存放哈夫曼树中所有节点，前 len 个分量等于叶子节点，这些叶子节点的权值排列与 weights 中的相同，最后一个分量等于根节点。

求各个叶子节点所表示的字符的哈夫曼编码，如程序 8.16 所示。

程序 8.16　求哈夫曼编码

```
1 public static void huffmanCode(BiTree huffmanTree, BiTree.TreeNode[]
```

```
   nodes, String[] hc) {
2      int i;
3      int len=huffmanTree.size;
4      BiTree.TreeNode node;
5      String cd = "\0";
6      for(i=0; i < len; i++) { /*逐个字符求哈夫曼编码 */
7           StringBuilder mStringBuilder=new StringBuilder(cd);
8           for(node=nodes[i]; node.parent!=null; node=node.parent)
            { /*从叶子到根逆向求编码 */
9               if(node.parent.left==node)
10                  mStringBuilder.append('0');
11              else
12                  mStringBuilder.append('1');
13          }
14          hc[i] = mStringBuilder.reverse().toString();    //由于之前是
            //从叶子节点到根逆向求的编码，因此从根到叶子节点需要反转字符串
15     }
16 }
```

在程序 8.16 中，求每个字符的哈夫曼编码是从叶子到根逆向处理的，因此在最后需要反转整个编码字符串，才能得到从根到叶子节点的哈夫曼编码。需要传入在构造哈夫曼树时形成的对象 nodes，便于找到叶子节点。得到的哈夫曼编码存放在字符串数组 hc 中，其中哈夫曼编码的排列按照 nodes 的前 len 个分量指向的叶子节点的顺序。

译码的过程是分解电文中的字符串，从根出发，按字符 ‘0’ 或 ‘1’ 确定找左孩子或右孩子，直至叶子节点，便求得该子串相应的字符。具体算法留给读者去完成。

例 8.1 已知某系统在通信联络中只可能出现 8 种字符，其概率分布为 0.05，0.29，0.07，0.08，0.14，0.23，0.03，0.11，试设计哈夫曼编码。

设权 $w = (5, 29, 7, 8, 14, 23, 3, 11)$，$n = 8$，则 $m = 15$，按上述算法可构造一棵哈夫曼树。如图 8.21 所示，其存储结构 HT 的初始状态如图 8.22（a）所示，其终结状态如图 8.22（b）所示，所得哈夫曼编码如图 8.22（c）所示。

8.3.7 决策树

决策树（decision tree）是用于证明下界的抽象概念。在这里，决策树是一棵二叉树。每个节点表示在元素之间一组可能的排序，与之前进行比较的结果相一致，比较的结果就是树的边。

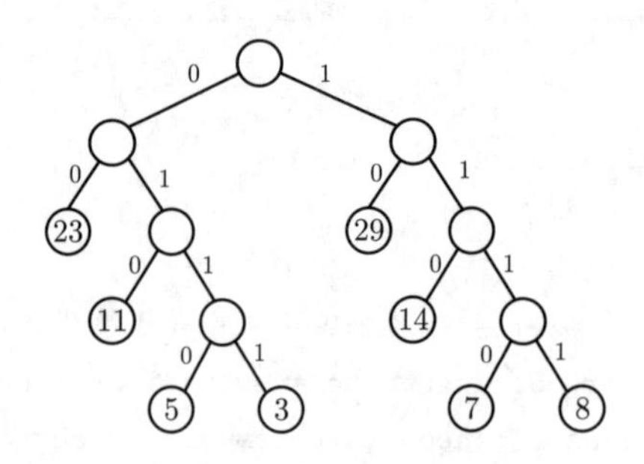

图 8.21 例 8.1 的哈夫曼树

HT

	weight	parent	lchild	rchild
1	5	0	0	0
2	29	0	0	0
3	7	0	0	0
4	8	0	0	0
5	14	0	0	0
6	23	0	0	0
7	3	0	0	0
8	11	0	0	0
9	–	0	0	0
10	–	0	0	0
11	–	0	0	0
12	–	0	0	0
13	–	0	0	0
14	–	0	0	0
15	–	0	0	0

(a) HT 的初态

HT

	weight	parent	lchild	rchild
1	5	9	0	0
2	29	14	0	0
3	7	10	0	0
4	8	10	0	0
5	14	12	0	0
6	23	13	0	0
7	3	9	0	0
8	11	11	0	0
9	8	11	1	7
10	15	12	3	4
11	19	13	8	9
12	29	14	5	10
13	42	15	6	11
14	58	15	2	12
15	100	0	13	14

(b) HT 的终态

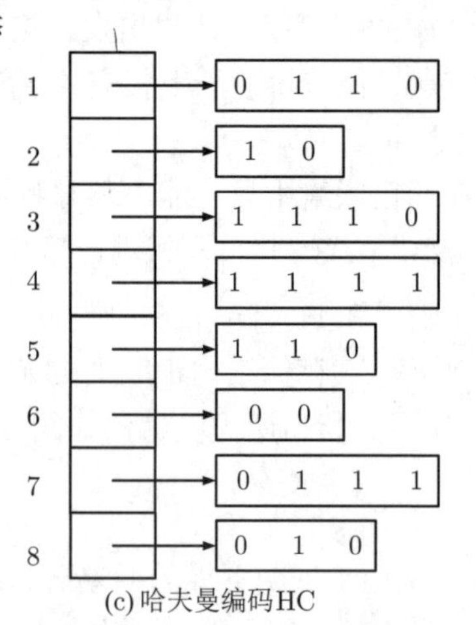

(c) 哈夫曼编码 HC

图 8.22 例 8.1 的存储结构

图 8.23 中的决策树表示将三个元素 a、b 和 c 排序的算法。算法的初始状态（初始节点）在根处，这时还没有进行比较，因此所有可能的顺序都存在。不同的算法进行比较的先后次序不同，会产生不同的决策树。这里首先进行的比较是 a 和 b，比较后的结果可导致两种可能的状态。如果 $a < b$，那么只有 3 种可能性被保留。如果算法到达节点 2，那么将比较 a 和 c。若 $a > c$，则进入状态 5。由于这里只存在一种顺序，因此算法可以终止并报告排序。若 $a < c$，则算法尚不能终止，还需要再一次比较。

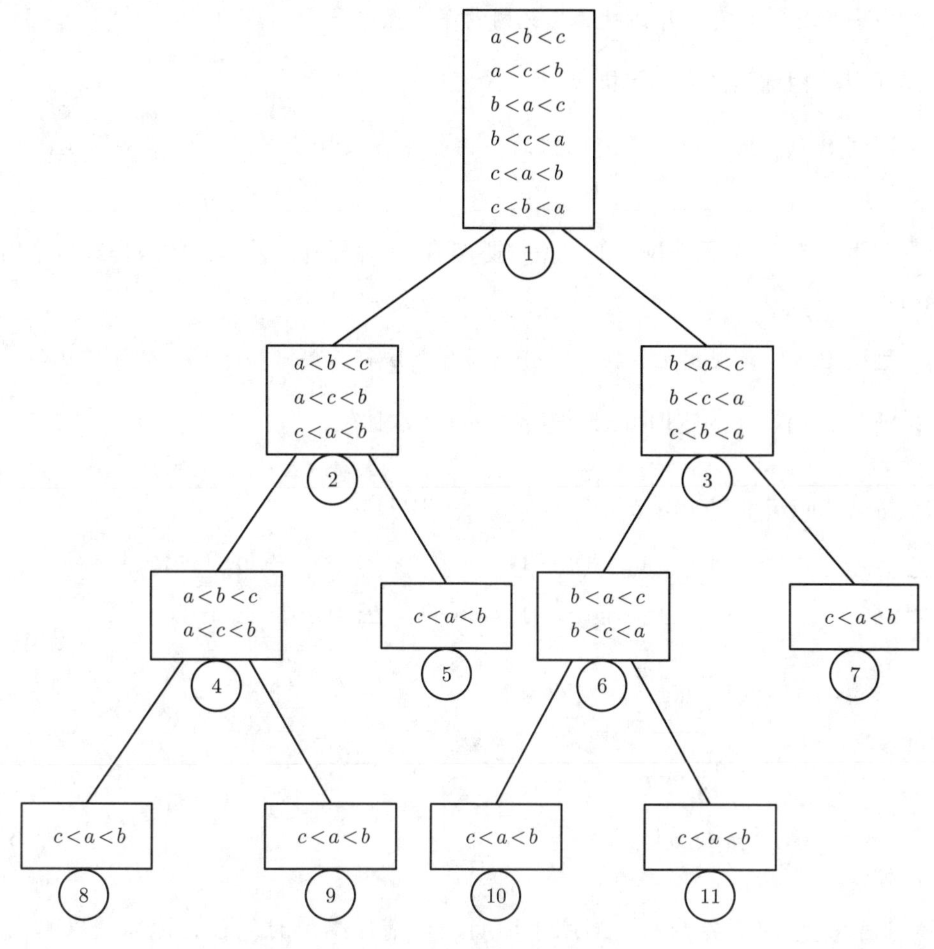

图 8.23 三元素排列的决策树

只使用比较进行排序的每一种算法都可以用决策树表示，当然，只有输入数据非常少的情况才适合画决策树。排序算法所使用的比较次数等于最深的树叶的深度。在上述例子中，该算法在最坏的情况下进行了三次比较。所使用的比较平均次数等于树叶的平均深度。由于决策树很大，因此必然存在一些长的路径。为了证明下界，需要证明某些基本的树性质。

引理 8.1　令 T 是深度为 d 的二叉树，则 T 最多有 2^d 片树叶。

证明　用数学归纳法证明，如果 $d=0$，则最多存在一个树叶，因此基准情况为真。否则即存在一个根，其左子树和右子树中每一个的深度最多是 $d-1$。由归纳假设，每一棵子树最多有 2^{d-1} 片树叶，因此总数最多有 2^d 片树叶，这就证明了该引理。

引理 8.2　具有 l 片树叶的二叉树的深度至少是 $\lceil \log l \rceil$。

证明　由前面的引理可推出。

定理 8.1　只使用元素间比较的任何算法在最坏情况下至少需要 $\lceil \log(n!) \rceil$ 次比较。

证明　对 n 个元素排序的决策树必然有 $n!$ 片树叶。从上面的引理即可推出该定理。

定理 8.2　只使用元素排序的任何排序算法都需要进行 $\Omega(n \log n)$ 次比较。

证明　由前面的定理可知，需要 $\log(n!)$ 次比较。

$$
\begin{aligned}
\log(n!) &= \log(n(n-1)(n-2)\cdots(2)(1)) \\
&= \log n + \log(n-1) + \log(n-2) + \cdots + \log 2 + \log 1 \\
&\geqslant \log n + \log(n-1) + \log(n-2) + \cdots + \log n/2 \\
&\geqslant \frac{n}{2}\log\frac{n}{2} \\
&\geqslant \frac{n}{2}\log n - \frac{n}{2} \\
&= \Omega(n \log n)
\end{aligned}
\tag{8.3}
$$

这种类型的下界论断，当用于证明最坏情形结果时，有时称为**信息-理论**（information-theoretic）下界。一般定理说的是，如果存在 P 种不同的情况，而问题是 YES/NO 的形式，那么通过任何算法求解该问题在某种情形下总需要 $\lceil \log P \rceil$ 个问题。对于任何基于比较的排序算法的平均运行时间，我们都可以证明类似的结果。这个结果由下列引理导出：具有 l 片树叶的任意二叉树的平均深度至少为 $\log l$，证明过程留作练习。

8.4 二叉查找树

8.4.1 二叉查找树的概念

查找是二叉树的一个重要应用。假设树中的每个节点都被指定一个关键字值。虽然任意复杂的关键字都是允许的，但为简单起见，本书中假设它们都是整数。我们先假设所有的关键字是互异的，之后再处理关健字重复的情况。用于查找的树称为**二叉查找树**（binary search tree），又称为二叉排序树或二叉搜索树。

使二叉树成为二叉查找树的条件是，对于树中的每个节点 X，它的左子树中所有关键字值小于 X 的关键字值，而它的右子树中所有关键字值大于 X 的关键字值，即该树所有的元素可以用某种统一的方式排序。在图 8.24 中，图 8.24（a）是二叉查找树，但图 8.24（b）则不是。右边的树在其关键字值是 6 的节点（该节点正好是根节点）的左子树中，有一个节点的关键字值是 7。

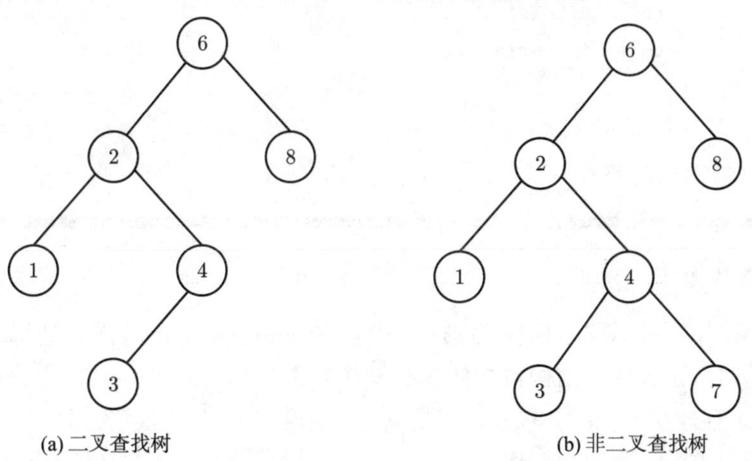

(a) 二叉查找树　　(b) 非二叉查找树

图 8.24　两棵二叉树

现在给出通常对二叉查找树进行操作的简要描述。注意，由于树的递归定义，通常是递归地编写这些操作的例程。因为二叉查找树的平均深度是 $O(\log n)$，所以我们一般不必担心栈空间被用尽。在程序 8.17 中给出了二叉查找树和其节点的类型定义。为简便起见，假定其中的 key 都是整数，对比函数是两个节点的 key 值相减。实际情况可能更复杂，key 可能是一个字符串等，这时具体的比较函数由使用者定义。

程序 8.17　二叉查找树和查找树节点类型

```
1 public class BSTree<K,V> {
2     public BSTreeNode root;
```

```
3     int size;
4
5     public class BSTreeNode {
6         int key;
7         V value;
8         BSTreeNode left;    //左节点
9         BSTreeNode right;   //右节点
10        BSTreeNode parent;  //父母节点
11
12        public void treeNode(int key, V value, BSTreeNode parent,
          BSTreeNode left, BSTreeNode right) {
13            this.key=key;
14            this.value=value;
15            this.parent=parent;
16            this.left=left;
17            this.right=right;
18        }
19    }
20    ...
21 }
```

8.4.2 查找操作

这个操作一般需要返回树 BSTree 中具有关键字 key 的节点，如果该节点不存在则返回 null。树的结构特性使这种操作非常简单。如果 node 是 null 则返回 null，如果存储在 node 中的关键字是 key，则返回 node。否则，对 node 的左子树或右子树进行一次递归调用，这依赖于 key 与存储在 node 中的关键字的关系。程序 8.18 的代码就是对这种策略的一种体现。

程序 8.18　二叉查找树的查找操作

```
1 public BSTreeNode lookupNode(int key, BSTreeNode root) {
2     BSTreeNode node=root;
3     //搜索二叉查找树并且返回含有特定关键字的节点
4     double diff=key - node.key;
5     if (diff==0)
6         return node;     //相同关键字则返回
7     else if (diff < 0) {
8         if (node.left==null)
9             return null; //未找到
```

```
10          node=lookUpNode(key, node.left);
11     } else {
12          if (node.right==null)
13              return null; //未找到
14              node=lookUpNode(key, node.right);
15     }
16     return node;
17 }
```

注意测试的顺序，关键的问题是首先要对是否为空树进行测试，否则就可能在 null 上兜圈子。其余的测试应该使最不可能的情况安排在最后进行。递归的使用在这里是合理的，因为算法表达式的简明性是以速度的降低为代价的，而这里所使用的栈空间的量也只不过是 $O(\log n)$ 而已。

程序 8.19 中的 findMin 方法和程序 8.20 中的 findMax 方法分别返回树中最小元和最大元的位置。虽然返回这些元素的准确值似乎更合理，但是这将与 lookupNode 查找操作不相容。重要的是，看起来类似的操作做的工作也是类似的。为执行 findMin，从根开始并且只要有左儿子就向左进行，终止点是最小的元素。findMax 例程除分支朝向右儿子外，其余过程相同。

我们用两种方法编写这两个例程，用非递归编写 findMin，而用递归编写 findMax（见程序 8.19 和程序 8.20）。

程序 8.19 二叉查找树查找最小元操作

```
1 public BSTreeNode findMin(BSTreeNode node) {
2     BSTreeNode curNode=node;
3     if(curNode != null)
4         while(curNode.left!=null)
5             curNode=curNode.left;
6     return curNode;
7 }
```

程序 8.20 二叉查找树查找最大元操作

```
1 public BSTreeNode findMax(BSTreeNode node) {
2     if(node==null)
3         return null;
4     else
5         if(node.right==null)
6             return node;
7         else
```

```
8            return findMax(node.right);
9 }
```

若出现树为空的情况，则程序的执行可能会受到影响，特别是在含有递归的程序中，这一点需要特别注意。此外，在 findMin 函数中对 node 的改变是安全的，因为这里的变量 node 是局部变量。

8.4.3 插入操作

进行插入操作的例程在概念上是简单的。为了将 key 及 value 插入树 tree 中，可以像用 lookupNode 那样沿着树查找。如果找到 key，则什么也不用做（或者做一些"更新"）。否则，将 key 及 value 插入遍历的路径上的最后一点上。图 8.25 显示实际的插入情况。为了插入 5，我们遍历该树类似于在运行 lookupNode。在具有关键字 4 的节点处，需要向右进行，但右边不存在子树，因此 5 不在这棵树上，从而这个位置就是所要插入的位置。

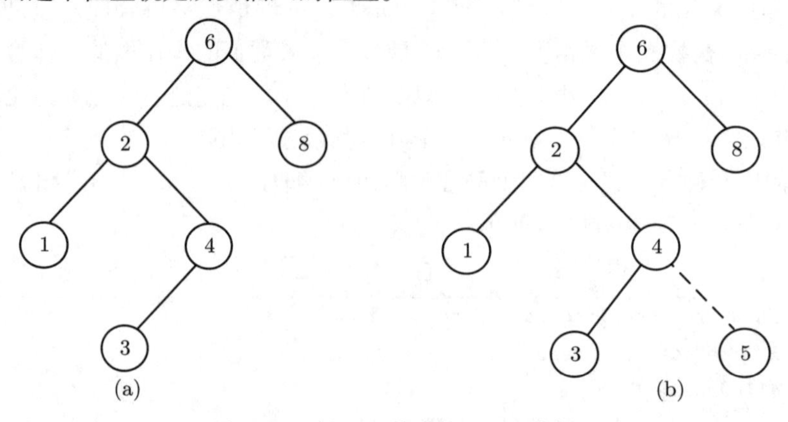

图 8.25 插入 5 前后的二叉查找树

重复元的插入可以通过在节点记录中保留一个附加域以指示发生的频率来处理。这使得整个树增加了某些附加空间，但却比将重复信息放到树中要好（它将使树的深度变得很大）。当然，如果关键字只是一个更大结构的一部分，那么这种方法行不通，此时可以把具有相同关键字的所有结构保留在一个辅助数据结构中，如表或另一棵查找树中。

程序 8.21 是插入例程。由于 root 表示该树的根，而根又在第一次插入时变化，因此 insert 的返回值是指向新树根节点的变量。

程序 8.21 插入元素到二叉查找树

```
1 public BSTreeNode insert(int key, V value) {
2     BSTreeNode rover;
```

```
3     BSTreeNode newnode;
4     BSTreeNode previousNode;
5     boolean isLeft=true;//用来判断新节点应该处于最后一个节点的
      //左边还是右边
6     if (root==null) {
7         root=new BSTreeNode();
8         root.treeNode(key, value, null, null, null);
9         size++;
10        return root;
11    }
12    /*遍历二叉查找树，一直到null节点处 */
13    rover=root;
14    previousNode=null;
15    while (rover!=null) {
16        previousNode=rover;
17        if (key-rover.key<0) {
18            rover=rover.left;
19            isLeft=true;
20        }
21        else {
22            rover=rover.right;
23            isLeft=false;
24        }
25    }
26    //创建一个新节点，以遍历的路径上最后一个节点为双亲节点
27    newnode=new BSTreeNode();
28    newnode.treeNode(key, value, previousNode, null, null);
29    if (isLeft)
30        previousNode.left=newnode;
31    else
32        previousNode.right=newnode;
33    size++;            /*更新节点数 */
34    return newnode;
35 }
```

8.4.4 删除操作

正如许多数据结构一样，最困难的操作是删除。一旦发现需要删除的节点，就需要考虑几种可能的情况。

如果节点是一片树叶，那么它可以被立即删除。如果节点有一个儿子，则该节点可以在其父节点调整指针绕过该节点后被删除（为了清楚起见，我们将明确画出指针的指向），见图 8.26。注意，所删除的节点现在已不再引用，而该节点只有在指向它的对象已被删去的情况下才能够去掉。

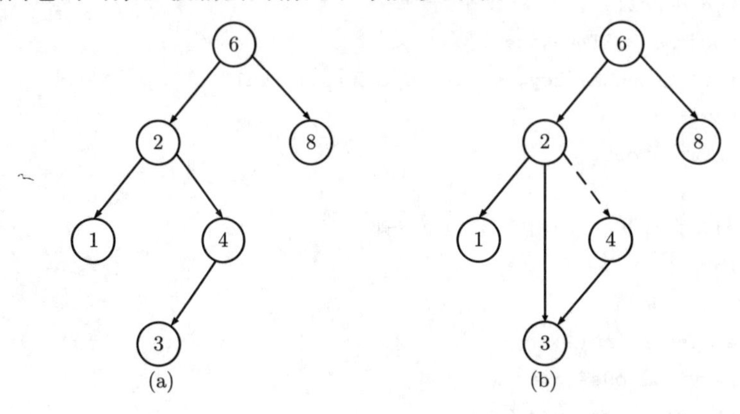

图 8.26　具有一个儿子的节点（4）删除前后的情况

更复杂的情况是处理具有两个儿子的节点。一般的删除策略是用其右子树的最小的数据（很容易找到）代替该节点的数据并递归地删除那个节点（现在它是空的）。因为右子树中的最小的节点不可能有左儿子，所以第二次删除比较容易。图 8.27 显示一棵初始的树及其中的一个节点被删除后的结果。要删除的节点是根的左儿子，其关键字是 2。它被右子树中的最小数据（3）代替，然后关键字是 3 的原节点如前例那样被删除。

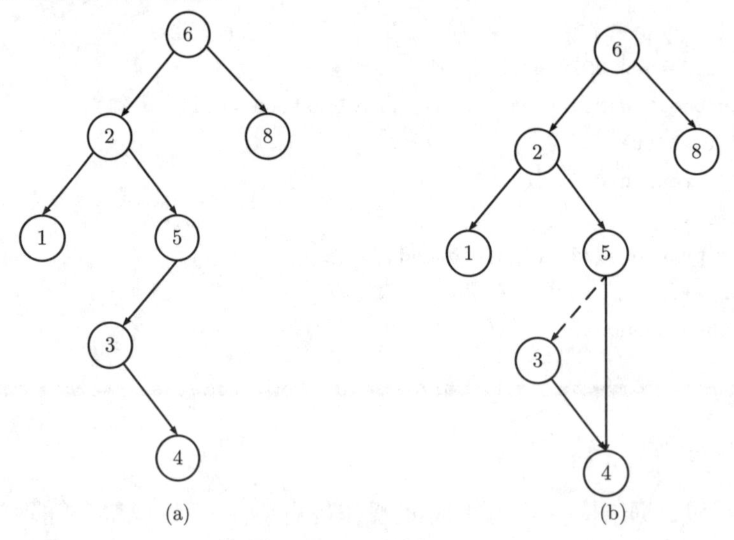

图 8.27　删除具有两个儿子的节点（2）前后的情况

程序 8.22 完成了删除的工作，但它的效率并不高，因为它沿该树进行两遍搜索以查找和删除右子树中最小的节点。写一个特殊的 deleteMin 函数可以容易地弥补效率不高的缺点，本书将它略去只是为了简明紧凑。

程序 8.22 二叉查找树的删除操作

```
1 public int remove(int key) {
2     BSTreeNode node, tmpcell;
3     node=lookupNode(key);
4     int keyvalue;
5     if(node!=null) {
6        /*两个孩子节点 */
7        if(node.left!=null && node.right != null) {
8        /*用右子树的最小节点替换 */
9            tmpcell=findMin(node.right);
10           keyvalue=tmpcell.key;
11           remove(tmpcell.key);
12           node.key=keyvalue;
13       } else { /*有一个或无孩子节点 */
14           if(node.left==null) {
15           /*判断node是左孩子还是右孩子节点指针 */
16               if((int)node.parent.key - (int)node.key > 0)
17                  node.parent.left=node.right;
18               else
19                  node.parent.right=node.right;
20           } else if(node.right==null) {
21               if((int)node.parent.key - (int)node.key > 0)
22                  node.parent.left=node.left;
23               else
24                  node.parent.right=node.left;
25           }
26       }
27       size--;
28       return 1;
29    }
30    return 0;
31 }
```

如果删除的次数不多，则通常使用的策略是**懒惰删除**（lazy deletion）：当一个元素要被删除时，它仍留在树中，只做了个被删除的记号。这种做法特别是在有重复关键字时很常用，因为此时记录出现频率数的域可以减 1。如果树中的实际节点数和“被删除”的节点数相同，那么树的深度预计只上升一个小的常数。因此，存在一个与懒惰删除相关的非常小的时间损耗。再有，如果被删除的关键字是重新插入的，那么就避免了分配一个新单元的开销。

8.4.5 性能分析

直观上，我们期望 8.4.4 节所有的操作都花费 $O(\log n)$ 时间，因为在树中每一层执行操作所用的时间为常数。这样一来，对树的操作大致减少一半左右。因此，所有操作都是 $O(d)$，其中 d 是节点的深度，这个节点包含了所要查找的关键字。

本节要证明，假设所有的树出现的机会均等，则树的所有节点的平均深度为 $O(\log n)$。

一棵树所有节点的深度之和称为**内部路径长**（internal path length）。现在要计算二叉查找树平均内部路径长，其中的平均是对二叉查找树中所有可能的插入序列进行的。

令 $D(n)$ 是具有 n 个节点的某棵树 T 的内部路径长，$D(1)=0$，一棵 n 节点树是由一棵 i 节点左子树和一棵 $n-i-1$ 节点右子树以及深度为 0 的一个根节点组成的，其中 $0 \leqslant i < n$，$D(i)$ 为根的左子树的内部路径长。但是在原树中，所有这些节点都要加深一度。同样的结论对于右子树也是成立的。因此我们可以得到递归关系：

$$D(n) = D(i) + D(n-i-1) + n - 1$$

如果所有子树的大小都等可能地出现，这对于二叉查找树是成立的（因为子树的大小只依赖于第一个插入树中的元素的值），但对于二叉树则不成立，那么 $D(i)$ 和 $D(n-i-1)$ 的平均值都是 $(1/n)\sum\limits_{j=0}^{n-1} D(j)$。于是

$$D(n) = \frac{2}{n}\left[\sum_{j=0}^{n-1} D(j)\right] + n - 1$$

得到的平均值为 $D(n) = O(n\log n)$。因此任意节点的期望深度为 $O(\log n)$。如图 8.28 所示，随机生成的 500 个节点的树的节点平均深度为 9.98。

但是，断言这个结果意味着 8.4.4 节所有操作的平均运行时间是 $O(\log n)$ 并不完全正确。原因在于在删除操作中，我们并不清楚是否所有的二叉查找树都是可能出现的。而上述的删除算法有助于使左子树比右子树深度深，因为总是用右子树的一个节点来代替删除的节点。这种策略的准确效果从理论上暂时还无法得

到证明。但可以知道，如果交替插入和删除 $\Theta(n^2)$ 次，那么树的期望深度将是 $\Theta(\sqrt{n})$。在 25 万次随机插入/删除后，图 8.28 中右沉的树看起来明显地不平衡（平均深度 =12.51），见图 8.29。

图 8.28　一棵随机生成的二叉查找树

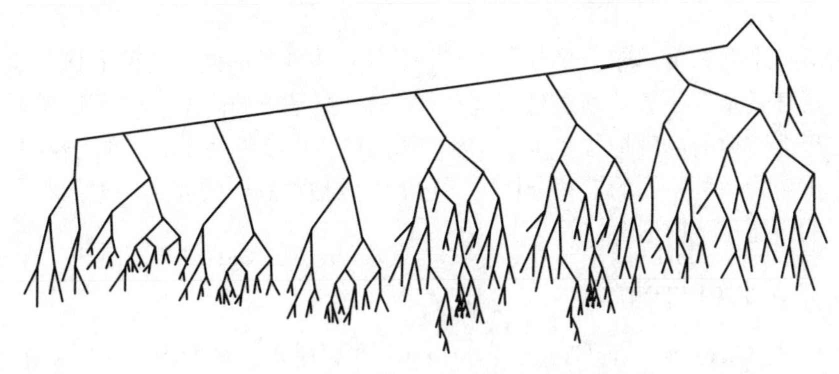

图 8.29　在 $\Theta(n^2)$ 次插入/删除后的二叉查找树

在删除操作中，可以通过随机选取右子树的最小元素或左子树的最大元素代替被删除的元素以消除这种不平衡问题，这样能够显著地消除上述偏向并使树保持平衡，但是没有人证明过这一点。这种现象似乎主要是理论上的问题，因为对于较小的树而言，上述效果根本显示不出来，如果进行 $O(n^2)$ 对插入和删除操作，那么这种方法似乎能使树得到平衡。

上面的讨论主要说明，明确“平均”的含义一般很困难，可能需要一些假设，这些假设可能合理，也可能不合理。不过，在没有删除或使用懒惰删除的情况下，可以证明所有二叉查找树都是等可能出现的，而且可以断言：上述那些操作的平均运行时间都是 $O(\log n)$。除像上面讨论的一些个别情况外，这个结果与实际观察到的情形是非常吻合的。

如果向一棵预先排序的树输入数据，那么一连串插入操作将花费二次时间，而链表实现的代价会非常大，因为此时的树将只由那些没有左儿子的节点组成。一种解决办法就是要有一个称为**平衡**（balance）的附加结构条件：任何节点的深度均不得过深。

有许多一般的算法能实现平衡树。但是，大部分算法都要比标准的二叉查找树复杂得多，而且更新平均要花费更长的时间。不过，它们确实能防止处理起来非常麻烦的一些简单情形。

另外，较新的方法是放弃平衡条件，允许树有任意的深度，但是在每次操作之后要用一个调整规则进行调整，使后面的操作效率能更高。这种类型的数据结构一般属于**自调整**（self-adjusting）类结构。在二叉查找树的情况下，对于任意单个运算我们不再保证 $O(\log n)$ 的时间界，但是可以证明任意连续 M 次操作在最坏的情形下花费时间为 $O(M \log n)$。一般这足以防止令人棘手的最坏情形。

8.5 二叉平衡树

对于一个含有 n 个节点的二叉查找树，执行查找的时间与树的形状有很大关系，在最坏的情况下查找所需的时间为 $O(n)$，这是树的高度没有得到控制引起的，如果能将树的高度控制在 $\log n$ 内，那么查找也能够在 $\log n$ 次比较内结束。二叉平衡树是一种特殊的二叉查找树，它能有效地控制树的高度，避免产生普通二叉树的“退化”树形。

8.5.1 二叉平衡树的概念

AVL(M.G.Adelson-Velskii 和 E.M.Landis) 树是带有平衡条件的二叉查找树。一棵 AVL 树是其每个节点的左子树和右子树的高度最多差 1 的二叉查找树（空树的高度定义为 -1）。在图 8.30 中，图 8.30（a）是 AVL 树而图 8.30（b）不是。每一个节点（在其节点结构中）保留高度信息。可以证明，一般来说，一个 AVL 树的高度最多为 $1.44\log(n+2) - 1.328$，但是实际上的高度只比 $\log n$ 稍微多一些。图 8.31 显示一棵具有最少节点（143）、高度为 9 的 AVL 树。这棵树的左子树是高度为 7 且节点数最少的 AVL 树，右子树是高度为 8 的节点数最少的 AVL 树。可以看出，在高度为 h 的 AVL 树中，最少节点数 $S(h)$ 由

$S(h)=S(h-1)+S(h-2)+1$ 给出。对于 $h=0, S(h)=1; h=1, S(h)=2$。函数 $S(h)$ 与斐波那契级数密切相关，由此推出上面提到的关于 AVL 树的高度的界。

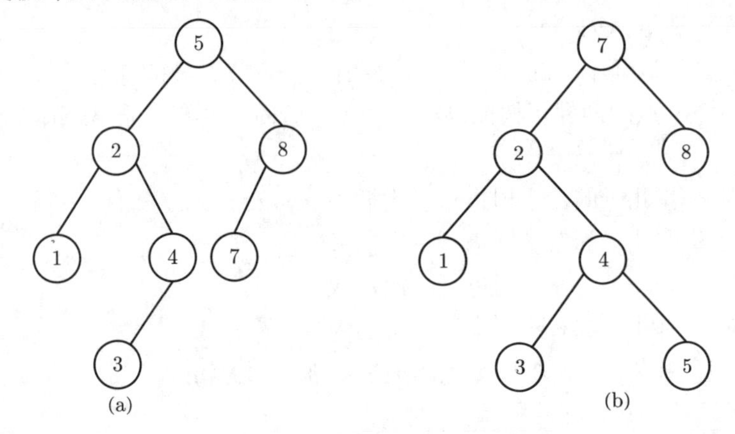

图 8.30　两棵二叉查找树

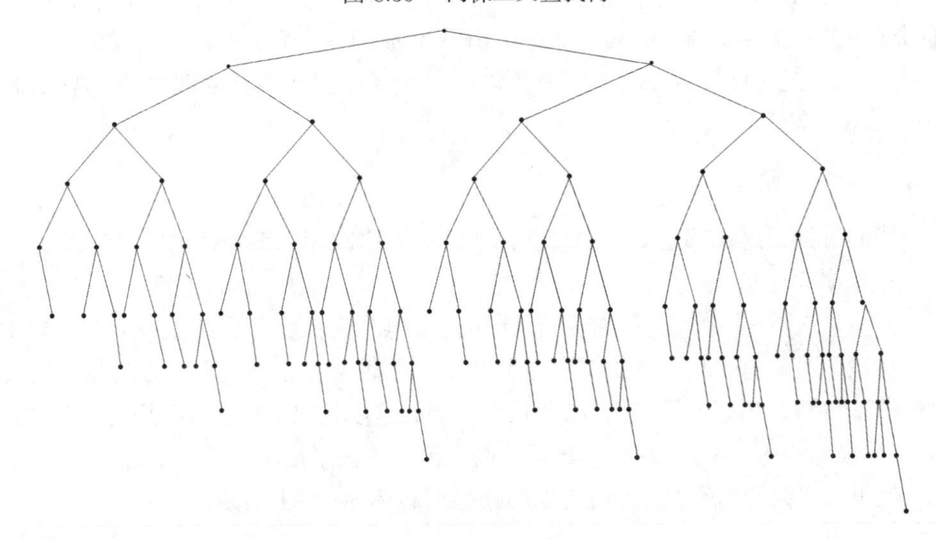

图 8.31　高度为 9 的最小 AVL 树

因此，除去可能的插入外（假设为懒惰删除），所有的树操作都可以以时间 $O(\log n)$ 执行。当进行插入操作时，需要更新通向根节点路径上那些节点的所有平衡信息。而插入操作可能破坏 AVL 树的特性（例如，将 6 插入图 8.30 中的 AVL 树中，将会破坏关键字为 8 的节点平衡条件）。如果发生这种情况，那么就要把上述性质恢复以后才能完成这一步插入操作。我们将这种对树的简单修正称为**旋转**（rotation）。

在插入以后，只有那些从插入点到根节点的路径上的节点的平衡可能被改变，因为只有这些节点的子树可能发生变化。当沿着这条路径上行到根并更新节点高度信息时，可以找到一个节点，它的新平衡破坏了 AVL 条件。我们将指出如何在第一个破坏 AVL 条件的节点（即最深的节点）重新平衡这棵树，并证明这一平衡保证整棵树满足 AVL 特性。

我们把必须重新平衡的节点称作 α，由于任意节点最多有两个儿子，因此高度不平衡时，α 点的两棵子树的高度差为 2。这种不平衡可能出现在下面四种情况中。

（1）对 α 左儿子的左子树进行一次插入。

（2）对 α 左儿子的右子树进行一次插入。

（3）对 α 右儿子的左子树进行一次插入。

（4）对 α 右儿子的右子树进行一次插入。

情形（1）和（4）是关于 α 点的镜像对称，（2）和（3）是关于 α 点的镜像对称。因此理论上只存在两种情况。

第一种情况是插入发生在“外边”的情况（即左-左或右-右的情况），该情况通过对树的一次**单旋转**（**single rotation**）完成调整。第二种情况是插入发生在“内部”的情况（即左-右或右-左的情况），该情况通过更复杂的**双旋转**（**double rotation**）来处理。

8.5.2　平衡化策略

我们看到，这些都是对树的基本操作，它们多次用于平衡树的一些算法中。

1. 单旋转

图 8.32 显示了单旋转调整情形（1）的情况。旋转前，节点 k_2 不满足 AVL 平衡特性，因为它的左子树比右子树深 2 层。在插入前 k_2 满足 AVL 特性，插入后这种特性被破坏了。子树 X 已经长出一层，这使它比子树 Z 深 2 层，Y 与新的 X 不在同一水平上，否则 k_2 在插入前就已经失去平衡了。Y 也不可能与 Z 在同一层上，否则 k_1 就会是在通向根的路径上破坏 AVL 平衡条件的第一个节点。

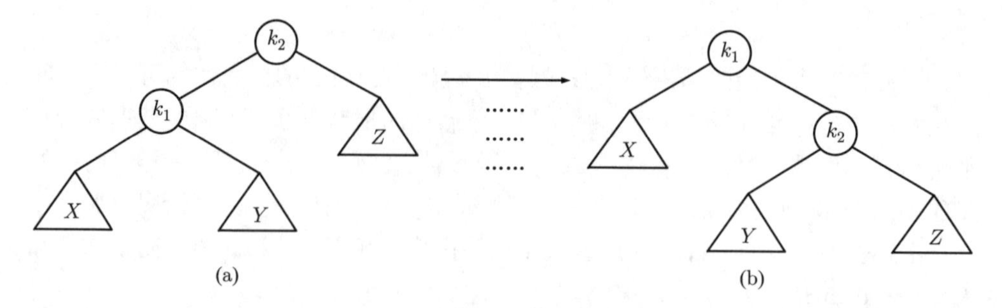

图 8.32　调整情形（1）的单旋转

为使树恢复平衡，我们把 X 上移一层，并把 Z 下移一层。这样实际上超出了 AVL 特性的要求。为此，我们重新安排节点以形成一棵等价的树，如图 8.32（b）所示。我们可以把树想象成柔软灵活的，抓住节点 k_1 向上提，使劲摇动，在重力作用下 k_1 就成了新的根。由二叉树的性质可得，$k_2 > k_1$，于是在新树中 k_2 成了 k_1 的右儿子，X 和 Z 仍然是 k_1 的左儿子和 k_2 的右儿子。子树 Y 包含原树中介于 k_1 和 k_2 之间的节点，可以将它放在新树中 k_2 的左儿子的位置上，这样就能满足对所有顺序的要求。

这样的操作只需一部分对象改变，就能得到另外一棵二叉查找树，它是一棵 AVL 树，因为 X 向上移动了一层，Y 停在原来的水平上，而 Z 下移一层。k_2 和 k_1 不仅满足 AVL 的要求，而且它们的子树都恰好处在同一高度上。不仅如此，整个树的新高度恰恰与插入前原树的高度相同，而插入操作却使子树 X 长高了。因此，通向根节点的路径的高度不需要进一步修正，因而也不需要进一步的旋转。图 8.33 显示在将 6 插入原始的 AVL 树后节点 8 不再平衡。于是在 7 和 8 之间做一次单旋转，结果可得到图 8.33（b）的树。

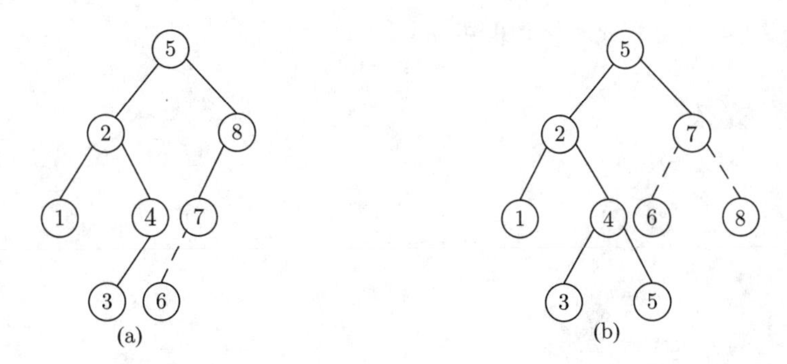

图 8.33 插入 6 破坏了 AVL 特性，而后经过单旋转又将特性恢复

前面提到，情形（4）表示一种对称的情形。图 8.34 表示了单旋转如何修复情形（4）。下面再看一个例子。

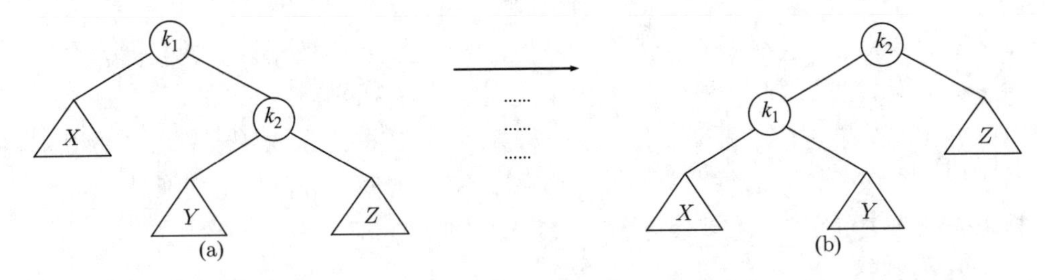

图 8.34 单旋转修复情形 (4)

假设从初始的空 AVL 树开始插入关键字 3、2 和 1，然后依序插入 4~7。在插入关键字 1 时问题出现了，AVL 特性在根处被破坏。我们在根与其左儿子之间

实行单旋转修正这个问题。图 8.35 是旋转之前和之后的两棵树。

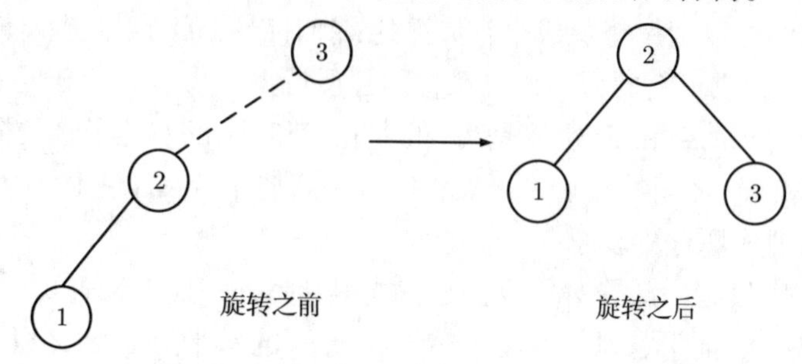

图 8.35　插入 3、2、1

图 8.35 中虚线连接两个节点，它们是旋转的主体。下面插入关键字为 4 的节点，这没有问题，但插入 5 破坏了在节点 3 处的 AVL 特性，而通过单旋转又可将其修正。除旋转引起的局部变化外，树的其余部分必须随该变化进行调整。如图 8.36 所示，本例中节点 2 的右儿子必须重新设置以指向 4 来代替 3，否则会导致树的破坏（4 就会变成不可访问的）。

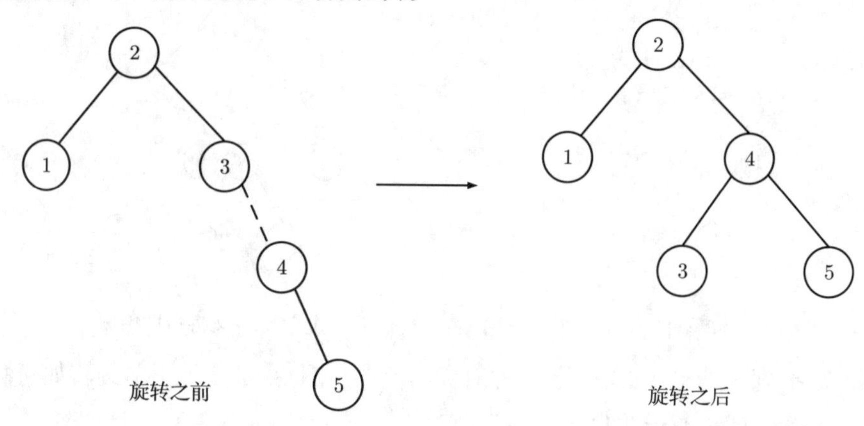

图 8.36　插入 4、5

下面插入 6，这在根节点会产生一个平衡问题，因为它的左子树高度为 0 而右子树高度为 2。因此在根处在 2 和 4 之间实行一次单旋转，如图 8.37 所示。

旋转的结果是使 2 是 4 的一个儿子，而 4 原来的左子树变成节点 2 的新的右子树。在该子树上的每一个关键字均在 2 和 4 之间，因此这个变换是成立的。接下来插入关键字 7，它又将导致一次旋转，如图 8.38 所示。

2. 双旋转

单旋转算法有一个问题，如图 8.39 所示，对于情形（2）和（3）则旋转无效。问题在于子树 Y 太深，单旋转没有减低它的深度。解决这个问题的双旋转在图 8.40 中给出。

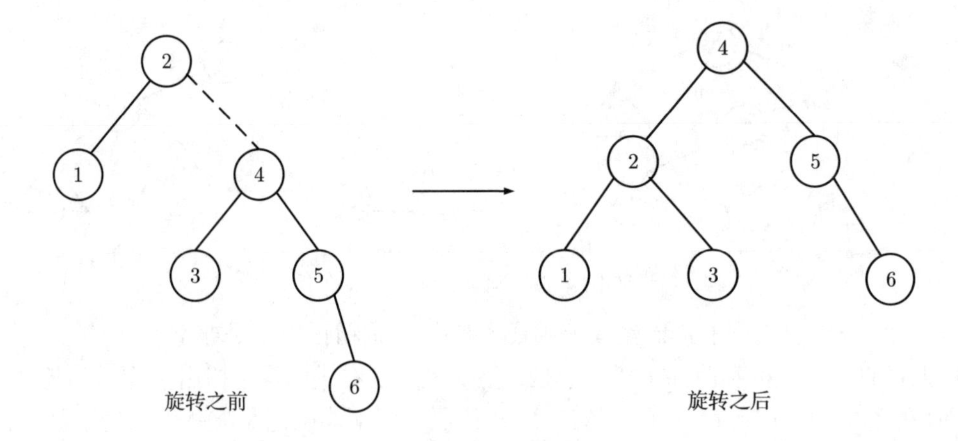

图 8.37 插入 6

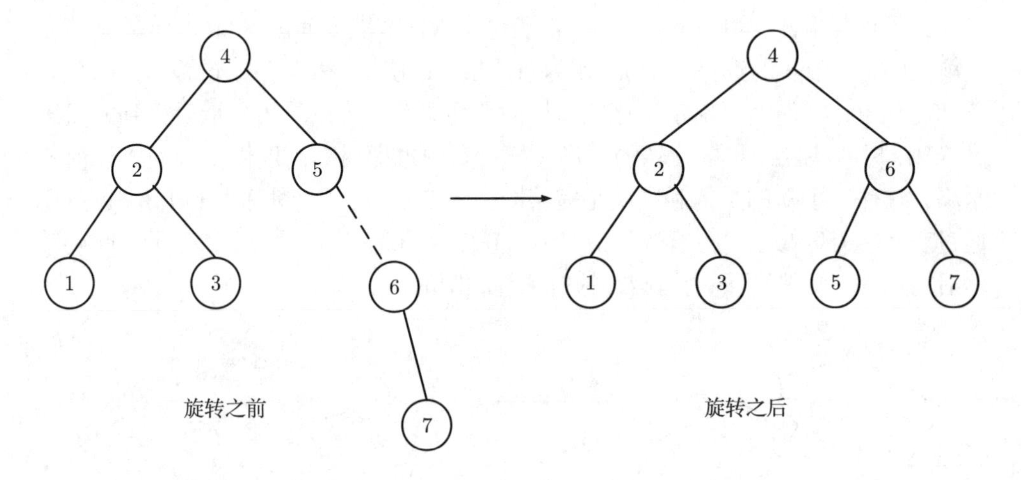

图 8.38 插入 7

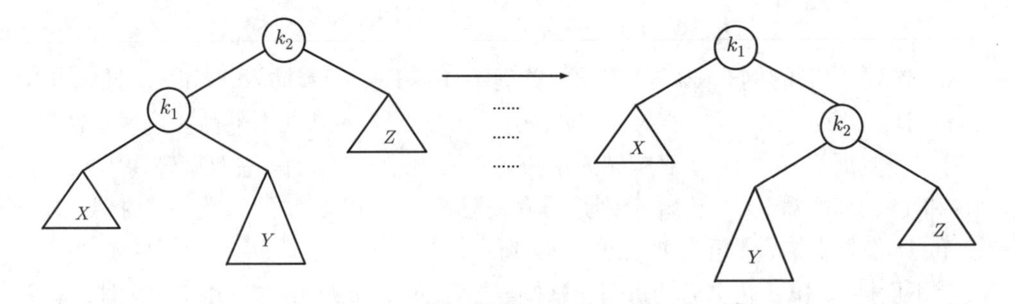

图 8.39 单旋转不能修复情形 (2)

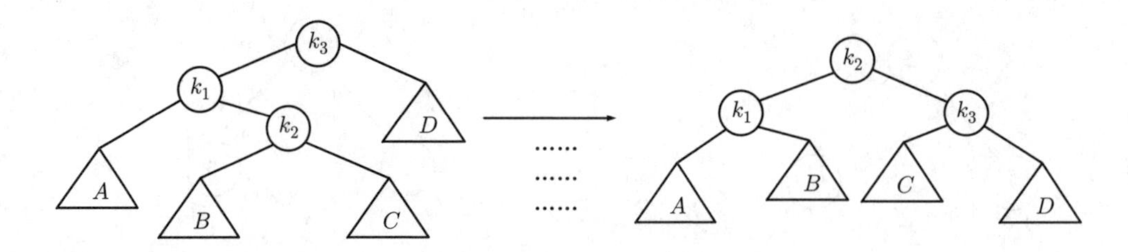

图 8.40　左-右双旋转修复情形 (2)

在图 8.39 中子树 Y 已经有一项插入其中，即保证了 Y 是非空的。因此，可以假设它有一个根和两棵子树。于是，整棵树可以看成四棵子树由 3 个节点连接而成。恰好树 B 或 C 中有一棵比 D 深两层，但不能确定是哪一棵。这不要紧，因为在图 8.40 中 B 和 C 都比 D 低了 $1\frac{1}{2}$ 层。

为了重归平衡，可以看出 k_3 已不能再作为根节点，而图 8.39 所示的旋转无法解决问题，唯一的选择是把 k_2 作为新的根。这使 k_1 和 k_3 分别成为 k_2 的左儿子和右儿子，从而完全确定了这四棵树的最终位置。可以看出，最后得到的树满足 AVL 树的特性，与单旋转的情形一样，我们也把树的高度恢复到插入以前的水平，这保证了新的平衡和高度是完善的。图 8.41 表明，对称情形（3）也可以通过双旋转得以修正。在这两种情况下，其效果与先在 α 的儿子和孙子之间旋转然后在 α 和它的新儿子之间旋转的效果是相同的。

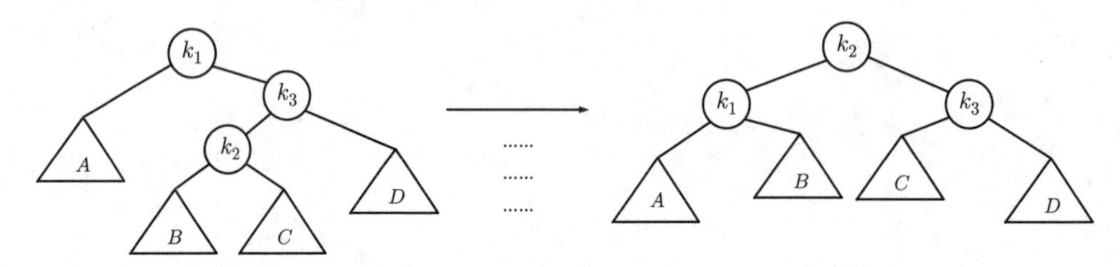

图 8.41　右-左双旋转修复情形 (3)

继续在前面的例子中以倒序插入关键字 10~16，接着插入 8 和 9。插入 16 并不破坏平衡特性，但是插入 15 就会引起在节点 7 的高度不平衡。这属于情形（3），需要通过一次右-左双旋转来解决。在本例中，这个右-左双旋转将涉及 7、16 和 15。此时 k_1、k_2 和 k_3 分别是具有关键字 7、15 和 16 的节点。子树 A、B、C 和 D 都是空树。修正情况如图 8.42 所示。

下面插入 14，它也需要进行一次右-左双旋转，涉及 6、15 和 7。这时，k_1、k_2 和 k_3 分别是具有关键字 6、7 和 15 的节点。子树 A 的根在关键字为 5 的节点上，子树 B 是空子树，它是关键字 7 的节点原先的左儿子，子树 C 和子树 D 的根分别在关键字 14 和关键字 16 的节点上。修正情况如图 8.43 所示。

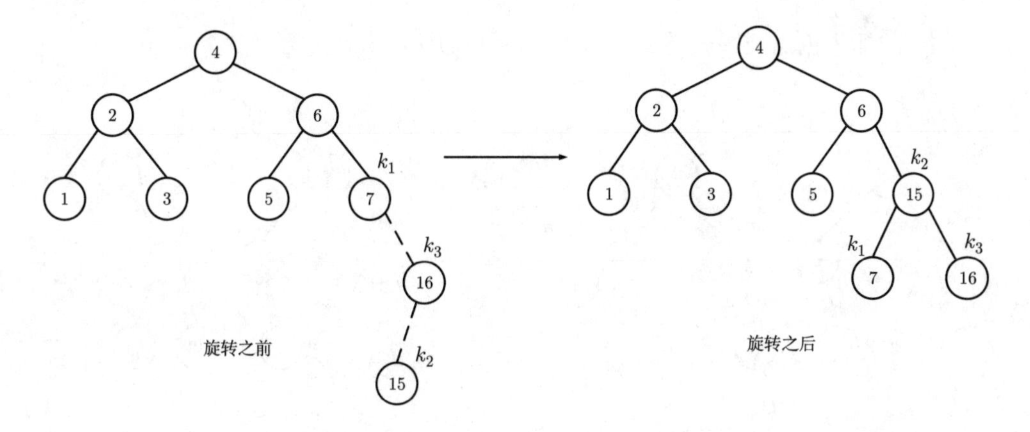

图 8.42 插入 15 后的右-左旋转前后

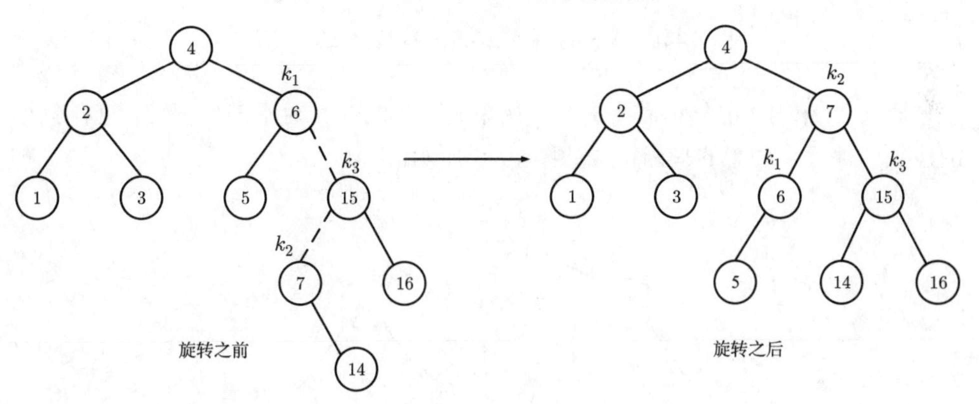

图 8.43 插入 14 后的右-左双旋转修复情形 (2)

现在插入 13，那么在根处就会产生不平衡的情况。由于 13 不在 4 和 7 之间，因此只需一次单旋转就能完成修正的工作，如图 8.44 所示。

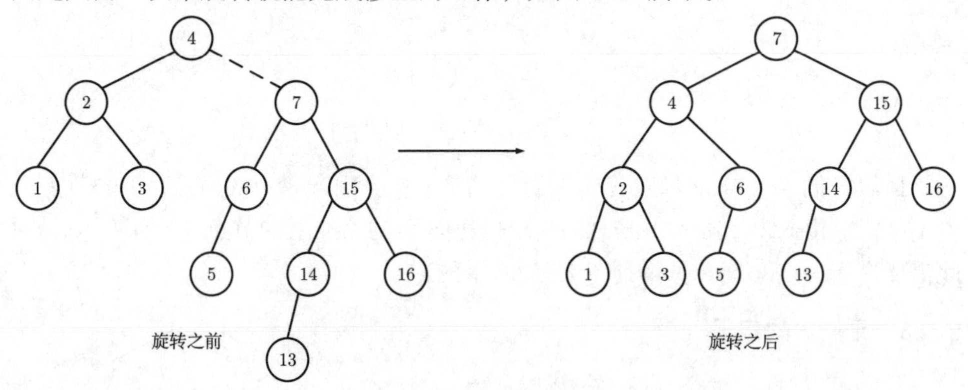

图 8.44 插入 13 后的右-左双旋转修复情形 (2)

12 的插入也需要一次单旋转，如图 8.45 所示。

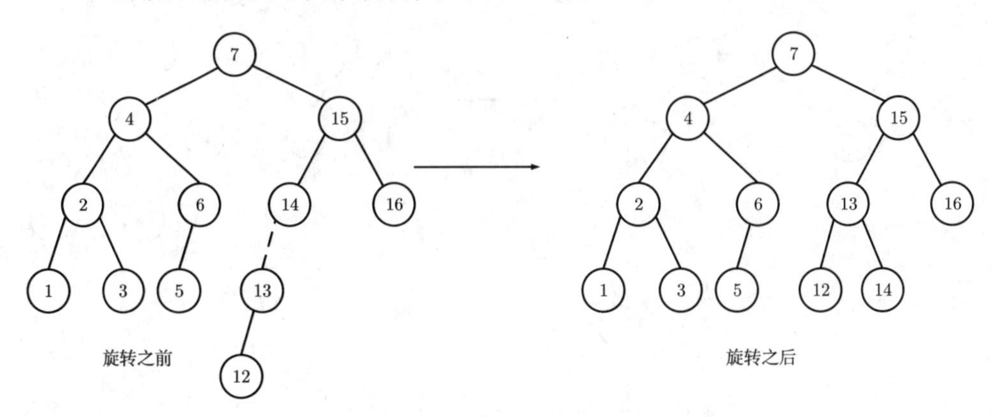

图 8.45　插入 12 后的右-左双旋转修复情形 (2)

插入 11 和 10 也分别需要进行一次单旋转。插入 8 时不进行旋转，这样就可以建立一棵近乎理想的平衡树，如图 8.46 所示。

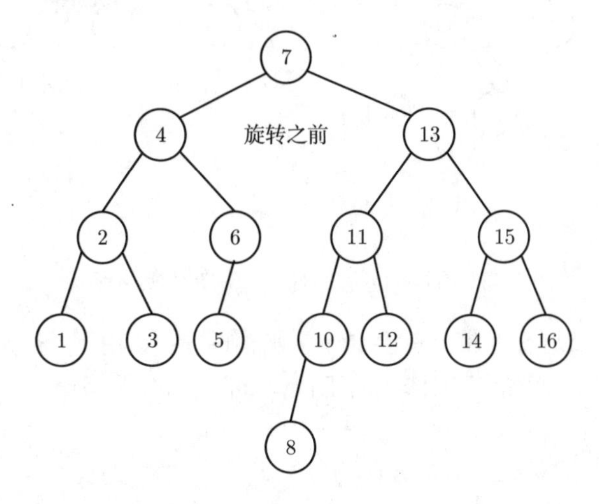

图 8.46　插入 9 之前的平衡树

最后，插入 9 来演示双旋转的对称情形。9 会引起含有关键字 10 的节点产生不平衡。由于 9 在 10 和 8 之间（8 是通向 9 的路径上的节点 10 的儿子），因此需要进行一次双旋转，得到图 8.47 所示的树。

8.5.3　平衡树的实现

我们可以对以上讨论做一个总结。为将关键字为 key 的一个新节点插入一棵 AVL 树 tree 中，我们将 key 插入 tree 的相应子树中。如果子树的高度不变，那

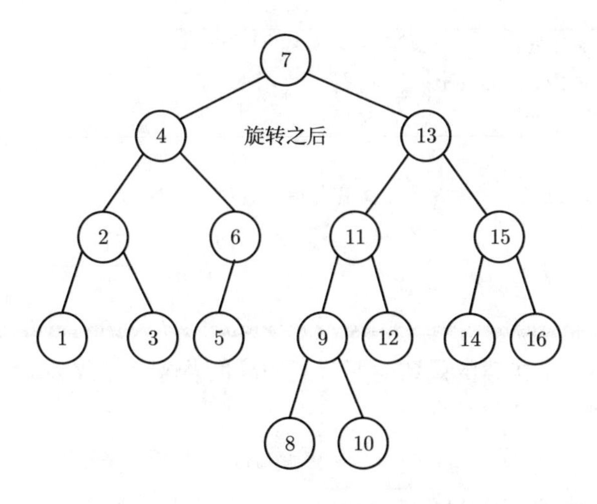

图 8.47 插入 9 旋转之后的平衡树

么插入完成。否则，如果在 tree 中出现高度不平衡，那么可进行适当的单旋转或双旋转，更新高度，同时处理好与树的其余部分的连接，从而完成插入操作。由于一次旋转足以解决问题，因此编写非递归的程序一般来说要比编写递归程序快得多。然而，要想把非递归程序编写正确是相当困难的，很多编程人员还是用递归的方法实现 AVL 树。

除此之外还有高度信息的存储问题。我们实际需要的信息是子树高度的差，可以用两个二进制位（$+1, 0, -1$）分别表示这个差。这样可以避免平衡因子的重复计算，但会导致程序简明性降低，最终的程序要比在每一个节点存储高度时更复杂。如果编写递归程序，则速度就不是主要考虑的问题，此时通过存储平衡因子所得到的些微速度优势很难抵消程序清晰简明性的损失。不仅如此，由于大部分机器存储的最小单位是 8 位二进制，因此所用的空间量不会有什么差别。8 位二进制可使存储空间达到 255 的绝对高度。既然树是平衡的，那么这个存储空间是肯定够用的。

现在来看一些编写 AVL 树的例程。首先给出 AVL 树的节点声明，见程序 8.23。

程序 8.23 AVL 树的声明

```
1 public class AVLTree<V> {
2    AVLTreeNode root;
3    int size;   //存储AVL树节点数目
4
5    class AVLTreeNode {
6        AVLTreeNode left;
```

```
7         AVLTreeNode right;
8         AVLTreeNode parent;
9         int key;
10        V value;
11        int height; //存储节点高度信息
12    }
13    ...
14 }
```

同时还需要一个快速的函数返回节点的高度。这个函数必须处理好 null 的问题，见程序 8.24。

程序 8.24 计算并更新 AVL 节点的高度

```
1 public void updateHeight(AVLTreeNode node) {
2     AVLTreeNode leftSubtree;
3     AVLTreeNode rightSubtree;
4     int leftHeight, rightHeight;
5     leftSubtree=node.left;
6     rightSubtree=node.right;
7     leftHeight=subtreeHeight(leftSubtree);
8     rightHeight=subtreeHeight(rightSubtree);
9     if (leftHeight>rightHeight)
10        node.height=leftHeight+1;
11    else
12        node.height=rightHeight+1;
13 }
```

基本的插入程序主要由一些函数调用组成，见程序 8.25。

程序 8.25 插入节点到 AVL 树

```
1 AVLTreeNode insert(int key, V value) {
2    AVLTreeNode rover;
3    AVLTreeNode newNode;
4    AVLTreeNode previousNode;
5    boolean isLeft=false;
6    //遍历二叉平衡树，一直到空指针处
7    rover=root;
8    previousNode=null;
9    while (rover!=null) {
10       previousNode=rover;
```

```
11        if (key-rover.key<0) {
12            rover=rover.left;
13            isLeft=true;
14        }
15        else {
16            rover=rover.right;
17            isLeft=false;
18        }
19    }
20    //创建一个新节点，以遍历的路径上最后一个节点为双亲节点
21    newNode=new AVLTreeNode();
22    newNode.left=null;
23    newNode.right=null;
24    newNode.parent=previousNode;
25    newNode.key=key;
26    newNode.value=value;
27    newNode.height=0;
28    if (isLeft)
29        previousNode.left=newNode;
30    else
31        previousNode.right=newNode;
32    balanceToRoot(previousNode); //使树重新平衡
33    ++size; //更新节点数
34    return newNode;
35 }
```

对于图 8.48 中的树，rotate 进行单旋转操作，见程序 8.26。

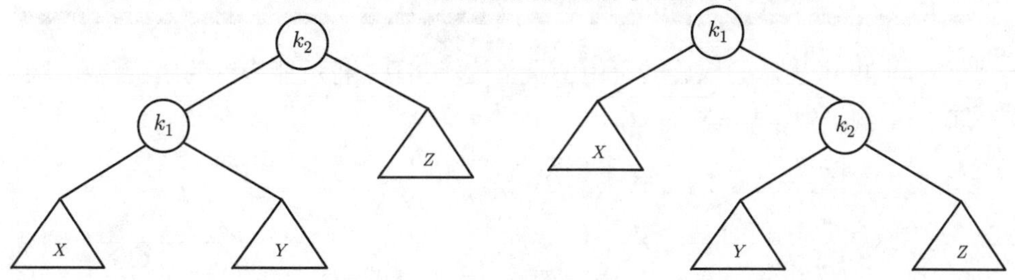

图 8.48　单旋转

程序 8.26　单旋转操作

```
1 /*单旋转。node是待旋转子树的根节点，direction是旋转的方向 */
2 public AVLTreeNode rotate(AVLTreeNode node, boolean isLeft) {
```

```
3     AVLTreeNode newRoot;
4     if (isLeft) {
5         /*根节点的孩子节点将取代其位置：左旋转则右孩子取代，
          反之左孩子取代 */
6         newRoot=node.right;
7         nodeReplace(node, newRoot);
8         /*重置指针变量 */
9         node.right=newRoot.left;
10        newRoot.left=node;
11        /*更新双亲节点 */
12        node.parent=newRoot;
13        if (node.right!=null)
14            node.right.parent=node;
15    }
16    else {
17        newRoot=node.left;
18         nodeReplace(node, newRoot);
19         node.left=newRoot.right;
20         newRoot.right=node;
21         node.parent=newRoot;
22         if (node.left!=null)
23             node.left.parent=node;
24    }
25    updateHeight(newRoot);
26    updateHeight(node);
27    return newRoot;
28 }
```

如图 8.49 中表示的双旋转可由两次单旋转实现，将可能进行的单旋转和双旋转写在一个例程中，见程序 8.27。

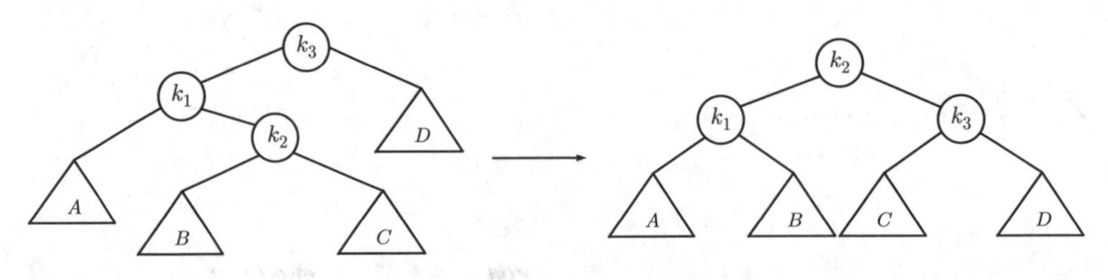

图 8.49　双旋转

程序 8.27 使一个节点平衡的例程

```
1 public AVLTreeNode nodeBalance(AVLTreeNode node) {
2     AVLTreeNode leftSubtree;
3     AVLTreeNode rightSubtree;
4     AVLTreeNode child;
5     int diff;
6     leftSubtree=node.left;
7     rightSubtree=node.right;
8     /*检查孩子节点的高度。如果不平衡，则旋转 */
9     diff=subtreeHeight(rightSubtree) - subtreeHeight(leftSubtree);
10    if (diff>=2) { /*偏向右侧太多 */
11        child=rightSubtree;
12        if (subtreeHeight(child.right)<subtreeHeight(child.left)) {
13            /*如果右孩子偏向左侧，它需要首先右旋转（双旋转） */
14            rotate(rightSubtree, false);
15        }
16        node=rotate(node, true); /*进行左旋转 */
17    }
18    else if (diff<=-2) { /*偏向左侧太多 */
19        child=node.left;
20        if (subtreeHeight(child.left) < subtreeHeight(child.right)) {
21            /*如果左孩子偏向右侧，它需要首先左旋转（双旋转） */
22            rotate(leftSubtree, true);
23        }
24        node=rotate(node, false); /*进行右旋转 */
25    }
26    updateHeight(node); /*更新节点的高度 */
27    return node;
28 }
```

对 AVL 树的删除要比插入复杂，如程序 8.28 所示。如果删除操作相对较少，那么懒惰删除可能是最好的策略。

程序 8.28 删除 AVL 树的节点

```
1 void removeNode(AVLTreeNode node) {
2     AVLTreeNode swapNode;
3     AVLTreeNode balanceStartpoint;
4     /*待删除的节点需要用关键字与其最接近的节点取代其位置，
      找到交换的节点 */
```

```
5     swapNode=getReplacement(node);
6     if (swapNode==null) {
7         /*这是一个叶子节点，可以直接删除 */
8         nodeReplace(node, null); /*将节点与其双亲断开 */
9         balanceStartpoint=node.parent; /*从原节点的双亲开始重新平衡 */
10    }
11    else {
12        /*从交换的节点的原双亲开始重新平衡。当原双亲是待删除节点时，
          从交换的节点开始重新平衡 */
13        if (swapNode.parent==node)
14            balanceStartpoint=swapNode;
15        else
16            balanceStartpoint=swapNode.parent;
17            /*将与原节点相关的指针引用复制到交换的节点中 */
18            swapNode.left=node.left;
19            if (swapNode.left!=null)
20                swapNode.left.parent=swapNode;
21            swapNode.right=node.right;
22            if (swapNode.right!=null)
23                swapNode.right.parent=swapNode;
24            swapNode.height=node.height;
25            nodeReplace(node, swapNode);
26    }
27    size--; /*更新节点数 */
28    balanceToRoot(balanceStartpoint); /*使树重新平衡 */
29 }
```

程序 8.28 中用到的 nodeReplace 是将一个节点用另一个节点替换，getReplacement 的作用是找到与给定节点关键字最接近的节点，将其从树中断开。这些方法的实现如程序 8.29 所示。

程序 8.29 nodeReplace 和 getReplacement 的实现

```
1 /*找出节点连在其双亲节点的哪一侧，左侧返回1，右侧为0 */
2 public boolean isParentLeftSide(AVLTreeNode node) {
3     if (node.parent.left==node)
4         return true;
5     else
6         return false;
7 }
```

```
8
9  /*将节点1用节点2替换 */
10 public void nodeReplace(AVLTreeNode node1,
11         AVLTreeNode node2) {
12     if (node2!=null)
13         node2.parent=node1.parent; /*设置节点的双亲指针 */
14         if (node1.parent==null)
15             root=node2;
16         else {
17             if (isParentLeftSide(node1))
18                 node1.parent.left=node2;
19             else
20                 node1.parent.right=node2;
21             updateHeight(node1.parent);
22         }
23 }
24
25  /*找到与给定节点关键字最接近的节点，将其从树中断开 */
26  public AVLTreeNode getReplacement(AVLTreeNode node) {
27     AVLTreeNode leftSubtree;
28  AVLTreeNode rightSubtree;
29  AVLTreeNode result;
30  AVLTreeNode child;
31  int leftHeight, rightHeight;
32  boolean isLeftHigher;
33  int side;
34  leftSubtree=node.left;
35  rightSubtree=node.right;
36  if (leftSubtree==null && rightSubtree==null) /*无孩子节点 */
37      return null;
38  /*从更高的子树中选择节点，以使树保持平衡 */
39  leftHeight=subtreeHeight(leftSubtree);
40  rightHeight=subtreeHeight(rightSubtree);
41  if (leftHeight<rightHeight)
42      isLeftHigher=false;
43  else
44      isLeftHigher=true;
45  /*搜索关键字最接近的节点 */
```

```
46 if (isLeftHigher) {
47     result=node.left;
48     while (result.right!=null)
49         result=result.right;
50     /*断开节点，如果它有孩子节点则取代其位置 */
51     child=result.left;
52 }
53 else {
54     result=node.right;
55     while (result.left!=null)
56         result=result.left;
57     /*断开节点，如果它有孩子节点则取代其位置 */
58     child=result.right;
59 }
60 nodeReplace(result, child);
61 updateHeight(result.parent);
62 return result;
63 }
```

8.6　其他一些树

8.6.1　伸展树

本书描述一种相对简单的数据结构，称为**伸展树**（splay tree），它保证从空树开始任意连续 M 次对树的操作最多花费 $O(M\log n)$ 时间。虽然这种保证并不排除任意单次操作花费 $O(n)$ 时间的可能，而且这样的界也不如每次操作最坏情形的界为 $O(\log n)$ 时那么短，但是实际效果是一样的。一般来说，当 M 次操作序列总的最坏情形运行时间为 $O(MF(n))$ 时，就说它**摊还**（amortized）运行时间为 $O(F(n))$。因此，一棵伸展树每次操作的摊还代价是 $O(\log n)$。经过一系列的操作之后，有的可能花费时间多一些，有的可能要少一些。

伸展树是基于这样的事实：对于二叉查找树来说，每次操作最坏情况时间 $O(n)$ 并非不好，只要它相对不常发生就行。任何一次访问，即使花费 $O(n)$，仍然可能非常快。二叉查找树的问题在于，虽然一系列访问整体都有可能发生不良操作，但是很罕见。此时，累积的运行时间很重要。具有最坏情形运行时间 $O(n)$ 但保证对任意 M 次连续操作最多花费 $O(M\log n)$ 运行时间的查找树数据结构确实令人满意，因为不存在坏的操作序列。

如果任意特定操作可以有最坏时间界 $O(n)$，而我们仍然要求一个 $O(\log n)$ 的摊还时间，显然，为了达到这个目标，只要一个节点被访问了，那么它必须被移动。否则，一旦发现一个深层节点，就有可能不断对它进行访问。如果这个节点不改变位置，而每次访问又花费了 $O(n)$，那么 M 次访问将花费 $O(M \cdot n)$ 的时间。这是引入伸展树的原因。

伸展树的基本想法是，当一个节点被访问后，它就要经过一系列 AVL 树的旋转被放到根上。注意，如果一个节点很深，那么在其路径上就存在许多节点也相对较深，通过重新构造可以使对所有这些节点的进一步访问所花费的时间变少。因此，如果节点过深，那么还要求通过重新构造使这棵树的不平衡度降低。除了在理论上给出好的时间界外，这种方法还可能有实际的效用：因为在许多应用中当一个节点被访问时，它就很可能不久后再被访问。研究表明，这种情况的发生比人们预料的要频繁得多，另外，伸展树还不要求保留高度或平衡信息，因此它在某种程度上节省空间并简化代码。

实施上面描述的重新构造的一种方法是执行单旋转，如图 8.32 所示，从下到上进行。不过这种方法效率不是很高：因为这些旋转的效果是将 k_1 一直推向树根，使得对 k_1 的进一步访问很容易，不足的是它把另外一个节点 k_3 几乎推向和 k_1 以前同样的深度。虽然这个策略使得对 k_1 的访问花费时间减少，但是它并没有明显的改变访问路径上其他节点的状况。为此我们可以采用**展开**的方法实现上述描述。

8.6.2 B-树

虽然迄今为止我们所看到的查找树都是二叉树，但是还有一种常用的查找树不是二叉树。这种树称为 **B-树**（B-tree）。

阶为 M 的 B-树具有下列结构特性。

（1）树的根或者是一片树叶（全树只有一片树叶），或者其儿子数在 2 和 M 之间。

（2）除根外，所有非树叶节点的儿子数在 $\lceil M/2 \rceil$ 和 M 之间。

（3）所有的树叶都在相同的深度上。

B-树中所有的数据都存储在树叶上。在每一个内部节点上皆含有指向该节点各儿子的对象 P_1，P_2，$\cdots$，P_M 和分别代表在子树 P_2，P_2，$\cdots$，P_M 中发现的最小关键字的值 k_1，k_2，$\cdots$，k_{M-1}。当然，可能有些对象是 null，而其对应的 k_i 则是未定义的。对于每一个节点，其子树 P_1 中所有关键字都小于子树 P_2 的关键字。树叶包含所有实际数据，这些数据或者是关键字本身，或者是指向含有这些关键字的记录的对象，这里我们假设为前者。B-树有多种定义，这些定义在一些细节上不同于我们定义的结构，不过我们定义的 B-树是一种更常用的结构。另一种常用的结构允许实际数据存储在树叶上，也可以存储在内部节点上，正如二叉查找树一样。此外，我们还要求在非根树叶中关键字的个数也在 $\lceil M/2 \rceil$ 和 M 之间。

图 8.50 中的树是 4 阶 B-树的一个例子。

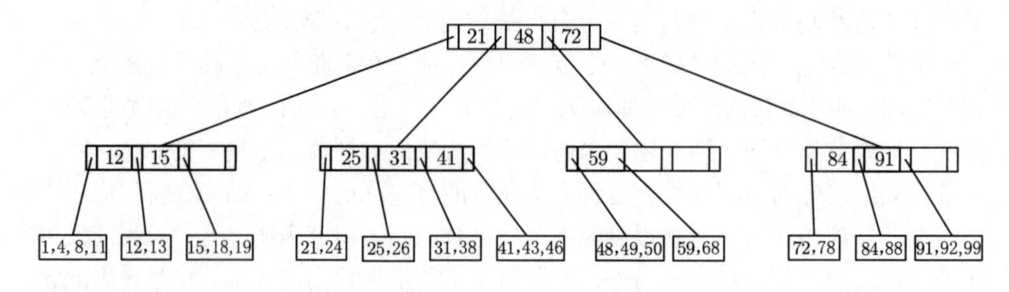

图 8.50　4 阶 B-树

4 阶 B-树更常用的称呼是 2-3-4 树，而 3 阶 B-树称为 2-3 树。我们将通过 2-3 树的特性情形来描述 B-树的操作。见图 8.51 的 2-3 树。

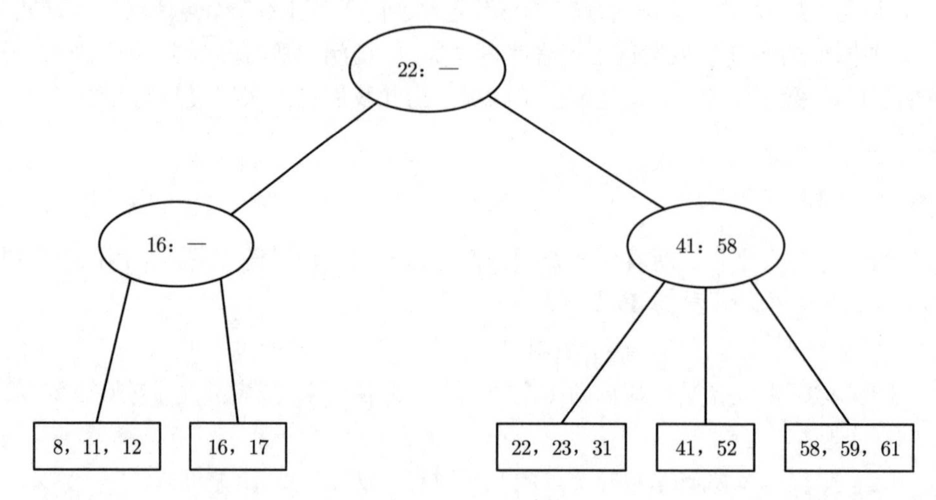

图 8.51　2-3 树

用椭圆画出内部节点（非树叶），每个节点含有两个数据。椭圆中的短横线表示内部节点的第二个信息，它表明该节点只有两个儿子。树叶用方框画出，框内含有关键字。树叶中的关键字是有序的。为了执行一次访问，我们从根开始并根据要查找的关键字与存储在节点上的两个（可能是一个）值之间的关系确定（最多）三个方向中的一个方向。

为了对未知的关键字 X 执行一次插入操作，首先按照执行访问的步骤进行。

当到达一片树叶时，就找到了插入 X 的正确的位置。例如，为了插入关键字为 18 的节点，可以把它加到一片树叶上而不破坏 2-3 树的性质。插入结果表示在图 8.52 中。

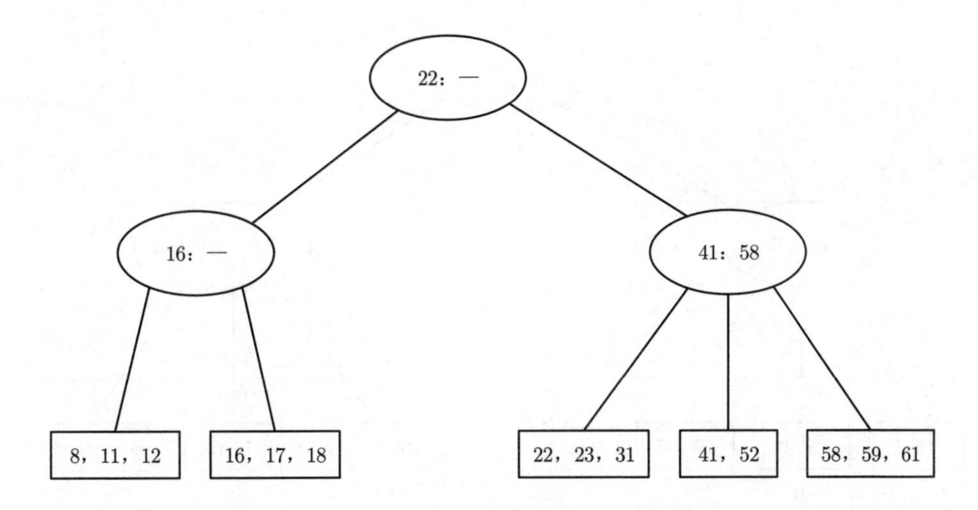

图 8.52　插入 18

不过，由于一片树叶只能容纳两个或三个关键字，因此上面的做法不总是可行的。如果现在把 1 插入树中，就会发现 1 所属的节点已经满了。将这个新的关键字放入该节点，会使它有四个关键字，而这是不可行的。解决的办法是，构造两个节点，每个节点中有两个关键字，同时调整它们父节点的信息，如图 8.53 所示。

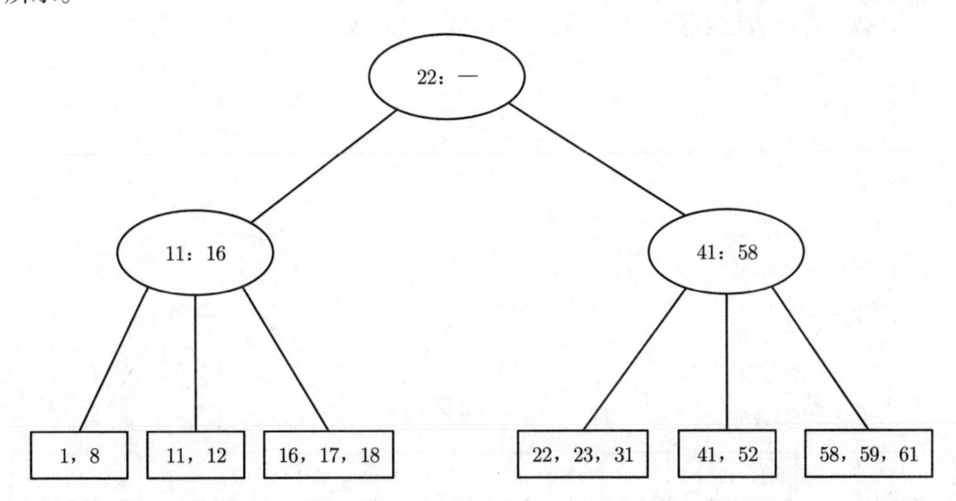

图 8.53　插入 1

然而，这个办法也不总是能行得通，将 19 插入当前的树中时就会出现问题。如果构造两个节点，每个节点有两个关键字，那么将得到下列的树，如图 8.54 所示。

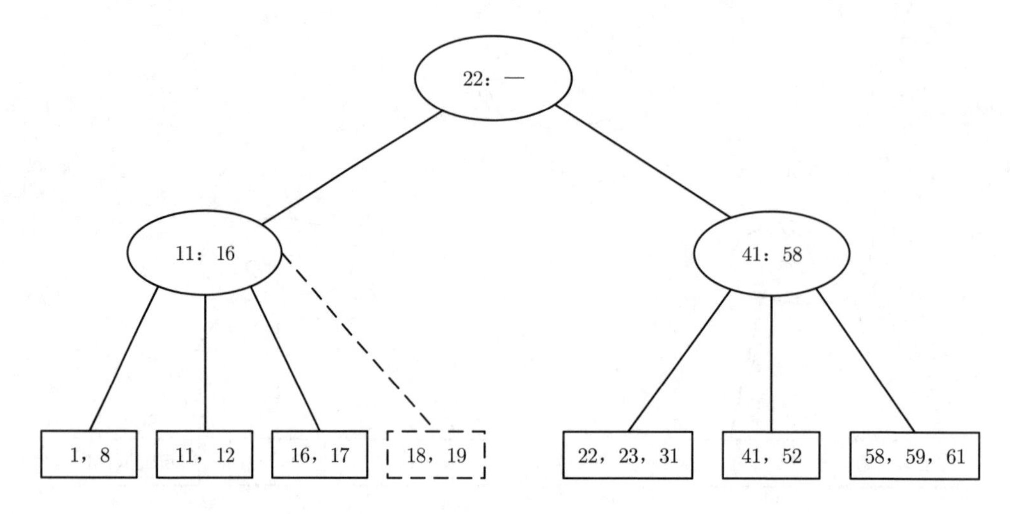

图 8.54　插入 19

这棵树的一个内部节点有四个儿子，然而只允许每个节点有三个儿子。解决方法很简单，只要将这个节点分成两个节点，每个节点两个儿子即可。当然，这个节点本身可能就是三个儿子节点之一，而这样分裂该节点将给它的父节点带来一个新问题（该父节点就会有四个儿子），但我们可以在通向根的路径上一直这么分下去，直到达到根节点，或者找到一个有两个儿子的节点。在这里，我们只能用分裂节点的方法到达所见的第一个内部节点，如图 8.55 所示。

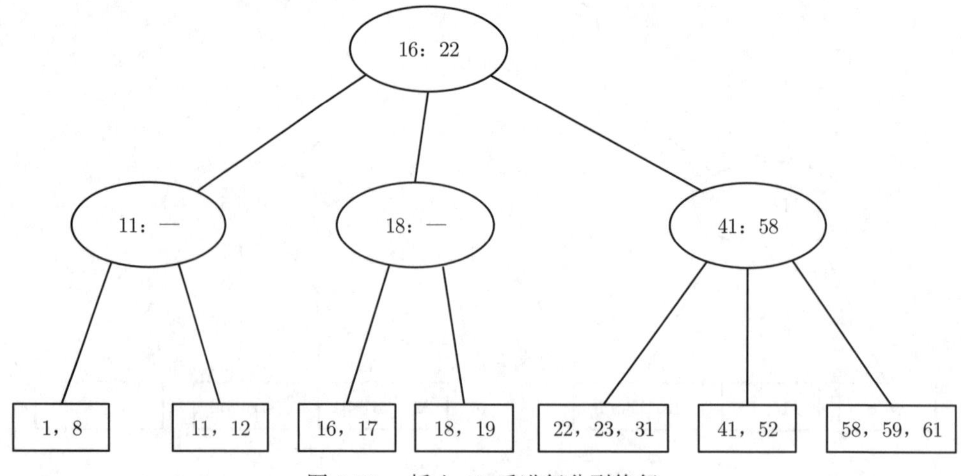

图 8.55　插入 19 后进行分裂修复

如果现在插入关键字为 28 的一个元素，那么就会出现一片具有四个儿子的树叶，它可以分成两片树叶，每片有两个儿子，如图 8.56 所示。

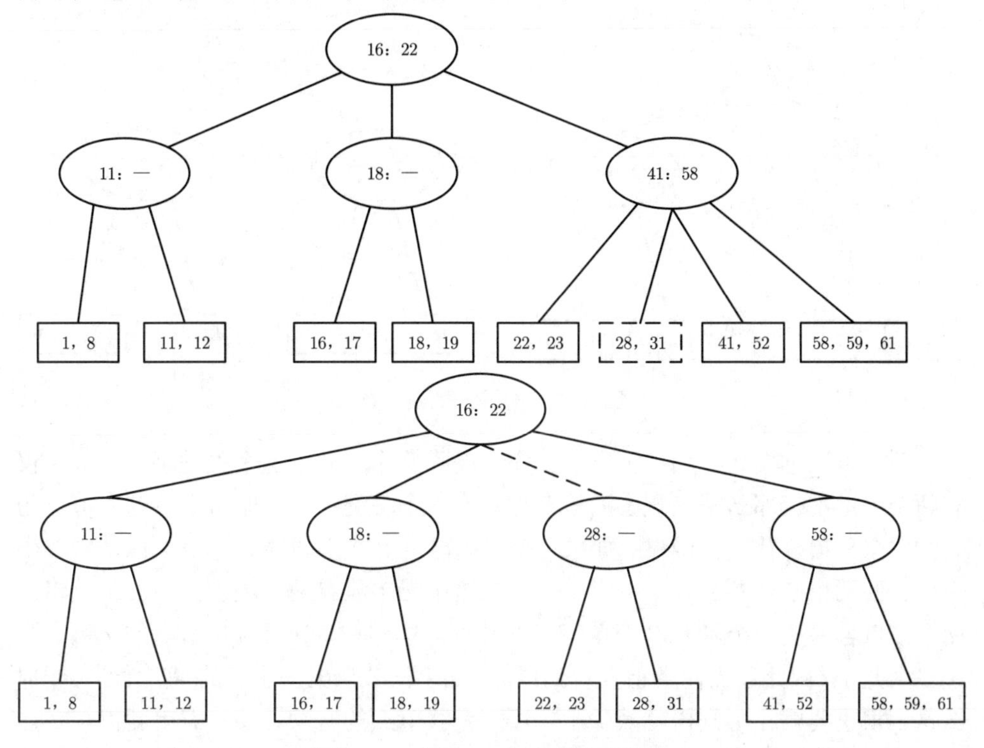

图 8.56 插入 28 后进行分裂修复

这样，又产生一个具有四个儿子的内部节点，此时它被分成两个儿子节点。这里做的就是把该节点分成两个节点。这个时候产生一个特殊情况，通过创建一个新的根节点可以结束对 28 的插入，这是 2-3 树增加高度的唯一方法，如图 8.57 所示。

还要注意的是，当插入一个关键字的时候，只有在访问路径上的那些内部节点才有可能发生变化。这些变化与这条路径的长度成比例；但是要注意，由于需要处理的情况相当多，因此很容易发生错误。

对于一个节点的儿子太多的情况，除了刚才描述的简单情况外，还有一些其他处理方法。当把第四个关键字添加到一片树叶上的时候，可以首先查找只有两个关键字的兄弟，而不是把这个节点分裂成两个。例如，为把 70 添加到图 8.57 所示的树中，可以把 58 挪到包含 41 和 52 的树叶中，再把 70 与 59 和 61 放到一起，并调整一些内部节点中的各项。这个方法也可以用到内部节点上并尽量使更多的节点具有足够的关键字。这种方法的编程过程有些复杂，但浪费的空间极少。

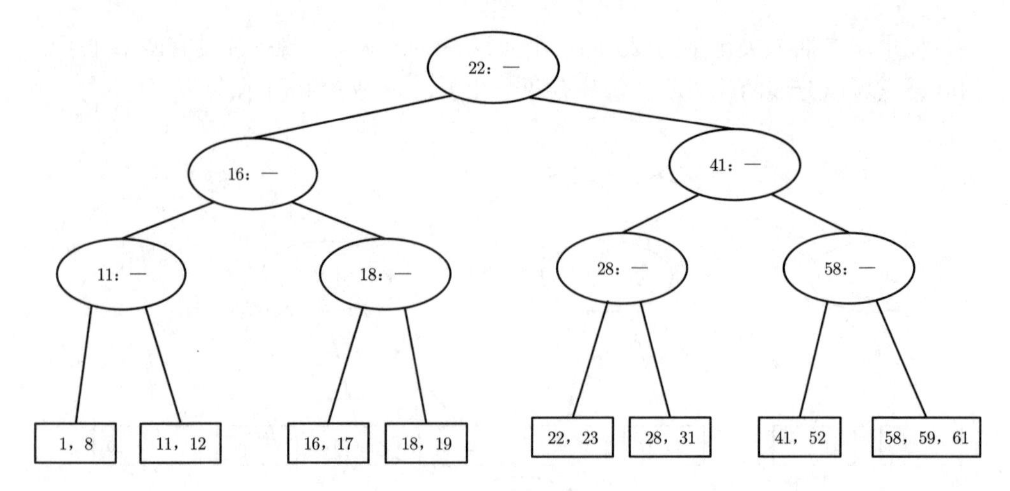

图 8.57　创建新的根节点

还可以通过查找并删去关键字以完成删除操作。如果这个关键字所在节点仅有两个关键字，那么将它删去后该节点只剩一个关键字。此时可以将这个节点与它的一个兄弟合并进行调整。如果这个兄弟已有 3 个关键字，那么可以从中取出一个，使两个节点各有两个关键字。如果这个兄弟只有两个关键字，那么就将这两个节点合并成一个具有 3 个关键字的节点。这样一来，这两个节点的父亲失去了一个儿子，因此还需向上检查直到顶部。如果根节点失去了它的第二个儿子，那么这个根也要删除，则树就减少了一层。合并节点的时候，要注意更新保存在这些内部节点上的信息。

对于一般的 M 阶 B-树，当插入一个关键字时，如果接收该关键字的节点已经具有 M 个关键字，这个关键字将使该节点具有 $M+1$ 个关键字，这时可以把它分裂成两个节点，它们分别具有 $\lceil (M+1)/2 \rceil$ 和 $\lfloor (M+1)/2 \rfloor$ 个关键字。由于这将使父节点多出一个儿子，因此必须检查这个节点是否可以被父节点接受。如果这个父节点已经具有 M 个儿子，那么该父节点就要被分裂成两个节点。这个过程要一直重复直到找到一个具有少于 M 个儿子的节点。如果需要分裂根节点，那么就要创建一个新的根，这个根具有两个儿子。

B-树的深度最多是 $\lceil \log_{\lceil M/2 \rceil} n \rceil$。对于在路径上的每个节点，需要 $O(\log M)$ 的工作量来确定选择的分支（利用折半查找）。而插入和删除操作需要 $O(M)$ 的工作量来调整该节点上的所有信息。因此，对于每个插入和删除运算，最坏情形的运行时间为 $O(M \log_M n) = O((M/\log M) \log n)$，不过一次访问操作只花费 $O(\log n)$ 的时间。由经验得知，从运行时间考虑，M 最好选择 3 或 4，当 M 再增大时插入和删除的时间就会增加。如果只关心主存的速度，则更高阶的 B-树（如 5-9 树）就没有什么优势了。

B-树实际用于数据库系统时，树被存储在物理磁盘上而非主存中。一般来说，对磁盘的访问要比任何主存操作慢几个数量级。如果使用 M 阶 B-树，那么访问磁盘的次数是 $O(\log_M n)$。虽然每次磁盘访问花费 $O(\log M)$ 来确定分支的方向，但是执行该操作的时间一般要比读存储器的区块（block）所花费的时间少得多，因此可以忽略不计（若 M 的值选择合理）。即使在每个节点更新需要花费 $O(M)$ 的操作时间，这个值一般不大。此时 M 的值就应为一个内部节点能够装入一个磁盘区块的最大值，一般来说在 $32 \leqslant M \leqslant 256$ 范围内。选择存储在一片树叶上的元素的最大个数时，要使树叶是满的，那么它就装满一个区块。这意味着一个记录可以在很少的磁盘访问中被找到，因为典型的 B-树深度只有 2 或 3，而根（很可能还有第一层）可以放在主存中。

在配合磁盘进行数据库系统的设计时，当一棵 B-树被占满 $\ln 2 = 69\%$ 时，如果得到第 $M+1$ 项，程序实现时不是先分裂节点，而是搜索能够接纳新儿子的兄弟，此时就可以更好地利用空间。

8.6.3 红黑树的概念

AVL 树常用的另一种形式是**红黑树**（red black tree）。之前提到的 3 阶 B-树可以实现高效率查找，但是存在 2-和 3-两种节点，代码实现起来比较复杂，如果把 3 阶 B-树的 3-节点表示成两个普通的 2-节点，然后这两个节点之间用一条“红色”的支路连接起来。由于每个节点只有一条支路指向它（即从其父节点出发的支路），考虑把指向该节点支路的颜色存储在该节点的信息内，那么这个点的“颜色”就和指向它的支路“颜色”相同。红黑树就是用红节点表示 3-节点的 3 阶 B-树。

对红黑树的操作在最坏情形下需要 $O(\log n)$ 时间，而本节将介绍一种插入操作的非递归实现，它相对于 AVL 树更容易完成。

红黑树是一种二叉查找树，具有下列着色性质。

（1）每一个节点都被着色为黑色或红色。

（2）根节点是黑色的。

（3）如果一个节点是红色的，那么它的子节点必须是黑色的。

（4）从一个节点到一个 null 的每一条路径必须包含相同数目的黑色节点。

着色法则的一个推论是：红黑树的高度最多为 $2\log(n+1)$。因此查找操作是一种对数操作。图 8.58 是一棵红黑树，其中红色的节点用双圆圈表示。

与 AVL 树类似，红黑树较为复杂的操作在于将一个新项插入树中。通常我们把新项作为树叶放到树中。如果把这项涂成黑色，那么就违反了性质（4），因为这将会建立一条更长的黑节点的路径。因此，这一项必须涂成红色。如果它的父

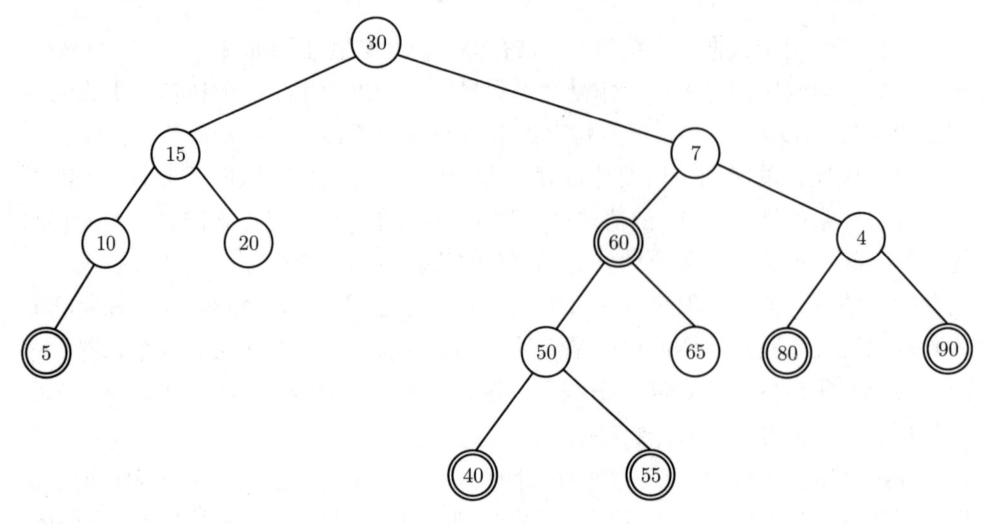

图 8.58　红黑树的例子

节点是黑色的，则插入完成；如果它的父节点已经是红色的，那么得到连续红色节点就会违反性质（3）。在这种情况下，必须调整该树以确保在不导致性质（4）被违反的情况下满足性质（3）。这里将介绍红黑树颜色的改变以及树的旋转操作。

8.6.4　红黑树的实现

1. 自底向上插入

前面提到，如果新插入的项的父节点是黑色的，那么插入完成。因此，图 8.58 将 25 插入树中可以简单地完成。

如果父节点是红色的，那么有以下几种情形（每种情形都有一个镜像对称）需要考虑。首先假设这个父节点的兄弟是黑色的（规定 null 节点都是黑色的）。这对于插入 3 和 8 都是适用的，但对于插入 99 不适用。令 X 是新加的树叶，P 是它的父节点，S 是该父节点的兄弟（若存在），G 是祖父节点。这时只有 X 和 P 是红的，G 是黑的，否则就会在插入前有两个相连的红色节点，违反了红黑树法则。X、P 和 G 可以形成一个一字形链或之字形链（两个方向中的任一个方向）。图 8.59 示例当 P 是一个左儿子时（有一个对称情形），该如何旋转该树。即使 X 是一片树叶，我们还是画出更一般的情形，使 X 在树的中间。之后我们将用到这个更一般的旋转。

第一种情形对应 P 和 G 之间的单旋转，而第二种情形对应双旋转，该双旋转首先在 X 和 P 之间进行，然后在 X 和 G 之间进行。当编写程序的时候，我们应记录好父节点、祖父节点，并且为了重新连接还要记录曾祖节点。

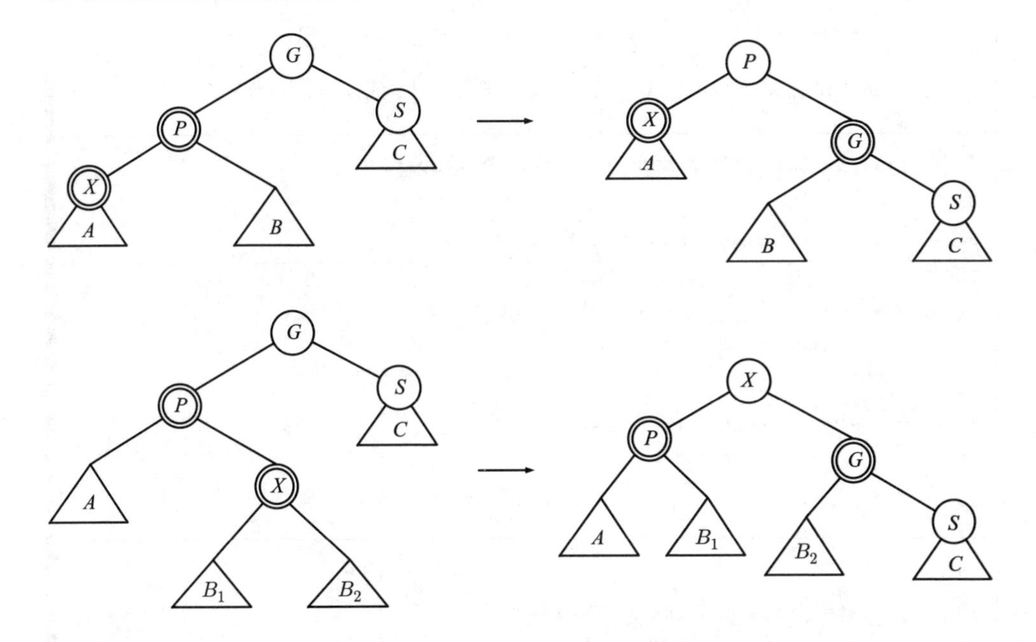

图 8.59 如果 S 是黑色的，则单旋转和之字形旋转有效

在两种情形下，子树的新根均被涂成了黑色，因此，即使原来的曾祖节点是红色的，也避免了两个相邻节点都为红色的情况。同样，这些旋转的结果是通向 A、B 和 C 路径上的黑色节点个数保持不变。

现在要把 79 插入图 8.58 的树中，如果 S 是红色的，初始时从子树的根到 C 的路径上有一个黑色节点，在旋转之后，一定仍然还是只有一个黑色节点。但在两种情况下，在通向 C 的路径上都有三个节点（新的根节点、G 和 S）。由于只有一个可能是黑色的，又由于不能有连续的红色节点，所以要把 S 和子树的新根都涂成红色，而把 G（以及第四个节点）涂成黑色。那么如果曾祖节点也是红色的又会怎样呢？此时，可以将这个过程朝着根的方向上滤，直到不再有两个相连的红色节点或者达到根（被重新涂为黑色）为止。

红黑树的具体实现是复杂的，这不仅因为可能存在大量的旋转操作，而且因为一些子树是空的（如 10 的右子树），以及处理根的特殊情况（尤其是根没有父亲）。JDK 中的 TreeMap 给出了红黑树的一种实现，红黑树的类型声明在程序 8.30 中描述。

程序 8.30 红黑树的类型声明

```
1 public class TreeMap<K,V>
2         extends AbstractMap<K,V>
3         implements NavigableMap<K,V>, Cloneable, java.io.Serializable {
```

```
4     /**
5     * 用于维持排序的比较器，如果对key使用自然排序，则为null
6     */
7     private final Comparator<? super K> comparator;
8
9     private transient Entry<K, V> root;
10
11    /**
12    * 树中的节点数量
13    */
14    private transient int size=0;
15
16    /**
17    * 记录结构改变次数
18    */
19    private transient int modCount=0;
20    ...
21
22    /**
23    * 树中的节点类
24    */
25    static final class Entry<K, V> implements Map.Entry<K, V> {
26       K key;
27       V value;
28       Entry<K, V> left;
29       Entry<K, V> right;
30       Entry<K, V> parent;
31       boolean color=BLACK;
32       ...
33    }
34    ...
35 }
```

程序 8.31 显示了执行一次单旋转的例程。

程序 8.31　红黑树的单旋转

```
1 /**From CLR */
2 private void rotateLeft(Entry<K,V> p) {
  //改变p和其右儿子r的父子关系，p变为r的左儿子
```

```
3     if (p!=null) {
4         Entry<K,V> r=p.right;
5         p.right=r.left;
6         if (r.left!=null)
7             r.left.parent=p;
8         r.parent=p.parent;
9         if (p.parent==null)
10            root=r; //p为根节点
11        else if (p.parent.left==p)
          //判断p是左儿子还是右儿子，r继承之
12            p.parent.left=r;
13        else
14            p.parent.right=r;
15        r.left=p;
16        p.parent=r;
17    }
18 }
19
20 /**From CLR */
21 private void rotateRight(Entry<K,V> p) {
   //改变p和其左儿子l的父子关系，p变为l的右儿子
22     if (p!=null) {
23         Entry<K,V> l=p.left;
24         p.left=l.right;
25         if (l.right!=null)
26             l.right.parent=p;
27         l.parent=p.parent;
28         if (p.parent==null)
29             root=l; //p为根节点
30         else if (p.parent.right==p)
           //判断p是左儿子还是右儿子，l继承之
31             p.parent.right=l;
32         else
33             p.parent.left=l;
34         l.right=p;
35         p.parent=l;
36     }
37 }
```

最后在程序中展示插入的过程，JDK 中红黑树的插入使用的就是自底向上插入：先按照二叉查找树的规则找到数据的插入位置，再从该位置开始向上调整树结构使其满足红黑树规则，直到到达根节点。寻找插入位置的代码由程序 8.32 给出。

程序 8.32　红黑树的插入操作

```
1 /**
2 *如果树中已经含有关键字为key的节点，那么旧值将被取代，
  返回值就是旧值，如果key未被使用过则返回null.
3 */
4 public V put(K key, V value) {
5     Entry<K,V> t=root;
6     if (t==null) {
7         compare(key, key); //类型检测（可能是null）
8
9         root=new Entry<>(key, value, null);
10        size=1;
11        modCount++;
12        return null;
13    }
14    int cmp;
15    Entry<K,V> parent;
16
17    Comparator<? super K> cpr=comparator;
18    if (cpr!=null) {
19        do { //按照二叉查找树的规则找到插入位置
20            parent=t;
21            cmp=cpr.compare(key, t.key);
22            if (cmp<0)
23                t=t.left;
24            else if (cmp>0)
25                t=t.right;
26            else
27                return t.setValue(value);
                  //key值相等，则直接替换value并返回旧值
28        } while (t!=null);
29    }
30    else {
31        if (key==null)
```

```
32             throw new NullPointerException();
33         @SuppressWarnings("unchecked")
34         Comparable<? super K> k=(Comparable<? super K>) key;
35         do {
36             parent=t;
37             cmp=k.compareTo(t.key);
38             if (cmp<0)
39                 t=t.left;
40             else if (cmp>0)
41                 t=t.right;
42             else
43                 return t.setValue(value);
44         } while (t!=null);
45     }
46     Entry<K,V> e=new Entry<>(key, value, parent);
47     if (cmp < 0) //判断应该作为左儿子还是右儿子插入
48         parent.left=e;
49     else
50         parent.right=e;
51     fixAfterInsertion(e); //插入完成后，从插入点开始自底向上调整红黑树
52     size++;
53     modCount++;
54     return null;
55 }
```

程序 8.32 中的 fixAfterInsertion 方法就是自底向上的调整，该方法在完成新节点插入之后调用，具体过程由程序 8.33 给出。

程序 8.33 红黑树的自底向上调整

```
1 /**From CLR */
2 private void fixAfterInsertion(Entry<K,V> x) {  //自底向上调整红黑树
3     x.color=RED;
4 
5     while (x!=null && x!=root && x.parent.color==RED) {
      //如果父节点为黑，则直接插入红节点完成操作
6         if (parentOf(x)==leftOf(parentOf(parentOf(x)))) {
          //如果父节点为左儿子
7             Entry<K,V> y=rightOf(parentOf(parentOf(x)));
8             if (colorOf(y)==RED) {    //父节点的兄弟为红，改变颜色即可
```

```
9                 setColor(parentOf(x), BLACK);
10                setColor(y, BLACK);
11                setColor(parentOf(parentOf(x)), RED);
12                x=parentOf(parentOf(x));
13            } else {    //父节点兄弟为黑，进行单旋转和染色以适应红黑树
              //规则
14                if (x==rightOf(parentOf(x))) {
15                    x=parentOf(x);
16                    rotateLeft(x);
17                }
18                setColor(parentOf(x), BLACK);
19                setColor(parentOf(parentOf(x)), RED);
20                rotateRight(parentOf(parentOf(x)));
21            }
22        } else {    //如果父节点为右儿子，和上面的流程镜像
23            Entry<K,V> y=leftOf(parentOf(parentOf(x)));
24            if (colorOf(y)==RED) {
25                setColor(parentOf(x), BLACK);
26                setColor(y, BLACK);
27                setColor(parentOf(parentOf(x)), RED);
28                x=parentOf(parentOf(x));
29            } else {
30                if (x==leftOf(parentOf(x))) {
31                    x=parentOf(x);
32                    rotateRight(x);
33                }
34                setColor(parentOf(x), BLACK);
35                setColor(parentOf(parentOf(x)), RED);
36                rotateLeft(parentOf(parentOf(x)));
37            }
38        }
39    }
40    root.color=BLACK;
41 }
```

2. 自顶向下红黑树

上滤的实现需要用一个栈或用一些父对象保持路径。自顶向下的过程实际上是一个对红黑树进行自顶向下保证 S 非红的过程。

在向下的过程中，当看到一个节点 X 有两个红儿子的时候，就让 X 变成红色而让它的两个儿子变成黑色。图 8.60 显示了这种颜色翻转的现象，只有当 X 的父节点 P 也是红色的时候这种翻转是不成立的，但是此时可以适当应用图 8.59 中的旋转操作。如果 X 的父节点的兄弟是红色的情况，如何呢？这种可能性已经在自顶向下的过程中被排除了，因此 X 的父节点的兄弟不可能是红色的。如果在沿树向下的过程中看到一个节点 Y 有两个红儿子，那么我们知道 Y 的孙子必然是黑色的，由于 Y 的儿子也要变成黑色的，甚至如果发生旋转，在那之后也不会出现两层上另外的红色节点。这样，若 X 的父节点是红色的，则 X 的父节点的兄弟不可能也是红色的。

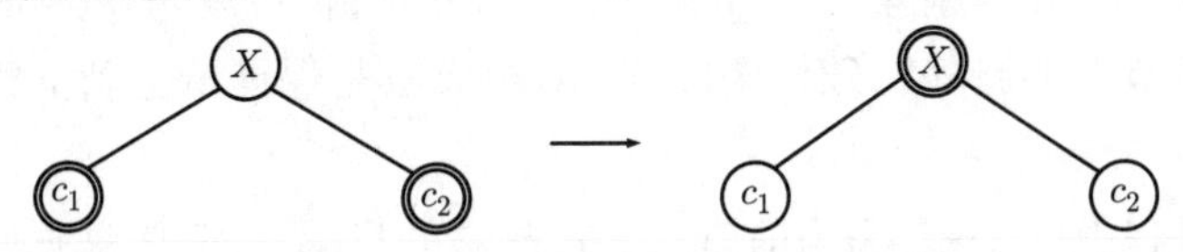

图 8.60 颜色翻转：只有当 X 的父节点是红色的时候才能继续翻转

例如，假设要将 45 插入图 8.58 中的树上。在沿树向下的过程中，看到 50 有两个红儿子，因此，要执行一次颜色翻转，使 50 为红色，40 和 55 为黑色，而 50 和 60 都是红色的。我们在 60 和 70 之间执行单旋转，使 60 是 30 的右子树的黑色根，而 70 和 50 都是红色的。如果看到在含有两个红儿子的路径上有另外一些节点，那么继续执行同样的操作。当达到树叶时，把 45 作为红色节点插入，由于父节点是黑色的，至此插入完成。最后得到的树如图 8.61 所示。

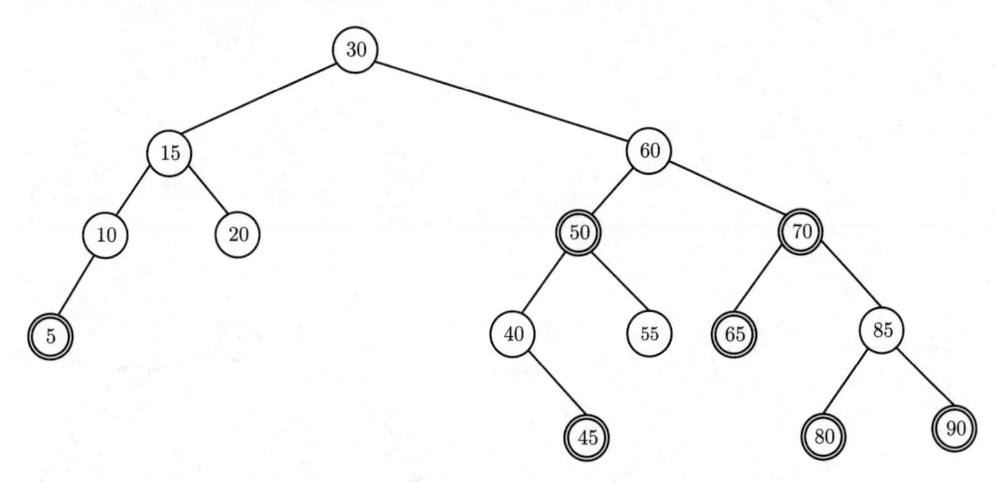

图 8.61 将 45 插入图 8.58

如图 8.61 所示，所得到的红黑树常常平衡得很好。经验指出，平均红黑树大约和平均 AVL 树一样深，从而查找时间一般接近最优。红黑树的优点是执行插入所需要的开销相对较低，实践中发生的旋转相对较少。

3. 自顶向下删除

红黑树中的删除操作也可以自顶向下进行。要删除一个带有两个儿子的节点，可以用其右子树上最小的节点代替它。这个最小的节点最多只有一个儿子，在代替被删节点后，这个节点将不复存在。只有一个右儿子的节点也可以用相同的方式删除。而只有一个左儿子的节点可通过用其左子树上最大的节点替换将其删除。注意，对于红黑树带有一个儿子的节点的情形，我们并不用这种方法，因为这可能在树的中部连接两个红色节点，为红黑条件的实现增加困难。

当然，红色树叶的删除就很简单，然而如果要删除一片黑色树叶就会复杂得多，因为黑色节点的删除将破坏条件 4。解决方法是保证从上到下删除期间树叶是红色的。

在整个过程中，令 X 为当前节点，T 是它的兄弟，而 P 是它们的父亲。开

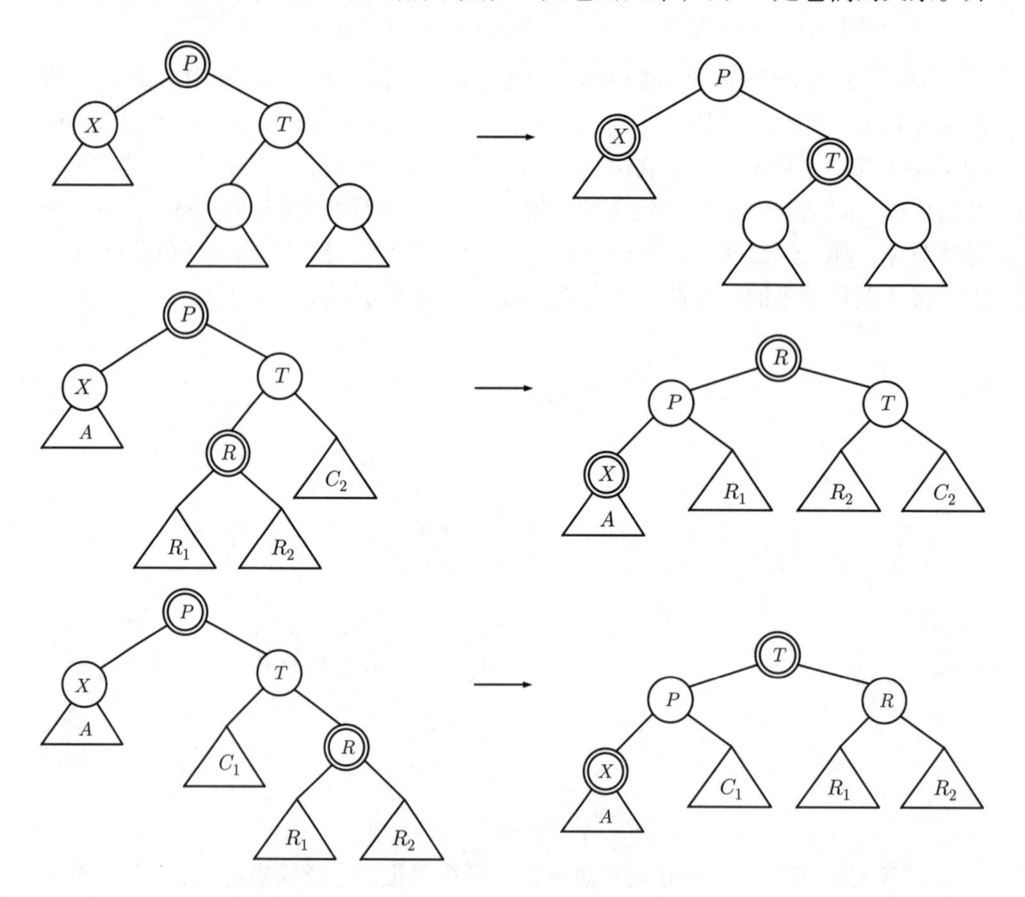

图 8.62　当 X 是一个左儿子并有两个黑儿子的三种情形

始时把树的根涂成红色。当沿树向下遍历时，设法保证 X 是红色的。当到达一个新的节点时，要确保 P 是红色的，并且 X 和 T 是黑色的（因为不能有两个相连的红色节点）。存在两种主要情形。

首先，设 X 有两个黑儿子。此时有三种子情况，如图 8.62 所示，如果 T 也有两个黑儿子，那么可以翻转 X、T 和 P 的颜色来保持这种不变性，否则 T 的儿子之一就是红色的。根据这个儿子节点是哪一个，可以应用图 8.62 所示的第二和第三种情形表示的旋转。要注意的是，这种情形对于树叶是适用的，因为 NullNode 是黑色的。

设 X 的儿子之一是红色的，在这种情形下，我们落到下一层上，得到新的 X、T 和 P。如果幸运，X 落在红儿子上，则可以继续进行，如果落在黑儿子上，那么 T 将是红的，而 X 和 P 将是黑的。我们可以旋转 T 和 P，使 X 的新父亲是红的；而 X 和它的祖父将是黑的。此时可以回到第一种主情况。

8.7 总　结

我们已经看到树在操作系统、编译器设计以及查找中的应用。表达式树是更一般的结构，即分析树的一个小例子，分析树是编译器设计中的核心数据结构。分析树不是二叉树，而是表达式树相对简单的扩充。

查找树在算法设计中是非常重要的。它们几乎支持所有有用的操作，而其对数平均开销很小。查找树的非递归实现多少要快一些，但是递归实现更讲究、更精彩，而且易于理解和除错。查找树的问题在于其性能严重地依赖于输入，而输入是随机的，比较均匀的输入能够实现 $O(\log n)$ 的查找时间，但在某些输入下运行时间会显著增加，查找树会成为昂贵的链表。

二叉查找树也可以用来实现插入和查找运算。与散列相比，二叉查找树虽然平均时间界为 $O(\log n)$，但是二叉查找树支持那些需要排序的例程，从而功能更强大。二叉查找树可以迅速找到一定范围内的所有项，这一点散列表是做不到的，不仅如此，$O(\log n)$ 的运行时间也不比 $O(1)$ 大很多，因为查找树不需要乘法和除法。但有序的输入可能使二叉树运行地很差。

平衡查找树实现的代价相当高，本章介绍了处理这个问题的几个方法。AVL 树要求所有节点的左子树与右子树高度相差最多为 1，这就保证了树不至于太深。不改变树的操作都可以使用标准二叉查找树的程序。改变树的操作必须将树恢复。这多少有些复杂，特别是在进行删除操作时。本章叙述了在以 $O(\log n)$ 的时间插入后如何将树恢复。

与二叉树不同，B-树是平衡 M-路树，它能很好地匹配磁盘，其特殊情形是

2-3 树，它是实现平衡查找树的另一种常用方法。

在实践中，平衡树方案的运行时间都不如简单二叉查找树短（差一个常数因子），但这一般来说是可以接受的，它能防止轻易得到最坏情形的输入。

AVL 树常用的另一变种是红黑树。红黑树就是用红节点表示 3-节点的 3 阶 B-树，对红黑树的操作在最坏情形下需要 $O(\log n)$ 时间，本章介绍了 JDK 中红黑树的实现，主要应用于 TreeMap 以及 JDK 1.8 以后的 HashMap 中。

最后注意，通过将一些元素插入查找树然后执行一次中序遍历，能够得到排好序的元素，这提供了一种 $O(n \log n)$ 的排序算法，如果使用任何成熟的查找树，则它就是最坏情形的限值。

第 9 章　优先队列（堆）

发送到打印机的作业一般都放在队列中。考虑到特殊情况，如果有一项作业特别重要，则希望打印机一有空闲就来处理这项作业。反过来说，若在打印机有空时正好有多个单页的作业及一项 100 页的作业等待打印，则更合理的做法应该是最后处理这 100 页的作业，尽管它可能不是最后才提交上来的。然而，大多数系统并不是这么做的，这显然很不方便且不合理。

类似地，在多用户环境中，操作系统调度程序必须决定在若干进程中运行哪个进程。一般一个进程只能运行一个固定的时间片。其中一种算法是使用队列，开始时进程放在队列的末尾。调度程序将反复提取并运行队列中的第一个进程，直到该进程运行完毕，或者并未运行完毕但时间片已用完，则把它放到队列的末尾。这种方法并不太合适，因为一些很短的进程要花费很长的时间等待运行。一般来说，短的进程要尽可能快地结束，因此在所有运行的进程中，这些短进程应该拥有优先权。此外，有些进程虽然不短但非常重要，它们也应该拥有优先权。

这种特殊的应用需要一类特殊的队列，称为**优先队列**（priority queue），又称为**堆**（heap），这种数据结构可以用前面介绍的二叉树来实现。我们将要学习到：

（1）二叉堆的思想与实现。

（2）针对合并操作设计的三种堆实现。

（3）堆的应用案例。

本章中出现的 JDK 软件包，若不特殊说明均为 1.8 版本。

9.1　基本概念和简单实现

优先队列允许下列两种操作：插入和删除最小元素。插入的工作是显而易见的，删除最小元素的工作是找出、返回和删除优先队列中最小的元素。插入操作等价于入队（inqueue），而删除最小元素则是出队在优先队列中的等价操作。

正如大多数数据结构那样，优先队列也可能要添加一些操作，但这些添加的操作属于扩展的操作，不属于图 9.1 所描述的基本模型。

除了操作系统，优先队列还有许多应用。有几种简单的方法可以实现优先队列。可以用一个简单链表在表头以 $O(1)$ 执行插入操作，并遍历该列表以删除最

图 9.1　优先队列的基本模型

小元素，这又需要 $O(n)$ 的时间。另一种方法是，始终让表保持排序状态，这使得插入代价高昂（$O(n)$）而删除最小元素花费低廉（$O(1)$）。由于删除最小元素的操作次数从不多于插入操作次数，前者是更好的想法。

还有一种实现优先队列的方法是使用二叉查找树，它对这两种操作的平均运行时间都是 $O(\log n)$。尽管插入是随机的，而删除不是，这个结论还是成立的。这里删除的唯一元素是最小元素。反复除去左子树中的节点可能损害树的平衡，使右子树加重，然而右子树是随机的。在最坏情形下，即删除最小元素将左子树删空的情况下，右子树拥有的元素最多也就是它应具有的两倍，这只是在其期望的深度上加了一个小的常数。通过使用平衡树可以把界变成最坏情形的界，这可以防止出现坏的插入序列。

使用查找树可能有些大材小用，因为它支持许多并不需要的操作。下面将介绍一种实现，它不需要指针，并以最坏情形时间 $O(\log n)$ 支持上述两种操作。插入实际上将花费常数平均时间，若无删除干扰，该结构的实现将以线性时间建立一个具有 n 项的优先队列。

9.2　二　叉　堆

下面将要使用的这种工具称为**二叉堆**（binary heap），二叉堆普遍用于实现优先队列，一般来说堆一般指二叉堆。与二叉查找树类似，堆也有两个性质，即结构性质和堆序性质，对堆的一次操作可能破坏这两个性质。因此，堆的操作必须要在堆的所有性质都满足时才能终止。

1. 结构性质

堆是一棵被完全填满的二叉树，底层的元素从左到右填入，属于**完全二叉树**。图 9.2 展示了一棵完全二叉树，其高 h 为 3。

可以证明，一棵高为 h 的完全二叉树有 $2^h \sim 2^{h+1}-1$ 个节点，即完全二叉树的高是 $\lfloor \log n \rfloor$，显然其相关操作的平均时间是 $O(\log n)$。

因为完全二叉树很有规律，所以它可以用一个数组表示，而不需要指针。在 JDK 中，对于优先队列 PriorityQueue 的实现方案是二叉堆，其底层也采用数组来实现，图 9.3 中的数组对应图 9.2 中的堆。

对于数组中的任一位置 i 上的元素，其左孩子在位置 $2i+1$ 上，右孩子在左

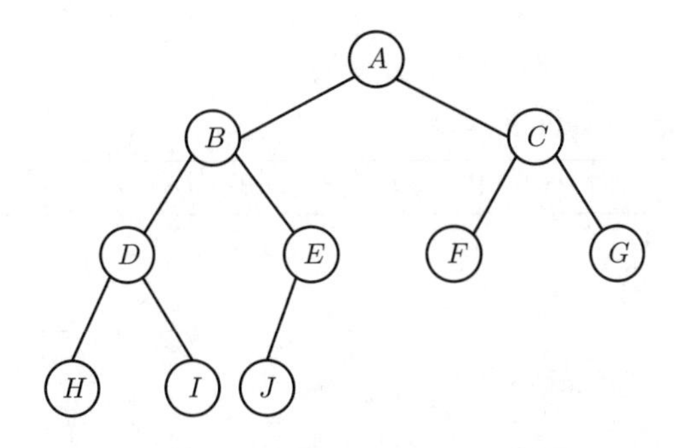

图 9.2 一棵完全二叉树表示的堆

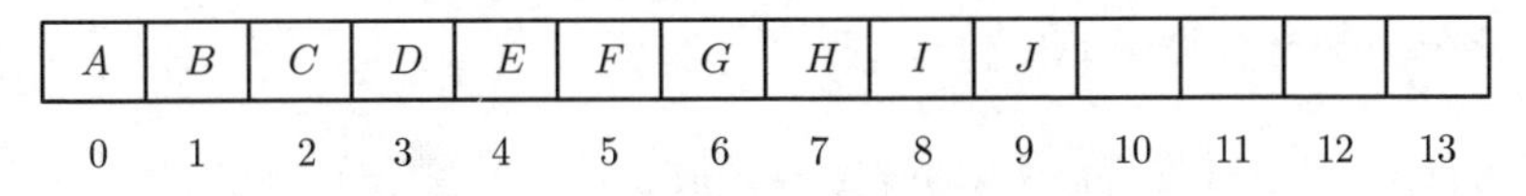

A	B	C	D	E	F	G	H	I	J				
0	1	2	3	4	5	6	7	8	9	10	11	12	13

图 9.3 完全二叉树的数组实现

孩子后的位置 $2i+2$ 上，它的双亲则在位置 $\lfloor (i-1)/2 \rfloor$ 上。因此，这里不仅不需要指针，而且遍历该树所需要的操作也极简单，在大部分计算机上运行都可以非常快。这种实现方法的唯一问题在于，堆大小需要事先估计，但对于典型的情况这并不是问题。在图 9.3 中，堆的大小界限是 14 个元素。该数组有一个位置 0，在 JDK 的优先队列实现中作为二叉树根的位置，这与 C 语言中优先队列的定义略有不同。因此，一个堆数据结构将由一个数组（无论关键字是什么类型）、一个代表最大值的整数以及当前的堆大小组成。

2. 堆序性质

使操作快速执行的性质是**堆序**（heap order）**性质**。由于想要快速地找出最小元素，因此最小元素应该在根上。如果考虑任意子树也应该是一个堆，那么任意节点就应该小于它的所有后裔。

应用这个逻辑可以得到堆序性质：在一个堆中，对于每一个节点 X，X 双亲中的关键字小于或等于 X 中的关键字，根节点除外（没有双亲）。图 9.4 中左边的树是一个堆，但是右边的树则不是（虚线表示堆序性质被破坏）。这里按照惯例设置关键字是整数。

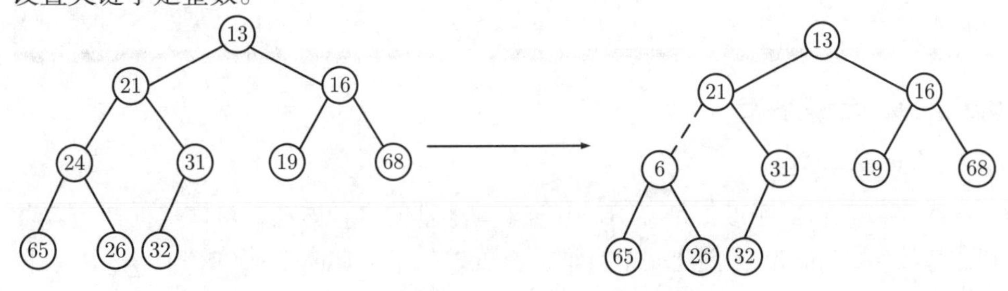

图 9.4 两棵完全树 (只有左边的树是堆)

9.2.1 堆 ADT

程序 9.1 是 JDK 中对堆的声明。

程序 9.1　优先队列的声明

```
1 package java.util;
2
3 //优先队列类定义
4 interface PriorityQueue<E> {
5
6     //在队列中查找指定元素，返回元素下标
7     private int indexOf(Object o);
8
9     //返回队头的元素，即优先队列中的最小值
10    public E peek();
11
12   //删除优先队列中的最小值，删除并返回队头的元素，如果队列为空则返回null
13   public E poll();
14
15    //向优先队列中添加一个元素
16    public boolean add(E e);
17    public boolean offer(E e);
18
19    //清空优先队列
20    public void clear();
21
22    //获得优先队列大小
23    public int size();
24
25    //返回一个包含队列中所有元素的数组，其中元素的顺序是随机的
26    public Object[] toArray();
27    public <T> T[] toArray(T[] a);
28 }
```

9.2.2 基本的堆操作

1. 创建一个堆

程序 9.2 和程序 9.3 是 JDK 中创建一个堆的多种方法，可以根据初始容量和比较器 Comparator 创建一个空堆，也可以基于 Collection、PriorityQueue 和 SortedSet 的已知信息创建堆。程序 9.4 给出了 JDK 中创建堆的内部函数。

程序 9.2 根据初始容量和比较器创建空堆

```
1 public class PriorityQueue<E> extends AbstractQueue<E>
2       implements java.io.Serializable {
3
4   //默认初始化大小
5    private static final int DEFAULT_INITIAL_CAPACITY = 11;
6
7   /**
8   * 用数组实现的二叉堆，对于数组中的任一位置n上的元素，其左孩子在位置
      2*n+1上，右孩子在左孩子后的位置2*(n+1)上
9   * 优先队列的排序由比较器 comparator 或者元素的自然排序来决定
10  * 最小元素在 queue[0] 中，在此假设队列非空
11  */
12  transient Object[] queue;
13
14  //优先队列中元素的个数
15  private int size=0;
16
17  //比较器
18  private final Comparator<? super E> comparator;
19
20  //此优先队列结构被修改的次数
21  transient int modCount=0;
22
23  //初始化默认容量（11）的 PriorityQueue，并使用默认顺序对元素进行排序
24  public PriorityQueue() {
25      this(DEFAULT_INITIAL_CAPACITY, null);
26  }
27
28  //初始化指定 initialCapacity 容量的 PriorityQueue，当 initialCapacity
      //小于 1 时抛出 IllegalArgumentException
29  public PriorityQueue(int initialCapacity) {
30      this(initialCapacity, null);
31  }
32
33  //初始化默认容量（11）的 PriorityQueue，并使用指定比较器 comparator
      //对元素进行排序
34  public PriorityQueue(Comparator<? super E> comparator) {
```

```
35      this(DEFAULT_INITIAL_CAPACITY, comparator);
36  }
37
38  //初始化指定 initialCapacity 容量的 PriorityQueue，并使用指定比较器
      //comparator 对元素进行排序
39  //当 initialCapacity 小于 1 时抛出 IllegalArgumentException
40  public PriorityQueue(int initialCapacity,
     Comparator<? super E> comparator) {
41      //初始大小不允许小于 1
42      if (initialCapacity<1)
43          throw new IllegalArgumentException();
44      //使用指定初始大小创建数组
45      this.queue=new Object[initialCapacity];
46      //初始化比较器
47      this.comparator=comparator;
48  }
49 }
```

程序 9.3 基于已知信息创建堆

```
1 public class PriorityQueue<E> extends AbstractQueue<E>
2        implements java.io.Serializable {
3
4    /**
5     * 构造一个指定Collection集合参数的优先队列
6     */
7    @SuppressWarnings("unchecked")
8    public PriorityQueue(Collection<? extends E> c) {
9      //如果集合c是包含比较器 comparator 的(SortedSet/PriorityQueue),
       //则使用集合c的比较器来初始化队列的Comparator
10        if (c instanceof SortedSet<?>) {
11            SortedSet<? extends E>ss=(SortedSet<? extends E>) c;
12            this.comparator=(Comparator<? super E>) ss.comparator();
13            initElementsFromCollection(ss);
14        } else if (c instanceof PriorityQueue<?>) {
15            PriorityQueue<? extends E> pq=(PriorityQueue<? extends E>) c;
16            this.comparator=(Comparator<? super E>) pq.comparator();
17            initFromPriorityQueue(pq);
18        }
```

```
19          //如果集合c没有包含比较器，则默认比较器Comparator为空
20          else {
21              this.comparator=null;
22              initFromCollection(c);
23          }
24      }
25
26      /**
27       * 构造一个指定 PriorityQueue 参数的优先队列
28       */
29      @SuppressWarnings("unchecked")
30      public PriorityQueue(PriorityQueue<? extends E> c) {
31          this.comparator=(Comparator<? super E>) c.comparator();
32          initFromPriorityQueue(c);
33      }
34
35      /**
36       * 构造一个指定 SortedSet 参数的优先队列
37       */
38      @SuppressWarnings("unchecked")
39      public PriorityQueue(SortedSet<? extends E> c) {
40          this.comparator=(Comparator<? super E>) c.comparator();
41          initElementsFromCollection(c);
42      }
43
44 }
```

程序 9.4 创建堆的内部函数

```
1 public class PriorityQueue<E> extends AbstractQueue<E>
2         implements java.io.Serializable {
3
4     private void initFromPriorityQueue(PriorityQueue<? extends E> c) {
5         if (c.getClass()==PriorityQueue.class) {
6             this.queue=c.toArray();
7             this.size=c.size();
8         } else {
9             initFromCollection(c);
10          }
11      }
```

```
12
13    //从集合中初始化数据到队列
14    private void initElementsFromCollection(Collection<? extends E> c) {
15        //将集合 Collection 转换为数组 a
16        Object[] a=c.toArray();
17        //如果转换后的数组 a 类型不是Object数组，则转换为Object数组
18        if (a.getClass()!=Object[].class)
19            a=Arrays.copyOf(a, a.length, Object[].class);
20        int len=a.length;
21        if (len==1||this.comparator!=null)
22            for (int i=0; i<len; i++)
23                if (a[i]==null)
24                    throw new NullPointerException();
25        //将数组 a 赋值给队列的底层数组 queue
26        this.queue=a;
27        //将队列的元素个数设置为数组 a 的长度
28        this.size=a.length;
29    }
30
31    /**
32     * 从给定的集合构造优先队列
33     */
34    private void initFromCollection(Collection<? extends E> c) {
35        initElementsFromCollection(c);
36        //调用 heapify 方法重新将数据调整为一个二叉堆
37        heapify();
38    }
39
40    //定义数组最大容量，由于一些 Java 虚拟机在操作数组时需要头字节，因此
      //进行预留
41    private static final int MAX_ARRAY_SIZE = Integer.MAX_VALUE - 8;
42
43    /**
44     * 扩充数组容量
45     *
46     * @param minCapacity 希望数组达到的最小容量
47     */
48    private void grow(int minCapacity) {
```

```
49          int oldCapacity=queue.length;
50          //若数组旧容量小于 64，则设置数组新容量近似为旧容量的 2 倍，否则
            //设置数组新容量为旧容量的 1.5 倍
51          int newCapacity=oldCapacity+((oldCapacity < 64) ?
52                  (oldCapacity+2) :
53                  (oldCapacity >> 1));
54          //检查新容量是否超出了ArrayList所定义的最大容量
55          if (newCapacity - MAX_ARRAY_SIZE > 0)
56              //若超出，则调用 hugeCapacity()
57              newCapacity = hugeCapacity(minCapacity);
58          //使用 Arrays.copyOf 方法来生成新的数组对象，copyOf也完成了将旧的
            //数据复制到新数组的工作
59          queue=Arrays.copyOf(queue, newCapacity);
60      }
61
62      private static int hugeCapacity(int minCapacity) {
63          if (minCapacity < 0)
64              //数组容量过大，抛出内存溢出异常
65              throw new OutOfMemoryError();
66          //比较 minCapacity 和 MAX_ARRAY_SIZE,
67          //如果 minCapacity 大于最大容量，则新容量为整数最大值，否则新容量
            //大小为整数最大值 - 8
68          return (minCapacity > MAX_ARRAY_SIZE) ?
69                  Integer.MAX_VALUE :
70                  MAX_ARRAY_SIZE;
71      }
72
73      /**
74       * 构造一个完全二叉堆
75       * 从最后一个非叶子节点开始调整，并依次调整数组中的前置元素
76       * 分别对这几个节点做一次“下滤”操作就完成了堆的构造
77       */
78      @SuppressWarnings("unchecked")
79      private void heapify() {
80          //找寻最后一个非叶子节点，倒序进行"下滤"操作
81          for (int i=(size >>> 1) - 1; i>=0; i--)
82              siftDown(i, (E) queue[i]);
83      }
84  }
```

2. 插入

为将一个元素 X 插入堆中，应该在下一个空闲位置创建一个空穴，否则该堆将不是完全树。如果 X 可以放在该空穴中而不破坏堆序性质，那么插入完成，否则就把空穴的双亲节点上的元素移入该空穴中，这样空穴就朝着根的方向上行一步。继续该过程直到 X 能被放入空穴。图 9.5 表示，为了插入 14，在这个堆的下一个可用位置建立一个空穴。因为将 14 插入空穴破坏了堆序性质，所以将 31 移入该空穴。在图 9.6 中继续这种策略，直到找出放置 14 的正确位置。

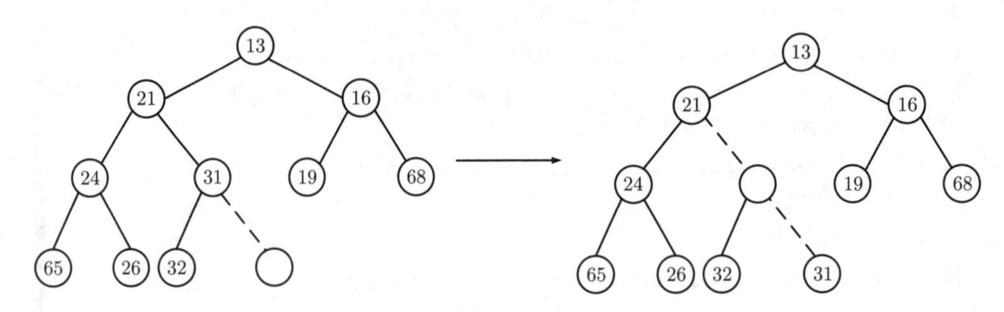

图 9.5　插入 14：创建一个空穴，再将空穴上滤

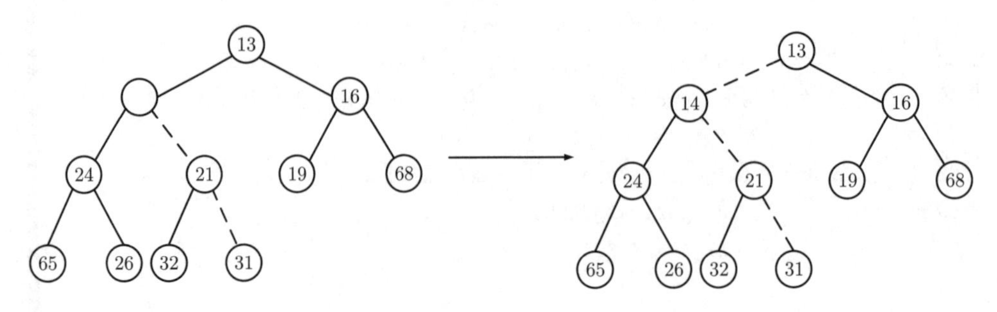

图 9.6　将 14 插入前面的堆中的其余两步

这种策略称为**上滤**（percolate up），新元素在堆中上滤直到找出正确的位置。程序 9.5 所示代码是 JDK 中优先队列的插入函数，调用此方法即可实现插入操作。

程序 9.5　插入一个元素到二叉堆的过程

```
1 public class PriorityQueue<E> extends AbstractQueue<E>
2         implements java.io.Serializable {
3     /**
4      * 向优先队列中添加一个元素
5      * 这里的add方法依然没有按照Queue的规范，在队列满的时候抛出异常
```

```
6      * 因为PriorityQueue和前面讲的ArrayDeque一样，会进行扩容，所以只有当
       队列容量超出int范围时才会抛出异常
7      */
8     public boolean add(E e) {
9         return offer(e);
10     }
11
12     public boolean offer(E e) {
13         //如果元素e为空，则抛出空指针异常
14         if (e==null)
15             throw new NullPointerException();
16         modCount++;
17         //记录当前队列中元素的个数
18         int i=size;
19         //如果当前元素个数大于等于队列底层数组的长度，则进行扩容
20         if (i>=queue.length)
21             grow(i + 1);
22         //元素个数 +1
23         size=i + 1;
24         //如果队列中没有元素，则将元素e直接添加至根（数组下标0的位置）
25         if (i==0)
26             queue[0]=e;
27             //否则调用 siftUp 方法，将元素添加到尾部，进行上滤
28         else
29             siftUp(i, e);
30         return true;
31     }
32
33     /**
34      * 上滤，x表示新插入元素，k表示新插入元素在数组的位置
35      */
36     private void siftUp(int k, E x) {
37         //如果比较器 comparator 不为空，则调用 siftUpUsingComparator
           //方法进行上滤操作
38         if (comparator != null)
39             siftUpUsingComparator(k, x);
40             //如果比较器 comparator 为空，则调用 siftUpComparable 方法
               //进行上滤操作
```

```
41          else
42              siftUpComparable(k, x);
43      }
44
45      @SuppressWarnings("unchecked")
46      private void siftUpComparable(int k, E x) {
47          //比较器comparator为空，需要插入的元素实现Comparable接口，用于
            //比较大小
48          Comparable<? super E> key = (Comparable<? super E>) x;
49          //k>0表示判断k不是根的情况下，也就是元素x有父节点
50          while (k > 0) {
51              //计算元素x的父节点位置[(n-1)/2]
52              int parent=(k - 1) >>> 1;
53              //取出x的父亲e
54              Object e=queue[parent];
55              //如果新增的元素k比其父亲e大，则不需要"上滤"，跳出循环结束
56              if (key.compareTo((E) e) >= 0)
57                  break;
58              //x比父亲小，则需要进行"上移"
59              //交换元素x和父亲e的位置
60              queue[k]=e;
61              //将新插入元素的位置k指向父亲的位置，进行下一层循环
62              k=parent;
63          }
64          //找到新增元素x的合适位置k之后进行赋值
65          queue[k]=key;
66      }
67
68      @SuppressWarnings("unchecked")
69      private void siftUpUsingComparator(int k, E x) {
70          while (k > 0) {
71              int parent=(k - 1) >>> 1;
72              Object e=queue[parent];
73              if (comparator.compare(x, (E) e)>=0)
74                  break;
75              queue[k]=e;
76              k=parent;
77          }
```

```
78          queue[k]=x;
79      }
80 }
```

如果想要插入的元素是新的最小元素，从而一直上滤到根处，那么这种插入的时间高达 $O(\log n)$。平均看来，这种上滤终止得早。已经证明，执行一次插入平均需要 2.607 次比较，因此插入算法将元素平均上移 1.607 层。

3. 删除最小元素

删除最小元素以类似于插入的方式处理。找出最小元素是容易的，困难的是删除它。在删除一个最小元素时，在根节点处就产生了一个空穴。由于现在堆少了一个元素，因此堆中最后一个元素 X 必须移动到该堆的某个地方。如果 X 可以放入空穴中，那么删除最小元素完成。不过这一般不太可能，因此将空穴的两个孩子中较小者移入空穴，这样就把空穴向下推了一层。重复该步骤直到 X 可以被放入空穴中。因此，本书的做法是将 X 置入沿着从根开始包含最小孩子的一条路径上的一个正确位置，这也是 JDK 中优先队列删除最小元素的方法。

图 9.7（a）显示了删除最小元素之前的堆。删除 13 后，必须要将 31 放到堆中，而 31 不能放在空穴中，因为这将破坏堆序性质。于是把较小的孩子 14 置于空穴，同时空穴下滑一层（图 9.8）。重复该过程，把 21 置于空穴，在更下一层建立一个新的空穴。然后再考查把 32 置入空穴，这样将在底层又建立一个新的空穴，但在这种情况下不满足最小堆的条件，于是转而代替将 31 置入空穴中（图 9.9）。这种策略称为**下滤**（percolate down）。在其实现例程中使用类似于在插入例程中用过的技巧来避免进行交换操作。

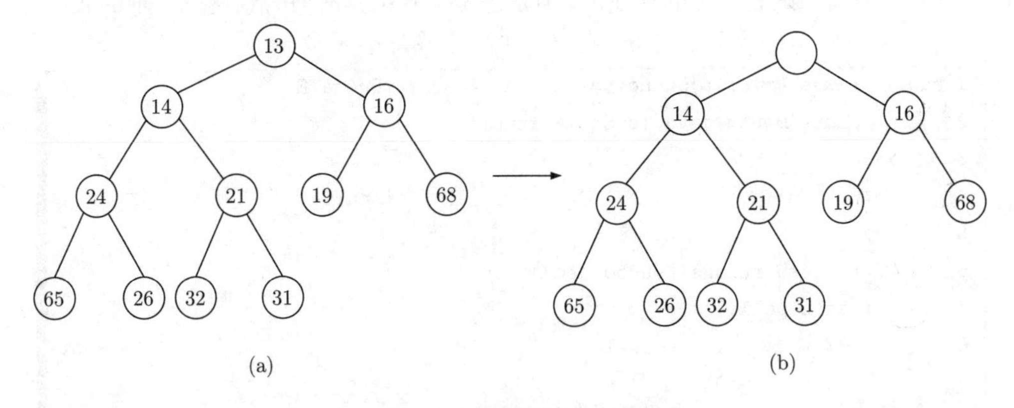

图 9.7　在根处建立空穴

在堆的实现中经常出现的错误是，当堆中存在偶数个元素时，此时某个节点只有一个孩子，因此在测试中必须保证假设节点不总有两个孩子。在程序 9.6 的

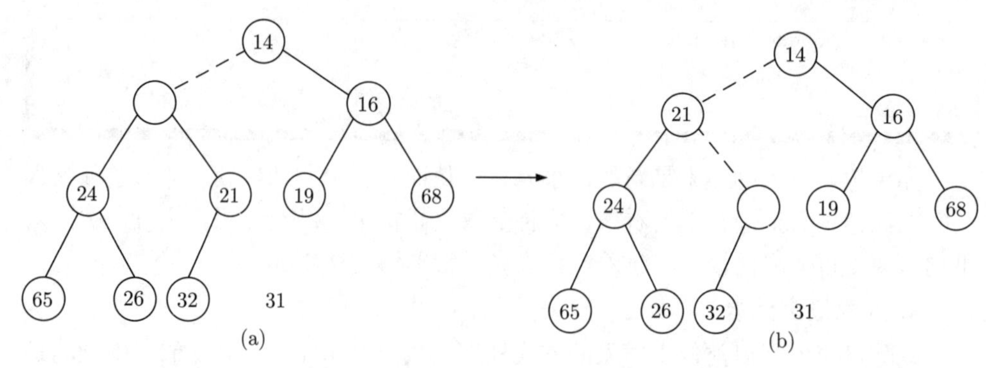

图 9.8 在 delete_min 中的接下来两步

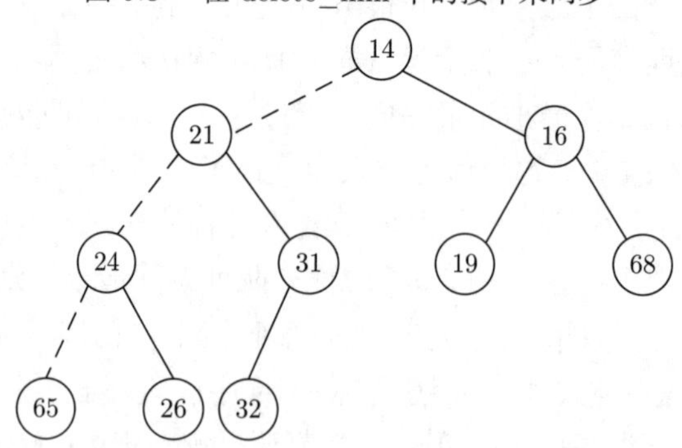

图 9.9 在 delete_min 中的最后一步

描述中，已在第 55 行进行了这种测试。一种巧妙的解决方法是始终保证算法把每一个节点都看成有两个孩子，为了实现这种解法，当堆的大小为偶数时，在每次下滤开始前，可在队列位后面的位置上放入一个大于堆中任何元素的标记值。虽然这不再需要测试右孩子的存在性，但是还是要测试算法何时到达二叉堆的底层。

程序 9.6 在二叉堆中删除最小元素

```
1 public class PriorityQueue<E> extends AbstractQueue<E>
2         implements java.io.Serializable {
3     /**
4      * 删除并返回队头的元素，如果队列为空则返回null
5      */
6     @SuppressWarnings("unchecked")
7     public E poll() {
8         //队列为空，返回null
9         if (size==0)
10            return null;
11         //队列元素个数-1
12         int s=--size;
```

```
13          modCount++;
14          //队头的元素
15          E result=(E) queue[0];
16          //队尾的元素
17          E x=(E) queue[s];
18          //先将队尾赋值为null
19          queue[s]=null;
20          //如果队列中不止队尾一个元素，则调用 siftDown 方法进行"下滤"操作
21          if (s!=0)
22              siftDown(0, x);
23          return result;
24      }
25
26      /**
27       * 下滤，x 表示队尾的元素，k 表示被删除元素在数组的位置
28       * 找到元素 x 的合适位置 k 之后进行赋值
29       */
30      private void siftDown(int k, E x) {
31          //如果比较器comparator不为空，则调用siftDownUsingComparator方法
            //进行下移操作
32          if (comparator !=null)
33              siftDownUsingComparator(k, x);
34              //比较器comparator为空，则调用siftDownComparable方法进行
                //下移操作
35          else
36              siftDownComparable(k, x);
37      }
38
39      @SuppressWarnings("unchecked")
40      private void siftDownComparable(int k, E x) {
41          //比较器comparator为空，需要插入的元素实现Comparable接口，用于
            //比较大小
42          Comparable<? super E> key=(Comparable<? super E>) x;
43          //通过 size/2 找到一个没有叶子节点的元素
44          int half=size >>> 1;
45          //比较位置k和half，如果k小于half，则k位置的元素就不是叶子节点
46          while (k < half) {
47              //找到根元素的左孩子的位置[2n+1]
```

```
48            int child=(k << 1) + 1;
49            //左孩子的元素
50            Object c=queue[child];
51            //找到根元素的右孩子的位置[2(n+1)]
52            int right=child + 1;
53            //如果左孩子大于右孩子，则将c复制为右孩子的值，即找出左右
              //孩子哪个最小
54            //c为孩子中最小的那个
55            if (right < size &&
56                    ((Comparable<? super E>) c).compareTo((E)
                       queue[right]) > 0)
57                c=queue[child=right];
58            //如果队尾元素比根元素的孩子小，则不需"下滤"，结束
59            if (key.compareTo((E) c) <= 0)
60                break;
61            //队尾元素比根元素的孩子大，则需要"下滤"
62            //交换根元素和其最小孩子 c 的位置
63            queue[k]=c;
64            //将根元素位置k指向最小孩子的位置，进入下层循环
65            k=child;
66        }
67        //找到队尾元素x的合适位置k之后进行赋值
68        queue[k]=key;
69    }
70
71    @SuppressWarnings("unchecked")
72    private void siftDownUsingComparator(int k, E x) {
73        int half=size >>> 1;
74        while (k < half) {
75            int child=(k << 1) + 1;
76            Object c=queue[child];
77            int right=child + 1;
78            if (right<size &&
79                    comparator.compare((E) c, (E) queue[right]) > 0)
80                c=queue[child=right];
81            if (comparator.compare(x, (E) c)<=0)
82                break;
83            queue[k]=c;
84            k=child;
```

```
85          }
86          queue[k]=x;
87      }
88 }
```

这种算法的最坏情形运行时间为 $O(\log n)$。平均而言，堆中最后一个元素在算法执行后所要放置的位置几乎下滤到堆的底层（它所来自的那层），因此平均运行时间为 $O(\log n)$。

9.3 d-堆

d-堆是二叉堆的简单推广，它很像一个二叉堆，只是所有的节点都有 d 个孩子（因此二叉堆是 2-堆）。

图 9.10 表示的是一个 3-堆。注意，d-堆要比二叉堆浅得多，它将插入操作的运行时间改进为 $O(\log_d n)$。然而，对于大的 d，删除最小元素操作费时得多，因为虽然树浅了，但是 d 个孩子中的最小者是必须要找出的。若使用标准的算法，会进行 $d-1$ 次比较，于是将此操作的用时提高到 $O(d\log_d n)$。如果 d 是常数，那么两种操作的运行时间都是 $O(\log n)$。虽然仍然可以使用一个数组，但是现在找出孩子和双亲的乘法与除法都有个因子 d，除非 d 是 2 的幂，否则将会大大地增加运行时间，因为再不能通过二进制移位来实现除法了。d-堆在理论上很有趣，因为存在许多算法，其插入次数比删除最小元素的次数多很多（因此理论上加速是可能的）。当优先队列太大而不能完全装入主存的时候，d-堆也是很有用的。在这种情况下，d-堆能够以与 B-树大致相同的方式发挥作用。有证据显示，在实践中 4-堆可以胜过二叉树。

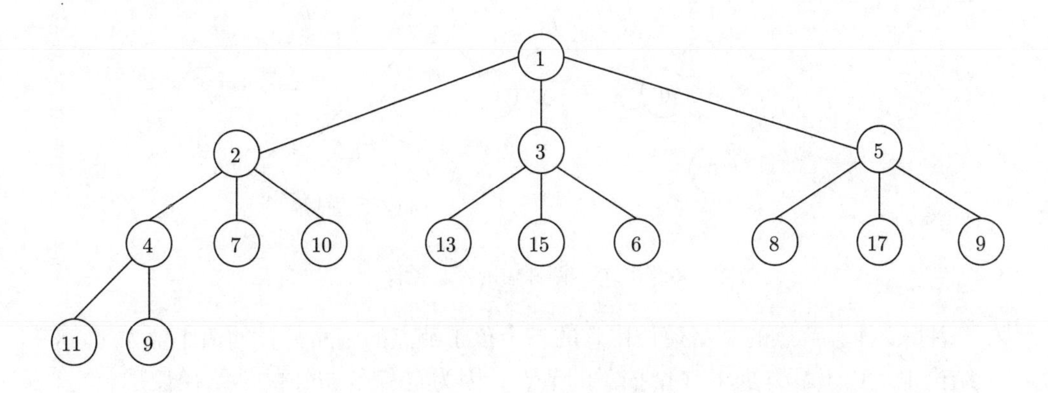

图 9.10　一个 d-堆

除了不能执行查找操作，堆的实现最明显的缺点是：将两个堆合并成一个堆非常困难。这种附加的操作称为**合并**（merge）。有许多实现堆的方法使合并操作的运行时间是 $O(\log n)$。现在来讨论三种复杂程度不一的数据结构，它们都能有效地支持合并操作。

9.4 左 式 堆

设计一种像二叉堆那样的数据结构，能够高效地支持合并操作（即以 $O(n)$ 时间处理一次合并）而且只使用一个数组是很困难的，原因在于合并需要把一个数组复制到另一个数组中，对于相同大小的堆这将花费时间 $O(n)$。正因如此，所有支持高效合并的数据结构都需要使用指针。实践中预计这将使所有其他的操作变慢，因为处理指针一般比用 2 作乘法和除法更耗费时间。

像二叉堆那样，**左式堆**（leftist heap）也具有结构特性和有序性。事实上，和所有堆一样，左式堆具有相同的堆序性质，该性质前面已经提到过。不仅如此，左式堆也是二叉树。左式堆和二叉树间唯一的区别是：左式堆不是**理想平衡**（perfectly balanced）的，实际上是趋向于非常不平衡的。

9.4.1 左式堆的性质

把任一节点 X 的**零路径长**（null path length，NPL）定义为从节点 X 到一个具有少于 2 个孩子节点的节点的最短路径长。因此，具有 0 个或 1 个孩子的节点的零路径长为 0，而定义空节点 null 的零路径长为 -1。在图 9.11 的树中，零路径长标记在树的节点内。

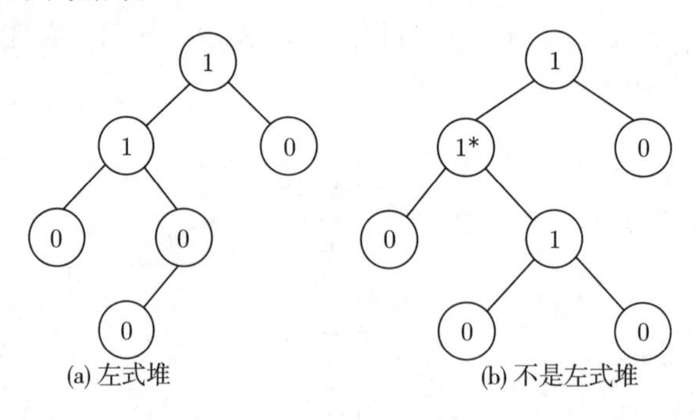

图 9.11 两棵树的零路径长

注意，任一节点的零路径长比它的各个孩子节点的零路径长的最小值大 1，这个结论也适用于具有少于 2 个孩子的节点，因为空节点 null 的零路径长是 -1。

左式堆的性质是：对于堆中的每一个节点 X，左孩子的零路径长不小于右孩子的零路径长。图 9.11 中只有图 9.11（a）的树满足该性质，这个性质显然更偏重于使树向左增加深度。确实可能存在由左节点形成的长路径构成的树（而且实际上更便于合并操作），因此就有了左式堆这个名称。

因为左式堆趋向于加深左路径，所以右路径应该比较短。事实上，沿左式堆的右路径确实是该堆中最短的路径。

定理 9.1 *在右路径上有 r 个节点的左式树必然至少有 2^r-1 个节点。*

证明 由数学归纳法证明。如果 $r=1$，则必然至少存在一个树节点。另外，设定理对 $1,2,\cdots,r$ 个节点成立。考虑在右路径上有 $r+1$ 个节点的左式树。此时，根具有在右路径上含 r 个节点的右子树，以及在右路径上至少含有 r 个节点的左子树（否则它就不是左式树了）。对这两条子树应用归纳假设，得知在每棵子树上最少有 2^r-1 个节点，再加上根节点，于是在该树上至少有 $2^{r+1}-1$ 个节点，定理得证。

从这个定理立刻得到，n 个节点的左式树有一条右路径最多含有 $\lfloor\log(n+1)\rfloor$ 个节点。对左式堆操作的一般思路是将所有的工作放到右路径上进行，它可以保证树深短。唯一棘手的部分在于，对右路径的插入和合并可能会破坏左式堆的性质。事实上，恢复该性质是非常容易的。

9.4.2 左式堆的操作

左式堆的基本操作是合并。注意，插入只是合并的特殊情形，因此可以把插入看成单节点与一个大的左式堆的合并。首先给出一个简单的递归解法，然后介绍如何非递归地执行该解法。这里的输入是两个左式堆 H_1 和 H_2，见图 9.12。注意，最小的元素在根处，除了数据、左指针和右指针所用空间，每个单元还要有一个指示零路径长的项。

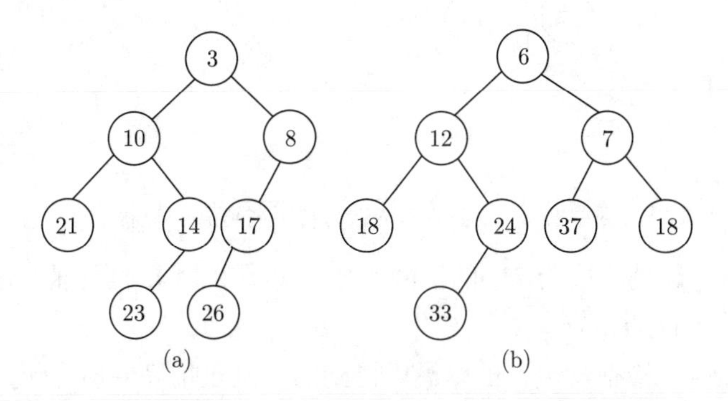

图 9.12 两个左式堆 H_1 和 H_2

左式堆合并操作的递归描述如下：

（1）若输入的两个堆都是空的，返回空堆；若有一个堆是空的，则返回非空的堆。

（2）当两个堆非空时，比较两个堆的根节点的大小，返回的堆具有如下特性：根节点为原较小根节点，左子树为原较小根节点的左子树，右子树为原较大根节点的堆和原较小根节点的右子树合并的结果。

本例中合并的流程为，首先比较输入的两个左式堆的根节点的大小，将左式堆 H_1 的根节点作为合并后堆的根节点，左式堆 H_1 的左子树作为合并后堆的左子树，接着递归地将 H_2 与 H_1 中根节点的右子树合并，递归的合并流程如图 9.13 所示，其中虚线框中为待合并的树，标有“*”的节点表明需要进行左式堆性质检查。

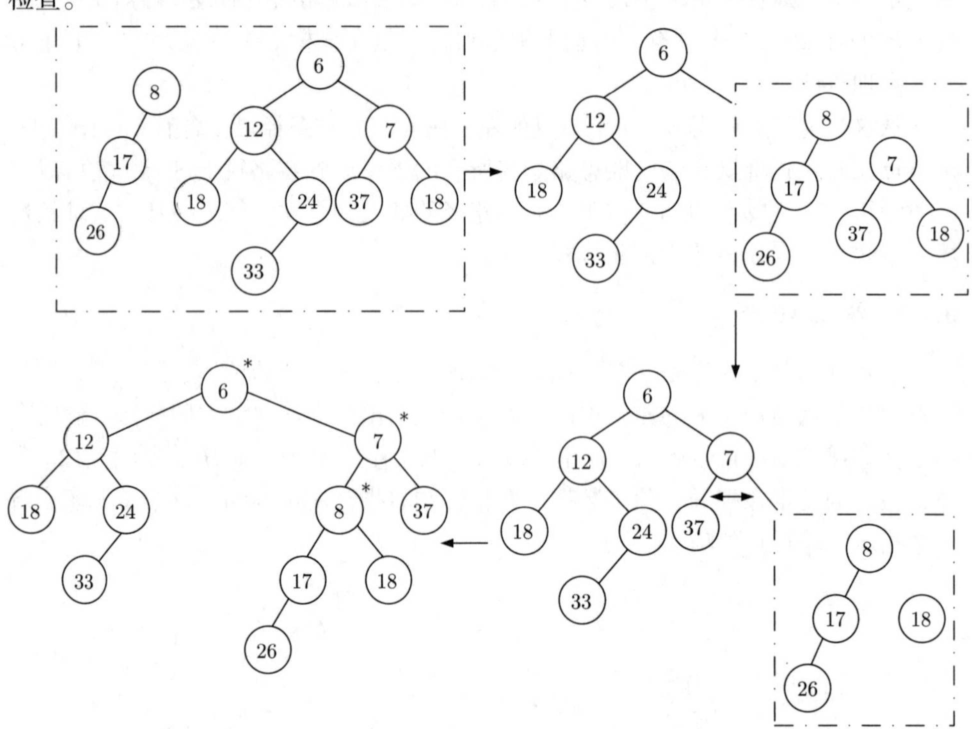

图 9.13　将 H_2 与 H_1 的右子树合并的过程

现在让这个新的堆成为 H_1 的根的右孩子（图 9.14），同样地，也需要对根节点 3 进行左式堆性质检查。

经左式堆性质检查发现，虽然最后得到的堆满足堆序性质，但是它不是左式堆，因为根节点 3 的左子树的零路径长为 2，而根的右子树的零路径长为 3，左式堆的性质在根处被破坏。不过树的其余部分必然是左式的。由于递归步骤，根的右子树是左式的。根的左子树没有变化，当然它也必然还是左式的。这样一来，只要对根进行调整就可以了。使整棵树变成左式的做法如下：只要交换根的左孩子和右孩子（图 9.15）并更新零路径长，就完成了合并，新的零路径长是新的右孩子的零路径长加 1。注意，如果零路径长不更新，那么所有的零路径长都将是 0，堆将不是左式的而是随机的。在这种情况下，算法仍然成立，但是宣称的时间界将不再有效。

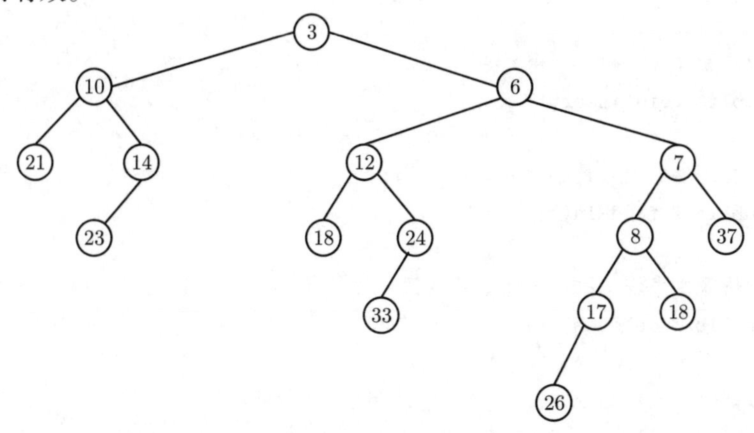

图 9.14 H_1 接图 9.13中左式堆作为右孩子的结果

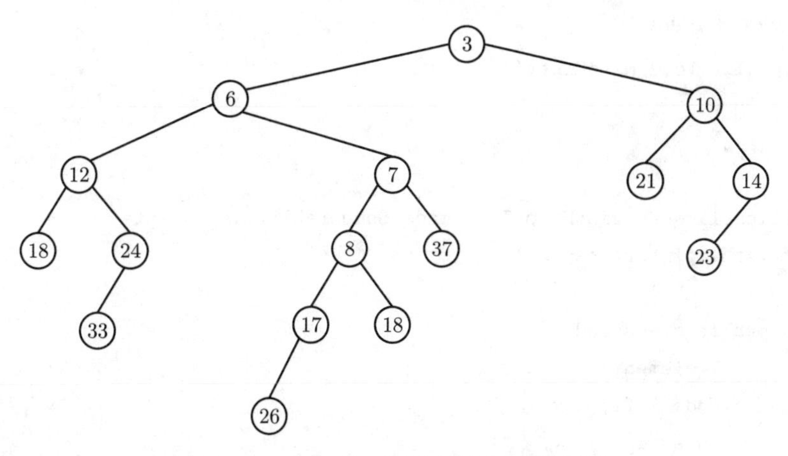

图 9.15 交换 H_1 的根的孩子得到的结果

将算法的描述翻译成代码，除增加零路径长外，算法中的类型定义（程序 9.7）与二叉树是相同的。已经知道，当一个元素被插入一棵空的二叉树时需要改变指向根的指针，最容易的实现方法是让插入函数返回新树的根节点。然而为了使左式堆的插入与二叉堆的插入兼容（后者不返回新树的根节点），程序 9.7 中描述了摆脱这种窘境的一种方法：插入函数不返回新树的根节点，而通过左式堆类的 root 对象，可以很方便地获得新左式堆的根节点。

程序 9.7 左式堆类型声明

```
1 interface LeftistHeapInterface<T extends Comparable> {
2
3     //合并两个左式堆
4     public void merge(LeftistHeap<T> rhs);
5
6     //在左式堆中插入一个元素
7     public void insert(T x);
8
9     //左式堆中找出最小元素并返回
10    public T findMin();
11
12    //删除左式堆中的最小元素并返回
13    public T deleteMin();
14
15    //判断左式堆是否为空
16    public boolean isEmpty();
17
18    //置空左式堆
19    public void makeEmpty();
20
21 }
22
23 public class LeftistHeap<T extends Comparable> implements
   LeftistHeapInterface<T> {
24
25     public class Node {
26         T element;
27         Node left;   //左孩子
28         Node right;  //右孩子
29         int npl;    //零路径长
30
31         Node(T element) {
32             this(element, null, null);
33         }
34
35         Node(T element, Node left, Node right) {
36             this.element=element;
```

```
37              this.left=left;
38              this.right=right;
39              npl=0;
40          }
41      }
42
43      public Node root;
44
45      //左式堆构造方法
46      public LeftistHeap() {
47          root=null;
48      }
49 }
```

合并操作的例程（程序 9.8）是一个除去了一些特殊情况并保证 H_1 的根较小的驱动例程。实际的合并操作在 _merge 中进行（程序 9.9）。注意，原始的两个左式堆绝不要再使用，因为它们本身的变化将影响合并操作的结果。

程序 9.8　合并左式堆的驱动例程

```
1     /**
2      * 合并两个左式堆(判断过程，真正合并过程由merge1操作)
3      *
4      * @param h1
5      * @param h2
6      * @return 合并完成的左式堆
7      */
8     private Node merge(Node h1, Node h2) {
9         if (h1==null)
10            return h2;
11         if (h2==null)
12            return h1;
13         if (h1.element.compareTo(h2.element) > 0)
14            return _merge(h2, h1);
15         else
16            return _merge(h1, h2);
17    }
```

程序 9.9　合并左式堆的实际例程

```
1   /**
2    *合并两个左式堆的真正操作，其中h1的元素值小于h2(即h2与h1的右子堆合并)
```

```
3      *
4      * @param h1
5      * @param h2
6      * @return
7      */
8    private Node _merge(Node h1, Node h2) {
9        if (h1.left==null) {  //h1为单节点
10           h1.left=h2;
11       } else {    //h1不是单节点
12           h1.right=merge(h1.right, h2);
13           if (h1.right.npl > h1.left.npl) {//比较零路径长,
             //确保左式堆性质不被破坏
14               swapChildren(h1);
15           }
16           h1.npl=h1.right.npl + 1;//零路径长为右孩子的零路径长+1
17       }
18        return h1;
19     }
20
21
22     /**
23      * 交换节点的左右孩子
24      *
25      * @param t
26      * @return
27      */
28    private void swapChildren(Node t) {
29        Node temp=t.right;
30        t.right=t.left;
31        t.left=temp;
32     }
```

执行合并的时间与右路径的长之和成正比，因为在递归调用期间对每一个被访问的节点执行的是常数工作量。因此，可以得到合并两个左式堆的时间界为 $O(\log n)$。也可以分两轮来非递归地实施该操作：第一轮，通过合并两个堆的右路径建立一棵新的树，暂不进行孩子的交换操作，即以排序的顺序安排 H_1 和 H_2 右路径上的节点，保持它们各自的左孩子不变。在本例中，新的右路径为 3、6、7、8、18，而最后得到的结果表示在图 9.16 中。第二轮构成堆，在左式堆性质被破坏的那些节点上进行孩子的交换操作。在图 9.16 中，将在节点 7 和节点 3 处分别进行一次孩子的交换工作，并得到与前面相同的树。非递归的做法更容易理解，但编程困难。这里留给读者去证明：递归过程和非递归过程的结果是相同的。

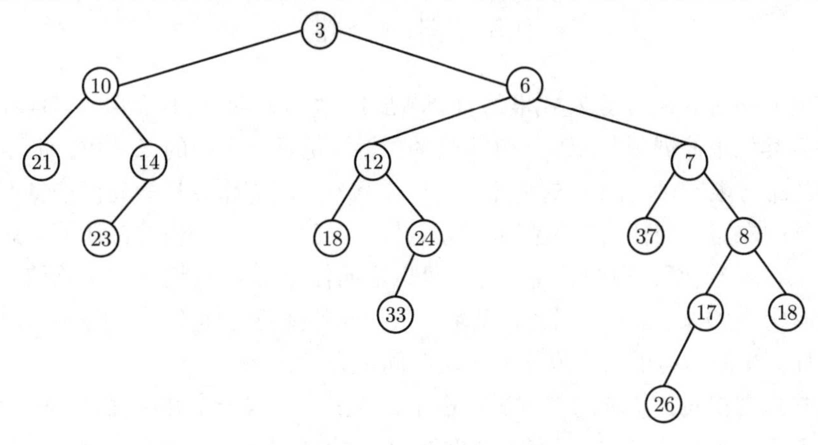

图 9.16 合并 H_1 与 H_2 的右路径的结果

前面提到，可以通过把被插入项看成单节点堆并执行一次合并来完成插入。为了执行删除最小元素的操作，只要删除左式堆中的根节点而得到两个堆，然后再将这两个堆合并即可。因此，执行一次删除最小元素操作的时间为 $O(\log n)$。这两个例程在程序 9.10 中给出。

程序 9.10 将元素插入左式推和删除左式堆中最小元素的例程

```
1    //将元素插入左式堆
2    public void insert(T x) {
3        root=merge(root, new Node(x));
4    }
5
6    //删除最小元素并返回
7    public T deleteMin() {
8        if (isEmpty()) {
9            throw new IllegalStateException("The leftist heap is empty");
10       }
11       T minElement=root.element;
12       root=merge(root.left, root.right);
13       return minElement;
14   }
```

二叉堆也是左式堆的一种，通过下滤方式建立一个二叉堆的时间复杂度为 $O(n)$，但是，这样得到的左式堆可能是最差的。同时，反序遍历树对于算法设计的要求较高，并不容易实现。因此，可以先根据左式堆的性质递归地建立左、右子树，然后再用根下滤的方法建立左式堆 (BuildHeap)。

9.5 斜 堆

斜堆（skew heap）是左式堆的自调节形式，实现起来极其简单。斜堆和左式堆的关系类似于伸展树与 AVL 树的关系。斜堆是具有堆序的二叉树，但是不存在对树的结构限制。不同于左式堆，关于任意节点的零路径长的任何信息都不保留。斜堆的右路径在任何时刻都可以任意长，因此，所有操作的最坏情形运行时间均为 $O(n)$。然而，和伸展树一样，可以证明任意 n 次连续操作，总的最坏情形运行时间是 $O(n\log n)$。因此，斜堆每次操作的**摊还时间**（amortized cost，一个操作序列中所执行的所有操作的平均时间）为 $O(\log n)$。

与左式堆相同，斜堆的基本操作也是合并操作。这个合并例程是递归的，执行与以前完全相同的操作，但有一个例外，即对于左式堆，一般查看是否左孩子和右孩子满足左式堆堆序性质，并交换那些不满足该性质者；但对于斜堆，除了这些右路径上所有节点的最大值不交换它们的左右孩子之外，交换是无条件的。这个例外就是在递归实现时所自然发生的现象，因此它实际上根本不是特殊情形。因为该节点肯定没有右孩子，因此执行交换就是不明智的（在本例中，该节点没有孩子，因此不必为此担心）。不仅如此，证明时间界也是不必要的，因此仍设输入是与前面相同的两个堆，见图 9.17。

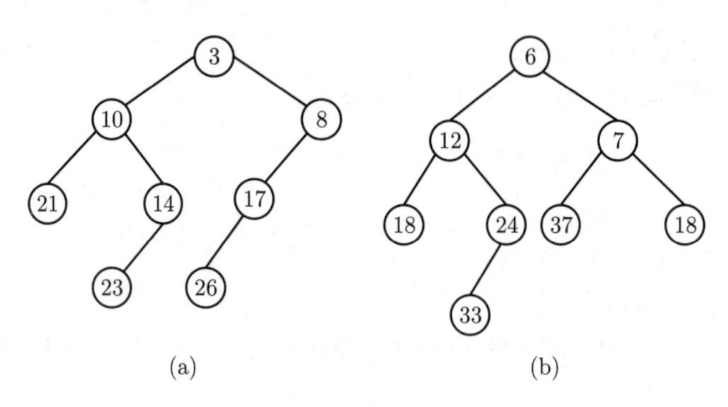

图 9.17 两个斜堆 H_1 和 H_2

如果递归地将 H_2 与 H_1 中根在 8 处的子堆合并，那么将得到图 9.18 中的堆。

这也是递归完成的，因此，根据 4.3 节递归设计法则 3)，不必担心它是如何得到的。这个堆碰巧是左式的，但是不能保证情况总是如此。这个堆成为 H_1 的新的左孩子，而 H_1 的老的左孩子变成了新的右孩子（图 9.19）。整个树是左式

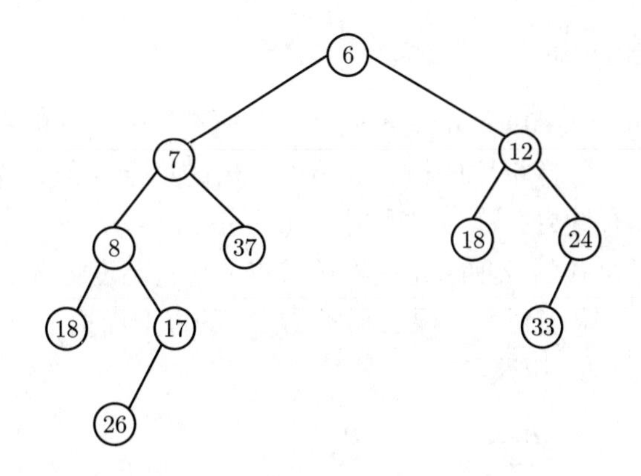

图 9.18 将 H_2 与 H_1 的右子堆合并的结果

的，但是容易看到这并不总是成立的：将 15 插入新堆中将破坏左式性质。

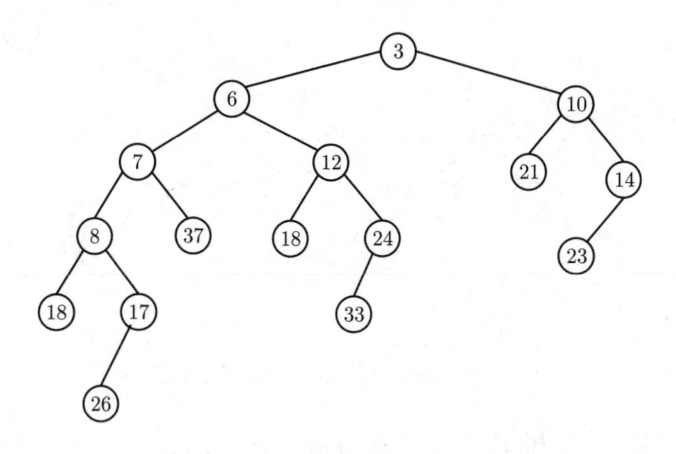

图 9.19 合并斜堆 H_1 和 H_2 的结果

也可像左式堆那样非递归地进行所有的操作：合并右路径，并将右路径上除最后的节点外的所有节点的左、右孩子交换，最终效果是它变成了新的左路径，这使得合并两个斜堆非常容易。

9.6 二 项 队 列

虽然左式堆和斜堆每次操作花费 $O(\log n)$ 时间，有效支持了合并、插入和删除最小元素的操作，但还有改进的余地，因为二叉堆插入操作每次平均花费常数时间。二项队列综合了它们的优点，并支持这三种操作，每次操作的最坏情形运行时间为 $O(\log n)$，而插入操作平均花费常数时间。

9.6.1　二项队列的结构

二项队列（binominal queue）不同于之前所有优先队列的实现之处在于，一个二项队列不是表示一棵堆序的树，而是堆序树的集合，称为**森林**（forest）。堆序树中的每一棵都有约束，称为**二项树**（binomial tree），每一个高度上至多存在一棵二项树。高度为 0 的二项树是一棵单节点的树；高度为 k 的二项树 B_k 通过将一棵二项树 B'_{k-1} 附接到另一棵二项树 B_{k-1} 的根上而构成。图 9.20 展示了二项树 B_0、B_1、B_2、B_3 以及 B_4。

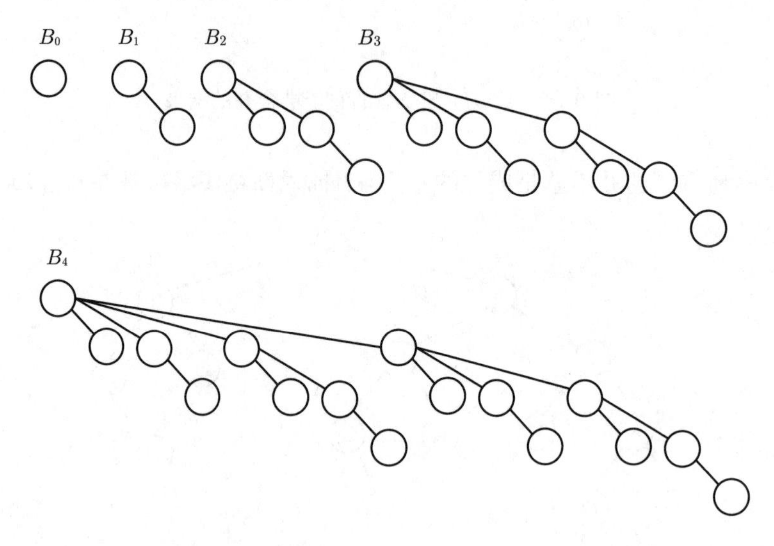

图 9.20　二项树 B_0、B_1、B_2、B_3 以及 B_4

从图中看到，二项树 B_k 由一个带有孩子 B_0，B_1，$\cdots$，B_{k-1} 的根组成。高度为 k 的二项树恰好有 2^k 个节点，而在深度 d 处的节点数是二项式系数 C_k^d。如果把堆序施加到二项树上并允许任意高度上最多有一棵二项树，那么能够用二项树的集合唯一地表示任意大小的优先队列。例如，大小为 13 的优先队列可以用集合 $\{B_3, B_2, B_0\}$ 表示，集合中不包括 B_1。

六个元素的二项树可以表示为图 9.21中的形状。

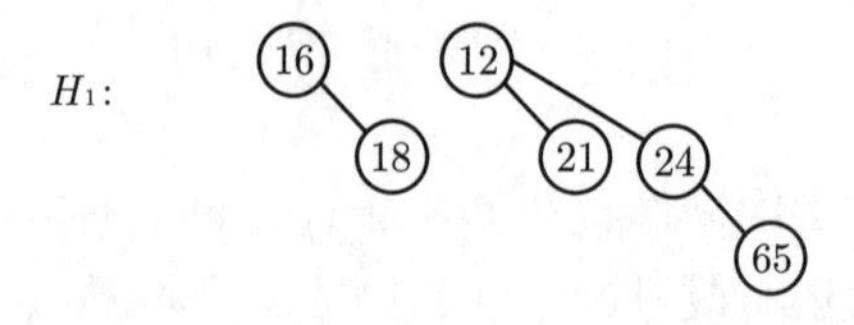

图 9.21　具有六个元素的二项树 H_1

9.6.2 二项队列的操作

此时，最小元素可以通过搜索所有树的根来找出。由于最多有 $\log n$ 棵不同的树，最小元素可以用时间 $O(\log n)$ 找到。另外，如果最小元素在其他操作期间变化时更新它，那么也可保留最小元素的信息并以 $O(1)$ 时间执行该操作。

合并两个二项队列的操作在概念上是容易的，本书将通过例子描述。考虑两个二项队列 H_1 和 H_2，它们分别具有六个和七个元素，见图 9.22。

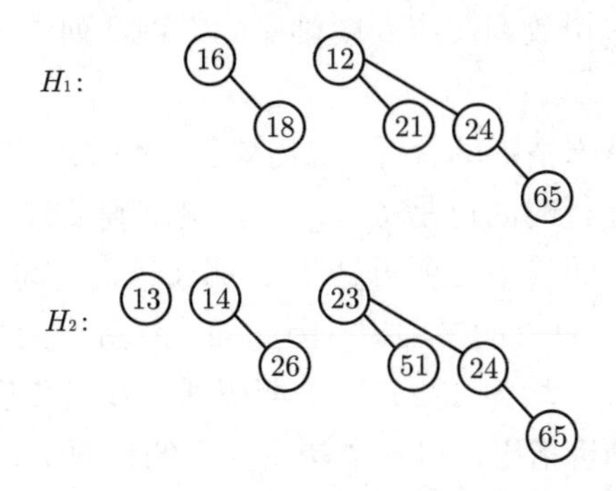

图 9.22 两个二项队列 H_1 和 H_2

合并操作基本上是通过将两个队列加到一起来完成的。令 H_3 是新的二项队列，由于 H_1 没有高度为 0 的二项树，而 H_2 有，就用 H_2 中高度为 0 的二项树作为 H_3 的一部分，然后将两个高度为 1 的二项树相加。由于 H_1 和 H_2 都有高度为 1 的二项树，可以将它们合并，让大的根成为小的根的子树，从而建立高度为 2 的二项树，见图 9.23。这样，H_3 将没有高度为 1 的二项树。现在存在三棵高度为 2 的二项树，即 H_1 和 H_2 原有的两棵二项树以及由上一步合并操作形成的一棵二项树。将一棵高度为 2 的二项树放到 H_3 中，并合并其他两棵二项树，得到一棵高度为 3 的二项树。由于 H_1 和 H_2 都没有高度为 3 的二项树，因此该二项树就成为 H_3 的一部分，合并结束。最后得到的二项队列如图 9.24所示。

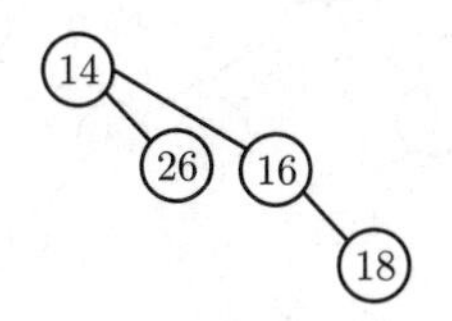

图 9.23 H_1 和 H_2 中两棵 B_1 树合并

由于几乎使用任意合理的实现方法合并两棵二项树均花费常数时间，而总共存在 $O(\log n)$ 棵二项树，因此合并在最坏情形下将花费时间 $O(\log n)$。为使该操

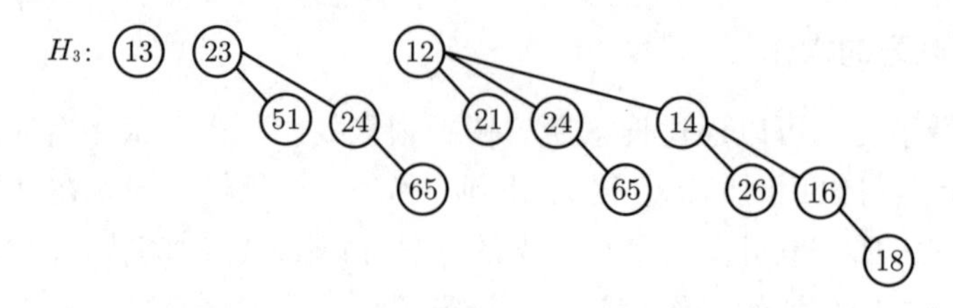

图 9.24　二项队列 H_3：合并 H_1 和 H_2 的结果

作更高效，需要将这些树放到按照高度排序的二项队列中，当然这做起来是件简单的事情。

插入实际上就是特殊情形的合并，只需要创建一棵单节点树并执行一次合并。这种操作最坏情形的运行时间也是 $O(\log n)$。更准确地说，如果元素将要插入的那个优先队列中不存在的最小二项树是 B_i，那么运行时间与 $i+1$ 成正比。例如，H_3（图 9.24）缺少高度为 1 的二项树，因此插入将进行两步而终止。由于二项队列中的每棵树出现的概率均为 1/2，于是期望插入在两步后终止，因此平均时间是常数。不仅如此，分析指出，对一个初始为空的二项队列进行 n 次插入最坏情形的运行时间为 $O(n)$。事实上，只用 $n-1$ 次比较就有可能完成该操作。这里把它留作练习。

作为例子，用图 9.25 来构成一个二项队列，4 的插入展现了一种坏的情形。把 4 和 B_0 合并，得到一棵新的高度为 1 的树。然后将该树与 B_1 合并，得到一棵高度为 2 的树，它是新的优先队列。把这些算作三步（两次树合并加上终止情形）。在插入 7 以后的下一次插入又是一个坏情形，需要三次树合并操作。

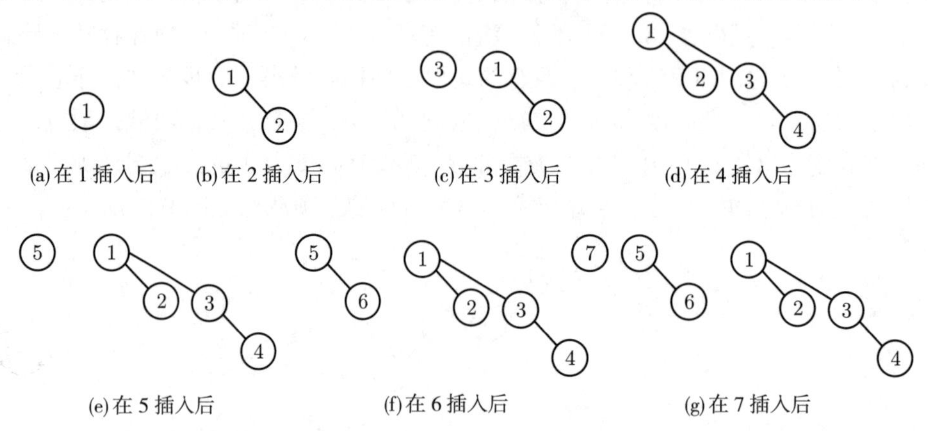

图 9.25　插入 1~7 构成二项队列

删除最小元素可以通过先找出一棵具有最小根的二项树来完成。令该树为 B_k，并令原始的优先队列为 H。从 H 的树的森林中除去二项树 B_k，形成新的二

项树队列 H'。再除去 B_k 的根，得到一系列二项树 B_0，B_1，$\cdots$，B_{k-1}，它们共同形成了优先队列 H''。合并 H' 和 H''，操作结束。

设对 H_3 执行一次删除最小元素的操作，它在图 9.26 中表示。最小的根是 12，因此得到图 9.27 和图 9.28 中两个优先队列 H' 和 H''。合并 H' 和 H'' 得到二项队列最后的结果，如图 9.29 所示。

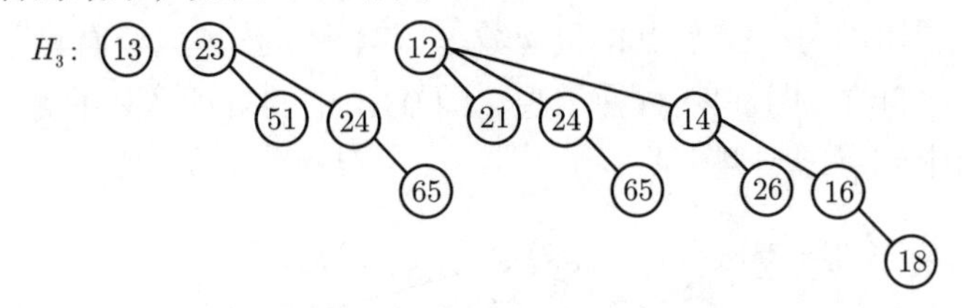

图 9.26　二项队列 H_3

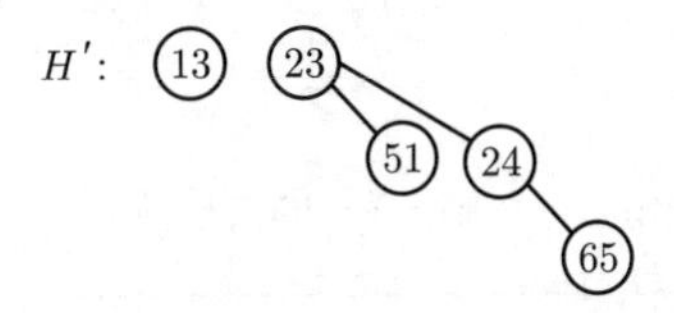

图 9.27　二项队列 H'，包含除 B_3 外 H_3 中所有的二项树

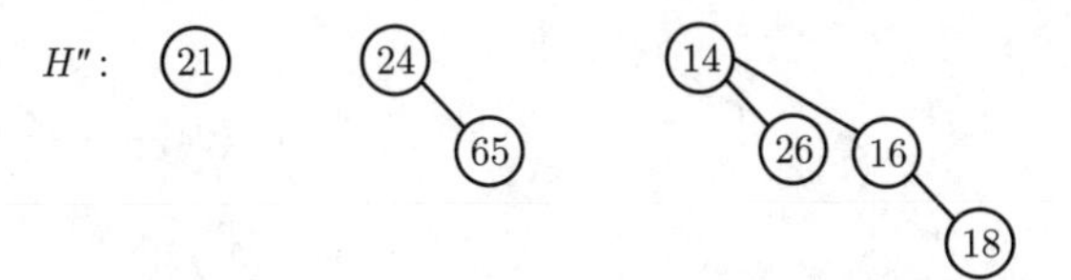

图 9.28　二项队列 H''：除去 12 后的 B_3

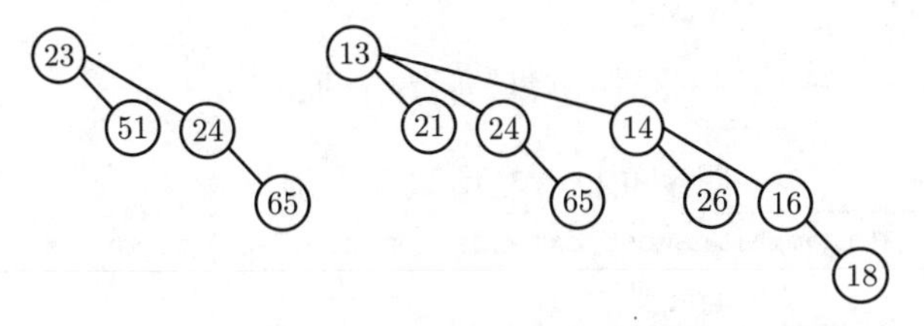

图 9.29　delete_min(H_3) 的结果

删除最小元素操作将原二项队列一分为二，找出含有最小元素的树并创建队列 H' 和 H'' 花费时间为 $O(\log n)$，合并这两个队列又花费 $O(\log n)$ 时间，因此，整个操作花费时间为 $O(\log n)$。

9.6.3 二项队列的实现

删除最小元素操作需要有快速找出根的所有子树的能力，因此需要一般树的标准表示方法：每个节点的孩子都存在一个链表中，而且每个节点都有一个指向它的第一个孩子（如果有的话）的指针。该操作还要求：各孩子按照它们的子树的大小排序。这里也需要保证能够很容易地合并两棵树。当两棵树被合并时，其中的一棵树作为孩子被加到另一棵树上。由于这棵新树将是最大的子树，以大小递减的方式保持这些子树是有意义的。只有这时才能够有效地合并两棵二项树从而合并两个二项队列。二项队列是二项树的数组。

总之，二项树的每一个节点将包含数据、第一个孩子以及右兄弟，各孩子以从右到左的次序排序。图 9.30 解释了表示图 9.31 中的二项队列的方法。程序 9.11 给出了二项树中节点的类型声明。

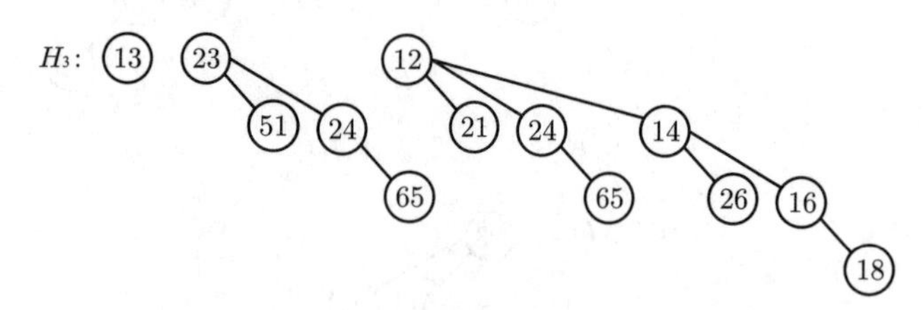

图 9.30　画作森林的二项队列 (H_3)

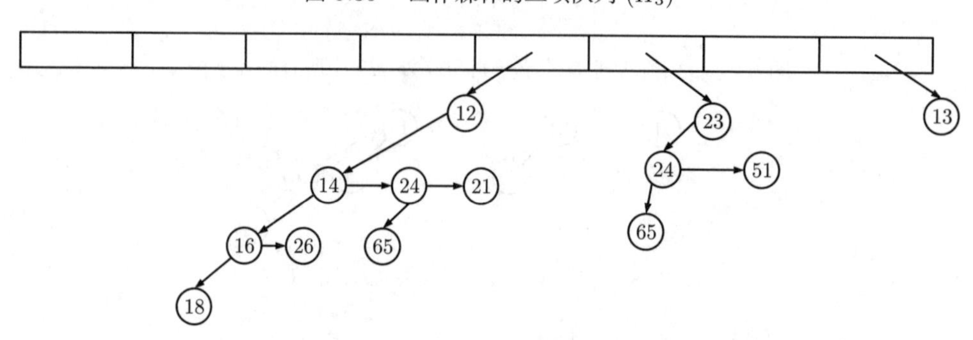

图 9.31　二项队列 (H_3) 的表示方式

程序 9.11　二项队列类型声明

```
1 public class BinomialQueue<E extends Comparable<? super E>> {
2
3     private static final int DEFAULT_TREES = 1;
4     private int currentSize;
5     private Node<E>[] theTrees;
6
7     private static class Node<E> {
8         private E element;       //二项树节点数据
9         private Node<E> leftChild;  //节点的第一个孩子
10        private Node<E> nextSibling;    //节点的右兄弟
11
```

```
12        Node(E theElement) {
13            this(theElement, null, null);
14        }
15
16        Node(E element, Node<E> leftChild, Node<E> nextSibling) {
17            this.element=element;
18            this.leftChild=leftChild;
19            this.nextSibling=nextSibling;
20        }
21    }
22
23 }
```

为了合并两个二项队列，需要一个例程来合并两棵同样大小的二项树。图 9.32 指出了两棵二项树合并时指针是如何变化的。合并二项树的程序很简单，见程序 9.12。

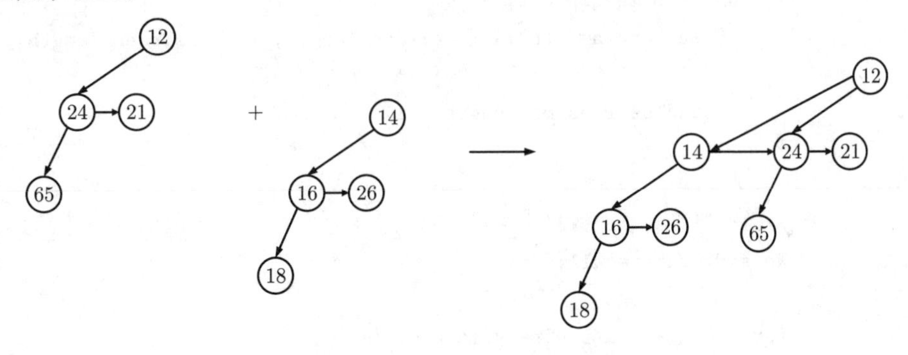

图 9.32 合并两棵二项树

程序 9.12 合并同样大小的两棵二项树的例程

```
1     //合并两棵同样高度的二项树，返回合并结果
2     private Node<E> combineTrees(Node<E> t1, Node<E> t2) {
3         if (t1.element.compareTo(t2.element) > 0) {
4             return combineTrees(t2, t1);
5         }
6         t2.nextSibling=t1.leftChild;  //将t1的左孩子赋值给t2的右孩子
7         t1.leftChild=t2;  //将t2赋值给t1的左孩子
8         return t1;
9     }
```

现在介绍合并例程的简单实现。该例程将 H_1 和 H_2 合并，把合并结果放入

H_1 中，并清空 H_2。任意时刻处理的是**秩**（树的高度）为 i 的那些树。T_1 和 T_2 分别是 H_1 与 H_2 中的树，而 carry 是从上一步得来的树（可能是 null）。如果 T_1 存在，那么 T_1 是 1，否则 T_1 为 0，对其余的树也可以以此类推。对于合并秩为 i 和秩为 $i+1$ 的树所形成的树，其形成过程依赖于 8 种可能情形中的每一种。代码见程序 9.13。

程序 9.13　合并两个二项队列的例程

```
1     //h1(this)和h2(rhs)合并,合并后的值放入h1中,清空h2
2     public void merge(BinomialQueue<E> rhs) {
3         if (rhs==this) return;
4
5         currentSize+=rhs.currentSize;
6         //如果合并后两个二项树的大小超过目前h1(this)二项队列的容量,
            //则对h1(this)二项队列进行扩容操作
7         //currentSize: 二项队列的容量
8         if (currentSize>capacity()) {
9             int maxLength=Math.max(theTrees.length, rhs.theTrees.length);
10             //每次扩容操作使得二项队列中二项树的个数加 1
11             expandTheTrees(maxLength + 1);
12          }
13
14          //上一步得到合并两棵同样高度的二项树的结果
15          Node<E> carry=null;
16
17          for (int i=0; i<theTrees.length; i++) {
18              Node<E> t1=theTrees[i];
19              Node<E> t2=i<rhs.theTrees.length ? rhs.theTrees[i] : null;
20
21              int whichCase=0;
22              whichCase += t1 != null ? 1 : 0;
23              whichCase += t2 != null ? 2 : 0;
24              whichCase += carry != null ? 4 : 0;
25
26              switch (whichCase) {
27                  case 0: //no trees
28                  case 1: //only h1(this)
29                      break;
30                  case 2: //only h2(rhs)
```

```
31                    theTrees[i]=t2;    //将rhs中的值放入this中
32                    rhs.theTrees[i]=null;  //清空rhs
33                    break;
34                case 3: //h1(this)和h2(rhs)
35                    carry=combineTrees(t1, t2);
                      //合并两棵同样高度的二项树
36                    theTrees[i]=rhs.theTrees[i]=null;
37                    break;
38                case 4: //only carry
39                    theTrees[i]=carry;
40                    carry=null;
41                    break;
42                case 5: //h1(this)和carry
43                    carry=combineTrees(t1, carry);
44                    theTrees[i]=null;
45                    break;
46                case 6: //h2(rhs)和carry
47                    carry=combineTrees(t2, carry);
48                    rhs.theTrees[i]=null;
49                    break;
50                case 7: //全都有
51                    theTrees[i]=carry;
52                    carry=combineTrees(t1, t2);
53                    rhs.theTrees[i]=null;
54                    break;
55            }
56        }
57        //清空h2(rhs)
58        rhs.makeEmpty();
59    }
60
61    //扩展二项队列中含有的二项树个数, newNumTrees 为目标二项树个数
62    private void expandTheTrees(int newNumTrees) {
63        Node<E>[] oldTrees=theTrees;
64        theTrees=new Node[newNumTrees];
65        for (int i=0; i<oldTrees.length; i++) {
66            theTrees[i]=oldTrees[i];
67        }
68        for (int i=oldTrees.length; i<newNumTrees; i++) {
```

```
69              theTrees[i]=null;
70          }
71      }
72
73      //返回二项队列中可容纳元素的个数，若二项队列中二项树个数为n，
          //则可容纳元素数目capacity为2^n-1
74      private int capacity() {
75          return (1 << theTrees.length) - 1;
76      }
77
78      //清空二项队列
79      private void makeEmpty() {
80          currentSize=0;
81          for (int i=0; i<theTrees.length; i++) {
82              theTrees[i]=null;
83          }
84      }
```

二项队列的删除最小元素 (deleteMin) 例程在程序 9.14 中给出。

程序 9.14　二项队列的 deleteMin

```
1       //删除最小项
2       public E deleteMin() {
3           if (isEmpty()) throw new IllegalArgumentException
            ("Binomial Queue is empty! ");
4
5           //找到最小根节点及其第一个孩子
6           int minIndex=findMinIndex();
7           E minItem=theTrees[minIndex].element;
8           Node<E> deletedTree=theTrees[minIndex].leftChild;
9
10          //deletedQueue 为被删除最小根节点的几个二项树，构成另一个二项队列
11          BinomialQueue<E> deletedQueue=new BinomialQueue<>();
12          //调整好目标二项队列的容量，处于minIndex位置的二项树高度
            //为minIndex，其根节点含有的子树数目为minIndex
13          //为了防止 minIndex 为0时的下标逸出，同时注意到theTrees最少
            //二项树个数为1，因此扩容到(minIndex+1)
14          deletedQueue.expandTheTrees(minIndex + 1);
15          //调整被删除根节点子树构成的二项队列中实际存在的元素个数
```

```
16        //若二项队列中二项树个数为n，则可容纳元素数目为2^n-1
17        deletedQueue.currentSize=(1 << minIndex) - 1;
18
19        //向新建的二项队列中添加删除根节点的那个二项树的孩子，
          //此根节点含有的子树数目为minIndex
20        int j=minIndex - 1;
21        while (deletedTree!=null) {
22            deletedQueue.theTrees[j]=deletedTree;
23            deletedTree=deletedTree.nextSibling;
24            deletedQueue.theTrees[j].nextSibling=null;
25            j--;
26        }
27
28        theTrees[minIndex]=null;
29        //操作后得到二项队列的元素数目需要减去被删除根节点及其子树
          //所包含的元素数目
30        currentSize -= deletedQueue.currentSize + 1;
31        //将两个二项队列进行合并，完成删除操作
32        merge(deletedQueue);
33        //返回二项队列中的最小元素
34        return minItem;
35    }
```

当受到影响的元素位置已知时，可以将二项队列扩展到支持二叉堆所允许的某些非标准的操作，如 decreaseKey，decreaseKey 是一次上滤，如果将一个指向节点双亲的域加到每个节点上，那么上滤可在 $O(\log n)$ 时间内完成。

9.7 优先队列的应用

9.7.1 堆排序

若序列 $\{k_1, k_2, \cdots, k_n\}$ 是堆，则堆顶元素（或完全二叉树的根）必为序列中 n 个元素的最小值（或最大值）。若在输出堆顶的最小值之后，剩余 $n-1$ 个元素的序列又建成一个堆，则得到 n 个元素中的次小值。如此反复执行，便能得到一个有序序列，这个过程称为**堆排序**（heap sort）。堆排序只需要一个记录二叉树上根节点元素大小的辅助空间，每个待排序的记录仅占一个存储空间。

因此，实现堆排序需要解决两个问题：① 如何由一个无序序列建成一个堆；

② 如何在输出堆顶元素之后，调整剩余元素成为一个新的堆。

对于第二个问题，可以用 9.3 节中介绍的下滤操作将最小值调整到堆顶，称这个调整过程为**筛选**。有 8 个元素的无序序列，如图 9.33(a) 所示。

$$\{49, 38, 65, 97, 76, 13, 27, 49'\}$$

筛选从第 4 个元素开始，由于 97>49′，交换，交换后的序列如图 9.33（b）所示。同理，在第 3 个元素 65 被筛选之后序列的状态如图 9.33（c）所示。由于第 2 个元素 38 不大于其左、右子树根的值，则筛选后的序列不变。图 9.33（e）所示为筛选根元素 49 之后建成的堆。

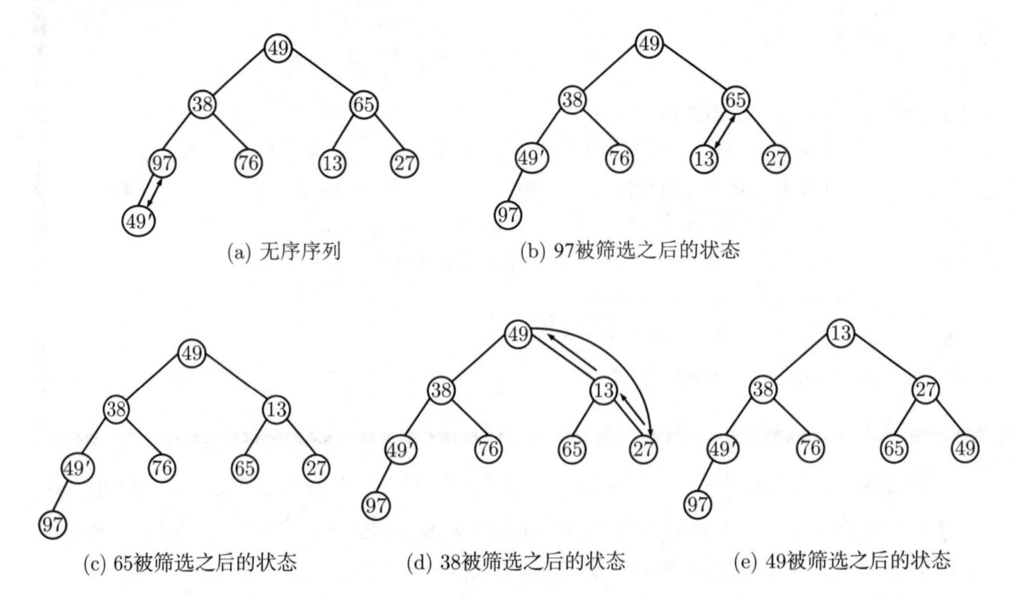

图 9.33　建初始堆过程实例

接下来将以对无序序列按关键字非递减排序为例，介绍堆排序的基本原理。堆排序的算法如程序 9.15 所示，其中筛选的算法如程序 9.16 所示。为使记录序列按关键字非递减有序排序，在堆排序的算法中先建立一个**大顶堆**，即根节点的关键字是堆中所有节点关键字中最大的。算法执行的思路是，先选一个关键字为最大的记录并与序列中最后一个记录交换，然后对序列中前 $n-1$ 个记录进行筛选，重新将它调整为一个大顶堆，如此反复直至排序结束。因此，筛选应沿关键字较大的孩子节点向下进行，需要注意的是，此处的筛选过程恰与图 9.33 所示过程相反。

程序 9.15 对顺序表 H 进行堆排序

```
1    public void heapSort(E[] H) {
2        //对顺序表H进行堆排序
3        int i;
4        E temp;
5        //初始化数组为大顶堆
6        for (i=H.length-1; i>=0; i--) {
7            heapAdjust(H, i, H.length - 1);
8        }
9        for (i=H.length-1; i > 0; i--) {
10           //交换，将堆顶记录和当前未排序子序列H[0...i]中最后一个记录
             //相互交换
11           temp=H[0];
12           H[0]=H[i];
13           H[i]=temp;
14           heapAdjust(H, 0, i - 1);    //将H[0...i-1]重新调整为大顶堆
15       }
16   }
```

程序 9.16 堆排序中的筛选算法

```
1    private void heapAdjust(E[] H, int s, int m) {
2        //已知H[s...m]中记录的关键字除H[s]之外均满足大顶堆的定义,
         //本函数调整H[s]，使H[s...m]成为一个大顶堆
3        E rc=H[s];
4        for (int j=2*s+1; j<=m; j=2*j+1) {    //沿较大的孩子节点向下筛选
5            if (j < m && H[j].compareTo(H[j + 1]) < 0)
6                j++;
7            if (rc.compareTo(H[j]) >= 0)
8                break;
9            H[s]=H[j];
10           s=j;
11       }
12       H[s]=rc;
13   }
```

堆排序方法对记录数 n 较少的文件并不值得提倡，但对记录数较多的文件还是很有效的。因为其运行时间主要耗费在建初始堆和调整建新堆时进行的反复筛

选上。对深度为 k 的堆，筛选算法中进行的关键字比较次数至多为 $2(k-1)$ 次，则在建含 n 个元素、深度为 h 的堆时，总共进行的关键字比较次数不超过 $4n$。同时，n 个节点的完全二叉树的深度为 $\lfloor \log_2 n \rfloor + 1$，则调整建新堆时调用 heapAdjust 过程 $n-1$ 次，总共进行的比较次数不超过下式的值：

$$2(\lfloor \log_2(n-1) \rfloor + \lfloor \log_2(n-2) \rfloor + \cdots + \lfloor \log_2 2 \rfloor < \lfloor \log_2 n \rfloor)$$

由此，堆排序在最坏的情况下，其时间复杂度也为 $O(n \log n)$。相对于快速排序，这是堆排序的最大优点。此外，堆排序仅需一个记录二叉树根节点元素大小的辅助存储空间，供交换使用。

9.7.2 选择问题

对于第 1 章提出的选择问题，这里给出两个算法，在 $k = \lceil n/2 \rceil$ 的极端情况下它们均以 $O(n \log n)$ 运行。

1）算法 9.1

为了简单起见，假设只考虑找出第 k 个最小的元素。该算法很简单，先将 n 个元素读入一个数组，然后对该数组应用 BuildHeap 算法，最后执行 k 次 deleteMin 操作。从该堆最后提取的元素就是答案。显然，通过改变堆序性质，就可以求解原始的问题：找出第 k 个最大的元素。

这个算法的准确性是显然的。如果使用 BuildHeap，构造堆的最坏情形用时是 $O(n)$，而每次删除最小元素用时为 $O(\log n)$。由于有 k 次 deleteMin 操作，因此总的运行时间为 $O(n + k \log n)$。如果 $k = O(n/\log n)$，那么运行时间取决于 BuildHeap 操作，即 $O(n)$。对于大的 k 值，运行时间为 $O(k \log n)$。如果 $k = \lceil n/2 \rceil$，那么运行时间则为 $O(n \log n)$。

注意，如果对 $k = n$ 运行该程序并在元素离开堆时记录它们的值，那么实际上已经对输入文件以时间 $O(n \log n)$ 进行了排序。

2）算法 9.2

在这里回到原始问题，找出第 k 个最大的元素，使用 1.1.1 节的思路。在任一时刻都维持含有 k 个最大元素的集合 S。在前 k 个元素读入以后，当再读入一个新的元素时，该元素将与第 k 个最大元素进行比较，记第 k 个最大元素为 S_k。注意，S_k 是 S 中最大的元素。如果新的元素更大，那么用新元素代替 S 中的 S_k。此时，S 将有一个新的最大元素，它可能是新添加的元素，也可能不是。在输入完成时找到 S 中最小的元素将其返回，它就是结果。

这里使用一个堆来实现 S。前 k 个元素通过调用一次 BuildHeap 以总时间 $O(k)$ 被置入堆中。处理每个其余的元素的时间为 $O(1)$（检测元素是否进入 S）再

加上时间 $O(\log k)$（在必要时删除 S_k 并插入新元素）。因此，总的时间是 $O(k+(n-k)\log k)$。该算法找出中位数的时间界为 $O(n\log n)$。

9.7.3 事件模拟

假设有一个系统如银行，顾客到达并排队等候 k 个出纳员中有一个腾出时间。顾客的到达情况由概率分布函数控制，服务时间（当出纳员有空时，用于服务的时间量）也是如此。这里的关注点在于平均一位顾客要等多久或排的队伍可能有多长这类的统计问题。

对于某些概率分布以及 k 值较小的情况，答案都可以精确计算出来。然而随着 k 变大，分析明显变得困难，因此用计算机模拟银行的运作就很有必要。用这种方法，银行可以确定为保证合理通畅的服务需要出纳员的数量。

可以用概率函数来生成一个输入流，它由每位顾客的到达时间和服务时间的序偶组成，并以到达时间排序。算法中不必使用一天中的准确时间，而是使用单位时间量，称为一个**滴答** (tick)。

进行这种模拟的一个方法是在 0 滴答处启动一台模拟钟表，让钟表一次走一个滴答，同时查看是否有事件发生。如果有，那么处理这个（些）事件，搜集统计资料。当没有顾客留在输入流中且所有的出纳员都空闲时，模拟结束。

这种模拟策略的问题是，它的运行时间不依赖于顾客数或事件数（每位顾客有两个事件），但是却依赖滴答数，而后者实际并不是输入的一部分。为了明白造成问题的原因，可以假设将钟表的单位改成滴答的千分之一，**即毫滴答** (millitick) 并将输入中的所有时间乘以 1000，则结果就是模拟用时长了 1000 倍。

避免这种问题的关键在于每一个阶段让钟表直接走到下一个事件时间，从概念上看这是容易做到的。在任一时刻，可能出现的下一事件或是输入文件中下一个顾客的到达，或是在一名出纳员处一位顾客离开。由于可以得知将发生事件的所有时间，所以只需找出最近要发生的事件并处理这个事件。

如果事件是离开，那么处理过程包括搜集离开顾客的统计资料以及检验队伍（队列），看是否还有另外的顾客在等待。如果有，那么加上这位顾客，处理所需要的统计资料，计算该顾客将要离开的时间，并将离开事件加到等待发生的事件集中。

如果事件是到达，那么检查空闲的出纳员。如果没有，那么把该到达事件放到队伍（队列）中；否则，给顾客分配一个出纳员，计算该顾客的离开时间，并将离开事件加到等待发生的事件集中。

在等待的顾客队伍可以用一个队列来实现。由于需要找到最近将要发生的事件，合适的办法是将等待发生的离开事件集合编入一个优先队列中。下一个事件要么是到达事件，要么是离开事件（哪个发生早就是哪个）。

模拟上述过程编写例程很简单，如果有 C 个顾客（有 $2C$ 个事件）和 k 个出纳员，那么模拟运行时间将会是 $O(C\log(k+1))$，因为计算和处理每个事件花费 $O(\log H)$，其中 $H = k + 1$ 为堆的大小。

9.8 总 结

本章介绍了优先队列 ADT 的各种实现方法和用途。标准的二叉堆由于实现简单和快速，因此是精致的。它不需要指针，只需要常数的附加空间，且有效支持优先队列的操作。

本章考虑了另外的合并操作，发展了三种实现方法，每种都有其独到之处。左式堆是递归强大力量的完美实例。斜堆则是代表缺少平衡原则的一种重要的数据结构。二项队列表明如何用一个简单的想法来达到好的时间界。

此外还介绍了优先队列的几个用途，从排序、选择问题到事件模拟，都可以看到优先队列的应用。

第 10 章 图论算法

现代科技领域中，图的应用非常广泛，如电路分析、通信工程、网络理论、人工智能、形式语言、系统工程、控制论和管理工程等都广泛应用了图的理论。图的理论几乎在所有工程技术中都有应用。例如，计算机辅助设计（computer aided designs，CAD）中，首先必须将电网转换成图形，然后才能进行电路分析。在本章我们将要学习到：

（1）如何存储一张图。

（2）如何遍历图中的每一个顶点。

（3）如何应用图解决工程管理中的问题。

（4）解决通信网、交通网规划设计问题的算法。

（5）解决路由选择问题的算法。

10.1 图的基本概念

在实际工程中，有时需要分析一些由图形表示的存在复杂逻辑关系的问题，为了让计算机能够辅助人们分析，首先需要将问题转化为计算机能够理解的“图”，也就是图数据结构，图 10.1 所示为电路示例及其相应图形，图 10.1(b) 为将图 10.1(a) 用图数据结构表示的结果，其中边上的符号为支路名，节点上的符号为节点名。

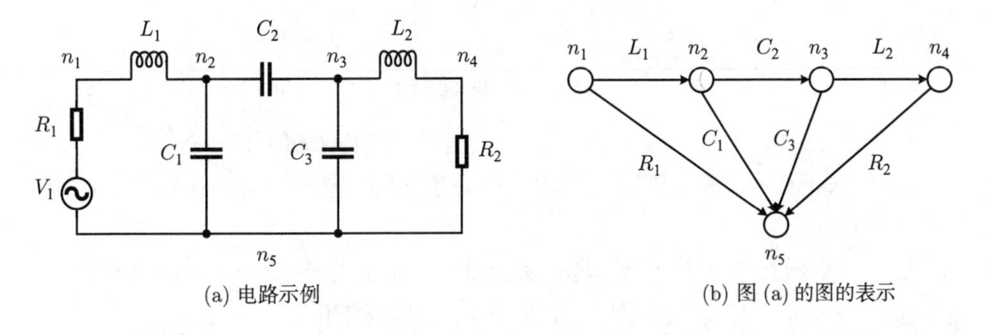

(a) 电路示例

(b) 图 (a) 的图的表示

图 10.1 电路示例及其相应图形

为了便于理解图数据结构，本书首先介绍图中一些元素的定义和相关的术语。

10.1.1 定义与术语

图 (graph) 是数据结构 $G=(V,E)$，其中 $V(G)$ 是 G 中节点的有限非空集合，节点的偶对称为**边** (edge)，$E(G)$ 是 G 中边的有限集合。图中的节点常称为**顶点** (vertex)。

若图中代表一条边的偶对是有序的，则称其为**有向图**。用 $<u,v>$ 代表有向图中的一条有向边，u 称为该边的**始点（尾）**，v 称为边的**终点（头）**，$<u,v>$ 和 $<v,u>$ 这两个偶对代表不同的边。有向边也称为**弧** (arc)。

若图中代表一条边的偶对是无序的，则称其为**无向图**。用 (u,v) 代表无向图中的边，这时 (u,v) 和 (v,u) 是同一条边。事实上，对任何一个有向图，若 $<u,v>\in E$ 且 $<v,u>\in E$，即 E 是对称的，则可以用一个无序对 (u,v) 代替这两个有序对，表示 u 和 v 之间的一条边，便成为无向图。

图 10.2 中的 G_1 是无向图，G_2 是有向图。

$$V(G_1)=V(G_2)=\{0,1,2,3,4\}$$

$$E(G_1)=\{(0,1),(0,2),(0,4),(1,2),(2,3),(2,4),(3,4)\}$$

$$E(G_2)=\{<0,1>,<1,2>,<2,0>,<2,4>,<3,0>,<3,2>,<3,4>\}$$

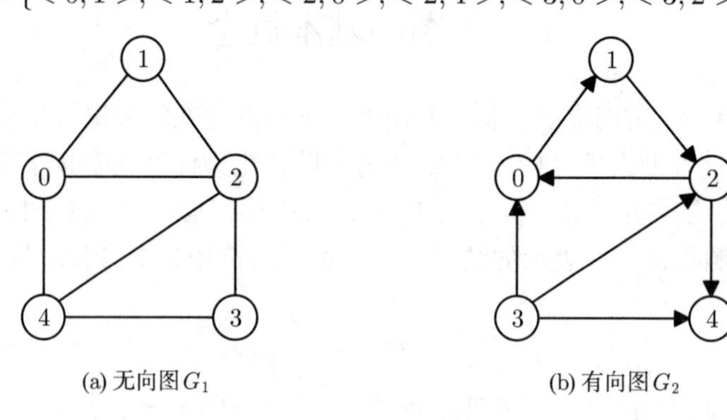

(a) 无向图 G_1　　(b) 有向图 G_2

图 10.2 图的示例

如果边 (u,u) 或 $<u,u>$ 是允许的，这样的边称为**自回路**，如图 10.3(a) 所示。两顶点间允许有多条相同边的图，称为**多重图**，如图 10.3(b) 所示。本章的图不允许自回路和多重图。

如果一个图有最多的边数，称为**完全图**。无向完全图有 $n(n-1)/2$ 条边，有向完全图有 $n(n-1)$ 条边。图 10.4 是一个无向完全图。

若 (u,v) 是无向图的一条边，则称顶点 u 和 v **相连接**，并称边 (u,v) 与顶点 u 和 v **相关联**。若 $<u,v>$ 是有向图的一条边，则称顶点 u **邻接到**顶点 v，顶点 v **邻接自**顶点 u，并称 $<u,v>$ 与顶点 u 和 v **相关联**。图 10.2(a) 的无向图

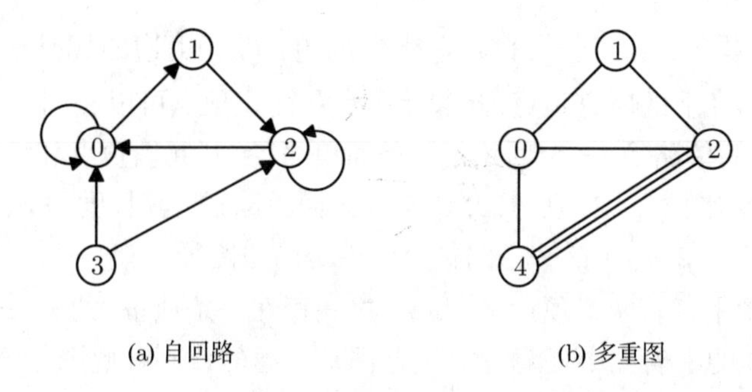

(a) 自回路 (b) 多重图

图 10.3 自回路和多重图示例

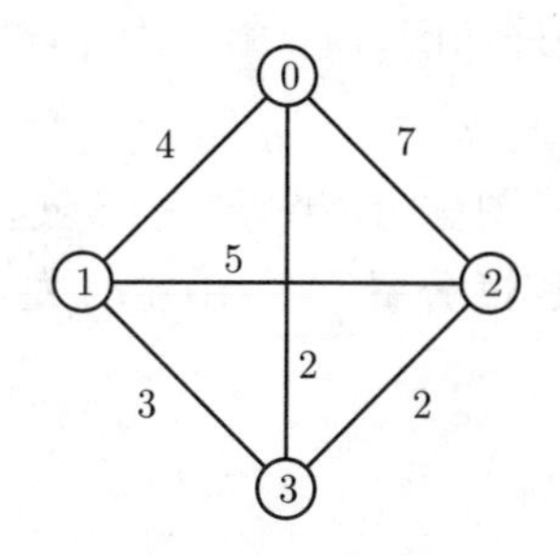

图 10.4 完全图示例

G_1 中，顶点 1 和顶点 2 相邻接。图 10.2(b) 的有向图 G_2 中，顶点 1 邻接到顶点 2，顶点 2 邻接自顶点 1，与顶点 2 相关联的弧有 $<1,2>$,$<2,0>$,$<2,4>$ 和 $<3,2>$。

图 G 的一个**子图**是一个图 $G'=(V',E')$，使得 $V'(G')\subseteq V(G)$，$E'(G')\subseteq E(G)$。图 10.5 给出了图 10.2 所示的图 G_1 和 G_2 的若干子图。

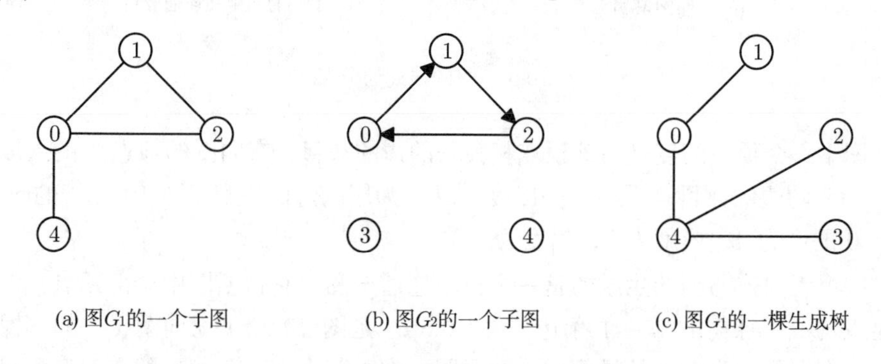

(a) 图G_1的一个子图 (b) 图G_2的一个子图 (c) 图G_1的一棵生成树

图 10.5 图 10.2 所示的图的子图和生成树示例

在无向图 G 中，一条从 s 到 t 的**路径**是一个顶点的序列 $(s,v_1,v_2,\cdots,v_k,t)$，使得 (s,v_1)，(v_1,v_2)，$\cdots$，(v_k,t) 是图 G 的边。若图 G 是有向图，则该路径使得

$< s, v_1 >, < v_1, v_2 >, \cdots, < v_k, t >$ 是图 G 的边。路径上边的数目称为**路径长度**。

如果一条路径上的所有顶点,除起始顶点和终止顶点可以相同,其余顶点各不相同,则称其为**简单路径**。一个**回路**是一条简单路径,其起始顶点和终止顶点相同。图 10.2(a) 的无向图 G_1 中,(0,1,2,4) 是一条简单路径,其长度为 3;(0,1,2,4,0) 是一条回路;(0,1,2,0,4) 是一条路径,但不是简单路径。

一个无向图中,若两个顶点 u 和 v 之间存在一条从 u 到 v 的路径,则称 u 和 v 是连通的。若图中任意一对顶点都是连通的,则称此图是**连通图**。一个有向图中,若任意一对顶点 u 和 v 间存在一条从 u 到 v 的路径和一条从 v 到 u 的路径,则称此图是**强连通图**。图 10.2 中无向图 G_1 是连通图,有向图 G_2 不是强连通图。

无向图的一个极大连通子图称为该图的一个**连通分量**。有向图的一个极大强连通子图称为该图的一个**强连通分量**。图 10.6(a) 的有向图的两个强连通分量如图 10.6(b) 所示。

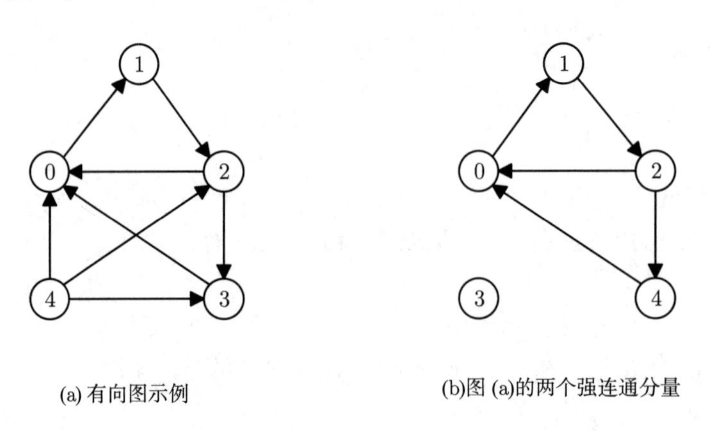

图 10.6　图的强连通分量

图中一个顶点的**度**是与该顶点相关联的边的数目。有向图的顶点 v 的**入度**是以 v 为头的边的数目,顶点 v 的**出度**是以 v 为尾的边的数目。图 10.6(a) 的图中,顶点 0 的度为 4,入度为 3,出度为 1。

一个无向连通图的**生成树**是一个极小连通子图,它包括图中全部顶点,但只有足以构成一棵树的 $n-1$ 条边。图 10.5(c) 是图 10.2(a) 无向图 G_1 的一棵生成树。有向图的**生成森林**是这样一个子图,它由若干棵互不相交的有根有向树组成,这些树包含了图中的全部顶点。**有根有向树**是一个有向图,它恰有一个顶点入度为 0,其余顶点的入度为 1,并且如果略去此图中边的方向,处理成无向图后,图是连通的。这就是第 8 章中定义的树。不包含回路的有向图称为**有向无环**

图（directed acyclic graph）。一棵**自由树**是不包含回路的连通图，注意此处定义的自由树和有根树（即树）的区别。

最后说明工程上经常使用的网的概念。在图的每条边上加上一个数字作为**权**，也称**代价**，带权的图称为**网**。图 10.4 所示的完全图也是一个网。

10.1.2 图 ADT

下面定义了带权有向图的 ADT。一个无向图，如果将它的每条边 (u,v) 都看成两条有向边 $<u,v>$ 和 $<v,u>$，便成为有向图。

graph：建立一个新的图（构造方法）。

addVertex：在图中加入一个新节点。

addEdge：在图中加入一条从 sourceVertex 到 targetVertex 的新边。

free：销毁一个图，并释放内存。

数据：顶点的非空集合 V 和边的集合 E，每条边由 V 中顶点的偶对表示。

运算：上面列出的只是图的最基本运算。在以后各节中，将通过添加新运算陆续扩充图 ADT。主要包括以下图的算法。

（1）深度优先遍历图。

（2）广度优先遍历图。

（3）拓扑排序。

（4）关键路径。

（5）Prim 算法求最小代价生成树。

（6）Kruskal 算法求最小代价生成树。

（7）Dijkstra 算法求单源最短路径。

（8）Floyd 算法求所有顶点之间的最短路径。

10.2 图的存储

10.2.1 矩阵表示法

邻接矩阵和关联矩阵是图的两种矩阵表示法：邻接矩阵表示图中顶点间相邻接的关系，关联矩阵表示图中顶点与边相关联的关系。

1. 邻接矩阵

邻接矩阵是表示图中顶点之间的相邻关系的矩阵。一个有 n 个顶点的图 $G=(V,E)$ 的**邻接矩阵**是一个 $n \times n$ 的矩阵 A。

如果 G 是无向图，那么 A 中元素定义如下：

$$A[u][v]=\begin{cases}1, & (u,v)\in E \text{ 或 } (v,u)\in E\\ 0, & \text{其他}\end{cases} \tag{10.1}$$

如果 G 是有向图，那么 A 中元素定义如下：

$$A[u][v]=\begin{cases}1, & <u,v>\in E\\ 0, & \text{其他}\end{cases} \tag{10.2}$$

如果 G 是带权的有向图，那么 A 中元素定义如下：

$$A[u][v]=\begin{cases}w(u,v), & <u,v>\in E\\ 0, & u=v\\ \infty, & \text{其他}\end{cases} \tag{10.3}$$

其中，$w(u,v)$ 是边 $\langle u,v\rangle$ 的权值。

对于带权的无向图，可参照以上的式（10.1）和式（10.2），得到与式（10.3）类似的邻接矩阵。

图 10.7 所示为图的邻接矩阵表示范例。图 10.7(d) 和 (e) 分别是图 10.7(a) 和 (b) 的图 G_1 和 G_2 的邻接矩阵，G_1 是对称矩阵，因为一条无向边可视为两条有向边。图 10.7(f) 是图 10.7(c) 的网 G_3 的邻接矩阵，若 $\langle u,v\rangle$ 是图中的边，则 $A[u][v]$ 为边 $\langle u,v\rangle$ 的权值，否则 $A[u][v]$ 为 ∞，主对角线 $A[u][u]$ 均为 0。

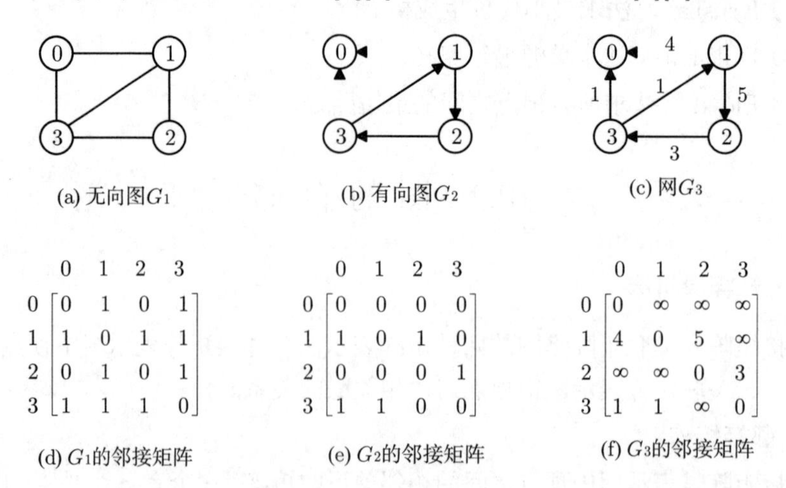

(a) 无向图G_1　(b) 有向图G_2　(c) 网G_3

	0	1	2	3
0	0	1	0	1
1	1	0	1	1
2	0	1	0	1
3	1	1	1	0

(d) G_1的邻接矩阵

	0	1	2	3
0	0	0	0	0
1	1	0	1	0
2	0	0	0	1
3	1	1	0	0

(e) G_2的邻接矩阵

	0	1	2	3
0	0	∞	∞	∞
1	4	0	5	∞
2	∞	∞	0	3
3	1	1	∞	0

(f) G_3的邻接矩阵

图 10.7　邻接矩阵示例

2. 关联矩阵

事实上，对于一个图，除了可用邻接矩阵表示，还可用关联矩阵来表示。前面提到，图在工程技术中应用十分广泛。在电路分析中，常使用**关联矩阵**。对图 10.1 所示的电路，根据基尔霍夫电流定律，按照规定的正方向（设电流流入节点为负，流出节点为正），列出节点的电流方程为

$$\begin{cases} i_{R_1} + i_{L_1} = 0 & (\text{节点 } n_1) \\ i_{C_1} + i_{C_2} - i_{L_1} = 0 & (\text{节点 } n_2) \\ i_{L_2} + i_{C_3} - i_{C_2} = 0 & (\text{节点 } n_3) \\ i_{R_2} - i_{L_2} = 0 & (\text{节点 } n_4) \end{cases}$$

写成矩阵形式为

$$\begin{pmatrix} 1 & 0 & 0 & 1 & 0 & 0 & 0 \\ -1 & 1 & 0 & 0 & 1 & 0 & 0 \\ 0 & -1 & 1 & 0 & 0 & 1 & 0 \\ 0 & 0 & -1 & 0 & 0 & 0 & 1 \end{pmatrix} \cdot \begin{pmatrix} i_{L_1} \\ i_{C_2} \\ i_{L_2} \\ i_{R_1} \\ i_{C_1} \\ i_{C_3} \\ i_{R_2} \end{pmatrix} = 0$$

上式左边第一项的矩阵是图的关联矩阵 A，左边第二项的向量称为**支路电流向量**I_b，这样基尔霍夫电流定律可写成矩阵表示式 $A \cdot I_b = 0$。

关联矩阵是表示图中边与顶点相关联的矩阵。有向图 $G = (V, E)$ 的关联矩阵是如式（10.4）定义的 $n \times m$ 阶矩阵，其中 n 为节点数，m 为支路数，即

$$A[v][j] = \begin{cases} 1, & \text{顶点 } v \text{ 是弧 } j \text{ 的起点} \\ -1, & \text{顶点 } v \text{ 是弧 } j \text{ 的终点} \\ 0, & \text{顶点 } v \text{ 和弧 } j \text{ 不相关联} \end{cases} \tag{10.4}$$

既然一个图可以用矩阵表示，那么，为了在计算机内存储图，只需存储表示图的矩阵。C 语言存储矩阵最直接的方法是二维数组。图的结构复杂，使用广泛，所以存储表示方法也多种多样。对于不同的应用，往往采用不同的存储方法。

10.2.2 邻接矩阵表示法的实现

邻接矩阵有两种，即不带权图和网的邻接矩阵。不带权图的邻接矩阵元素为 0 或 1，而网的邻接矩阵中包含 0、∞ 和边上的权值，权值的类型 T 可为整型、

实数型等。为了将两种图统一表示，可以用一个三元组 (u,v,w) 代表一条边，u 和 v 是边的两个顶点，w 表示顶点 u 和 v 的下列关系。

（1）$a[u][u]=0$：两种邻接矩阵的主对角线元素都是 0。

（2）$a[u][v]=w$：若边 $<u,v>\in E$，则 $w=1$（不带权图）或 $w=w(i,j)$（网）；若边 $<u,v>\notin E$，则 $w=0$（不带权图）或 $w=\infty$（网）。

1. 邻接矩阵类

程序 10.1 是用邻接矩阵表示图的 Java 类。

程序 10.1　邻接矩阵图的结构体

```
1 public class MatrixGraph {
2     private int noEdge;          //两节点间无边时的值（0或者无穷）
3     private int vertices;        //图中顶点数
4     private double A[][];        //存储邻接矩阵的二维数组
5 }
```

2. 构造函数

构造函数 MatrixGraph 构造一个有 n 个顶点，但不包含边的有向图邻接矩阵。由于图的顶点数事先并不知道，所以使用动态分配的二维数组，其中 noEdge 用于表示当 $a[i][j]$ 不代表图中一条边时的值，对于不带权的图，noEdge 为 0；对于网，noEdge 为 ∞。对角元素 $a[i][i]$ 总是 0。程序 10.2 是图的构造函数。

程序 10.2　建立一个新图的构造方法

```
1   public MatrixGraph(int n, int noEdge) {
2         this.noEdge=noEdge;
3         this.vertices=n;
4         this.A=new double[n][n];
5         for (int i=0; i<n; i++) {
6             for (int j=0; j<n; j++) {
7                 this.A[i][j]=noEdge;
8             }
9             this.A[i][i]=0;
10        }
11  }
```

3. 边的搜索、插入和删除

程序 10.3 实现图中边的搜索、插入和删除运算。下列运算中，若 $u<0$ 或 $v<0$ 或 $u>n-1$ 或 $v>n-1$ 或 $u=v$，则表示输入参数 u 和 v 无效。

（1）edgeExist 函数。若输入参数 u 和 v 无效或 $a[u][v]=\text{noEdge}$，则表示不存在边 $<u,v>$，函数返回 false，否则函数返回 true。

（2）addEdge 函数。若输入参数 u 和 v 无效或者 $a[u][v] \neq$ noEdge(表示边 $<u,v>$ 已经存在)，则函数抛出 IllegalArgumentException 异常；否则在邻接矩阵中添加边 $<u,v>$，函数返回 true，具体做法是给 $a[u][v]$ 赋值 w。对于带权的图，w 的值是边 $<u,v>$ 的权值，对于一般的有向图，w 的值为 1。

（3）deleteEdge 函数。若输入参数 u 和 v 无效，或 $a[u][v] =$ noEdge(表示图中不存在边 $<u,v>$)，不能执行删除运算，则函数抛出 IllegalArgumentException 异常；否则从邻接矩阵中删除边 $<u,v>$，即令 $a[u][v] =$ noEdge，函数返回 true。

程序 10.3　边的搜索、插入和删除

```
1    //判断边是否存在
2    public boolean edgeExist(int u, int v) {
3        int n=this.vertices;
4        if (u<0 || v<0 || u>n - 1 || v>n - 1 || u==v || this.A[u]
         [v]==noEdge)
5            return false;
6        return true;
7    }
8
9    //边的插入
10   public boolean addEdge(int u, int v, double w) {
11       int n=this.vertices;
12       if (u<0 || v<0 || u>n - 1 || v>n - 1 || u==v || this.
         A[u][v]!=this.noEdge) {
13           throw new IllegalArgumentException
             ("Vertexes not exist or edge already exists!");
14       }
15       this.A[u][v]=w;
16       return true;
17   }
18
19   //删除一条边
20   public boolean deleteEdge(int u, int v) {
21       int n=this.vertices;
22       if (u<0 || v<0 || u>n - 1 || v>n - 1 || u==v || this.A[u]
         [v]==this.noEdge) {
23           throw new IllegalArgumentException
             ("Vertexes not exist or edge not exists!");
24       }
```

```
25        this.A[u][v]=this.noEdge;
26        return true;
27    }
```

10.2.3　邻接表表示法

邻接表是图的另一种有效的存储表示方式。在邻接表中，为图的每个顶点 u 建立一个单链表，链表中每一个节点代表一条边 $<u,v>$，称为**边节点**，这样顶点 u 的单链表记录了邻接自 u 的全部顶点。实际上，每个单链表相当于邻接矩阵的一行。

边节点通常具有图 10.8(a) 所示的格式，其中 adjVex 域存放 u 的一个邻接点 v 的数据，nextArc 指向 u 的下一个边节点。如果是网，则增加一个 w 域存储边上的权值。每个单链表可设立一个存放顶点 u 有关信息的节点，也称**顶点节点**，其结构图如图 10.8(c) 所示。其中，element 域存放顶点的名称及其他信息，firstArc 指向 u 的第一个边节点。可以将顶点节点按顺序存储方式组织起来。

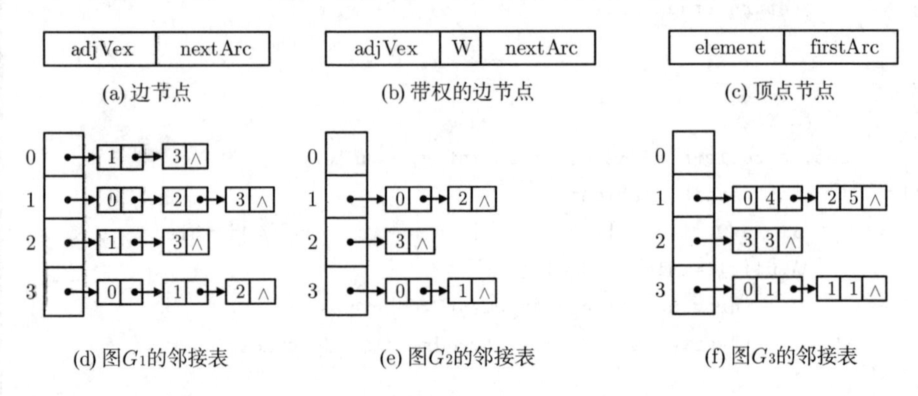

图 10.8　图 10.7所示的图的邻接表表示

在图结构中，习惯用编号来标识顶点。为了简单起见，图 10.8(d) ~ 图 10.8(f) 中未列出保存顶点信息的 element 域，只是简单地使用一个指针数组。图 10.8(d)~ 图 10.8(f) 分别是图 10.7(a)~ 图 10.7(c) 的无向图 G_1、有向图 G_2 和网 G_3 的邻接表结构。无向图的邻接表中，一条边对应两个边节点，网的邻接表使用图 10.8(b) 的边节点结构，w 域保存边上的权值。

10.2.4　邻接表表示法的实现

1. 邻接表结构

程序 10.4 和程序 10.5 分别为图的邻接表表示的边节点结构和图结构。节点由 Vertex 定义，每个节点有三个域 id、edges 和 value。

程序 10.4 边和节点的类

```
1    public class Vertex<E> {
2        int id;        //节点序号
3        LinkedList<Edge<T>> edges;    //访问与顶点相连的边入口指针
4        E value;    //节点数据
5    }
6
7    public class Edge<E> {
8        Vertex[] vertices=new Vertex[2];    //边连接的顶点
9        E value;
10       double weight;    //权重
11   }
```

程序 10.5 邻接表表示图的类

```
1 //邻接表表示的图的结构
2 public class AdjacencyListGraph<T> {
3
4     enum GraphType {
5         GRAPH_UNDIRECTED,
6         GRAPH_DIRECTED
7     }
8
9     private GraphType graphType;    //图的类型（有向图、无向图）
10    //顶点和边的数量
11    private int vertexNum;
12    private int edgeNum;
13
14    //顶点列表
15    private LinkedList<Vertex<T>> vertices;
16    private LinkedList<Edge<T>> edges;
17 }
```

2. 构造函数和析构函数

构造函数 AdjacencyListGraph 构造一个有 0 个顶点，没有边的图。对于分配内存之后的图结构，对结构体内各个成员初始化。析构函数使用 JDK 中双向链表自带的遍历方法，先后释放节点和边占用的内存。程序 10.6 和程序 10.7 表示构造图和析构图的函数。

程序 10.6 构造图的函数

```
1     public AdjacencyListGraph(GraphType type) {
2         this.graphType=type;
3
4         //初始化二叉树
5         this.vertexNum=0;
6         this.edgeNum=0;
7         this.vertices=new LinkedList<>();
8         this.edges=new LinkedList<>();
9     }
```

程序 10.7 析构图的函数

```
1     public void free() {
2         //清理顶点和边的内存
3         for (Vertex vertex : this.vertices) {
4             vertex.edges.clear();
5             vertex=null;
6         }
7         for (Edge<T> edge : this.edges) {
8             edge=null;
9         }
10
11        //清理列表的内存
12        this.vertices.clear();
13        this.edges.clear();
14    }
```

3. 边和节点的插入

程序 10.8 是向图中插入一条边的函数，该函数可以建立一个由 sourceVertex 和 targetVertex 两点确定的边。程序 10.9 则是向图中插入一个新节点的函数，插入的新节点添加到节点链表的末端。

程序 10.8 加入一条边

```
1     //加入新边
2     public Edge addEdge(Vertex<T> sourceVertex, Vertex<T> targetVertex,
      T value) {
3         Edge<T> newE=new Edge<>();
4         newE.vertices[0]=sourceVertex;    //加入新边的起点和终点信息
```

```
5        newE.vertices[1]=targetVertex;
6        newE.value=value;
7        newE.weight=1.0;
8        sourceVertex.edges.add(newE);    //把新边加入起点结构的邻接边中
9        if (this.graphType==GraphType.GRAPH_UNDIRECTED)
10           targetVertex.edges.add(newE); //如果是无向图，把新边加入
             //终点结构的邻接边中
11       this.edges.add(newE);
12       ++this.edgeNum;
13       return newE;
14   }
```

程序 10.9 加入一个节点

```
1    public Vertex addVertex(T value) {
2        Vertex<T> newV=new Vertex<>();
3        newV.edges=new LinkedList<>();
4        newV.value=value;
5        vertices.add(newV); //在节点链表尾部插入新节点
6        ++this.vertexNum;
7        newV.id=this.vertexNum;    //节点id
8        return newV;
9    }
```

除了插入新的边和节点，图 ADT 中还应该有删除边和节点的函数，注意删除一个顶点时，与之相连的边都需要删除。

10.2.5 Java 开源库 JGraphT 中对图的存储方法

在 Java JDK 中没有与图相关的库，而如果自己实现图，程序可维护性较差，且迭代麻烦。JGraphT 是一个开源的图理论数据结构和算法的开源库。可以在学习本章的同时学习该库，也可以基于该库实现接下来相关的图算法。

JGraphT(https://jgrapht.org) 使用 JDK 中的 LinkedHashMap 来进行图数据的存储。LinkedHashMap 类继承了 HashMap 类并实现了 Map 接口，它可以认为是 HashMap 和 LinkedList 的组合，即它既使用 HashMap 操作数据结构，又使用 LinkedList 维护插入元素的先后顺序。HashMap 在使用时，迭代它的顺序并不是 HashMap 放置的顺序，而是无序。HashMap 的这一缺点往往会带来使用上的不便，因为有些场景需要一个有序的 Map。而 LinkedHashMap 虽然增加了时间和空间上的开销，但是通过维护一个运行于所有条目的双向链表，LinkedHashMap 保证了元素迭代的顺序，该迭代顺序可以是插入顺序或访问顺序。因此也可以认

为，JGraphT 开源库中实现图数据结构的方法，是采用**链式存储结构的邻接表表示法**。

10.3 图的遍历

基于图的结构，以特定的顺序依次访问图中各顶点是很有用的运算。给定一个图和其中任意一个节点 v，从 v 出发系统地访问图 G 的全部节点，且使每个节点仅被访问一次，这样的过程称为**图的遍历**。遍历图的算法通常是实现图的其他操作的基础。

和树的遍历相似，图也有两种遍历方法，即**广度优先遍历**和**深度优先遍历**。与树遍历算法不同的是，图遍历必须处理两个棘手的情况：一是从起点出发的搜索可能到达不了图的所有其他顶点，对一个非连通无向图就会发生这种情况，这种现象对非强连通有向图也可能出现；二是图中可能存在回路，搜索算法不能因此而陷入死循环。为了避免发生上述两种情况，图的搜索算法需要为图的每个顶点设立一个**标志位**。算法开始时，所有顶点的标志位清零。在遍历过程中，当某个顶点被访问时，其标志位被标记。若搜索中遇到被标记过的顶点，则不再访问它。搜索结束，如果还存在未标记过的顶点，遍历算法应当从图中另选一个未标记的顶点，从它出发再次执行图的搜索。

10.3.1 广度优先遍历

1. 广度优先搜索

假定初始时，图 G 的所有顶点都未被访问过，那么从图中某个顶点 v 出发的**广度优先搜索** (breadth first search, BFS) 过程可以描述为：访问顶点 v，并给 v 打上已访问标记，然后依次访问 v 的各个未访问过的邻接点，接着依次访问与这些邻接点相邻接且未被访问过的顶点。

对图 10.9(a) 的无向图 G，从顶点 0 出发的广度优先搜索过程是：首先访问顶点 0，然后访问与它相邻接的顶点 1、11、10，接着依次访问这三个顶点的邻接点中未访问的顶点 2、5、6、9......得到遍历中顶点被访问的顺序是 0、1、11、10、2、5、6、9、3、4、7、8。

广度优先搜索是按层次往外扩展的搜索方法，它需要一个队列来记录那些自身已经被访问过，但其邻接点尚未被访问的顶点。要注意的是，上面描述的过程可能仅遍历了图的一部分（非连通图会发生这种情况），若此时图中还有未访问过的顶点，则必须另选一个未标记的顶点作为起点，重复上述过程，直到全部顶点都已被标记。

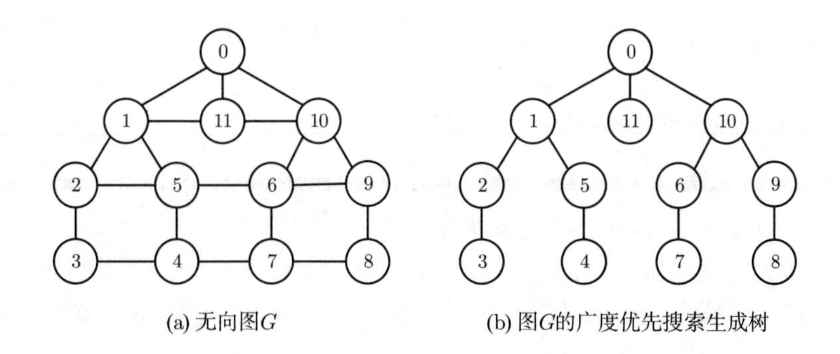

图 10.9 图的广度优先搜索

图中所有顶点以及在遍历时经过的边（即从已访问的顶点到达未访问顶点的边）构成的子图，称为**广度优先搜索生成森林**，其中的每棵树称为**广度优先搜索生成树**。

2. 广度优先搜索的实现

JGraphT 中广度优先搜索是通过 BreadthFirstIterator 类实现的，该类继承自 CrossComponentIterator 类，主要通过重写其中的 provideNextVertex 方法来实现广度和深度优先遍历，无论是哪种算法，前提都是遍历与当前节点邻接的所有节点。

程序 10.10 展示了 BreadthFirstIterator 类中的 provideNextVertex 等方法，主要是通过队列 queue 实现的，这里的队列 queue 中存放的是与访问完毕的节点相连的所有节点。

程序 10.10 广度优先遍历的实现

```
1  @Override
2  protected void encounterVertex(V vertex, E edge) {
3      int depth=(edge==null ? 0
4          : getSeenData(Graphs.getOppositeVertex(graph, edge, vertex)).
           depth + 1);
5      putSeenData(vertex, new SearchNodeData<>(edge, depth));
6      queue.add(vertex);  //访问到新节点后入队
7  }
8
9  @Override
10 protected void encounterVertexAgain(V vertex, E edge) { //遇见已访问节点
   //后直接跳过
11 }
12
```

```
13 @Override
14 protected V provideNextVertex() {
15     return queue.removeFirst(); //队头出队并返回
16 }
```

BreadthFirstIterator 实现广度优先遍历的过程如下：

（1）首先将起始节点入队。

（2）访问队头节点，队头节点出队，将该队头节点相连的所有节点入队，已访问过的节点跳过。

（3）重复步骤（2）直到访问完连通节点。

（4）取另一连通分量中的起始节点，然后从步骤（1）重新开始，直到访问完图中全部节点。

在这个过程中，队头节点访问完毕并出队后，新节点会加入队列末尾，而与队头节点同时加入队列的节点在队列中排序靠前，也就是说该搜索方法会优先访问与已访问节点邻接的全部节点，实现了广度优先搜索。

程序 10.11 给出了对图 10.9(a) 进行广度优先遍历的例程，其中 init(g) 方法是按照图 10.9(a) 形成数据对象。

程序 10.11　广度优先遍历例程

```
1 //图的广度优先遍历
2 public void testBFS() {
3     Graph<String, DefaultEdge> g=new SimpleGraph(DefaultEdge.class);
      //形成一个简单图
4     init(g);    //初始化图数据，形成如图10.9所示的图结构
5     BreadthFirstIterator BFI=new BreadthFirstIterator(g);
      //JGraphT中自带的广度优先遍历迭代器
6     System.out.print("BreadthFirst:");
7     while(BFI.hasNext())
8         System.out.print(BFI.next()+" ");   //按照广度优先的顺序输出节点
9 }
```

运行例程后得到对图 10.9(a) 进行广度优先遍历的结果：

`BreadthFirst:0 1 11 10 2 5 6 9 3 4 7 8`

为了使用队列数据结构和 JGraphT 数据结构，需使用 import 语句引入图类 org.jgrapht.Graph、默认边界类 org.jgrapht.graph.DefaultEdge、简单图类 org.jgrapht.graph.SimpleGraph 和广度优先遍历的迭代器类 org.jgrapht.traverse.BreadthFirstIterator。对图 10.9(a) 的无向图 G 执行广度优先搜索，得到的广度优先搜索生成树如图 10.9(b) 所示。

3. 时间复杂度分析

分析广度优先搜索图的算法，可知每一个顶点都进队列一次，而对于每个从队列取走的顶点 currentVertex，都查看其所有的邻接点，或者说查看顶点 currentVertex 的所有出边，因此广度优先搜索算法对无向图的每条边都恰好查看两次。此外，广度优先搜索算法中每个顶点仅被访问一次。设图的顶点数为 n，边数为 e，则广度优先搜索算法的时间复杂度为 $O(n+e)$。如果用邻接矩阵表示图，则算法的时间复杂度为 $O(n^2)$。

10.3.2 深度优先遍历

1. 深度优先搜索

假定初始时，图 G 的所有顶点都未被访问过，那么从图中某个顶点 v 出发的深度优先搜索 (depth first search,DFS) 的递归过程可以描述为：① 访问顶点 v，并给 v 打上已访问标记；② 依次从 v 的未访问的邻接点出发，深度优先搜索图 G。

对图 10.10(a) 的有向图 G，从顶点 A 出发，调用深度优先搜索过程，顶点被访问的次序是 A、B、D、C。这里假定邻接于 B 的顶点 C 和 D 的次序是先 D 后 C。即从 A 出发，访问 A，标记 A。然后选择 A 的邻接点 B，深度优先搜索访问 B。B 有两个邻接于它的顶点，因为假定先 D 后 C，所以先深度优先搜索访问 D。D 有两个邻接点，由于 D 的邻接点 A 已被标记，所以深度优先搜索访问 C。这时，邻接于 C 的顶点 A 已经被标记，所以返回 D，D 的所有邻接点均已打上标记，所以返回 B，再返回 A，深度优先搜索过程结束。

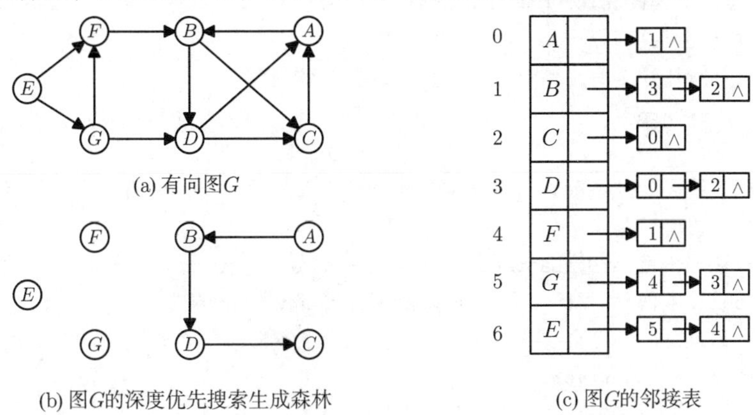

图 10.10 图的深度优先搜索

上述过程仅遍历了图的一部分，类似于在森林的前序遍历中遍历了一棵树。在无向图的情况下，遍历了一个连通分量，对有向图，则遍历了所有从 A 出发，有路径可到达的顶点，即 A 的**可达集**。如果是连通的无向图或强连通的有向图，上述算法可以访问图中全部顶点，否则，为了遍历整个图，还必须另选未标记的顶点，再次调用深度优先搜索过程，这样重复多次，直到全部顶点都已经被标记。本例中，可另选 F，访问 F；再选 G，访问 G；最后选 E，访问 E。

图中所有顶点以及在遍历时经过的边（即一个已访问的顶点到达一个未访问顶点的边）构成的子图，称为图的**深度优先搜索生成森林**，其中的每棵树称为**深度优先搜索生成树**。

2. 深度优先搜索的实现

和广度优先搜索的实现类似，在 JGraphT 中深度优先搜索也是通过继承自 CrossComponentIterator 类的 DepthFirstIterator 类实现的，程序 10.12 展示了 DepthFirstIterator 中实现深度优先搜索的关键方法。

程序 10.12 深度优先遍历的实现

```
1  @Override
2  protected void encounterVertex(V vertex, E edge) {
3      putSeenData(vertex, VisitColor.WHITE);  //规定节点颜色为“白色”,
       //表示该节点已经遇见
4      stack.addLast(vertex);
5  }
6
7  @Override
8  protected void encounterVertexAgain(V vertex, E edge) {
9      VisitColor color=getSeenData(vertex);
10     if (color!=VisitColor.WHITE) {
11         //已经遇到过该节点，且该节点已被访问
12         return;
13     }
14     //已经遇到过该节点，但是该节点颜色仍为“白色”，说明已经入栈但是没有
       //被访问
15     //这里使用removeLastOccurrence方法将其从栈中移出，然后加入栈顶
16     boolean found=stack.removeLastOccurrence(vertex);
17     assert (found);
18     stack.addLast(vertex);
19 }
20
21 @Override
22 protected V provideNextVertex() {
```

```
23      V v;
24      for (;;) {
25          Object o=stack.removeLast();
26          if (o==SENTINEL) {
27              //栈顶元素为标志位，说明该连通分量已经遍历完成
28              recordFinish();
29          } else {
30              //获取节点类型
31              v=TypeUtil.uncheckedCast(o);
32              break;
33          }
34     }
35
36     stack.addLast(v);   //节点v入栈
37     stack.addLast(SENTINEL);     //在节点v入栈后，在其上方插入一个
       //标志位SENTINEL，用来判断是否完成连通分量遍历
38     putSeenData(v, VisitColor.GRAY);     //设定访问后的节点颜色为“灰色”
39     return v;
40 }
```

首先，DepthFirstIterator 设置了节点颜色的概念，遍历过程中遇见的节点可以分为以下 3 种颜色。

（1）白色：表示该节点已经遇见，但是尚未被访问（访问也就是通过 provideNextVertex 方法弹出）。

（2）灰色：表示该节点已经遇见，且已经被访问过了，但是该连通分量尚未遍历完成。

（3）黑色：表示该节点已经遇见，并且该节点已经在之前遍历完成的连通分量中被访问过了。

在此基础上，DepthFirstIterator 实现深度优先搜索的过程如下：

（1）首先将起始节点入栈，入栈节点后设定为白色。

（2）访问栈顶节点，信标入栈，栈顶节点设定为灰色。

（3）分析每个与栈顶节点邻接的节点，分情况采取不同操作：若节点尚未遇见，则直接入栈，并设定为白色；若节点已经遇见过，且颜色为灰色或者黑色，说明该节点已经访问过，则直接跳过，不进栈；若节点已经遇见过，且颜色为白色，说明该节点已经在栈中，则将其从栈中删除并移动到栈顶。

（4）重复步骤（2）、（3）直到完成全部连通节点的访问。

（5）取另一连通分量中的起始节点，然后从步骤（1）重新开始，直到访问完

图中全部节点。

程序 10.13 给出了利用 JGraphT 自带的 DepthFirstIterator 进行深度优先搜索的例程。

若算法采用图 10.10(c) 所示的邻接表表示，则在该邻接表上执行算法得到的深度优先搜索生成森林如图 10.10(b) 所示。

程序 10.13　深度优先遍历例程

```
1 //图的深度优先遍历
2 public void testDFS() {
3     Graph<String, DefaultEdge> g=new DefaultDirectedGraph<>
      (DefaultEdge.class);   //建立有向图
4     init(g);    //初始化图数据，形成如图10.10(a)所示的图结构
5     DepthFirstIterator DFI=new DepthFirstIterator<>(g);
      //JGraphT中自带的深度优先遍历迭代器
6     System.out.print("DepthFirst:");
7     while(DFI.hasNext())
8         System.out.print(DFI.next()+" ");   //按照深度优先的顺序输出节点
9 }
```

运行例程后得到对图 10.10(a) 进行深度优先遍历的结果：

```
DepthFirst:A B D C E G F
```

3. 时间复杂度分析

图的深度优先搜索算法，每嵌套调用一次，实际上是对一个顶点 v 查看其所有的邻接点，或者说查看顶点 v 的所有出边，并对其中未标记的邻接点嵌套调用深度优先搜索函数。因此深度优先搜索算法对有向图的每条边都恰好查看一次。对无向图，一条无向边被视作两条有向边，被查看两次。此外，深度优先搜索算法中每个顶点仅被访问一次。设图的顶点数为 n，边数为 e，则遍历算法的时间复杂度为 $O(n+e)$。如果用邻接矩阵表示图，则算法的时间复杂度为 $O(n^2)$。可以发现，深度优先搜索和广度优先搜索的时间复杂度是一样的。

10.3.3　图的连通性

判断一个图的连通性是图的一个应用问题，可以利用图的遍历算法来求解这一问题。

1. 无向图的连通性

在对无向图进行遍历时，对于连通图，仅需从图中任一顶点出发，进行深度优先搜索或广度优先搜索，便可以访问到图中所有顶点。对非连通图，则需从多个顶点出发进行搜索，而每一次从一个新的起始点出发进行搜索的过程中得到的

顶点访问序列恰为其各个连通分量中的顶点集。例如，图 10.11(a) 是一个非连通图 G_3，按照图 10.12 所示 G_3 的邻接表进行深度优先搜索遍历，得到的顶点访问序列分别为：$A\ B\ F\ E$，$D\ C$。这个顶点集分别加上所有依附于这些顶点的边，便构成了非连通图 G_3 的两个连通分量，如图 10.11(b) 所示。

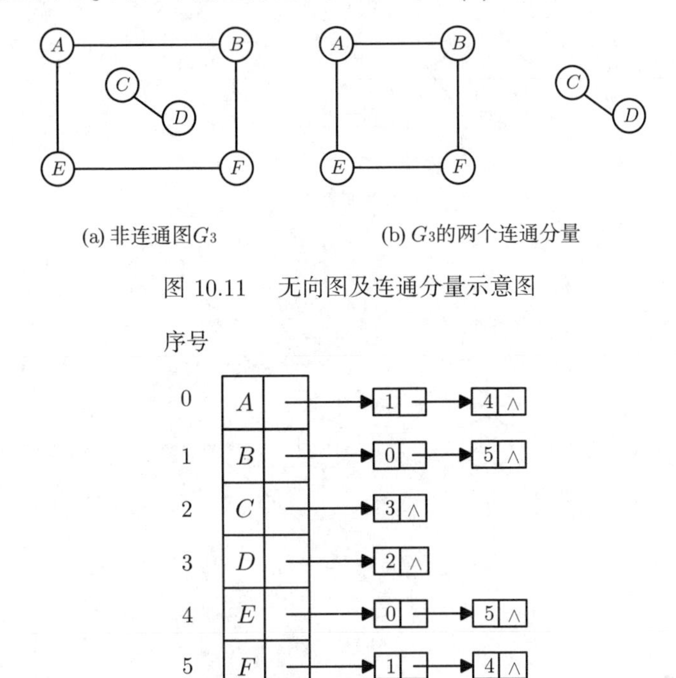

(a) 非连通图G_3　　(b) G_3的两个连通分量

图 10.11　无向图及连通分量示意图

图 10.12　G_3 的邻接表

因此，要想判断一个无向图是否为连通图，或有几个连通分量，可设计一个计数变量 count，初始时取为 0，在每次执行方法 recordFinish 时使 count 增 1。这样，在整个算法结束时，依据 count 的值就可确定图的连通性了。

2. 生成树和生成森林

下面将给出通过对图的遍历，得到图的生成树或生成森林的方法。

设 $E(G)$ 为连通图 G 中所有边的集合，则从图中任一顶点出发遍历图时，必定将 $E(G)$ 分成两个集合 $T(G)$ 和 $B(G)$，其中 $T(G)$ 是遍历图过程中历经的边的集合；$B(G)$ 是剩余的边的集合。显然 $T(G)$ 和图 G 中所有顶点一起构成连通图 G 的极小连通子图，它是连通图的一棵生成树，并且由深度优先搜索得到的为深度优先生成树，由广度优先搜索得到的为广度优先生成树。例如，图 10.13(b) 和图 10.13(c) 分别为连通图 G_5 的深度优先生成树和广度优先生成树，图中虚线为集合 $B(G)$ 中的边，实线为集合 $T(G)$ 中的边。

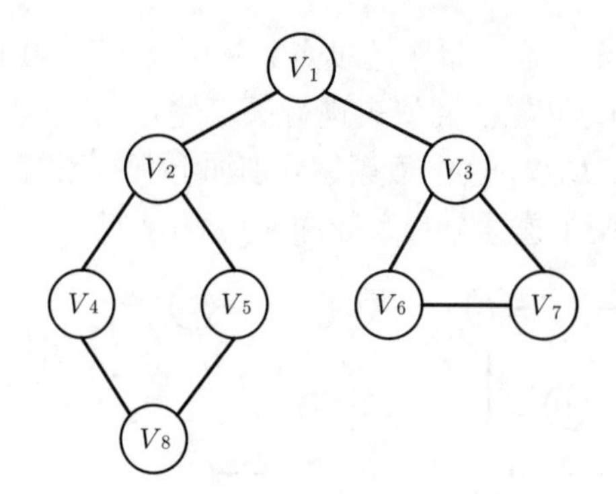

(a) 无向连通图G_5

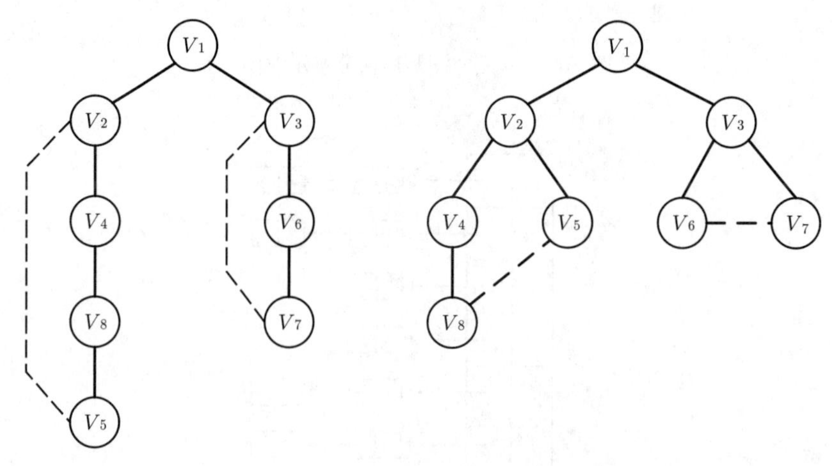

(b) G_5的深度优先生成树　　(c) G_5的广度优先生成树

图 10.13　无向连通图 G_5 及其生成树

对于非连通图，通过这样的遍历，得到的将是生成森林。例如，图 10.14(b) 的深度优先生成森林，它由三棵深度优先生成树组成。

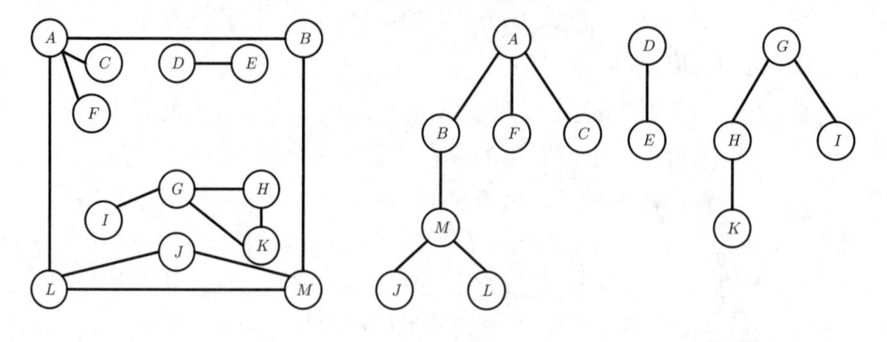

(a)无向非连通图G_6　　(b)G_6的深度优先生成森林

图 10.14　非连通图 G_6 及其生成森林

10.4 拓扑排序

拓扑排序是求解网络问题的主要算法之一，管理技术，如计划评审技术和关键路径都用到了这一算法。

10.4.1 AOV 网络

通常软件开发、施工过程、生产流程等都可以作为一个流程。一个工程可分成若干子工程，子工程常称为**活动**。因此要完成整个工程，必须完成所有的活动。活动的执行常常伴随某些先决条件，一些活动必须先于另一些活动完成，例如，一个计算机专业的学生必须学习一系列课程，其中有些课程是基础课，而另一些课程则必须在学完规定的预修课程之后才能开始。又如，数据结构的学习必须有离散数学和编程语言的准备知识，这些先决条件规定了课程之间的领先关系。现假设某计算机工程专业的必修课及其预修课程的关系如表 10.1 所示。

表 10.1　计算机工程专业课程教学计划

课程代号	课程名称	预修课程
C_0	高等数学	无
C_1	C 语言	无
C_2	离散数学	C_0, C_1
C_3	数据结构	C_1, C_2
C_4	程序设计语言	C_1
C_5	编译原理	C_3, C_4
C_6	操作系统	C_3, C_8
C_7	普通物理	C_0
C_8	计算机原理	C_7

利用有向图可以把这种领先关系清楚地表示出来：图中顶点表示课程，有向边表示先决条件。当且仅当课程 C_i 为 C_j 的预修课程时，图中才有一条边，如图 10.15所示。一个有向图 G，若各顶点代表活动，各条边表示活动之间的领先关系，则称该有向图为**顶点活动** (activity on vertex，AOV) **网络**或 **AOV 网**。图 10.15(a) 所示的有向图即一个 AOV 网络，图 10.15(b) 为该 AOV 网络的邻接表。

在讨论 AOV 网络性质前，先明确两个定义。

反自反关系 (anti-reflexive relation) 是一种特殊的关系，指任何事物与其自身之间都不具有的那种关系。在实数域中，大于关系、小于关系都是反自反的关系。

有向无环图，指一个无回路的有向图。如果有一个非有向无环图，且 A 点出发向 B 经 C 可回到 A，形成一个环，将从 C 到 A 的边方向改为从 A 到 C，则变成有向无环图。

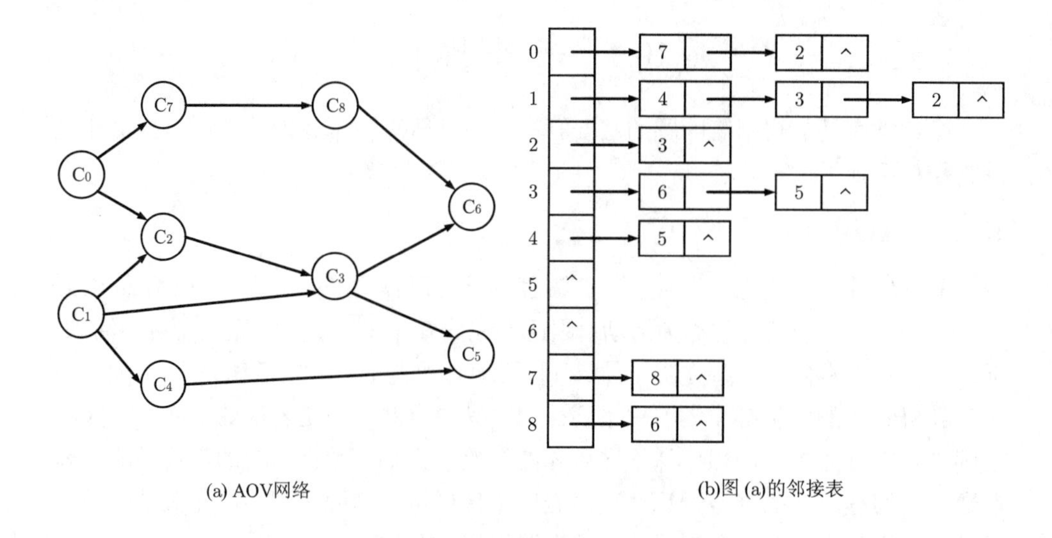

(a) AOV网络　　(b)图 (a)的邻接表

图 10.15　课程预修关系的 AOV 网络

AOV 网络代表的领先关系应当是一种**拟序关系**，它具有**传递性**和**反自反性**。一旦给定了一个 AOV 网络，值得关心的事情之一是要确定由此网络的各边所规定的领先关系是否具有反自反性，也就是说，该 AOV 网络中是否包含任何有向回路。或者说，它应当是一个**有向无环图**。如果此网络的各边所规定的领先关系不是反自反的，这意味着要求一个活动必须在它自己开始之前就完成，这显然是荒谬的，这类工程也是不可实施的。

10.4.2　拓扑排序的概念

1. 拓扑序列和拓扑排序

一个**拓扑序列**是 AOV 网络中各顶点的线性序列，这使得对图中任意两个顶点 i 和 j，若在网络中 i 是 j 的前驱节点，则在线性序列中 i 先于 j。

拓扑排序是求一个 AOV 网络中各活动的一个拓扑序列的运算，它可用于测试 AOV 网络的可行性。例如，对表 10.1所列的各门课程排出一个线性次序，按照该次序修读课程，能够保证学习任何一门课程时，它的预修课程都已经学过。一个有向图的拓扑序列不是唯一的。下面是图 10.15的两个可能的拓扑序列：

$C_0, C_1, C_2, C_3, C_4, C_5, C_7, C_8, C_6$

$C_0, C_7, C_8, C_1, C_4, C_2, C_3, C_6, C_5$

2. 拓扑排序步骤

拓扑排序的步骤可描述如下：

(1) 在图中选择一个入度为零的顶点，并输出它。

（2）在图中删除该顶点及其所有出边（以该顶点为尾的有向边）。

（3）重复步骤（1）和步骤（2），直到所有顶点都已列出，或者直到剩下的图中再也没有入度为零的顶点，后者表示图中包含有向回路。

注意，从图中删除一个顶点及其所有出边，会产生新的入度为零的顶点，必须用一个堆栈或队列来保存这些待处理的无前驱顶点。事实上，这些入度为零的顶点的输出次序就拓扑排序而言是无关紧要的。

从上面的讨论可知，拓扑排序算法包括两个基本操作。

（1）判断一个顶点的入度是否为零。

（2）删除一个顶点的所有出边。

如果我们对每个顶点的直接前驱予以计数，使用一个数组 inDegree 保存每个顶点的入度，即 inDegree[i] 为顶点 i 的入度，则基本操作（1）很容易实现。而基本操作（2）在使用邻接表表示时，一般会比邻接矩阵更有效。在邻接矩阵的情况下，必须处理与该顶点有关的整行元素（n 个），而邻接表只需处理在邻接矩阵中非零的那些顶点。下面讨论使用邻接表的拓扑排序算法。

10.4.3 拓扑排序算法及其实现

1. 设计数据结构

算法采用邻接表表示图，并为每个顶点 i 设置一个计数器 inDegree[i]，保存顶点 i 的入度，数组 order 用于保存所求得的一个拓扑序列，order[i] 代表在拓扑序列中的第 i 个活动的编号。

2. 实现拓扑排序算法

整个算法主要包括三步。

（1）计算每个顶点的入度，存于 inDegree 表中。

图 10.16 列出了以图 10.15(b) 中邻接表为输入时，每个顶点的入度。

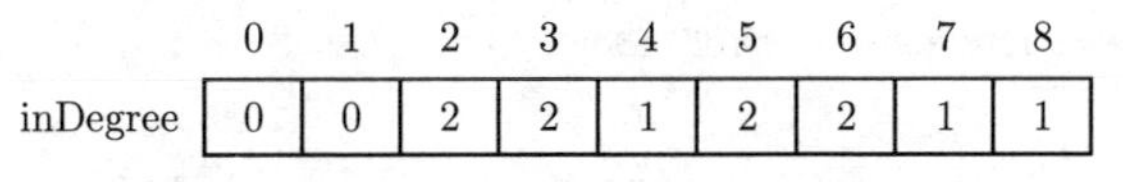

图 10.16 图 10.15(a) 图的顶点的入度

（2）检查 inDegree 表中顶点的入度，使入度为零的顶点进队。

（3）从队中弹出入度为零的顶点并抛出，将以该顶点为尾的所有邻接点的入度减 1，若此时某个邻接点的入度为零，便令其进队。

重复步骤（3），直到队为空时结束。此时，或者所有顶点都已列出，或者因图中包含有向回路，顶点未能全部列出。如果结束时图中还有未输出的顶点，说明这些顶点都有直接前导，再也找不到入度为零的顶点了，此时 AOV 网络中必定存在有向环。

程序 10.14 为 JGraphT 中拓扑排序的迭代器类源码，其中实现了拓扑排序。

程序 10.14 图的拓扑排序

```
1 public class TopologicalOrderIterator<V, E>
2       extends
3       AbstractGraphIterator<V, E>
4 {
5    private static final String GRAPH_IS_NOT_A_DAG =
     "Graph is not a DAG";     //图不是有向无环图
6
7    private Queue<V> queue; //入度为0的队列
8    private Map<V, ModifiableInteger> inDegreeMap; //节点入度表
9    private int remainingVertices; //余下未入队节点数
10   private V cur; //当前弹出的节点
11
12   public TopologicalOrderIterator(Graph<V, E> graph)
13   {
14      this(graph, (Comparator<V>) null);
15   }
16
17   //建立一个拓扑排序迭代器
18   public TopologicalOrderIterator(Graph<V, E> graph, Comparator<V>
     comparator)
19   {
20       super(graph);
21       GraphTests.requireDirected(graph);
22       //建立一个队列queue，用来存放入度为0的节点
23       if (comparator==null) {
24          this.queue=new LinkedList<>();
25       } else {
26          this.queue=new PriorityQueue<>(comparator); //优先队列
27       }
28
29       //遍历所有节点形成节点的入度表
30       this.inDegreeMap=new HashMap<>();
31       for (V v : graph.vertexSet()) { //遍历所有节点
32          int d=0;
33          for (E e : graph.incomingEdgesOf(v)) {
            //遍历以当前节点为终点的所有边
```

```
34              V u=Graphs.getOppositeVertex(graph, e, v);
                //获得这条边的另一端点
35              if (v.equals(u)) { //如果这条边起点和终点为同一点,
                //说明图中存在环，抛出异常
36                  throw new IllegalArgumentException
                    (GRAPH_IS_NOT_A_DAG);
37              }
38              d++; //入度加一
39          }
40          inDegreeMap.put(v, new ModifiableInteger(d));
            //节点、入度加入表中
41          if (d==0) {
42              queue.offer(v); //如果节点入度为0，则入队
43          }
44      }
45      //初始化未弹出节点数为节点总数
46      this.remainingVertices=graph.vertexSet().size();
47  }
48
49  @Override
50  public boolean isCrossComponentTraversal()
51  {
52      return true;
53  }
54
55  @Override
56  public void setCrossComponentTraversal(boolean crossComponentTraversal)
57  {
58      if (!crossComponentTraversal) {
59          throw new IllegalArgumentException("Iterator is always
            cross-component");
60      }
61  }
62
63  @Override
64  public boolean hasNext()
65  {
66      if (cur!=null) {
```

```
67            return true;
68        }
69        cur=advance(); //更新cur
70        if (cur!=null && nListeners!=0) {
71            fireVertexTraversed(createVertexTraversalEvent(cur));
72        }
73        return cur!=null;
74    }
75
76    @Override
77    public V next()
78    {
79        if (!hasNext()) {
80            throw new NoSuchElementException();
81        }
82        V result=cur;
83        cur=null;
84        if (nListeners!=0) {
85            fireVertexFinished(createVertexTraversalEvent(result));
86        }
87        return result;
88    }
89
90    //实现拓扑排序的主要方法
91    private V advance()
92    {
93        V result=queue.poll(); //从队列中出队一个入度为0的节点
94        if (result!=null) {
95            //遍历从result出发的边，更新这条边除result外另一端点的入度
96            for (E e : graph.outgoingEdgesOf(result)) {
97                V other=Graphs.getOppositeVertex(graph, e, result);
                  //获得另一端点
98                ModifiableInteger inDegree = inDegreeMap.get(other);
                  //获得另一端点的入度
99                if (inDegree.value > 0) {
100                   inDegree.value--; //另一端点入度减1
101                   if (inDegree.value==0) { //若入度减1后为0，该端点入队
102                       queue.offer(other);
```

```
103                 }
104             }
105         }
106         --remainingVertices; //剩余未弹出的节点减1
107     } else {
108        //队列中节点为空，说明没有入度为0的点存在，如果仍有未弹出的节点，
           //说明图中可能存在环，抛出异常
109        if (remainingVertices > 0) {
110            throw new IllegalArgumentException(GRAPH_IS_NOT_A_DAG);
111        }
112     }
113 
114     return result;
115  }
116 }
```

3. 时间复杂度分析

上述算法中，搜索入度为零的顶点所需时间为 $O(n)$。若为有向无环图，则每个顶点进一次栈，出一次栈。每出一次栈将检查该顶点的所有出边以修改 inDegree 值，同时使新产生的入度为零的顶点进栈。所以总的执行时间为 $O(n+e)$，n 为图的顶点数，e 为边数。

如果已经确认一个图是有向无环图，那么深度优先搜索算法也可用于求解拓扑排序问题，本书将它作为一个练习留给读者完成。

10.5 关键路径

10.5.1 AOE 网络

前面讨论的 AOV 网络是一种以顶点表示活动，以有向边表示活动之间的领先关系的有向图。有时，AOV 网络的顶点可以带权表示完成一次活动需要的时间。与 AOV 网络相对应的还有一种活动网络，称为**边活动** (activity on edge, AOE) **网络**或 **AOE 网**，它以顶点代表事件，有向边表示活动，有向边上的权表示一项活动所需的时间。顶点所代表的事件指它的入边代表的活动均已完成，由它的出边代表的活动可以开始这样一种状态。这种网络可以用来估算一项工程的完成时间。

图 10.17(a) 中的边 $< v_i, v_j >$ 代表编号为 k 的活动，$a_k = w(i,j)$ 是边上的权值，它是完成活动 a_k 所需时间。图 10.17(b) 是 AOE 网络的一个例子，它代

表一项包括 11 项活动和 9 个事件的工程，其中，事件 v_0 表示整个工程开始，事件 v_8 表示整个工程结束。每个事件 $v_i(i=1,2,\cdots,7)$ 表示在它之前的所有活动都已经完成，在它之后的活动可以开始。例如，v_4 表示活动 a_3 和 a_4 已经完成，a_6 和 a_7 可以开始。$a_0=6$ 表示活动 a_0 需要的事件是 6 天，类似地，$a_1=4$ 等也具有这样的含义。

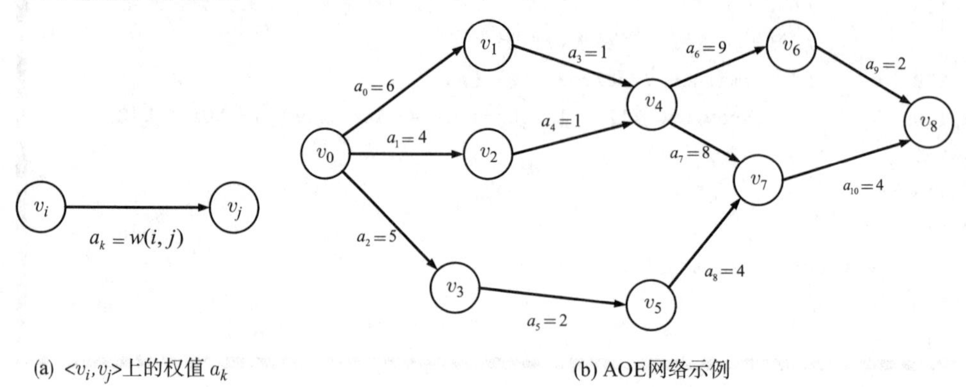

(a) <v_i,v_j>上的权值 a_k　　(b) AOE网络示例

图 10.17　一个 AOE 网络

由于整个工程只有一个开始顶点和一个完成顶点，故在正常情况（无回路）下，网络中只有一个入度为零的顶点，称为**源点**，以及一个出度为零的顶点，称为**汇点**。

10.5.2　关键路径的概念

1. 关键路径和关键活动

利用 AOE 网络可以进行工程安排估算，如研究完成整个工程至少需要多少时间、为缩短工期应该加快哪些活动的速度，即决定哪些活动是影响工程进度的关键。**关键路径**法是解决这些问题的一种方法。因为在 AOE 网络中，有些活动可以并行地进行，所以完成工程所需的**最短时间**是从开始顶点到完成顶点的**最长路径**。图 10.17 中，路径 (v_0,v_1,v_4,v_7,v_8) 就是一条长度为 $19(a_0+a_3+a_7+a_{10}=19)$ 的关键路径，这就是说整个工程至少需要 19 天才能完成。

分析关键路径的目的在于找出关键活动。**关键活动**就是对整个工程的最短工期（最短完成时间）有影响的活动，一个关键活动如果不能如期完成，势必会影响整个工程的进度。找到关键活动，便可以对其加以足够的重视，投入较多的人力和物力，以确保工程的如期完成，甚至可以争取提前完成。

设有一个包含 n 个事件和 e 个活动的 AOE 网络，其中，源点是事件 v_0，汇点是事件 v_{n-1}。为找到关键路径，先定义几个有关的量。

（1）事件 v_i 的可能的最早发生时间 earliest(i)：是从开始顶点 v_0 到顶点 v_i

的最长路径的长度。

（2）事件 v_i 的允许的最迟发生时间 latest(i)：是在不影响工期的条件下，事件 v_i 允许的最晚发生时间，它等于 earliest($n-1$) 减去从 v_i 到 v_{n-1} 的最长路径的长度。顶点 v_i 到 v_{n-1} 的最长路径的长度表示从事件 v_i 实际发生以后（如果一切按进度规定执行）到事件 v_{n-1} 发生所需的时间。

（3）活动 a_k 可能的最早开始时间 early(k)：设活动 a_k 关联的边为 $< v_i, v_j >$，则它等于事件 v_i 可能的最早发生时间 earliest(i)。

（4）活动 a_k 允许的最迟开始时间 late(k)：设活动 a_k 关联的边为 $< v_i, v_j >$，则它等于 latest(j) $- w(i,j)$，其中 $w(i,j)$ 是活动 a_k 所需的时间。

若 early(k) = late(k)，则活动 a_k 是**关键活动**。如果一个活动 a_k 是关键活动，它必须在它可能的最早开始时间立即开始，毫不拖延才能保证不影响 v_{n-1} 在 earliest($n-1$) 时完成，否则由于 a_k 的延误，整个工程将延期。

2. 求关键路径

从前面的讨论可知，求解关键路径的核心是计算 earliest(i) 和 latest(i)。

1）求事件可能的最早发生时间 earliest(i)

设路径 $(v_0, \cdots, v_i, v_j)$ 是从起始顶点 v_0 到 v_j 的任意一条路径，顶点 v_i 是顶点 v_j 的直接前驱。为了求从 v_0 到 v_j 的最长路径 earliest(j)，可以先求从 v_0 到顶点 v_i 的最长路径 earliest(i)。如果对于 v_j 的所有直接前驱 v_i，earliest(i) 均已求得，便可求使 earliest(i) $+ w(i,j)$ 有最大值的顶点 v_i，得到一条从顶点 v_0 经 $(v_0, \cdots, v_i)$ 和边 $< v_i, v_j >$ 到顶点 v_j 的路径，这就是从顶点 v_0 到顶点 v_j 的最长路径。

初始时，earliest(0) = 0。算法按照一定的次序，依次求得从源点到图中各个顶点的最长路径。对于图中任意一个顶点 v_j，设 $P(j)$ 是所有以 v_j 为头的边 $< v_i, v_j >$ 的尾节点 v_i 的集合。如果从源点到所有顶点 $v_i \in P(j)$ 的最长路径 earliest(i) 已经求得，就可以使用式（10.5）求得源点到顶点 v_j 的最长路径 earliest(j)：

$$\begin{cases} \text{earliest}(0) = 0 \\ \text{earliest}(j) = \max\{\text{earliest}(i) + w(i,j)\}, \quad v_i \in P(j)，且\ 0 < j < n \end{cases} \tag{10.5}$$

式（10.5）是一个递推公式，它计算各事件可能的最早发生时间，计算从源点 earliest(0) = 0 开始，按照一定次序递推计算其他顶点 v_j 的 earliest(j) 的值。为了使式（10.5）计算顺利进行，必须保证在计算每个 earliest(j) 的值时，所有的 earliest(i)，$v_i \in P(j)$ 的值已经求得。为了满足这一点，可令计算按图的某个拓扑排序的次序进行。

2）求事件允许的最迟发生时间 latest

某个事件允许的最迟发生时间是在保证最短工期的前提下计算的，即 latest $(n-1) = \text{earliest}(n-1)$：

$$\begin{cases}\text{latest}(n-1) = \text{earliest}(n-1) \\ \text{latest}(i) = \min\{\text{latest}(j) - w(i,j)\}, \quad v_j \in S(j)，且\ 0 \leqslant i < n-1\end{cases} \tag{10.6}$$

式（10.6）是计算各事件允许的最迟发生时间的递推公式。计算从汇点 latest$(n-1)$=earliest$(n-1)$ 开始，从后向前递推，按照一定次序递推计算其他顶点的 latest(i) 的值。其中，$S(i)$ 是所有以 v_i 为尾的边 $< v_i, v_j >$ 的头节点 v_j 的集合。式（10.6）的计算要求是，当计算某个 latest(i) 的值时，所有的 latest(j)，$v_j \in S(i)$ 已经求得。如果已经求得 AOE 网络的顶点拓扑序列，只需按**逆拓扑次序**进行计算，便可满足式（10.6）要求的递推计算条件。

3）求活动的最早开始时间 early(k) 和最迟开始时间 late(k)

设有边 $a_k =< v_i, v_j >$，则 early(k) = earliest(i)，而 late(k) = latest(j) − $w(i,j)$，$w(i,j)$ 是活动 a_k 所需的时间。

图 10.17(b) 所示的 AOE 网络的关键路径计算结果如表 10.2 和表 10.3 所示。

表 10.2 earliest(i) 和 latest(i) 值

事件 i	v_0	v_1	v_2	v_3	v_4	v_5	v_6	v_7	v_8
earliest(i)	0	6	4	5	7	7	16	15	19
latest(i)	0	6	6	9	7	11	17	15	19

表 10.3 图 10.17(b) 的 AOE 网的关键路径

活动 k	a_0	a_1	a_2	a_3	a_4	a_5	a_6	a_7	a_8	a_9	a_{10}
early(k)	0	0	0	6	4	5	7	7	7	16	15
late(k)	0	2	4	6	6	9	8	7	11	17	15
关键路径	√			√				√			√

10.5.3 关键路径算法及其实现

程序 10.15 给出了计算 earliest 和 latest 的方法，最后再算出 early 和 late，这里使用 JGraphT 中的有向有权图。

程序 10.15 关键路径算法

```
1 public static class CriticalPathVertex {
2   int id;
3   String vertex;
4
```

```
5   public CriticalPathVertex(int id, String str) {
6       this.id=id;
7       this.vertex=str;
8   }
9 }
10
11  public void criticalPathMethod(Graph g, CriticalPathVertex start,
    double[] early, double[] late) {
12  double DOUBLEMAX=1.0 / 0.0D;
13  int i;
14
15  double[] earlist=new double[g.vertexSet().size()];
16  double[] latest=new double[g.vertexSet().size()];
17
18  if (g.getType().isUndirected())
19      throw new IllegalArgumentException("需要有向图结构！");
20  CycleDetector cycleDetector=new CycleDetector(g); //环路检测器
21  if (cycleDetector.detectCycles())
22      throw new IllegalArgumentException("图中存在环路！");
23
24  CriticalPathVertex currentNode=start;
25  E edge;
26  CriticalPathVertex neighbor;
27  StringBuilder visitedVertices=new StringBuilder(g.vertexSet().size());
28  for (i=0; i<g.vertexSet().size(); i++) {
29       visitedVertices.append('0');
30       earlist[i]=0;
31       latest[i]=DOUBLEMAX;
32  }
33  LinkedList<CriticalPathVertex> queue=new LinkedList<>();
34  queue.add(start);
35  while(!queue.isEmpty()) {
36      currentNode=queue.pop();
37      visitedVertices.setCharAt(currentNode.id,'2');
38      //处理与当前顶点连接的顶点
39      terator mIter1=g.outgoingEdgesOf(currentNode).iterator();
40      while(mIter1.hasNext()) {
41          edge=(E) mIter1.next();
```

```
42          //根据边寻找下一个顶点
43          neighbor=Graphs.getOppositeVertex(g, edge, currentNode);
44          //更新最早发生时间
45          earlist[neighbor.id]=Math.max(earlist[neighbor.id],
            earlist[currentNode.id]+46 g.getEdgeWeight(edge));
46          //已经在队列中
47          if (visitedVertices.toString().charAt(neighbor.id)!='0')
48              continue;
49          visitedVertices.setCharAt(neighbor.id, '1');
50          queue.add(neighbor);
51      }
52  }
53  //从最后一个节点开始回溯
54  for (i=0; i<g.vertexSet().size(); i++)
55      visitedVertices.setCharAt(i, '0');
56  latest[currentNode.id]=earlist[currentNode.id];
57  queue.add(currentNode);
58  while(!queue.isEmpty()) {
59      currentNode=queue.poll();
60      visitedVertices.setCharAt(currentNode.id,'2');
61      Iterator mIter2=g.incomingEdgesOf(currentNode).iterator();
62      while (mIter2.hasNext()) {
63          edge=(E) mIter2.next();
64          if (!g.getEdgeTarget(edge).equals(currentNode))
65              continue;
66          //根据边寻找下一顶点
67          neighbor=(CriticalPathVertex)g.getEdgeSource(edge);
68          //更新最早发生时间
69          latest[neighbor.id]=Math.min(latest[neighbor.id],
            latest[currentNode.id]-g.getEdgeWeight(edge));
70          //已经在队列中
71          if (visitedVertices.toString().charAt(neighbor.id)!='0')
72          continue;
73          visitedVertices.setCharAt(neighbor.id, '1');
74          queue.add(neighbor);
75      }
76  }
77  Iterator mIter3=g.edgeSet().iterator();
```

```
78  i=0;
79  //计算活动的最早和最迟开始时间
80  while(mIter3.hasNext()) {
81      edge=(E) mIter3.next();
82      CriticalPathVertex sourceVertex=(CriticalPathVertex)
        g.getEdgeSource(edge);
83      CriticalPathVertex targetVertex=(CriticalPathVertex)
        g.getEdgeTarget(edge);
84      early[i]=earlist[sourceVertex.id];
85      late[i]=latest[targetVertex.id] - g.getEdgeWeight(edge);
86      i++;
87  }
88 }
```

算法首先将 earlist 数组中的所有元素初始化为 0，latest 数组初始化为无穷大，然后依次计算各节点 earliest 值。将汇点在 latest 数组中的值初始化为 earliest 中对应的值，然后逆向计算 latest 值。使用事件的 earliest 和 latest 的值，便可根据定义计算每个活动的 early 和 late 值。

关键路径算法中需要测试网络中是否存在有向回路，但网络中还可能会存在其他错误。例如，网络中可能存在某些从源点出发不可到达的顶点。当对这样的网络进行关键路径分析时，会有多个顶点的 earlist$[i]=0$。假定所有活动的时间大于 0，只有源点的 earlist 的值为 0，因此关键路径法可用来发现工程计划中的这种错误。

关键路径算法与拓扑排序有相同的时间复杂度，其时间复杂度为 $O(n+e)$。

10.6 最小生成树

10.6.1 最小生成树的概念

一个无向连通图的生成树是一个极小连通子图，它包括图中全部顶点，并且有尽可能少的边。遍历一个连通图可以得到图的一棵生成树。图的生成树是不唯一的，采用不同的遍历方法，从不同的顶点出发可能得到不同的生成树。对于带权的连通图，即网络，如何寻找一棵生成树使各条边上的权值之和最小，是一个很有实际意义的问题。一个典型的应用是通信网设计：要在 n 个城镇间建立通信网，至少需要 $n-1$ 条线路，这时自然会考虑如何使造价最小。在两个城镇间设立线路，会有一定的经济代价。用网络来表示 n 个城镇以及它们之间可能设立的通信线路，图中的顶点表示城镇，边表示两城镇之间的线路，边上的权值代表相应的代价。对于一个有 n 个顶点的网络，可有多棵不同的生成树，一般希望选择总耗费最少的一棵生成树。这就是构造连通图的**最小代价生成树**问题。

一棵生成树的**代价**是各条边上的代价之和。一个网络的各生成树中，具有最小代价的生成树称为该网络的**最小代价生成树**，在 JGraphT 中，生成树的存储结构如程序 10.16 所示。

程序 10.16　生成树的存储结构

```
1 interface SpanningTree<E>
2         extends
3         Iterable<E> {
4     //返回生成树的代价
5     double getWeight();
6
7     //返回生成树包含的边集合
8     Set<E> getEdges();
9
10     //生成树包含的边的迭代器
11    @Override
12    default Iterator<E> iterator() {
13        return getEdges().iterator();
14    }
15 }
16
17 //JGraphT中默认的生成树方法的一种实现
18 class SpanningTreeImpl<E>
19        implements
20        SpanningTree<E>,
21        Serializable {
22
23    private final double weight;    //生成树的代价
24    private final Set<E> edges;     //生成树的主要内容——其包含的
      //所有边的集合
25
26    //建立一个新的生成树
27    public SpanningTreeImpl(Set<E> edges, double weight) {
28        this.edges=edges;
29        this.weight=weight;
```

```
30     }
31
32     @Override
33     public double getWeight() {
34         return weight;
35     }
36
37     @Override
38     public Set<E> getEdges() {
39         return edges;
40     }
41
42     @Override
43     public String toString() {
44         return "Spanning-Tree [weight=" + weight + ",
           edges=" + edges + "]";
45     }
46 }
```

构造最小代价生成树有多种算法,下面介绍其中的两种:Prim 算法和 Kruskal 算法。

10.6.2 Prim 算法

1. Prim 算法的步骤

设 $G=(V,E)$ 是带权的连通图,$F=(V',E')$ 是正在构造中的生成树（未构成之前为由若干棵自由树组成的生成森林）。初始状态下，这棵生成树只有一个顶点，没有边，即 $V'=\{v_0\}$，$E'=\varnothing$，v_0 是任意选定的顶点。Prim 算法从初始状态出发，按照某种准则，每一步从图中选择一条边，共选取 $n-1$ 条边，构成一棵生成树。

Prim 算法的选边准则是: 寻找一条代价最小的边 (u',v'), 边 (u',v') 是所有一个端点 u 在构造中的生成树上 $(u\in V')$, 而另一个端点 v 不在该树上 $(v\in V-V')$ 的边 (u,v) 中代价最小的。按照这个选边准则设计的算法是：选取 $n-1$ 条满足代价最小的边 (u',v')，加到生成树上（即将 v' 并入集合 V'，边 (u',v') 并入 E'），直到 $V=V'$。这时，$T=(V,E')$ 是图 G 的一棵最小代价生成树。

图 10.18给出了一个带权无向连通图以及用 Prim 算法构造最小代价生成树的过程。

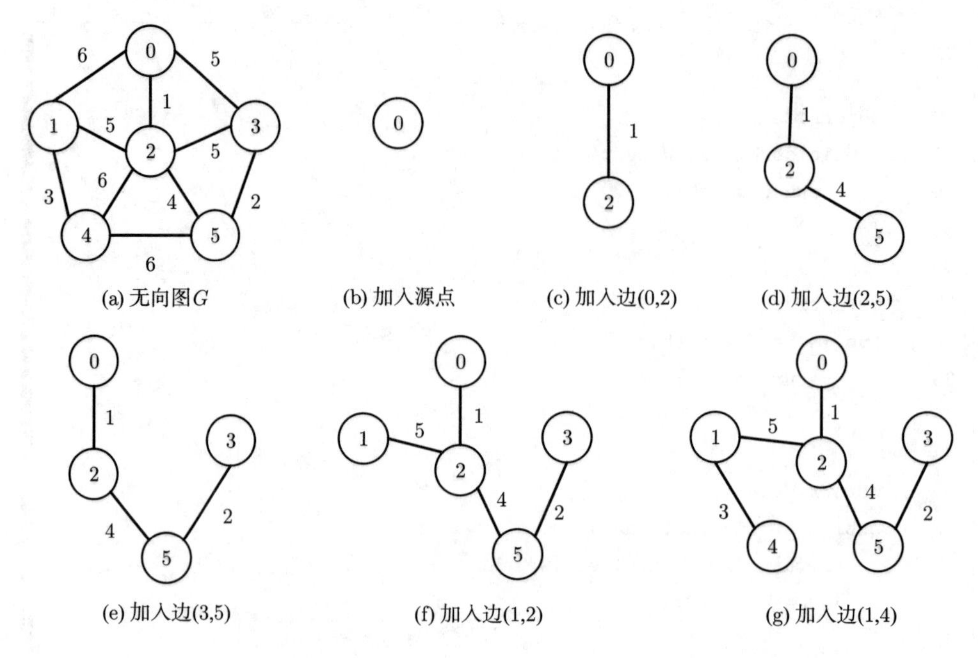

图 10.18　Prim 算法构造最小代价生成树

2. Prim 算法的证明

下面证明 Prim 算法能够找到最小生成树。首先 Prim 算法终止的条件是 $V = V'$，此时所有端点都在一棵生成树中，因此只需要说明此时获得的生成树代价最小即可。根据 Prim 算法，设依次加入生成树的边为 $e_1, e_2, \cdots, e_{n-1}$，假设存在一棵最小生成树不包含边 e_1，设边 e_1 连接的连通子图分别为 G_i 和 G_j。显然，已构成的生成树中，必存在唯一一条边连接 G_i 和 G_j，而且该边不是边 e_1。显然，在该边两端再加上边 e_1 可得一个环。注意到对 e_1 的两个端点而言，e_1 是连接其中某个端点的最小的边，而根据边 e_1 被选出的条件可知，在这个环上可以找到一条权值不小于 e_1 的边，在环上删除此边，得到了一棵权值更小的生成树，或者说得到了一棵包含 e_1 的最小生成树，与当初加入边 e_1 前已经得到了最小生成树的假设矛盾。

如果包含 e_1 的最小生成树都不包含 e_2，那么把 e_2 加入其中一棵包含 e_1 的最小生成树中，也会成环，而且在环中也能找到不小于 e_2 的边，同上也会产生矛盾。

对于边 e_k 而言，由 e_k 被选出的条件可知，$e_1, e_2, \cdots, e_{k-1}$ 和 e_k 不会构成一个环，因此在上述分析中，总可以在加入 e_k 得到的环中找到一个权值不小于 e_k 的边，删去此边，即与原假设矛盾。以此类推，可以证明 Prim 算法得到的就是最小生成树。

3. 实现 Prim 算法

为了实现 Prim 算法，JGraphT 中使用优先队列 fibonacciHeap 来存储所有节点到生成树的直接距离，建立一个类型为 VertexInfo[] 的节点信息数组 vertices，并且通过辅助链表 indexList 建立起 VertexInfo 到图中节点对象的映射。

初始化时，每个节点信息中“直接连接到生成树中节点的最短距离”distance 被初始化为 Double.MAX_VALUE，这个值约等于 $1.7976931348623157\times 10^{308}$，在这里可以看作无穷大量。首先将 VertexInfo 中 id 为 0 的节点作为根节点加入生成树，根节点很特殊，因为其不包括 edgeFromParent 这一信息，因此加入根节点不会增加整个生成树的代价，也不会使一条边加入生成树。

在执行 Prim 算法的某个时刻，假设构造中的生成树为 $F=(V',E')$，对于 $V-V'$ 中的每个顶点 v，其节点信息都按照 distance 的顺序存放在优先队列中，队头节点即 distance 最小的节点。将队头节点 p 从优先队列中移除并加入生成树，遍历与 p 节点相连的所有非生成树节点，如果 p 与该节点之间的边长度小于该节点的 distance 值，则 edgeFromParent 等于 p 与该节点的边，并且将边长赋值给 distance。

之后按照此规则继续在优先队列中弹出 distance 最短的节点加入生成树，直到所有节点都已从优先队列中弹出。

程序 10.17 为 Prim 算法的程序，该程序实现 Prim 算法主要通过 getSpanningTree() 方法获得最小生成树。

程序 10.17 Prim 算法

```
1 public class PrimMinimumSpanningTree<V, E>
2         implements
3         SpanningTreeAlgorithm<E> {
4     private final Graph<V, E> g;
5
6     //建立新的算法Prim最小生成树实例
7     public PrimMinimumSpanningTree(Graph<V, E> graph)
8     {
9         this.g=Objects.requireNonNull(graph, "Graph cannot be null");
10    }
11
12    //实现Prim算法的主要方法
13    @Override
14    @SuppressWarnings("unchecked")
15    public SpanningTree<E> getSpanningTree() {
```

```
16        Set<E> minimumSpanningTreeEdgeSet=new HashSet<>(g.vertexSet().
          size());
17        double spanningTreeWeight=0d;
18        final int N=g.vertexSet().size(); //图中的节点总数
19
20        //建立一个节点到整数之间的索引indexList
21        Map<V, Integer> vertexMap=new HashMap<>();
22        List<V> indexList=new ArrayList<>();
23        for (V v : g.vertexSet()) {
24            vertexMap.put(v, vertexMap.size());
25            indexList.add(v);
26        }
27        VertexInfo[] vertices=(VertexInfo[]) Array.newInstance
          (VertexInfo.class, N); //全部节点信息数组
28        FibonacciHeapNode<VertexInfo>[] fibNodes =
29                (FibonacciHeapNode<VertexInfo>[]) Array.newInstance
                  (FibonacciHeapNode.class, N);
30        FibonacciHeap<VertexInfo> fibonacciHeap=new FibonacciHeap<>();
          //建立优先队列
31
32        //初始化全部节点信息
33        for (int i=0; i < N; i++) {
34            vertices[i]=new VertexInfo();
35            vertices[i].id=i;
36            vertices[i].distance=Double.MAX_VALUE;
              //每个distance初始化为最大值
37            fibNodes[i]=new FibonacciHeapNode<>(vertices[i]);
38            fibonacciHeap.insert(fibNodes[i], vertices[i].distance);
              //按照distance排序加入优先队列
39        }
40
41        while (!fibonacciHeap.isEmpty()) {
42            FibonacciHeapNode<VertexInfo> fibNode=fibonacciHeap.
              removeMin();  //移除优先队列中距离最小的节点
43            VertexInfo vertexInfo=fibNode.getData();
44            V p=indexList.get(vertexInfo.id); //获取节点对象p
45            vertexInfo.spanned=true; //判断节点已加入生成树
46
```

```
47            //将p与生成树中节点最近的一条边（如果有的话，即非第一个节点）
              //加入生成树
48            if (vertexInfo.edgeFromParent!=null) {
49                minimumSpanningTreeEdgeSet.add(vertexInfo.edgeFromParent);
50                spanningTreeWeight += g.getEdgeWeight(vertexInfo.
                  edgeFromParent);  //更新生成树代价
51        }
52
53        //更新所有与p相连的非生成树节点信息
54        for (E e : g.edgesOf(p)) {
55             V q=Graphs.getOppositeVertex(g, e, p);
56             int id=vertexMap.get(q);
57
58             //如果节点不在生成树中，且p加入生成树后，导致与p相连的节点
               //到生成树的距离变小， 则更新distance和edgeFromParent
59             if (!vertices[id].spanned) {
60                 double cost=g.getEdgeWeight(e);
61                 if (cost<vertices[id].distance) {
62                     vertices[id].distance=cost;
63                     vertices[id].edgeFromParent=e;
64                     fibonacciHeap.decreaseKey(fibNodes[id], cost);
                       //更新节点在优先队列中的排序
65                 }
66             }
67        }
68    }
69    return new SpanningTreeImpl<>(minimumSpanningTreeEdgeSet,
      spanningTreeWeight);
70 }
71
72  //节点信息子类
73  private class VertexInfo {
74      public int id; //该节点在数组的索引
75      public boolean spanned; //该节点是否加入生成树
76      public double distance; //该节点距离生成树中节点的最短距离
77      public E edgeFromParent; //该节点到生成树中节点的最短距离的边
78 }
79 }
```

4. 时间分析

设图中顶点数为 n，很明显，程序 10.17 的 Prim 算法的运行时间是 $O(n^2)$。

10.6.3　Kruskal 算法

1. Kruskal 算法的步骤

设 $G=(V,E)$ 是带权的连通图，$F=(V',E')$ 是正在构造中的生成树（未构成之前为由若干棵自由树组成的生成森林）。初始状态下，这个生成森林包含 n 棵只有一个根节点的树，没有边，即 $V'=V$，$E'=\varnothing$。Kruskal 算法也从初始状态开始，每一步选择一条边，共选 $n-1$ 条边，构成一棵最小代价生成树。

Kruskal 算法的选边准则是：在 E 中选择一条代价最小的边 (u,v)，并将其从 E 删除；若在 F 中加入边 (u,v) 以后不形成回路，则将其加进 E' 中（这就要求 u 和 v 分属于生成森林 F 的两棵不同的树中，由于边 (u,v) 的加入，这两棵树连成一棵树），否则继续选下一条边，直到 E' 中包含 $n-1$ 条边，此时，$T=F=(V,E')$ 是图 G 的一棵最小代价生成树。这一结论同样需要证明。

图 10.19 给出了使用 Kruskal 算法对图 10.18(a) 所示的带权无向连通图构造最小代价生成树的过程。

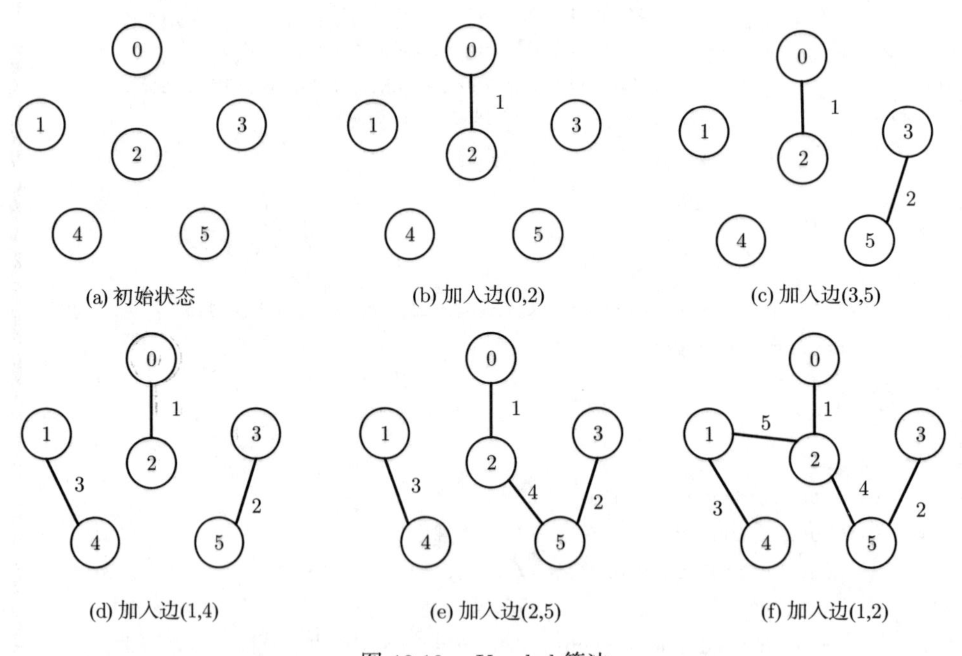

图 10.19　Kruskal 算法

2. Kruskal 算法的证明

要证明 Kruskal 算法生成的是最小生成树，需要证明以下两个论断。

(1) Kruskal 算法一定能得到一个生成树。

(2) 该生成树具有最小代价。

下面证明这两个论断。

(1) 假设该算法得到的不是生成树，根据树的定义，就有两种情形：① 得到的图是有环的；② 得到的图是不连通的。由于算法要求每次加入边都是无环的，所以第一种情形不存在，下面只需证明第二种情形不存在即可。假设得到的图是不连通的，则至少包含两个独立的边集，假设其中一个为 E，则 E 中边对应的所有点都无法到达其他边集对应的点（否则，根据算法定义，相应的联系边应被加入树中），而这与原图是连通的产生矛盾，因此，第二种情形也不可能存在。得证。

(2) 假设图有 n 个顶点，则生成树一定具有 $n-1$ 条边。由于图的生成树棵数是有限的，所以至少有一棵树具有最小代价。设 T 为 Kruskal 算法构造出的图 G 的生成树，U 是图 G 的最小生成树，要证明 Kruskal 算法，就需要证明 T 和 U 的构造代价相同。现在通过把 U 转换为 T（把 T 的边依次移入 U 中），来证明 U 和 T 具有相同代价。

假设 k 条边 $e_1, e_2, \cdots, e_k$ 存在于 T 中但不存在于 U 中，进行 k 次变换，每次变换把 T 中的一条边 e 加入 U，同时删除 U 中的一条边 f，最后使 T 和 U 的边集相同。其中 e 和 f 按照以下规则选取。

① e 是在 T 中却不在 U 中的权值最小的一条边。

② e 加入 U 后，肯定构成唯一的一个回路，而 f 是这个回路中的一条边，但不在 T 中。这里 f 一定存在，因为 T 中没有回路。

假设 e 的权值小于 f 的权值，进行上述变换后，U 的代价一定小于变换前的代价，而这与 U 是最小生成树矛盾，因此 e 的权值不小于 f 的权值。再假设 e 的权值大于 f 的权值，由 Kruskal 算法知，f 在 e 之前从图 G 的边集中取出，但在尝试放入 T 时被舍弃了，一定是由于在 T 中，边 f 和权值小于等于 f 权值的边构成了回路。但是 T 中权值小于等于 f 的权值（小于 e 的权值）的边一定存在于 U 中，边 f 在 U 中也会和它们构成回路，这与 U 是生成树的假设矛盾。所以 e 的权值等于 f 的权值。

这样，每次变换后 U 的代价都不变，所以 k 次变换后，U 和 T 的边集相同且代价相同，这样就证明了 T 也是最小生成树。

3. 实现 Kruskal 算法

Kruskal 算法从边的集合 E 中，按照边的代价从小到大的次序依次选取边加以考查。使用一个动态数组 allEdges 来存储一个图内的所有边，将这些边按照权重从小到大遍历。

在算法开始的时候，图中的每个节点都属于一棵自由树，而构建中的最小生成树中没有一条边。之前提到，Kruskal 算法的选边准则是加入后在最小生成树集合中不存在环路，换言之，如果产生环路，则说明这条边的起点和终点属于同一自由树。JGraphT 中用到了 UnionFind 这个类，UnionFind 可以将若干节点划分到不同的自由树中，并且能够实现自由树之间的合并。这个类内部存在两张表 parentMap 和 rankMap，parentMap 在表中每个节点都能迭代地指向其所在自由树的根节点，而根节点指向自己。UnionFind 中的 find 方法可以返回输入节点所在自由树的根节点，这就意味着，如果将两个不同的节点作为 find 的输入，而最终返回了相同的根节点，说明这两个节点属于同一棵自由树。

这样一来，Kruskal 算法就能够非常简单地实现：遍历已排序的动态数组 allEdges，获取每条边的起点 source 和终点 target，通过 forest 来判断 source 和 target 是否属于同一棵自由树：如果属于同一棵自由树，则遍历到下一条边；如果不属于同一棵自由树，将这条边加入构建中的最小生成树，更新最小生成树的代价，在 forest 中将 source 和 target 所在的自由树合并。重复上述操作，直到遍历完毕全部的边。

程序 10.18 为 Kruskal 算法的具体实现。对于图 10.19 所示的网，程序 10.18 执行后所得最小生成树的权值为 15。

程序 10.18　Kruskal 算法

```
1 public class KruskalMinimumSpanningTree<V, E>
2        implements
3        SpanningTreeAlgorithm<E> {
4     private final Graph<V, E> graph;
5
6     public KruskalMinimumSpanningTree(Graph<V, E> graph) {
7       this.graph=Objects.requireNonNull(graph, "Graph cannot be null");
8    }
9
10    //建立Kruskal最小生成树的主要方法
11    @Override
12    public SpanningTree<E> getSpanningTree() {
13       //UnionFind是一个用于将各个点分为若干个集合的类型，这里用来表示
         //每个点属于不同的生成树
14       UnionFind<V> forest=new UnionFind<>(graph.vertexSet());
15       ArrayList<E> allEdges=new ArrayList<>(graph.edgeSet());
16       allEdges.sort(Comparator.comparingDouble(graph::getEdgeWeight));
         //边按照权重大小排序
17       double spanningTreeCost=0;
```

```
18      Set<E> edgeList=new HashSet<>();
19
20      for (E edge : allEdges) { //edge遍历所有的边
21          //获得起点和终点
22          V source=graph.getEdgeSource(edge);
23          V target=graph.getEdgeTarget(edge);
24          //判断source和target是否属于同一棵生成树
25          if (forest.find(source).equals(forest.find(target))) {
26              continue;
27          }
28
29          //如果不属于同一生成树，则将edge加入最小生成树，合并source和
            //target两个点所在的生成树
30          forest.union(source, target);
31          edgeList.add(edge);
32          spanningTreeCost += graph.getEdgeWeight(edge);
            //更新最小生成树的总代价
33      }
34
35      return new SpanningTreeImpl<>(edgeList, spanningTreeCost);
36  }
37  }
```

4. 时间复杂度分析

Kruskal 算法的时间复杂度是容易分析的。设无向图有 n 个顶点、e 条边，对边排序的时间复杂度是 $O(e\log e)$，第一重 while 循环最多执行 e 次，该循环的每次迭代中，找出边的两个端点所属自由树的时间复杂度最多为 $O(n)$，合并自由树的时间复杂度为 $O(n)$。这样，Kruskal 算法的时间复杂度为 $O(e\log e+ne)$。

10.7 最短路径问题

最短路径是又一种重要的图算法。在日常生活中常常遇到这样的问题：两地之间是否有路可通；在有几条通路的情况下，哪一条最短。这就是路由选择。

交通网络可以转化成带权的图，图中顶点代表城镇，边代表城镇间的公路，边上权值代表公路的长度。又如，邮政自动分拣机也有路选装置。分拣机中存放一张分拣表，列出了邮政编码与分拣邮筒间的对应关系。信封上要求用户写上目的地邮政编码，分拣机鉴别这一编码，再查一下分拣表即可决定将此信投到哪个分

拣邮筒中。计算机网络中的路由选择要比邮政分拣复杂得多，这是因为计算机网络节点上的路由选择表不是固定不变的，而要根据网络不断变化的运行情况随时修改更新。被传送的报文分组就像信件一样要有报文号、分组号以及目的地地址，而网络节点就像分拣机，根据节点内设立的路由选择表决定报文分组应该从哪条链路转发出去。路由选择是计算机通信网络中网络层的主要部分，其中一种方法就是用最短路径算法为每个站建立一张路由表，列出从该站到它所有可能的目的地的输出链路。当然，这时边上的权值就不仅是线路的长度，而应反映线路的负荷、中转的次数、站的能力等综合因素。

有两种最短路径算法，即求单源最短路径的 Dijkstra 算法和求所有顶点之间最短路径的 Floyd 算法。注意这里的**路径长度**指的是路径上的边所带的权值之和，而不是 10.1 节图定义中的路径上边的数目。

10.7.1　问题描述

单源最短路径问题是：给定带权的有向图 $G=(V,E)$，给定源点 $v_0\in V$，求从 v_0 到 V 中其余各顶点的最短路径。图 10.20(b) 列出了图 10.20(a) 所示的有向图中，从顶点 0 到其余各顶点的最短路径。

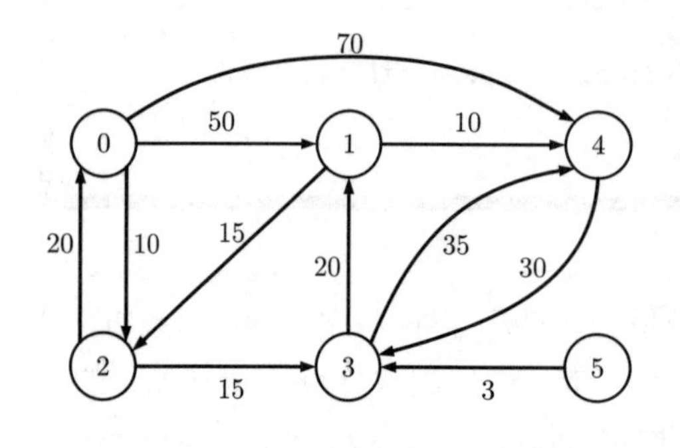

(a) 带权的有向图G

源点	终点	最短路径	路径长度
0	1	(0,2,3,1)	45
	2	(0,2)	10
	3	(0,2,3)	25
	4	(0,2,3,1,4)	55

(b) 图G顶点0的单源最短路径

图 10.20　单源最短路径

如何求这些最短路径呢？Dijkstra 提出了按路径长度的非递减次序逐一产生最短路径的算法：首先求得长度最短的一条最短路径，再求得长度次短的一条最短路径，依次类推，直到从源点到其他所有顶点之间的最短路径都已求得。

单源最短路径的计算可以依据从源点到其他各顶点最短路径长度的从小到大次序进行求解。设集合 S 存放已经求得最短路径的终点，则 $V-S$ 为尚未求得最短路径的终点。初始状态时，集合 S 中只有一个源点，设为顶点 v_0。Dijkstra 算法的具体做法是：首先产生从源点 v_0 到它自身的路径，其长度为 0，将 v_0 加入 S；算法的每一步中，按照最短路径值的非递减次序，产生下一条最短路径，并将

该路径的终点 $t \in V - S$ 加入 S，直到 $S = V$，算法结束。

为了便于求解，定义术语“当前最短路径”。在算法执行中，一个顶点 $t \in V - S$ 的**当前最短路径**，是一条从源点 v_0 到顶点 t 的路径 $(v_0, \cdots, u, t)$，在该路径上，除了顶点 t，其余顶点的最短路径都已求得，即路径 $(v_0, \cdots, u)$ 上所有顶点都属于 S，$(v_0, \cdots, u, t)$ 是所有这些路径中的最短者。

10.7.2 Dijkstra 算法

1. 选择数据结构

JGraphT 中 Dijkstra 算法直接调用的类型是 DijkstraShortestPath，但是实现 Dijkstra 算法的主要代码在 DijkstraClosestFirstIterator 这个类中。DijkstraClosestFirstIterator 类中主要包含的成员有以下几个，如程序 10.19。

（1）图结构 graph，graph 表示用于生成最短的路径的图。

（2）源点 V，表示最短路径的起点。

（3）优先队列 heap，用于存放 QueueEntry 类的队列，按照当前最短路径长度由小到大排序。

（4）表 seen，用于存放已经找到最短路径的节点。

（5）半径 radius，表示最大路径长度，一般可设为无穷大。

另外在 JGraphT 中还定义了一种子类 QueueEntry，这个类含有一个节点 v 和一条边 e，表示的含义为：从源点出发的当前最短路径到达节点 v 的最后一条边为 e。

程序 10.19 Dijkstra 迭代器的成员类型

```
1 class DijkstraClosestFirstIterator<V, E>
2       implements
3       Iterator<V> {
4    private final Graph<V, E> graph;
5    private final V source;
6    private final double radius;
7    private final FibonacciHeap<QueueEntry> heap;
8    private final Map<V, FibonacciHeapNode<QueueEntry>> seen;
9
10   //建立一个迭代器
11     public DijkstraClosestFirstIterator(Graph<V, E> graph, V source) {
12        this(graph, source, Double.POSITIVE_INFINITY);
13     }
14
```

```
15      public DijkstraClosestFirstIterator(Graph<V, E> graph, V source,
        double radius) {
16          this.graph=Objects.requireNonNull(graph, "Graph cannot
            be null");
17          this.source=Objects.requireNonNull(source, "Sourve vertex
            cannot be null");
18          if (radius<0.0) {
19              throw new IllegalArgumentException("Radius must be
                non-negative");
20          }
21          this.radius=radius;
22          this.heap=new FibonacciHeap<>();
23          this.seen=new HashMap<>();
24
25          //初始化源点
26          updateDistance(source, null, 0d);
27      }
28
29      ...
30
31      class QueueEntry
32      {
33          E e;
34          V v;
35
36          public QueueEntry(E e, V v)
37          {
38              this.e=e;
39              this.v=v;
40          }
41      }
42 }
```

2. Dijkstra 算法的证明

$d[i]$ 中存放从源点 v_0 到顶点 i 的当前最短路径长度，该路径上除了顶点 i 自身，其余顶点都属于 S，并且该路径是所有这些路径中最短的。

对于 $V-S$ 中的顶点而言，当前最短路径并不一定是最终的最短路径，但任何时候，集合 $V-S$ 中对于具有最短的当前最短路径的顶点，其此时的当前最短路径就是最终的最短路径。这一结论可以从后面的讨论中得出。

使用数学归纳法对 Dijkstra 算法进行证明：显然，在初始状态时，集合 S 中只有一个源点，因此集合 S 中的点到源点的最短路径已经找到。

假设集合 S 中有 $k-1$ 个顶点，每个顶点到源点的最短路径都已经找到，第 i 个顶点到源点的最短路径用 $d(i)$ 表示。现在在 $V-S$ 的顶点中找到使 $d(i)$ 最小的顶点 k，下面需要证明的是顶点 k 到源点的最短路径就是 $d(k)$。

使用反证法。注意到 $d(k)$ 这条路径是只经过集合 S 中的点连接到顶点 k 的，假如 $d(k)$ 不是源点到 k 的最短路径，说明在 $V-S$ 中存在一个不等于 k 的顶点 y，使得源点到顶点 k 的真实最短路径经过顶点 y，不妨设顶点 y 是这条路径上第一个不属于集合 S 的顶点。那么 $d(y)<k$ 的真实最短路径 $<d(k)$，与“$d(k)$ 是集合 $V-S$ 中的所有顶点最小的”这一前提矛盾，因此 $d(k)$ 就是源点到 k 点的最短路径。

还有一点值得注意，在反证法的假设中，不等式 $d(y)<k$ 的真实最短路径 $<d(k)$ 成立的条件是从顶点 y 到顶点 k 的最短路径长度大于 0，这也是 Dijkstra 算法不适用于存在权值为负的边的图的原因。

3. Dijkstra 算法的步骤

（1）求第一条最短路径。初始状态下，集合 S 中只有一个源点 v_0，$S=\{v_0\}$，所以：

$$d[i]=\begin{cases} w(v_0,i), & <v_0,i>\in E \\ \infty, & <v_0,i>\notin E \end{cases} \tag{10.7}$$

其中，$w(v_0,i)$ 是边 $<v_0,i>$ 的权值。对顶点 i，$d[i]$ 是当前最短路径。

第一条最短路径是所有顶点的当前最短路径中最短的，它必定只包含一条边 (v_0,k)，并满足：

$$d[k]=\min\{d[i]\mid i\in V-S\} \tag{10.8}$$

在图 10.20(a) 中，设顶点 0 为源点，则最短的那条最短路径在三条边 $<0,1>$，$<0,2>$，$<0,4>$ 中，其中权值最小的是边 $<0,2>$，所以第一条最短路径应为 $<0,2>$，其长度为 10。

（2）更新 d。将顶点 k 加入 S，并对所有的顶点 $i\in V-S$ 按照式（10.9）修正 d，使之始终是顶点 i 的当前最短路径长度：

$$d[i]=\min\{d[i],d[k]+w(k,i)\} \tag{10.9}$$

其中，$w(k,i)$ 是边 $<k,i>$ 的权值。

图 10.21 中，当 $d[i] > d[k] + w(k,i)$ 时，$d[i] = d[k] + w(k,i)$；否则 $d[i]$ 的值不变。

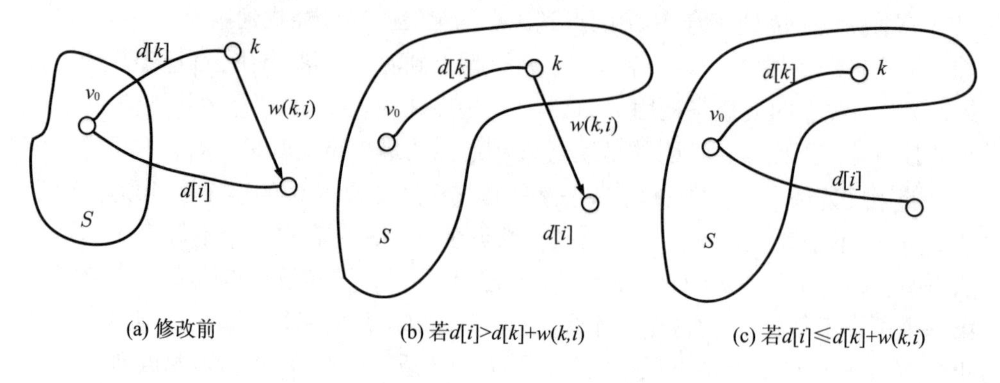

图 10.21　修改 d 的值

（3）求下一条最短路径。下一条最短路径的终点，必定是 $V-S$ 中具有最短的当前最短路径值的顶点 k，满足 $d[k] = \min\{d[i] \mid i \in V-S\}$。

因为每个 $d[i]$ 都是从 v_0 到顶点 i 的当前最短路径长度，在路径 $(v_0,\cdots,i)$ 中，除顶点 i，其余顶点都属于 S，并且 $d[i]$ 是所有这些路径中最短的。$d[k]$ 又是所有这样的 $d[i]$，$i \in V-S$ 中的最短者。

否则，设路径 $(v_0,\cdots,p,t)$ 是下一条最短路径，此路径上除了 t，还至少包含另一个非 S 中的顶点 p。图 10.22指出，路径 $(v_0,\cdots,p,t)$ 不可能是按递增次序产生下一条最短路径的。这是因为在边的权值非负的情况下，显然路径 $(v_0,\cdots,p)$ 的长度不会比路径 $(v_0,\cdots,p,t)$ 长。所以，按式（10.8）选择的路径 $(v_0,\cdots,p)$ 必定是下一条最短路径。这同时也意味着，采用 Dijkstra 算法求单源最短路径的条件是图中边的权值必须是非负值。

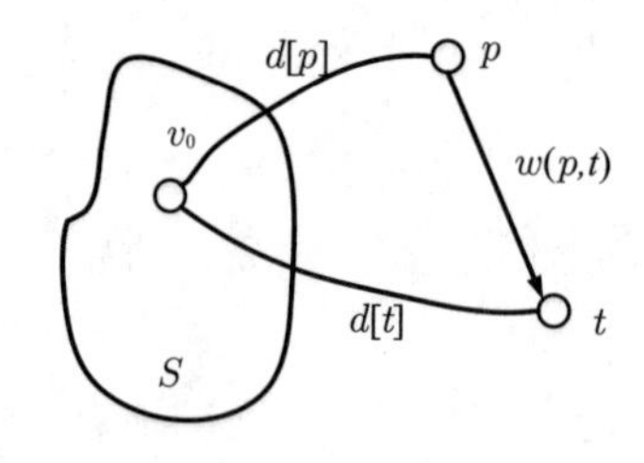

图 10.22　求下一条最短路径

表 10.4 显示了 Dijkstra 算法对图 10.20(a) 的有向图计算最短路径的执行过程中，数组 d 的变化情况。

表 10.4 Dijkstra 算法求单源最短路径

S	$d[0]$	$d[1]$	$d[2]$	$d[3]$	$d[4]$	$d[5]$
$\{0\}$	0	50	10	∞	70	∞
$\{0,2\}$	0	50	10	25	70	∞
$\{0,2,3\}$	0	45	10	25	60	∞
$\{0,2,3,1\}$	0	45	10	25	55	∞
$\{0,2,3,1,4\}$	0	45	10	25	55	∞

在 JGraphT 中，Dijkstra 算法的实现主要有以下步骤。

（1）动态创建数据结构：创建优先队列 heap 和表 seen。

（2）将源点 v 的路径长度置 0，插入 heap 中。

（3）从 heap 中移除当前最短路径最小的节点，并获取节点对象 v。

（4）遍历所有从节点 v 出发的边 e，获取 e 的除 v 以外的另一端点，按照公式更新该节点当前最短路径，如果该节点不在 seen 表中，说明该节点尚未遇到，则将其插入 heap 和 seen 表中（详见后面程序 10.21 中的 updateDistance 方法）。

（5）当 heap 为空时，说明算法已经执行完毕，这时根据最终形成的 seen 表可以构建出源点到达各节点的最短路径。JGraphT 中通过 TreeSingleSourcePathsImpl 类完成路径的构建，这一过程本书不作介绍。

程序 10.20 中仅给出了供使用者调用的方法，而 Dijkstra 算法的实现在程序 10.21 给出。

程序 10.20 Dijkstra 算法

```
1 public final class DijkstraShortestPath<V, E>
2         extends
3         BaseShortestPathAlgorithm<V, E> {
4     private final double radius;
5
6     //根据给定的图建立算法的实例
7     public DijkstraShortestPath(Graph<V, E> graph) {
8         this(graph, Double.POSITIVE_INFINITY);
9     }
10
11    public DijkstraShortestPath(Graph<V, E> graph, double radius) {
12        super(graph);
13        if (radius < 0.0) { //radius要求非负
```

```
14              throw new IllegalArgumentException
                ("Radius must be non-negative");
15          }
16          this.radius=radius;
17      }
18
19      //获取从source到达sink的最短路径
20      @Override
21      public GraphPath<V, E> getPath(V source, V sink)
22      {
23          if (!graph.containsVertex(source)) {
24              throw new IllegalArgumentException
                (GRAPH_MUST_CONTAIN_THE_SOURCE_VERTEX);
25          }
26          if (!graph.containsVertex(sink)) {
27              throw new IllegalArgumentException
                (GRAPH_MUST_CONTAIN_THE_SINK_VERTEX);
28          }
29          if (source.equals(sink)) {
30              return createEmptyPath(source, sink);
31          }
32
33          //Dijkstra算法主要实现在DijkstraClosestFirstIterator类中完成
34          DijkstraClosestFirstIterator<V, E> it=new
35          DijkstraClosest FirstIterator<> (graph, source, radius);
36          while (it.hasNext()) {
37              V vertex=it.next();
38              if (vertex.equals(sink)) {
39                  break;
40              }
41          }
42          return it.getPaths().getPath(sink); //利用迭代器获取路径
43      }
44
45      //获取源点source到全部节点的最短路径
46      @Override
47      public SingleSourcePaths<V, E> getPaths(V source) {
48          if (!graph.containsVertex(source)) {
```

```
49              throw new IllegalArgumentException
                (GRAPH_MUST_CONTAIN_THE_SOURCE_VERTEX);
50          }
51
52          DijkstraClosestFirstIterator<V, E> it=new
            DijkstraClosestFirstIterator<> (graph, source, radius);
53
54          while (it.hasNext()) {
55              it.next();
56          }
57          return it.getPaths(); //同样也是利用迭代器获取
58      }
59
60      //返回特定两个节点之间的最短路径
61      public static <V, E> GraphPath<V, E> findPathBetween
        (Graph<V, E> graph, V source, V sink) {
62          return new DijkstraShortestPath<>(graph).getPath(source, sink);
63      }
64
65 }
```

程序 10.21 Dijkstra 迭代器类

```
1 class DijkstraClosestFirstIterator<V, E>
2       implements
3       Iterator<V> {
4     private final Graph<V, E> graph; //图
5     private final V source; //源点
6     private final double radius; //半径（路径最大长度）
7     private final FibonacciHeap<QueueEntry> heap;
      //用于存放当前路径最短长度的优先队列
8     private final Map<V, FibonacciHeapNode<QueueEntry>> seen;
      //存放已遇见的节点
9
10    //初始化，默认radius为正无穷大
11    public DijkstraClosestFirstIterator(Graph<V, E> graph, V source) {
12        this(graph, source, Double.POSITIVE_INFINITY);
13    }
14
15    //初始化
```

```
16    public DijkstraClosestFirstIterator(Graph<V, E> graph,
      V source, double radius) {
17        this.graph=Objects.requireNonNull(graph, "Graph cannot be null");
18        this.source=Objects.requireNonNull(source, "Sourve vertex
          cannot be null");
19        if (radius<0.0) {
20            throw new IllegalArgumentException("Radius must be
              non-negative");
21        }
22        this.radius=radius;
23        this.heap=new FibonacciHeap<>();
24        this.seen=new HashMap<>();
25
26        //初始化源点
27        updateDistance(source, null, 0d);
28    }
29
30    //判断是否有后续节点
31    @Override
32    public boolean hasNext() {
33        if (heap.isEmpty()) {
34            return false;
35        }
36        FibonacciHeapNode<QueueEntry> vNode=heap.min();
37        double vDistance=vNode.getKey();
38        if (radius < vDistance) {
39            heap.clear();
40            return false;
41        }
42        return true;
43    }
44
45    //进行下一节点的迭代，实现Dijkstra算法的主要方法
46    @Override
47    public V next() {
48        if (!hasNext()) {
49            throw new NoSuchElementException();
50        }
51
```

```
52        //从优先队列中弹出当前最短路径最小的节点
53        FibonacciHeapNode<QueueEntry> vNode=heap.removeMin();
54        V v=vNode.getData().v;
55        double vDistance=vNode.getKey();
56
57        //遍历从该节点出发的所有边
58        for (E e : graph.outgoingEdgesOf(v)) {
59            V u=Graphs.getOppositeVertex(graph, e, v);
              //获得该条边的另一端点
60            double eWeight=graph.getEdgeWeight(e);
61            if (eWeight < 0.0) {
62                throw new IllegalArgumentException
                  ("Negative edge weight not allowed");
63            }
64            updateDistance(u, e, vDistance+eWeight);
              //按照规则更新另一端点的当前最短路径
65        }
66
67        return v;
68    }
69
70    //构建最短路径的方法，根据seen中的节点类型QueueEntry，可以获得从源点
      //出发抵达其他节点的路径上最后一条边，以此为基础构建出所有最短路径
71    public SingleSourcePaths<V, E> getPaths() {
72        return new TreeSingleSourcePathsImpl<>(graph, source,
          getDistanceAndPredecessorMap());
73    }
74    public Map<V, Pair<Double, E>> getDistanceAndPredecessorMap() {
75        Map<V, Pair<Double, E>> distanceAndPredecessorMap=new HashMap<>();
76
77        for (FibonacciHeapNode<QueueEntry> vNode : seen.values()) {
78            double vDistance=vNode.getKey();
79            if (radius < vDistance) {
80                continue;
81            }
82            V v=vNode.getData().v;
83            distanceAndPredecessorMap.put(v, Pair.of(vDistance,
              vNode.getData().e));
84        }
```

```
85
86      return distanceAndPredecessorMap;
87  }
88
89  //更新节点当前最短路径
90  private void updateDistance(V v, E e, double distance)
91  {
92     FibonacciHeapNode<QueueEntry> node=seen.get(v);
       //通过seen从v映射到QueueEntry类型的node
93     if (node==null) { //如果v尚未遇见，则构建新节点加入优先队列
94         node=new FibonacciHeapNode<>(new QueueEntry(e, v));
           //e即抵达该节点最短路径上的最后一条边
95         heap.insert(node, distance);
96         seen.put(v, node);
97     } else if (distance < node.getKey()) {
       //如果比已有的当前最短路径更小
98         heap.decreaseKey(node, distance); //在heap中更新当前最短路径
99         node.getData().e=e; //更新QueueEntry类型中的边e
100    }
101  }
102
103  class QueueEntry {
104    E e;
105    V v;
106
107    public QueueEntry(E e, V v) {
108        this.e=e;
109        this.v=v;
110    }
111  }
112 }
```

4. 时间复杂度分析

很显然，上述算法的执行时间复杂度为 $O(n^2)$。如果只希望求从源点到某一个特定顶点之间的最短路径，也需要与求单源最短路径相同的时间复杂度 $O(n^2)$。

10.7.3 Floyd 算法

有了 10.7.2 节的讨论，求图中所有任意两对顶点之间的最短路径并不困难，只需每次选择一个顶点为源点，重复执行 Dijkstra 算法 n 次，便可以求得图中所

有任意两对顶点之间的最短路径，总的执行时间为 $O(n^3)$。下面介绍的 Floyd 算法在形式上更直接些，虽然它的运行时间也是 $O(n^3)$。

Floyd 算法的基本思想是：设集合 S 的初始状态为空，然后依次向集合 S 插入顶点 $0, 1, \cdots, n-1$，每次插入一个顶点，用二维数组 d 保存各条最短路径的长度，其中 $d[i][j]$ 存放从顶点 i 到顶点 j 的最短路径的长度。Floyd 算法体现了一种动态规划的思想，动态规划就是指将多阶段的问题转化为单阶段问题，逐步求解。动态规划问题的关键就在于状态和状态之间的转换关系，在 Floyd 算法中体现为，通过向当前已知最短路径中加入新的节点，判断路径长度是否缩短。

在算法执行中 $d[i][j]$ 定义为：从 i 到 j 中间只经过 S 中的顶点的、所有可能的路径中的最短路径的长度。从 i 到 j 中间只经过 S 中的顶点，如果当前没有路径相通，那么 $d[i][j]$ 为最大值 Double.POSITIVE_INFINITY，不妨称此时 $d[i][j]$ 中保存的是从顶点 i 到顶点 j 的“当前最短路径”的长度。随着 S 中顶点的不断增加，$d[i][j]$ 的值不断修正，当 $S = V$ 时，$d[i][j]$ 的值就是从顶点 i 到顶点 j 的最短路径的长度。

因为在初始状态下集合 S 为空集合，所以 $d[i][j] = A[i][j]$（A 是图的邻接矩阵），$d[i][j]$ 表示从顶点 i 直接邻接到 j，中间不经过任何顶点的最短路径的长度。当 S 中增加了顶点 0 时，$d_0[i][j]$ 的值应该是从顶点 i 到顶点 j，中间只允许经过顶点 0 的当前最短路径的长度。为了做到这一点，对所有的顶点 i 到顶点 j，只需要对 d 做如下更新：

$$d_0[i][j] = \min\{d[i][j], d[i][0] + d[0][j]\} \tag{10.10}$$

一般情况下，如果 $d_{k-1}[i][j]$ 是从顶点 i 到顶点 j，中间只允许经过 $\{0, 1, \cdots, k-1\}$ 的当前最短路径的长度，那么当 S 中加入了顶点 k 时，则应当对 d 更新，如式（10.11）所示：

$$d_k[i][j] = \min\{d_{k-1}[i][j], d_{k-1}[i][k] + d_{k-1}[k][j], 1 \leqslant k \leqslant n-1\} \tag{10.11}$$

Floyd 算法中可另外使用一个二维数组 backtrace 指示最短路径。backtrace $[i][j]$ 给出从顶点 i 到 j 的最短路径上，顶点 i 的后一个顶点。例如，在图 10.23(a) 的有向图中，从顶点 0 到 2 的最短路径为（0,1,3,2），则应有 backtrace$[0][2] = 1$，backtrace$[1][2] = 3$，backtrace$[3][2] = 2$，因此，从顶点 0 到 2 的路径可从数组 backtrace 经递推创建。从路径的起点 i 开始，其后一个顶点是 $k =$ backtrace$[i][j]$，再后一个顶点为 $m =$ backtrace$[k][j]$，$\cdots$，直到终点 j 形成一条路径。

Floyd 算法的实现如程序 10.22 所示，对图 10.23(a) 的有向图执行 Floyd 算法的过程如图 10.23(c) 所示。

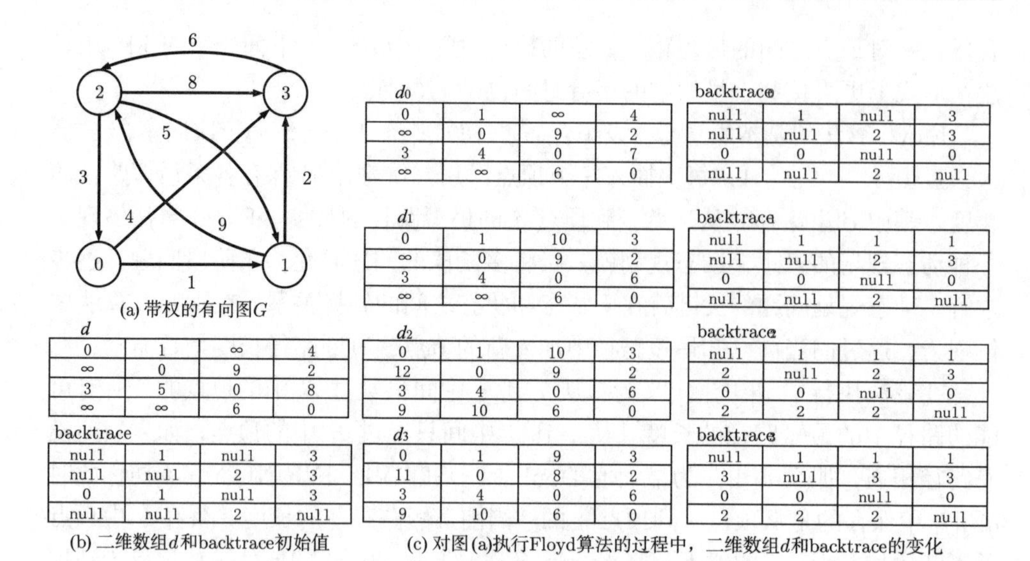

(a) 带权的有向图G

d

0	1	∞	4
∞	0	9	2
3	5	0	8
∞	∞	6	0

backtrace

null	1	null	3
null	null	2	3
0	1	null	3
null	null	2	null

(b) 二维数组d和backtrace初始值

d_0

0	1	∞	4
∞	0	9	2
3	4	0	7
∞	∞	6	0

$backtrace_0$

null	1	null	3
null	null	2	3
0	0	null	0
null	null	2	null

d_1

0	1	10	3
∞	0	9	2
3	4	0	6
∞	∞	6	0

$backtrace_1$

null	1	1	1
null	null	2	3
0	0	null	0
null	null	2	null

d_2

0	1	10	3
12	0	9	2
3	4	0	6
9	10	6	0

$backtrace_2$

null	1	1	1
2	null	2	3
0	0	null	0
2	2	2	null

d_3

0	1	9	3
11	0	8	2
3	4	0	6
9	10	6	0

$backtrace_3$

null	1	1	1
3	null	3	3
0	0	null	0
2	2	2	null

(c) 对图 (a)执行Floyd算法的过程中，二维数组d和backtrace的变化

图 10.23　Floyd 算法求所有顶点间的最短路径

程序 10.22　Floyd 算法

```
1 public class FloydWarshallShortestPaths<V, E>
2         extends
3         BaseShortestPathAlgorithm<V, E> {
4     private final List<V> vertices;
5     private final Map<V, Integer> vertexIndices;
6
7     private double[][] d=null;
8     private Object[][] backtrace=null;
9     private Object[][] lastHopMatrix=null;
10
11    ...
12    //实现Floyd算法的主要方法，计算出最短路径矩阵d
13    private void lazyCalculateMatrix() {
14          if (d!=null) {
15              //已经形成了d矩阵，则无须重复计算
16              return;
17          }
18          int n=vertices.size();    //图中节点总数
19          backtrace=new Object[n][n];   //初始化路径矩阵
20
21          //初始化最短路径矩阵d，d全部元素设置为无穷大
```

```
22          d=new double[n][n];
23          for (int i=0; i<n; i++) {
24              Arrays.fill(d[i], Double.POSITIVE_INFINITY);
25          }
26          //d对角线元素设置为0
27          for (int i=0; i<n; i++) {
28              d[i][i]=0.0;
29          }
30          //backtrace矩阵和d矩阵设置
31          if (graph.getType().isUndirected()) {
32              for (E edge : graph.edgeSet()) {
33                  V source=graph.getEdgeSource(edge);
34                  V target=graph.getEdgeTarget(edge);
35                  if (!source.equals(target)) {
36                      int v_1=vertexIndices.get(source);
                        //通过vertexIndices表获取节点索引
37                      int v_2=vertexIndices.get(target);
38                      double edgeWeight=graph.getEdgeWeight(edge);
39                      if (Double.compare(edgeWeight, d[v_1][v_2]) < 0) {
40                          d[v_1][v_2]=d[v_2][v_1]=edgeWeight;
41                          backtrace[v_1][v_2]=edge;
42                          backtrace[v_2][v_1]=edge;
43                      }
44                  }
45              }
46          } else { //这种方法对于有向图和无向图可以进行同样的处理
47              for (V v1 : graph.vertexSet()) {
48                  int v_1=vertexIndices.get(v1);
49                  for (E e : graph.outgoingEdgesOf(v1)) {
50                      V v2=Graphs.getOppositeVertex(graph, e, v1);
51                      if (!v1.equals(v2)) {
52                          int v_2=vertexIndices.get(v2);
53                          double edgeWeight=graph.getEdgeWeight(e);
54                          if (Double.compare(edgeWeight,
                            d[v_1][v_2]) < 0) {
55                              d[v_1][v_2]=edgeWeight;
56                              backtrace[v_1][v_2]=e;
57                          }
```

```
58                  }
59              }
60          }
61      }
62
63      //执行Floyd算法
64      for (int k=0; k<n; k++) {
65          for (int i=0; i<n; i++) {
66              for (int j=0; j<n; j++) {
67                  double ik_kj=d[i][k] + d[k][j];
68                  if (Double.compare(ik_kj, d[i][j]) < 0) {
69                      d[i][j]=ik_kj;
70                      backtrace[i][j]=backtrace[i][k];
71                  }
72              }
73          }
74      }
75  }
76  ...
77 }
```

容易看出，Floyd 算法的时间复杂度为 $O(n^3)$，与通过 n 次调用 Dijkstra 算法来计算图中所有顶点间的最短路径的做法具有相同的时间复杂度。但如果只需要计算图中任意两个顶点之间的最短路径，Floyd 算法明显比 Dijkstra 算法简洁。

10.8　总　　结

图是一种最一般的数据结构。图作为一种数据结构，可以使用邻接矩阵、关联矩阵和邻接表等多种存储方式在计算机内表示。图的应用十分广泛，在图的抽象数据类型中，定义了一组基本的图算法和图运算，如建立一个图结构，插入、删除和搜索一条边等。在此基础上，本章介绍了一组常见的图算法，包括图的深度和广度优先遍历、拓扑排序和关键路径、求最小代价生成树的 Prim 算法和 Kruskal 算法，以及求单源最短路径的 Dijkstra 算法和求所有顶点间最短路径的 Floyd 算法。

本章介绍了这些图论算法的执行步骤和原理，并以 JGraphT（详情可见官方网站：https://jgrapht.org）库为基础介绍了这些算法的实现，JGraphT 是一个免费的开源 Java 图论算法库，JGraphT 具有很强的可拓展性，能够自定义图的节点和边类型。除了本章介绍的算法以外，JGraphT 还提供了很多其他算法，如 Dinic 最大流算法、Johnson 最短路径算法、Esau-Williams 算法等，此外 JGraphT 还能结合 JGraphX 库将图结构可视化地展示出来，这一点对于学习和理解图论算法非常有帮助。

参 考 文 献

邓俊辉. 2011. 数据结构（C++ 语言版）. 北京：清华大学出版社.

孙志锋，徐静春，厉小润. 2004. 数据结构与数据库技术. 杭州：浙江大学出版社.

严蔚敏，吴伟民. 2007. 数据结构：C 语言版. 北京：清华大学出版社.

Weiss M A. 2004. 数据结构与算法分析：C 语言描述. 冯舜玺，译. 北京：机械工业出版社.

附　录

本书中所有代码按照如下编程风格进行编写。

类型	编程风格
类	使用大驼峰式命名，即包括第一个字母在内的所有单词首字母大写，其余字母小写。例如，ListValue、ListEntry
变量名	使用小驼峰式命名，第一个字母小写，之后每个单词首字母大写，其余字母小写。例如，listEntry、vertexNum
函数名	使用小驼峰式命名，第一个字母小写，之后每个单词首字母大写，其余字母小写。例如，addNewVertex、findPrevious
宏定义	变量名使用大写字母，不同单词之间可以使用下划线分隔。例如，MAXSIZE、MAX_NUM_OF_KEY